本书获得中国农业科学院棉花研究所资助

博士生导师学术文库

A Library of Academics by
Ph.D.Supervisors

棉花逆境分子生物学

———— • ————

叶武威 主编

光明日报出版社

图书在版编目（CIP）数据

棉花逆境分子生物学 / 叶武威主编 . -- 北京：光明日报出版社，2021.5

ISBN 978 - 7 - 5194 - 5963 - 5

Ⅰ.①棉… Ⅱ.①叶… Ⅲ.①棉花—分子生物学 Ⅳ.①S562.01

中国版本图书馆 CIP 数据核字（2021）第 069895 号

棉花逆境分子生物学

MIANHUA NIJING FENZI SHENGWUXUE

主　　编：叶武威

责任编辑：杨　娜　　　　　　　责任校对：姚　红

封面设计：一站出版网　　　　　责任印制：曹　净

出版发行：光明日报出版社

地　　址：北京市西城区永安路 106 号，100050

电　　话：010 - 63169890（咨询），010 - 63131930（邮购）

传　　真：010 - 63131930

网　　址：http：//book. gmw. cn

E - mail：yangna@ gmw. cn

法律顾问：北京德恒律师事务所龚柳方律师

印　　刷：三河市华东印刷有限公司

装　　订：三河市华东印刷有限公司

本书如有破损、缺页、装订错误，请与本社联系调换，电话：010 - 63131930

开　　本：170mm×240mm

字　　数：506 千字　　　　　　印　　张：30

版　　次：2021 年 5 月第 1 版　　印　　次：2021 年 5 月第 1 次印刷

书　　号：ISBN 978 - 7 - 5194 - 5963 - 5

定　　价：99.00 元

序

　　我国植棉历史悠久，棉花在我国国民经济中起着举足轻重的作用。大约2200年前，张骞通过丝绸之路，往西方送去了丝绸，又从中亚带回了棉花，开启了我国种植棉花的先河。

　　2013年9月和10月，国家主席习近平提出建设"新丝绸之路经济带"和"21世纪海上丝绸之路"的合作倡议，即我们说的"一带一路"（The Belt and Road）。"一带一路"所经过的国家和地区大多处于水资源缺乏或盐害多发之地，棉花作为旱地、盐碱地种植的先锋作物，开展棉花抗旱耐盐的分子生物学基础研究具有重大理论和现实意义。

　　2007年中国农业科学院棉花研究所主持开展棉花基因组计划（CGP）以来，随着2012年棉花二倍体种雷蒙德氏棉的基因组图谱的发布，亚洲棉、陆地棉、海岛棉的基因组图谱研究相继完成，我国棉花分子生物学研究跻身国际棉花科技前沿，更推动了棉花分子水平的研究达到了新的高潮。在棉花基因组学研究的基础上，棉花蛋白质组学、代谢组学、表观遗传学、抗逆基因编辑等学科相继取得了突飞猛进的发展，这些研究成果开启了棉花后基因组时代。

　　中国农业科学院棉花研究所叶武威研究员从事棉花抗旱耐盐鉴定30余年，取得了一系列重要成果。叶武威研究员及其编辑团队凝聚多年的研究成果，完成了《棉花逆境分子生物学》一书，该书紧紧围绕干旱和盐碱等非生物逆境，全面系统地总结了棉花抗旱耐盐鉴定、材料创新、基因图谱、基因挖掘、甲基化遗传、蛋白质组、代谢组、基因编辑以及棉花抗逆改良等最新进展，汇聚了棉花抗旱耐盐碱等非生物逆境分子生物学研究的最新成果，可为今后作物逆境研究工作者提供参考。

　　全书共十一个章节，共 50 余万字，全面涉及棉花分子生物学的新兴基础学科，信息量大，知识面广，值得一读，特为此序。

中国工程院院士

2020 年 3 月 22 日

前　言

棉花是我国乃至世界的主要纺织工业原料，是主要的大田经济作物。因抗逆境能力好，棉花已成为研究非生物逆境的极佳的异源多倍体模式植物。随着2012年棉花二倍体种雷蒙德氏棉的基因组图谱的发布，在棉花资源鉴定基础上，棉花基因组学、蛋白质组学、代谢组学、表观遗传学、基因编辑及修饰等学科相继兴起并取得突飞猛进的发展。本书紧紧围绕干旱和盐碱等非生物逆境，系统地搜集了逆境研究的相关资料，全面总结了棉花抗旱耐盐碱鉴定、抗逆材料创新、基因图谱、新基因挖掘、甲基化遗传、蛋白质组与代谢组分析、基因编辑等最新研究进展，深入探讨了棉花抗逆改良以及盐碱旱地植棉等棉花生产中的重大难题，汇聚了棉花抗旱耐盐碱等分子生物学基础上的最新研究成果，总结了棉花逆境基础研究的技术和理论，为今后棉花及其他作物逆境研究工作者提供参考。

本书在多年构思的基础上，于2017年年底开始研讨，中国农业科学院棉花研究所在新疆农业大学、山东大学等20多位中青年专家、教授的大力支持下，历时三年，先后于2018年10月、2019年8月分别在安阳等地召开了二次审、统稿会，2020年3月完成本书稿。

全书共11章，分3个部分。第一部分共2章，即第1~2章的棉花资源与生理部分，分别为棉花种质资源、棉花逆境响应的生理基础等。第二部分共6章，即第3~8章的棉花基础研究新技术、新方法、新学科部分，分别为棉花基因组学、抗逆基因、抗逆蛋白质组学、抗逆代谢组学、抗逆表观遗传学、抗逆基因编辑及修饰等。第三部分共3章，即第9~11章的棉花材料创新与旱地盐碱地植棉部分，分别为棉花抗逆性鉴定与种质创新、抗逆改良、棉区发展及盐碱旱地植棉等。各章都从概况、特性、原理、方法、进展与前景分别进行了论述，重点介绍了棉花在旱盐逆境胁迫下的棉花逆境分子生物学的研究成果，主要阐述了棉花基因组学、蛋白质组学、代谢组学、表观遗传学、基因编辑等几个研究前沿学科的最新进展。

　　感谢中国工程院喻树迅院士为本书作序。感谢中国农业科学院棉花研究所、新疆农业大学、山东大学相关专家教授为本书稿的完成给予的热情支持。

　　由于时间与经验所限，望广大读者不吝赐教，随时提出宝贵意见。

叶武威

2020 年 3 月 28 日

目 录
CONTENTS

第一章

棉花种质资源

棉花种质资源（Cotton germplasm），也就是所谓的遗传资源（Cotton genetic resources），即遗传物质的多样性，是指编码遗传信息的核酸在其序列组成和结构上的差异（盖钧镒，2005），是我国棉花科研、育种及棉花生产可持续发展的重要物质。种质资源也称为遗传或者基因资源，是指含有遗传物质的一切生物体的总称，包括品种、器官、野生种以及近缘的植株等，甚至可以是某种具有特殊功能的基因（刘浩等，2014）。我国具有非常丰富的棉花遗传资源，包括不同棉属的栽培种、野生种等。从某种程度上讲，拥有棉花种质资源的数量及其研究的深度和广度，是衡量一个国家棉花产业发展和科研水平高低的重要标准之一。因此，遗传资源的收集、保存及研究是棉花可持续发展的重要保证，是造福后代的重要基石。

第一节 植棉史

棉花（Gossypium）是一种天然的植物纤维，因其特征和功用被称为全球最受欢迎的纺织纤维，适用于各种纺织品、服装、家居、工业生产。我国是一个重要的农业大国，种植业在我国已经有 7000 年以上的历史。我国是世界上重要的棉花生产国之一，在我国长期自然选择和人工培育下，形成了适应我国各种农业自然条件和工艺要求的棉花种质资源，其中陆地棉、海岛棉的栽培也已经有一百年以上的历史。

一、中国棉属溯源

棉属（Gossypium）在生物学分类上属于锦葵目（Malvales），锦葵科（Mal-

1

valeae），棉族（Gossypieae）。棉属植物分布广泛，种间形态特征和生长习性存在多样性，不同的分类学家所偏重的形态特征不完全相同。根据现有资料报道，棉属共分为 4 个亚属，包括 50 多个种，其中二倍体棉种（$2n = 2x = 26$）有 40 多个，而四倍体棉种（$2n = 4x = 52$）有 5 个（Fryxell，1992）。亚洲棉和草棉的细胞染色体数目为 $2n = 26$，陆地棉和海岛棉的染色体数目为 $2n = 52$。二倍体棉种分为 A、B、C、D、E、F、G 和 K 共 8 个基因组（Beasley，1940；Endrizzi et al.，1985；Wendel et al.，2010），其中 A、B、E 和 F 基因组代表亚洲棉和非洲棉，C、G 和 K 基因组代表澳洲棉，D 基因组代表美洲棉，而四倍体是由 A 基因组和 D 基因组杂交产生的，将其定为 AD 基因组。

在棉花传入中国之前，中国只有一些木棉，没有可供纺织的棉花。"棉"字是从《宋书》才开始出现，在宋朝以前，只有"绵"字，而没有"棉"字。棉花传入中国有这样的记载："宋元之间始传种于中国，关陕闽广首获其利，盖此物出外夷，闽广通海舶，关陕通西域故也。"由此可见，棉花是在宋末元初才大量传入内地的。

《梁书·高昌传》记载：其地有"草，实如茧，茧中丝如细纩，名为白叠子"。由此可见，现今纺织工业的重要原料棉花，最初是被我国古人当作花、草一类的东西看待的。棉花传入我国，大约有 3 条不同的途径。根据植物系结合史料分析，一般认为，棉花是由南北两路，向中原传播的。南路，最早是从印度经缅甸传入云南，时间大约为秦汉时期。北路，即古籍古"西域"。宋元之际，棉花传播到长江和黄河流域广大地区，到 13 世纪，北路棉已传到陕西渭水流域。由于非洲棉和亚洲棉质量不好，产量也低，所以到了清末，我国又陆续从美国引进了陆地棉种。现在我国种植的，基本是各国陆地棉及其变种。历史文献和出土文物证明，中国边疆地区各族人民，对棉花的种植和利用远比中原早。第三条途径是非洲棉，经西亚传入新疆、河西走廊一带，时间大约在南北朝时期。

全球棉花种植种类主要分为四种，分别是陆地棉（G. hirsutum L.）、海岛棉（G. barbadense L.）、中棉（又称亚洲棉，G. arboreum L.）和草棉（G. herbaceum L.）。其中陆地棉种植面积最大，占全球的绝对比例为 94% 左右，品质较好，产量较高，种植区域最广，全球气候条件温和地区均可种植；海岛棉，又称长绒棉，细绒棉，种植面积占全球 5% 左右，细度较细，强力较大，产量相对较低，种植条件对气温要求较高，埃及是全球长绒棉的生产大国、出口大国和消费大国，其次是美国、印度和中国等；中棉又称亚洲棉，品质较差，产量较低，种植面积极少；草棉产量也较低，品质较差，种植面积也极少，但是其抗逆性相对较好。在不同的历史时期，我国栽培的主要棉花品种也不一样。亚洲棉引入我国历史相对较长，种植区域较广，随着陆地棉的引入，因其产量较高，品质较好，发展较快，20世纪50年代就取代了亚洲棉，成为我国棉花生产的主栽种。

二、我国棉花的栽培现状

棉花多为一年生或者多年生的灌木、亚灌木或者小到中等的乔木。茎叶被有不同程度和颜色的茸毛，也有光滑无毛的。叶片卵圆形或者心脏形，叶脉掌状或者鸟足状。叶柄圆筒形或者四棱形，托叶线形、锥形或镰刀形。花萼由五个萼片联合成杯状，花瓣较大，花色艳丽，有白色、黄色、玫瑰色或红色。棉花种子有纤维，短毛或光滑无毛，圆锥形，长4~12mm。

中国植棉历史悠久，是当今世界植棉大国，也是重要的原棉进口国。在中华人民共和国成立以前，棉花生产一直处于产量低、品质差的状态，但中华人民共和国成立后，特别是改革开放以来，我国棉花产业发展取得了举世瞩目的成就。20世纪80年代以来，我国棉花年均总产占世界总产的24%，居首位；单产也远远超过了世界平均水平，为世界平均单产的146.8%，名列前茅。中华人民共和国成立70多年以来，我国先后育成并发放了多达400多个棉花品种，为我国棉花产业的健康发展奠定了重要的材料基础。20世纪50—70年代自育的丰产品种取代了岱字棉品种岱字15，80—90年代育成的抗病、高产品种取代了感病品种，90年代育成的转基因抗虫棉成为我国第七次棉花品种换代的主体品种（黄滋康，2003）。随着育种技术的不断更新，我国的棉花育种技术已经跻身于世界先进行列。

棉花生长需要较高的温度条件和较长的生育期，以冯泽芳为代表的老一辈科学家从20世纪四五十年代就开始探索我国棉区划分，全国除了青藏高原和黑龙江地区受严重的热量条件影响不能植棉以外，其他省、自治区、直辖市均可以不同范围地种植棉花。直到2000年左右，全国棉花种植基本上形成了长江流域（22%~23%）、黄河流域（44%~45%）和西北内陆棉区（34%~35%）"三足鼎立"的局面，而单产最高的是新疆为主的西北内陆棉区（超出单产的40%左右）。近8年（2011—2018），棉区进一步向西转移，西北内陆棉区面积占全国的75.0%，总产占全国的84.4%（2018），全国棉区呈现"一花独放"

的格局。全国棉花产地相对比较集中，较大的棉区有 30 多个，如喀什、阿克苏等，植棉面积和总产占全国比重 1% 以上的有 28 个。新疆生产建设兵团农一师、农六师、农七师和农八师等总产 10 万吨，为全国最大的产棉基地。

根据国家统计局 2020 年统计数据，2019 年新疆棉花产量 500.2 万吨，已经占到全国棉花总产的 84.9%，占比同比增加 1.1 个百分点，棉花总产、单产、种植面积、商品调拨量连续 25 年位居全国第一。新疆棉花产量高低、品质优劣，直接关系我国棉花整体发展。

第二节　棉花种质资源的多样性

一、棉花种质资源的分类

棉花种质资源所有的遗传物质均存在于各个棉花品种之间，包括棉花栽培种、野生种、陆地棉半野生种系及其近缘植物（中国棉花栽培学，1983；黄滋康，1996；中国棉花育种学，2003）。根据其遗传特性及来源可以分为地方品种、选育品种、野生系、半野生种系及棉属近缘植物。

（一）地方品种（landrace）

地方品种是指某些品种在局部地区经过长时间选择和栽培，使得某些特定性状得到了加强和提高，最终形成了与当地生态条件结合比较完美的品种，有些是以当地地名或性状命名的。四大栽培种早先就是地方品种，经过上千年的人工选择和驯化，产生了丰富的遗传类型，适合世界多个地方种植，其中亚洲棉就是一个典型的例子，经过多年栽培，形成了世界著名的"中棉"。《中国的亚洲棉》记录了很多地方品种，有上海莺湖棉、南通中棉、惠民一窝猴等。草棉大多也是地方品种，如敦煌草棉、金塔草棉等。多年生的海岛棉几乎全是地方品种，与当地生态条件密切相关，如文山木棉和开远木棉等。地方品种多数没有经过现代育种方法的严格筛选，但是往往与当地生态条件结合，具有某些罕见的特性，如抗逆性和耐虫等优良性状。品种的不断改进，加速了品种的更新换代，目前地方品种大多已经被选育品种替代，但是地方品种的某些优良性状值得我们关注和利用（唐海明等，2006）。

（二）选育优良品种（varieties）

选育优良品种是指采用现代育种技术，如远缘杂交、分子育种、诱变育种等育种技术获得的品种，在过去或者目前正在被人们所采用，包括过时品种、正在推广品种、国外引进品种、育种材料、遗传工具材料等（王坤波等，2004）。选育品种是具有广泛适应性、丰产性和抗逆性为一体的优良品种，是种质资源的基本材料，也是最便于获得的资源材料。选育品种中往往会出现突变体、非整倍体或者具有其他特殊性状的材料，这些材料对棉花育种理论和应用研究具有重要价值。

（三）野生棉种（wild species）

据调查研究发现，野生棉种至少有47个，有二倍体和四倍体，其中二倍体野生棉种主要有哈克尼西棉、雷蒙德氏棉、比克氏棉等44个，而四倍体野生棉种主要有达尔文氏棉、毛棉和黄褐棉3个（Fryxell，1986；许萱，1999）。野生棉种在长期进化过程中，经过与自然的融合，往往都具备了高抗逆性（抗旱和耐盐碱等）、抗病和耐瘠等优良性状。野生棉种中所蕴含的优良基因和众多变异是棉花宝贵种质资源必不可少的一部分。随着分子育种技术的不断发展，可以从野生棉种中挖掘优良基因转入棉花受体材料，培育棉花新品种。

（四）半野生种系（semi - wild lines）

半野生种系是介于栽培种和野生种之间的棉花类型，是指陆地棉在长期的自然进化过程中，与当地不同的生理生态条件相适应融合，形成了所谓的地理种系，有阔叶棉、莫利尔氏棉、李奇蒙德氏棉、尤卡坦棉、玛利加郎特棉、鲍莫尔氏棉和尖斑棉7个。半野生棉与野生棉相类似，都具有比较强的抗逆特性，可与正常的栽培种进行杂交，杂交后代可育，都是可供育种利用的种质资源。

（五）棉属近缘植物（kindred races of *Gossypium*）

棉属近缘植物是指与棉属在进化上具有较近关系的近缘物种，是指除棉属以外的7个属（包括73个种），有桐棉属、哈皮棉属、柯基阿棉属、美非棉属、拟似棉属、勒布罗棉属、头木槿棉属等（Fryxell，1986；许萱，1999）。棉属近缘植物在生活习性、生物学特性、形态特征等方面具有相似性，而且含有许多与棉花基因同源的基因，可以通过现代生物学技术手段将其优良基因转入棉花，获得棉花新材料。

二、棉花种质资源的遗传多样性

棉花种质资源遗传多样性的表现形式是多层次的，主要有个体水平上差异、细胞水平上差异及分子水平上的多样性。目前，对遗传多样性的研究主要体现在形态学水平、细胞学水平、生化水平和分子水平等四个方面。

（一）形态学水平

形态标记是指植物在正常生长发育过程中所表现出来的形态特征，是基因型的外在表现，人们可以用肉眼观察的外观性状，有单基因控制的质量性状和多基因共同控制的数量性状两类。国内许多学者用棉花形态学标记进行了棉花研究和分类，武耀庭等（2001）利用欧氏距离对国内外 36 个陆地棉栽培品种的遗传距离进行计算，结果把供试品种分为国外品种、新疆品种、早熟品种和中熟品种等类型；陈光等（2006）对具有不同时期、不同来源和不同生态区的 43 份种质进行了遗传多样性分析，结果发现种质间存在明显的产量、品质和农艺性状等差异，而且差异显著。

卫泽等（2010）将国内外 57 份棉花种质的遗传多样性与分子标记结果相比较，结果发现聚类结果大体一致，但是存在差异，这可能与表型聚类结果比较宽泛、不够精细有关。总而言之，形态标记在植物育种中虽然容易辨认，但不足以更准确详细地了解种群的遗传变异状况；因此，仅仅依赖表型性状确定遗传多样性是远远不够的，还必须结合其他标记，并加以比较和验证（夏铭，1999）。

（二）细胞学水平

细胞学标记主要是指从细胞学水平上对植物个体的染色体数目和形态进行分析，揭示遗传多样性的一种标记，常见的标记主要有染色体的结构和数量特征，主要包括染色体核型和带型（C 带、N 带、G 带）及缺失、重复、易位、倒位等（罗林广等，1997）。郭旺珍等（1997）对 F_1 花粉母细胞减数分裂中期染色体的变化进行分析，结果发现陆地棉与毛棉亲缘关系比较相近。然而染色体数目和结构变异率相对较低，而且单个观察工作量困难重重，从而也限制了细胞学标记的进一步应用。

（三）生化水平

生化标记是指从生物化学水平对棉花遗传多样性进行测定，包括贮藏蛋白、同工酶和等位酶，它们都是基因表达的直接产物，其种类和结构的多样性在一定程度上可以反映生物体遗传物质的多样性，突破了形态学和细胞学标记，可以直接反映出基因表达产物的差异，而且对环境的依赖性很小。Wendel 等（1992）在达尔文氏棉中利用同工酶谱检测出了大量等位基因，分析表明这些等位基因不是来自陆地棉的直接杂交，而是来自陆地棉渐渗的海岛棉。由于生化标记的各种指标主要是来自编码区的信息，而基因组中非编码区却占据了更大比例，而且非编码区中可能蕴含着更多的遗传多样性，因此生化标记的应用也有其局限性。

（四）分子水平

遗传标记以 DNA 多态性为基础，可直接反映生物个体在遗传物质 DNA 水平上的差异，不受环境影响。随着生物学技术的不断发展，DNA 分子标记技术得到了突飞猛进的发展，至今已有数十种分子标记技术相继出现，主要包括 RFLP、RAPD、SSR、ISSR、AFLP、EST、SRAP、TRAP、SNP、RGA 等，这些分子标记已经被广泛应用于棉花种质资源的遗传多样性研究及其他研究中。

第三节　棉花种质资源的收集和保存

棉花是我国重要的经济作物，但非我国原产，基础资源靠国外引进。陆地棉是我国主要栽培棉种，起源于中美洲，俗有"美棉"之称。纵观我国现代棉花生产发展史，美国品种资源发挥了决定性作用，长期以来形成了我国棉花品种选育的主体亲本。棉花种质资源研究的内容包括收集、保存、鉴定（评价）、创新和利用。70 年来，我国有计划地收集国内外棉花种质资源，经过鉴定评价，繁殖保存入库，保证库内种质的发芽率和遗传完整性，一批优异种质在育种和科研上得到应用，为我国棉花生产做出了重要贡献。

一、中国 20 世纪 50—80 年代国外棉花引种概况

据中国农业科学院棉花研究所统计，我们国家在 20 世纪 50—80 年代从国外引种棉花资源 1413 份次（其中少部分多次重复引入），来自 29 个国家，其中引自 24 个国家的各在 10 份以下，多为 1~2 份。最主要的来源是美国，共 1006 份，占 71%；其次是墨西哥，170 份（但陆地棉栽培亲本只有 4 份）。苏联和印度也为植棉大国，但分别只引进 22 份和 4 份。

在引进的 1413 份材料中，陆地棉栽培材料 1102 份（其中 324 份为遗传材

料），海岛棉 14 份，亚洲棉 12 份，草棉 4 份，野生资源（主要是陆地棉种系）281 份。29 个国家中除墨西哥提供的资源以陆地棉野生种系为主外，其余国家均以陆地棉栽培品种（系）为主，类型还是较丰富的；但是真正用于培育出品种的却很少，不到 10 个。因此，不仅要加速利用现有资源，更重要的是应尽快引进育种上切实可用的新类型。

二、中国 20 世纪 90 年代国外棉花引种概况

王坤波等于 1997 年 8 月份对美国进行了以棉花种质资源和遗传改良为主题的专业考察。走访了美国植棉带的西部、西南部和中南部等 3 大植棉区，包括位于 5 个主要产棉州的 13 个单位。收集到棉花材料 56 份。引进资源中，28 份是栽培品种（系），包括转基因和远缘杂交育成的新材料；另外 28 份是野生棉，包括原产澳大利亚的部分稀有棉种和最新发现的棉种。

三、近 20 年国内棉花种质资源收集概况

中国农业科学院棉花研究所于 2002 年 10 月至 11 月对广西壮族自治区进行了棉花种质资源的考察收集。这次考察，在该自治区存有的亚洲棉（*G. arboreum* L.）、陆地棉（*G. hirsutum* L.）和海岛棉（*G. barbadense* L.）三个栽培种上均收集到了资源材料，而且还采集到棉属近缘植物。在广西壮族自治区考察了平果、田阳、德保、靖西、那坡、武鸣、天等、龙州、凭祥、宁明、南宁、三江、融水、东兰、巴马、凤山、龙胜、临桂、天蛾、南丹、鹿寨和桂林市 22 个县市。考察收集到的棉花种质资源共 51 份，其中亚洲棉 27 份（棉絮有色 4 份），陆地棉 20 份，海岛棉 1 份，其他锦葵科植物 3 份。

2002—2007 年，国家棉花种质资源中期库以各种方式征集到种质 1671 份。2002 年以实地收集为主，分 3 个小组，考察了新疆、河南、河北、山东、安徽、江西、江苏、浙江、湖北、湖南、四川、山西、陕西、甘肃等产棉省，共收集到推广品种、育种中间材料、观赏棉（浙江大学祝水金教授提供）、国外材料（湖南农大陈金湘教授提供 45 份）1021 份。2003 年以信函收集为主，收集到远缘杂交后代材料（山西农科院遗传研究所牛永章，山西农业大学李柄林、郝林提供）、国外材料（中国农业科学院植保所简桂良提供）共计 134 份。2004 年通过邮寄、种质交换（新疆石河子棉花所孔宪良种质交换）收集到远缘杂交后代材料、推广品种、育种家材料 230 份。2005 年以实地考察为主，在甘肃、广

西、云南等省份收集到彩色棉、亚洲棉、退化陆地棉等 91 份。2006 年从新疆（新疆农垦科学院棉花所宁新柱种质交换）、云南、广西、巴西、越南收集到审定品种、遗传材料等 161 份。2007 年收集到采自西沙群岛的陆地棉 1 份，新疆农科院经作所师维军先生义务为棉花中期库征集西北内陆棉区推广品种 33 份。

四、我国棉花种质资源的保存

作物种质资源保存已成为国际农业科学研究的重要组成部分，据 FAO 的资料，全球作物种质资源保存超过 380 万份。建立种质资源库，采用低温低湿藏种技术，是世界各国保存种质资源的主要途径。全球建成种质资源库近 700 个，保存在种质库中的种质资源达 130 万份以上，已基本形成全球的或区域性的种质资源保存网（段永红，1998）。

我国一直没有间断过对棉花品种资源的收集工作。我国已从 53 个国家引入棉花种质资源共 100 次以上，引入 2222 份种质。其中，陆地棉 2013 份，海岛棉 209 份。引种种质份数最多的 5 个国家是美国、苏联、澳大利亚、巴基斯坦、埃及。目前我国已经收集 4 个栽培种和 29 个野生种的种质 11000 余份。其中已编目 7490 份，待编目 1378 份，地方品种 348 份，选育品种 2055 份。我国棉花种质资源的保存数量稳居世界第 4 位。这些种质资源分别保存在北京国家长期库、青海省西宁复份库和中国农业科学院棉花研究所中期库中，野生棉保存在海南省野生棉种植圃中。同时，我们也建立了较为完善的棉花种质资源数据库系统。1978—2008 年间共向 9 个国家 23 个省（市）共放种质 18352 份次，年均 592 份次。其中 1995—2000 年发放 2241 份次，年均 448 份次；2001—2005 年发放 3604 份次，年均 721 份次。棉花种质资源的引种、收集、保存，丰富了我国棉花育种的物质基础，促进了我国棉花品种改良事业的发展与提高。

（一）国家作物种质库

国家作物种质库，简称国家种质库，是全国作物种质资源长期保存中心，也是全国作物种质资源保存研究中心，负责全国作物种质资源的长期保存以及粮食作物种质资源的中期保存与分发。该库在美国洛克菲勒基金会和国际植物遗传资源委员会的部分资助下，于 1986 年 10 月在中国农业科学院落成。

国家作物种质库是全国作物及其近缘野生植物种质资源战略保存中心，设计保存容量 40 万份，贮藏寿命 50 年以上。以其为核心，建成了我国作物种质资源保护设施体系，包括 1 个长期库、1 个复份库、10 个中期库、43 个种质圃。

至 2018 年 12 月，我国作物种质资源长期保存总数量达到 502173 份，位居世界第二；其中国家长期保存 435416 份，43 个种质圃保存 66757 份。以国家库 50 多万份战略资源作为种源，创建了世界上最大的作物资源保存与共享利用平台，据不完全统计，我国新育成品种 50% 以上含有国家库圃种源的遗传背景。①

国家农作物种质保存中心的贮存条件：温度 - 18℃，相对湿度低于 50%。根据理论上推算，含水量为 5% ~ 8% 的种子，在上述贮存条件下，其寿命可延长到 50 年以上。发芽率监测结果表明，大部分库存种子经过 15 年贮藏，其发芽率没有出现明显的下降。因此，低温贮藏是目前种子体种质的最佳保存途径。

2019 年 2 月 26 日，新国家作物种质库项目在中国农科院正式开工建设，种质库设计容量为 150 万份，是现有种质库容量的近 4 倍。

（二）国家棉花种质中期库

国家棉花种质中期库依托于中国农业科学院棉花研究所，1979 年始建，目前所用种质库为 2001 年重建，2002 年投入使用，库房面积 50m²，库容 1 万份，2011 年 6 月又建成一座集干燥、冷藏于一体的现代化种质库，库房面积 300m²，库容 4 万 ~ 5 万份，2012 年开始投入使用。中期库库温为 0℃ ±2℃，相对湿度 50% ±7%，种子可安全保存 15 年。国家棉花中期库根据国家整体需求，负责收集国内外棉花种质资源，经过整理、鉴定评价、繁殖更新后入库保存和向全国棉花育种、生产等单位分发利用。截至 2013 年 11 月，国家棉花种质中期库共保存来自世界 53 个产棉国棉花种质资源 9683 份，其中陆地棉 8282 份、海岛棉 836 份、亚洲棉 546 份、草棉 19 份。近 5 年发放种质 12634 份次。

（三）棉花种质短期库

棉花种质短期库贮存条件：温度 10℃ ~ 15℃，相对湿度 50% ~ 60%，贮存时间为 5 年。包括 7 个点，地点在各省级农业科学院。

（四）国家棉花种质圃

国家棉花种质圃是国家 32 个农作物种质资源种质圃之一，位于海南岛三亚市，依托于中国农业科学院棉花研究所。自 1982 年建立以来，在多年生资源的研究方面取得较好的成就。

野生棉圃保存的材料共达 610 余份，分成 4 个种植圃：野生棉棉种 36 个共 60 份；半野生棉圃包括陆地棉野生种系 400 余份和多年生海岛棉 8 份；棉属近

---

① 数据来源：贤集网。

缘植物圃肖槿属 3 个种 5 份；杂种圃保存有 4 个栽培棉与 23 个野生棉种间杂种 58 个组合共约 140 份材料。国际上在室外自然条件下建立棉花圃的有墨西哥、印度、巴基斯坦、苏丹、法国等，均以当地棉种收集保存为主，活体棉种数均不到 30 个。美国和乌兹别克斯坦收集野生棉最多，但在温室内保存研究。就种间杂种而言，我国亦是最多的。①

（五）世界棉花基因库

叶武威等（1995）报道，自全世界最早的棉花基因库建立以来，苏联（现主要为乌兹别克斯坦）、美国、希腊、印度、澳大利亚、法国、巴基斯坦及中国都先后建立了不同类型的棉花基因库。

五、棉花种质资源的鉴定和评价体系

中国农业科学院棉花研究所建立了《棉花种质资源描述规范和数据标准》，并按此标准对棉花资源的农艺性状所有的必选描述及部分可选描述进行了全面鉴定评价。保存的种质资源必须对其遗传性状进行鉴定评价方可供育种和科学研究利用。收集到的棉花品种资源首先经农艺、经济性状、纤维品质的初步鉴定，将优良的种质提供给育种者利用，并组织有关的研究单位，对每份种质的农艺性状、抗枯黄萎病性、耐逆性、纤维和种子品质等按照统一的标准进行系统鉴定，结果输入计算机，建立中国棉花品种资源信息库，供选择者检索。每一份入国家长期库的种质都要提供一份鉴定评价的"档案"，根据育种和生产的需要，目前每份种质鉴定评价的内容包括以下四个方面：形态特征描述、农艺性状调查、特征鉴定、品质鉴定。建立了快速有效的种质资源生物技术鉴定方法。在棉花基因源分析上，主要采用分子标记技术（RAPD/SSR/AFLP/FISH），对筛选出的分别具有抗黄萎病、大铃、高衣分、优质纤维、棕色纤维、显性无腺体等性状的棉花优异种质进行了标记定位。找到了与优质、抗病、棕色棉紧密相关的 QTL，可以用于分子标记辅助选择育种。对我国棉花核心亲本种质、岱字棉衍生系、海岛棉等不同类型的棉花种质进行 SSR 分子标记的分析和鉴定。利用 SSR 分子标记检测 155 份棉属种间杂交渐渗系中的外源种遗传成分，在 15 对 SSR 引物中发现了两类 25 个 SSR 特异位点，海岛棉、亚洲棉、瑟伯氏棉等 8 个棉属不同种外源遗传成分向陆地棉种质有了不同程度的渗入。制定了利用分

---

① 资料来源：作物种质信息网。

子标记高效筛选具有外源基因特异种质的策略，并筛选了苏远7235等18份优质纤维特异种质和4份耐枯黄萎病特异种质。

六、耐盐性和抗旱性棉花种质资源的发掘

（一）棉花栽培种抗旱耐盐种质资源的发掘

刘国强等（1993）对4个棉花栽培种的4078份品种资源进行了耐盐性鉴定，结果表明，4个棉花栽培种的耐盐性很不一致。非洲棉高耐和耐盐的材料有4个，占非洲棉的33.33%；海岛棉高耐及耐盐的材料有12个，占海岛棉的3.86%；陆地棉中耐盐材料只有3个，占参加鉴定陆地棉材料的0.09%，没有高耐材料；亚洲棉中没有高耐及耐盐品种。在4078份供试材料中，经重复鉴定，表现高耐和耐盐的种质有19份，占参试品种总数的0.47%。高度耐盐种质有海岛棉C6015（2）和C-6020、非洲棉的白绒草棉等3份。耐盐种质有海岛棉的跃进1号、跃51-12、端绿长绒（1）、端绿（2）、长绒56-3017、5783-B、590连-N、吐52-3、吐75-184和跃61，非洲棉的玉米草棉、临泽草棉和紫花草棉，陆地棉中的枝棉3号、岱徐棉和早熟鸡脚棉。这些材料可供耐盐育种选用或在盐区试种。

叶武威等（1998）在"七五""八五"国家攻关的棉花耐盐性鉴定中，采用的是棉花苗期0.4%盐量胁迫法。这个方法属于形态比较法的一种，它是在棉花正常出苗的情况下，以苗期（三叶期）在盐胁迫下的成活苗率为指标评价棉花各个材料的耐盐性。在棉花抗旱性鉴定中，采用的方法是3%土壤含水量反复干旱法，以15cm土层内在棉花苗期进行反复干旱，每次土壤水分下降为3%时进行复水，如此反复三次后，统计棉苗的成活率，来比较不同材料的抗旱程度；棉花耐湿性鉴定是以棉花一叶一心期开始供给棉苗饱和水，一直供水到棉苗出现受害为止，统计受害后的棉苗成活率来比较评价不同材料的抗湿性程度。

对已收集到的11200份（次）棉花种质资源材料分别进行了抗旱、耐盐和耐湿性的统一生物学鉴定和分级，系统研究了棉花抗逆性的形态及生化机制，初步揭示了棉花抗逆性的遗传规律。培育了6个常规抗旱、耐盐的新品系，成功地将抗旱、耐盐、耐湿性较好的新品种（系）在我国旱区、盐碱地推广种植，累计推广面积为43万公顷，直接经济效益近人民币700亿元。

在已收集入库的6278份资源材料中（其中陆地棉5600份，海岛棉313份，半野生棉350份，野生棉15份），对5432份、5489份和1288份进行了抗旱、耐盐碱、耐湿的多点同步鉴定，抗及高抗旱的2676份（占49.26%）、抗及高抗盐的93份（占

1.69%)，高耐及耐湿的637份（占49.46%），对1037份材料进行了抗旱、耐盐及耐湿的同步鉴定，高抗旱兼耐盐的材料9份（占0.87%）（见表1-1）。

表1-1 棉花资源材料的抗逆性筛选

抗逆性	鉴定份数	高抗份数	抗份数	高抗材料举例	
旱	5432	1279	1397	中棉所25	晋棉11号
盐	5489	8	85	枝棉3号	中棉所23
湿	1288	71	566	辽7002	DP77

张雪妍等（2007）分别选用8个陆地棉、2个海岛棉、3个亚洲棉品种作为材料进行耐旱水平试验，以PEG6000作为水分胁迫剂，对棉花种子萌发期、芽期、子叶期和真叶期材料分别进行处理，结果表明，棉花耐旱性鉴定关键时期应在3~6片真叶幼苗，在PEG6000胁迫下不同品种、相同品种不同生育期的半致死浓度均存在着显著差别。亚洲棉中石系亚1号各生育期的半致死浓度均高于凤阳中棉，在真叶期两者差异最明显，分别为24%、17%，所以石系亚1号为耐旱材料，凤阳中棉为旱敏感材料；陆地棉中达到耐旱水平的材料有2份：晋棉26、冀713，达到抗旱水平的有2份：珂字310、中棉所12，达到高抗旱的材料有1份：中棉所9；海岛棉中达到耐旱水平的有1份：新海16，而新海17为旱敏感材料（见表1-2）。

表1-2 两种抗旱鉴定结果对比

品种名称	成活株/株	实验株/株	PEG胁迫方法（成活率/%）	耐旱水平	反复干旱法（成活率/%）	耐旱水平
晋棉26	50	100	50.0	耐旱	50.0	耐旱
鲁棉6号	12	36	33.3	不耐旱	11.5	不耐旱
冀713	57	90	63.3	耐旱	67.9	耐旱
珂字310	71	96	74.0	抗旱	85.0	抗旱
珂字348	60	160	37.5	不耐旱	39.4	不耐旱
中棉所9	10	13	76.9	抗旱	92.9	高抗
中棉所12	23	30	76.7	抗旱	76.6	抗旱
中棉所27	2	57	3.5	敏感	0.0	敏感
新海16	38	66	57.6	耐旱	68.9	耐旱
新海17	3	40	7.5	敏感	5.8	敏感

续表

品种名称	成活株/株	实验株/株	PEG 胁迫方法（成活率/%）	耐旱水平	反复干旱法（成活率/%）	耐旱水平
新平土棉	16	51	31.4	不耐旱	23.2	不耐旱
凤阳中棉	46	100	46.0	不耐旱	48.0	不耐旱
石系亚1号	86	100	86.0	抗旱	80.5	抗旱

　　王俊娟等（2011）采用15% PEG6000竖直滤纸法对41份陆地棉种子进行萌发期抗旱性研究，以平均隶属函数值大小代表抗旱性强弱，平均隶属函数值越大，抗旱性越强。筛选出陆地棉萌发期抗旱性较强的材料7份：冀668、鲁棉研21、9409选系、DP99B、创棉22、sGK中980、邯177；抗旱性中等的材料有10份：中23A－12、中23A抗棉F12、中棉所35、冀1286、GKZ19F6、双豫97－2067、光籽2、耐高温－2、中S9612、光籽1。

　　孙小芳等（2001）采用盐化土壤盆钵全生育期栽培法，在0、0.15%、0.30%、0.45%、0.60% NaCl胁迫下，比较了13个陆地棉品种的耐盐性，分析了不同鉴定指标间的相互关系。相对出苗率、苗期相对株高、相对叶面积是苗期耐盐性鉴定可靠且简易的指标。相对花铃期天数、相对成熟期株高、相对果枝数、相对铃数与相对籽棉产量呈极显著相关关系。0.45%是鉴定棉花耐盐性的适宜浓度。棉花品种间耐盐性差异随着生育阶段而变化，苗期和后期耐盐性较强的品种为枝棉3号，前期差后期强的品种为苏棉10号、苏棉8号等，前期耐盐性强后期下降的品种是中棉所19等，苗期和后期均表现较差的品种为苏棉12号、泗棉2号。

　　王俊娟等（2011）对14份陆地棉在萌发期和芽期分别进行了耐盐性鉴定，结果表明，14份陆地棉品种中萌发期达到耐盐以上的材料有5份（表1－3），分别是豫棉21、中棉所35、鲁棉研16、中9806－1、鲁棉研21，其中豫棉21、中棉所35、鲁棉研16在萌发期达到抗盐水平；芽期达到耐盐以上的材料有12份，达到抗盐的材料有9份，达到高抗盐的材料有6份（表1－4），这6份材料分别是中棉所35、中404A抗、44品系、鲁棉研21、鲁棉研16、sGK中980。从萌发期到芽期，棉花的耐盐性呈并高趋势。

表 1-3　14 个陆地棉品种（系）萌发期的耐盐性

品种（系）	相对出苗率/%	耐盐性
豫棉 21	88.6**	2 级
中棉所 35	87.8**	2 级
鲁棉研 16	87.6**	3 级
中 9806-1	53.1*	3 级
鲁棉研 21	53.0*	3 级
中棉所 12	43.0	4 级
sGK 中 980	37.6	4 级
中棉所 45	35.9	4 级
中 404A 抗	23.9	4 级
冀 668	21.9	4 级
DPlcon215	21.2	4 级
引双价	17.8	4 级
邯郸 109	10.3	4 级
44 品系	9.1	4 级

注：**表示差异达 1% 极显著；*表示差异达 5% 显著。

表 1-4　14 个陆地棉品种（系）芽期的耐盐性

品种（系）	相对出苗率/%	耐盐性
中棉所 35	97.3**	1 级
中 404A 抗	97.3**	1 级
44 品系	97.3**	1 级
鲁棉研 21	96.0**	1 级
鲁棉研 16	94.7**	1 级
sGK 中 980	90.7*	1 级
邯郸 109	86.7*	2 级
中棉所 12	86.7*	2 级
冀棉 668	79.3*	2 级
中 9806-1	72.0	3 级
DPlcon215	59.3	3 级

续表

品种（系）	相对出苗率/%	耐盐性
中棉所 45	57.3	3 级
引双价	41.3	4 级
豫棉 21	25.3	4 级

注：＊＊表示差异达 1% 极显著；＊表示差异达 5% 显著。

王桂峰等（2013）在大田条件下对 5 个棉花品种在 3 个盐胁迫水平下的出苗率，3 个生育期的叶绿素含量、光合速率、钠钾离子含量以及产量进行测定。结果表明，中棉所 39 号和中棉所 44 号较其他 3 个品种在苗期有较好的耐盐性，泗棉 3 号耐盐性最差。吉光鹏（2017）通过室内鉴定对 24 份棉花种质资源进行室内鉴定和田间种植鉴定。结果表明，中 33、中 52 两份棉花种质资源适宜于盐碱地种植。

郑巨云等（2018）以 188 份国内外棉花品种资源为材料，150.0mmol/L NaCl 为胁迫浓度，测定在盐胁迫及对照条件下，188 份品种资源的发芽势、发芽率、芽长、芽鲜重 4 个指标，利用这 4 个指标相对值分析棉花的耐盐性，采用模糊数学的隶属函数法综合评价 188 份棉花品种资源。经隶属函数综合评价，筛选出 1 份高耐盐材料（新陆中 22 号）、45 份耐盐材料（新陆早 1 号、新陆早 21 号、苏棉 12 号等）、120 份中耐材料（新陆中 21 号、新陆中 54 号、辽棉 17 号等）、22 份敏感材料（春矮早、新陆中 42 号、云 151075 等），所筛选得到的耐盐材料可以作为陆地棉耐盐遗传改良的亲本材料。

（二）半野生棉耐盐种质资源的发掘

半野生棉和野生棉是经过严苛的自然界环境筛选进化的材料，其中半野生棉（Semi - wild cotton）是陆地棉的野生类型，又称陆地棉野生种系（*Gossypium hirsutum* race），遗传多样性丰富，同时半野生棉与栽培品种之间具有遗传亲和性，是研究棉花抗盐机理并进行抗性改良的良好材料（韦洋洋，2017）。

周忠丽等（2015）于 2011—2012 年对 194 份半野生棉材料进行 0.4%（质量分数）NaCl 的胁迫砂培鉴定，初步筛选出 93 份耐盐级别以上材料。2013 年对该 93 份材料在新疆中度次生盐碱地复筛，筛选出 6 份耐盐半野生棉。2014 年继续在新疆次生盐碱地对 6 份材料进行多次重复鉴定，最终筛选出 1 份高抗盐碱、3 份抗盐碱半野生棉材料。其抗性稳定可靠，可作为抗盐碱育种及其机制研究的基础材料。

韦洋洋（2017）通过对土样中主要离子成分的测定，明确了新疆次生盐碱地块中的主要成分，并实现了温室重现，在进行多次验证后，确认了方法的可行性；成功筛选到稳定抗性材料玛利加朗特棉 85 和稳定敏感材料阔叶棉 40，抗性对照材料中 16 和敏感对照材料中 12。

七、棉花抗逆种质资源创新和利用

（一）种质资源创新

在国家支撑项目支持下，利用远缘杂交和原子能诱变等技术，通过多代的杂交、回交、定向选择，最终选育出优质、丰产、抗病的多性状聚合材料。比如，以远缘杂交技术为主，成功选育 J02－508、J02－247、高强纤维 11、苏优 6004 等超强超细优质纤维材料和棕絮 1 号等彩色棉优异材料，前者纤维品质达到了海岛棉的指标，后者为第一个彩色棉新品系，促成了我国彩色棉的大发展。此外，中 G5、中 164、中 1901、GS 豫棉 21 号、豫 688 等高抗黄萎病材料的选育成功说明野生种斯特提棉、栽培种陆地棉豫植 177 等是抗黄萎病基因的来源。彩色棉棕 910852 聚合了优质和丰产两个优异性状，成为国内外棕色彩色棉品质最好的种质；聚合了抗虫、深棕色纤维、丰产等优异性状的新种质 B2K8，成为国内外第一个大面积示范的常规抗虫彩色棉。原子能诱变也获得了优质、大铃新材料中 R40772，比现有品种纤维长度提高 15%，强度增强了 40% 以上，铃重 8.9 克以上。通过原子能诱变获得了优质、大铃等性状的新材料 59108，选育出的优质、大铃性状聚合的中棉所 48 是我国第一个大面积推广的大铃杂交棉品种，其铃重为 6.59 克以上，在某些地区达 8.09 克左右。此外，聚合了抗虫、抗旱、耐盐等优异性状的新种质中 507145，曾在山东省的盐碱地进行大面积示范种植（杜雄明等，2010）。

（二）种质资源利用

近几十年来，棉花中期库向国内科研单位发放种质资源共 18352 份次。全国科研单位 1984—1998 年育成的 206 个品种中，其亲本有 163 个是棉花库编过目的种质，占 58%；1999—2003 年审定的 149 个棉花品种中，用到编目种质 88 个。国外种质在育种上利用较多，较为突出的种质有岱字棉 15、斯字棉 2B、PD 种质系和新棉 33B 等。岱字棉 15 作为品种在我国种植时间长达 30 年，最大年（1958）种植 350 万 hm²，占全国棉田面积的 61.7%，成为我国种植面积最大的品种。作为种质利用的时间更长，育成 465 个品种（含 91 个系统选育品种），成为我国育成品种最多的种质，其中 16 个品种的推广面积为 3.3 万 hm^2。1983 年从美国引进 27 个 PD 高强纤维种质系，经安阳、南京两地试种，纤维强力较高，可纺高支纱，尤以 PD4548、PD9332、SC-1 较为突出。PD 种质系引起各科研单位的高度重视，推动了我国强纤维棉花的发展。据不完全统计，全国利用 PD 种质系培育出 15 个审定品种。国内大面积推广的优良品种和具有重要经济性状（如抗枯、黄萎病）的品种都被作用育种亲本利用过，推广面积越大、经济性状越好的品种，利用的效率也越高，如中棉所 12 等。中棉所 12 是集抗病、高产、优质于一体的优良品种，先后通过河南、山东、山西、河北、陕西、湖北、浙江、四川、新疆 9 个自治区和国家的审定，1986—1997 年间累计推广种植 1066.7 万 hm^2，成为国内品种中推广面积最大、利用时间最长、适应性最广的品种。作为育种亲本，据不完全统计，先后育成 84 个品种（系），其中 51 个品种通过国家和自治区审定，显示出中棉所 12 作为种质资源的应用价值。中棉所 41 与 sGK321 为我国第一批（2002）国家审定的双价转基因抗虫棉品种，也是黄河流域棉区的主推品种。中棉所 41 曾占陕西、山西种植面积的 50% 以上，最大年种植面积 50 万 hm^2，2006—2008 年中棉所 41 累计推广 139.87 万 hm^2。它作为种质资源被全国 20 多个单位利用，育成新品种（系、组合）54 个，通过省、国家审定的杂交有 12 个，常规品种 1 个，有力地促进了我国转基因抗虫棉新品种的培育。

2001—2010 年，共向 704 人次提供 11507 份次棉花种质，年均 1150 份次，是"九五"（共发放 2241 份次，年均 448 份次）的 2.5 倍。通过展示会，2008—2010 年度发放种质数量以及受益单位都比以前增加 30% ~ 50%。发放种质得到了如下利用：（1）为棉花国家重点基础研究发展计划（"973"计划）、"863"、转基因专项等重大项目等提供基础材料 600 余份次。发放种质开展了生理生化、表观遗传、分子遗传、基因定位、基因克隆、功能基因组学、蛋白质组学等，甚至涉及检验、检疫、医学、环境等学科的研究。发表论文数篇。（2）育种利用。湖南省棉花科学研究所利用本所提供的贝尔斯诺为优质基因资源，2006 年育成了陆地棉中长绒棉品种湘杂棉 10 号。创世纪转基因技术有限公司利用国家棉花种质库提供的鄂抗棉 9 号和豫棉 19 育成了棉花新品种创 072（2010 年国家审定），利用中棉所 12、中棉所 21 和豫棉 19 育成了创 075（2010 年国家审定）。中国农业科学院棉花所利用棉花中期库提供的抗枯萎病种质中 2369、美国抗旱优质种质 Tamcot CD3 Hal 和高产品种中棉所 17 复合杂交而育成的新品种中棉所 44，高抗枯萎、耐黄萎、抗盐，2004 年通过河南省审定。利用锦 444、Tamcot SP37 和中棉所 35，育成了中棉所 49，表现早熟、优质，2004 年 3 月和 7 月分别通过新疆维吾尔自治区和国家审定。利用纤维品质优异、大铃的种质资源中 951188，育成了杂交棉新品种中棉所 48，2004 年 3 月通过安徽省品种审定委员会审定，因大铃、优质，深受农民欢迎，在黄河、长江流域棉区大面积种植。（3）其他利用。农业部棉花品质监督检验测试中心利用海 7124、鄂光短果枝、斯字棉 825、棕絮 1 号等 34 份棉花种质，制定了《棉花新品种特异性、一致性与稳定性（DUS）测试指南》，目前已在我国棉花新品种保护中开始应用，并作为国家标准发布实施。其中的 11 份种质被选为标准品种。其余种质在性状的分析与确定中发挥了重要作用（杜雄明等，2012）。

（三）种质创新

面向生产和市场，围绕当前棉麻生产中迫切需要抗黄萎病、抗虫害、耐逆境和优质纤维等突出问题，孙君灵等（2004、2011）开展了抗病虫、优质、抗旱、耐盐等新种质材料的创新。通过原始创新、远缘杂交技术、物理诱变、优异种质性状聚合和分子辅助选择等方法，创造了不同基因源且具有优质、专用、多抗、高产、高效等多个重要性状的优异基因聚合的新种质，获得了符合创新目标的优良棉花创新材料 32 份，创新种质都聚合了两个以上优良性状。主要进展有以下几个方面：（1）优质创新有突破。利用远缘杂交和原子能诱变两大技术，通过多代的杂交、回交、定向选择，打破纤维品质与丰产、低衣分的负相关，最终选育出既优质又高产多性状聚合的高品质材料。比如，以远缘杂交技术为主，成功选育 J02–508、J02–247、高强纤维 11、苏优 6003、苏优 6036、苏 BR6206 和苏优 6093 等超强超细优质纤维材料，其纤维长度可达 34mm 以上、强度 39.0cN/tex 以上，接近海岛棉的纤维品质指标。原子能诱变也获得了优质、大铃新材料中 R40772，比现有品种纤维长度提高 15%、强度增强了 40% 以上，铃重 8g 以上。并且，建立了棉花超强纤维种质库高效杂交育种方法。（2）彩色棉种质创新和利用引领中国彩棉业的发展。聚合了抗虫、深棕色纤维、丰产等优异性状的新种质 B2K8（中棉所 81），纤维颜色鲜艳，成为国内外第一个大面积示范的常规抗虫彩色棉，示范面积已达数万亩以上；创新种质绿 G88 已通过品种审定（中棉所 82），并获得转基因安全证书；棕 910852 聚合了优质和丰产两个优异性状，成为国内外棕色彩色棉品质最好的种质。同时，还获得了棉花优质棕色纤维新品种的选育方法、棉花抗虫深棕色纤维新品种的选育方法等专利。（3）抗黄萎病资源创新。抗黄萎 164、中 1901、GS 豫棉 21 号、豫 688、1421Bt-4133 和中 21371 等高抗黄萎病材料的选育成功说明野生种斯特提棉、栽培陆地棉豫植 177 等是抗黄萎病基因的来源。（4）抗盐种质创新。聚合了抗虫、抗旱、耐盐等优异性状的新种质中 507145 和中 2101，现已在山东省进行大面积示范种植；中 1421 抗虫、耐盐等创新种质已经供育种和生产利用。2018 年和 2019 年中国农业科学院棉花研究所举办了两届棉花抗逆基因资源创新利用暨第三代基因枪活体快速应用技术观摩会，吸引了中国农业大学、河南大学、新疆农业大学、山东大学、河北省农林科学院棉花所、石河子大学、江苏农科院经作所等 50 多家科研院所的代表参加会议并进行讨论和种质发放。

八、研究展望

随着时代进步和科学技术手段的不断发展，棉花遗传多样性研究从多个方面都取得了一定成就。国内外研究结果表明，棉属种间遗传多样性高，而陆地棉品种间的遗传多样性低（王芙蓉等，2002）。在未来的棉花抗逆性材料创新和利用中，需要形成相对完整、系统的研究体系；在棉花抗旱耐盐品种培育过程中，研究人员应避免注重单一抗性品种的培育，加强对棉花抗逆品种的系统性研究；加强生物分子工程技术在棉花抗逆种质资源利用和新材料创新方面的应用。

在生态系统中，棉花不是独立存在的，而是与其周围各种环境因子相互作用的，因此加强对棉花物种与各种环境相互作用的研究，利用生态育种来拓宽棉花育种新思路，或许会取得更好效果。

参考文献：

陈光，杜雄明.我国陆地棉基础种质表型性状的遗传多样性分析［J］.西北植物学报，2006，26（8）：1649-1656.

杜雄明，潘兆娥，孙君灵，等.棉花 DNA 遗传转化系的农艺性状变异和 SSR 标记分析［J］.农业生物技术学报，2004，12（4）：380-385.

杜雄明，孙君灵，周忠丽，等.棉花资源收集、保存、评价与利用现状及未来［J］.植物遗传资源学报，2012，13（2）：163-168.

杜雄明，周忠丽，贾银华，等.中国棉花种质资源的收集与保存［J］.棉花学报，2007，19（5）：346 -353.

杜雄明，周忠丽，孙君灵，等. 棉花种质资源的收集保存、鉴定和创新利用［C］//中国棉花学会 2010 年年会论文汇编，2010.

FRYXELL P A，刘毓湘，乔海清，等. 棉族自然史［M］. 上海：上海科技出版社，1986.

符广群，周日明. 苏北沿海棉区棉花抗逆栽培技术探讨［J］. 江西棉花，2008，30（2）：25 -28.

盖钧镒. 植物种质群体遗传结构改变的测度［J］. 植物遗传资源学报，2005，6（1）：1 -8.

高利英，邓永胜，韩宗福，等. 黄淮棉区棉花品种种子萌发期低温耐受性评价［J］. 棉花学报，2018，30（6）：36 -44.

郭旺珍，彭锁堂，李炳林. 陆地棉与毛棉杂种性状遗传学和细胞学研究［J］. 棉花学报，1997，9（1）：21 -24.

韩明格. 棉花种质耐 Cd^{2+} 鉴定及 *GhHMP1* 的克隆［D］. 乌鲁木齐：新疆农业大学，2018.

黄滋康. 中国棉花品种及其系谱［M］. 北京：中国农业出版社，1996.

黄滋康. 中国棉花遗传育种学［M］. 济南：山东科学技术出版社，2003.

吉光鹏. 盐分胁迫下棉花种质资源的收集与利用［J］. 新疆农垦科技，2017，40（2）：59 -62.

李星星，严青青，王立红，等. 不同棉花品种生长特性分析及耐寒性鉴定［J］. 南京农业大学学报，2017（4）：584 -591.

刘国强，鲁黎明，刘金定. 棉花品种资源耐盐性鉴定研究［J］. 作物品种资源，1993（2）：21 -22.

刘浩，周闲容，于晓娜，等. 作物种质资源品质性状鉴定评价现状与展望［J］. 植物遗传资源学报，2014，15（1）：215 -221.

刘金定，王坤波，宋国立，等. 广西棉花种质资源考察报告［J］. 中国棉花，2003，30（12）：16 -18.

刘金定，叶武威，樊宝相. 我国棉花抗逆研究及其利用［J］. 中国棉花，1998，25（3）：5 -6.

孙君灵，杜雄明，周忠丽，等. 棉花优异种质创新［J］. 中国棉花，2004，31（4）：18.

孙君灵，周忠丽，贾银华，等．"十一五"棉花优异创新种质简介［J］．江西棉花，2011，33（4）：55－57.

孙小芳，刘友良．棉花品种耐盐性鉴定指标可靠性的检验［J］．作物学报，2001，27（6）：794－801.

唐海明，陈金湘，熊格生，等．我国棉花种质资源的研究现状及发展对策［J］．作物研究，2006，20（S1）：439－441.

王芙蓉，张军，刘任重，等．我国棉花种质资源研究现状及发展方向［J］．植物遗传资源科学，2002，3（2）：62－65.

王桂峰，魏学文，贾爱琴．5 个棉花品种的耐盐鉴定与筛选试验［J］．山东农业科学，2013，45（10）：51－55.

王坤波，杜雄明，宋国立．棉花种质创新的现状与发展［J］．植物遗传资源学报（增刊），2004（5）：23－28.

王坤波，刘国强．从我国棉花品种现状谈资源引种方向［J］．中国棉花，1992，26（3）：4－6.

王坤波，刘国强．美国棉花种质资源和遗传改良［J］．中国棉花，1999（3）：2－5.

王俊娟，樊伟莉，王德龙，等．PEG 胁迫条件下陆地棉萌发期抗旱性研究［C］//中国棉花学会 2010 年年会论文汇编，2010.

王俊娟，王德龙，樊伟莉，等．陆地棉萌发至三叶期不同生育阶段耐盐特性［J］．生态学报，2010，31（13）：3720－3727.

王俊娟，王德龙，阴祖军，等．陆地棉萌发至幼苗期抗冷性的鉴定［J］．中国农业科学，2016，49（17）：3331－3345.

王钰静，谢磊，李志博，等．低温胁迫对北疆棉花种子萌发的影响及其耐冷性差异评价［J］．种子，2014，33（5）：74－77.

韦洋洋．半野生棉对复合盐碱的响应机制与克劳茨基棉盐胁迫转录组分析［D］．武汉：华中农业大学，2017.

卫泽，孙学振，柳宾，等．国内外 57 份棉花种质资源的遗传多样性研究［J］．山东农业科学，2010（6）：13－18，26.

武耀廷，张天真，殷剑美．利用分子标记和形态学性状检测的陆地棉栽培品种遗传多样性［J］．遗传学报，2001，28（11）：1040－1050.

夏铭．遗传多样性研究进展［J］．生态学杂志，1999，18（3）：59－65.

许萱. 棉花的起源与进化 [M]. 西安：西北大学出版社, 1999.

杨富强, 杨长琴, 刘瑞显, 等. 不同基因型棉花苗期耐涝性与养分吸收利用差异分析 [J]. 西南农业学报, 2015, 28 (3)：991 - 996.

叶武威, 刘金定. 棉花种质资源耐盐性鉴定技术与应用 [J]. 中国棉花, 1998, 25 (9)：34 - 34.

负平, 杨婷, 李晓龙, 等. 陆地棉耐涝相关性状主成分及聚类分析 [J]. 湖北农业科学, 2015, 54 (22)：5520 - 5524.

张雪妍, 刘传亮, 王俊娟, 等. PEG 胁迫方法评价棉花幼苗耐旱性研究 [J]. 棉花学报, 2007, 19 (3)：205 - 209.

郑巨云, 曾辉, 王俊铎, 等. 陆地棉品种资源萌发期耐盐性的隶属函数法评价 [J]. 新疆农业科学, 2018, 55 (9)：17 - 30.

中国农业科学院棉花研究所. 中国棉花遗传育种学 [M]. 济南：山东科学技术出版社, 2003.

中国农业科学院棉花研究所. 中国棉花栽培学 [M]. 上海：上海科学技术出版社, 1983.

周忠丽, 蔡小彦, 王春英, 等. 半野生棉耐盐碱筛选初报 [J]. 中国棉花, 2015, 42 (1)：15 - 18.

周忠丽, 孙君灵, 贾银华, 等. 近几年棉花种质资源收集概况 [C] //中国棉花学会 2007 年年会论文汇编, 2007.

BEASLEY J O. Hybridization, cytology, and polyploidy of *Gossypium* [J]. Chronica Botanica, 1941 (6)：394 - 395.

BEASLEY J O. The origin of American tetraploid *Gossypium* species [J]. American Naturalist, 1940, 74：285 - 286.

CONATY W C, TAN D K Y, CONSTABLE G A, et al. Agronomy & soils genetic variation for waterlogging tolerance in cotton [J]. The Journal of Cotton Science, 2008 (12)：53 - 61.

FRYXELL P A. A revised taxonomic interpretation of *Gossypium* L. (Malvaceae) [J]. Rheedea, 1992 (2)：108 - 165.

THOMAS A L, GUERREIRO S M C, SODEK L. Aerenchyma formation and recovery from hypoxia of the flooded root system of nodulated soybean [J]. Annals of Botany, 2005, 97, 1191 - 1198.

WENDEL J F, BRUBAKER C L, PEREIVAL A E. Genetic diversity in *Gossypium hirsutum* and the origin of upland cotton ［J］. American Journal of Botany, 1992, 79 (11): 1291 – 1310.

YE Y, TAM N FY, WONG Y S, LU C Y. Growth and physiological responses of two mangrove species (*Bruguiera gymnorrhiza and Kandelia candel*) to waterlogging ［J］. Environmental and Experimental Botany, 2003, 49: 209 – 221.

第二章

棉花逆境响应的生理基础

植物生长发育过程中会受到各种各样的逆境胁迫，包括生物逆境和非生物逆境。主要的非生物逆境包括盐碱胁迫、干旱胁迫和其他非生物逆境，这些非生物逆境会对植物生长发育造成一定的伤害，在植物的整个生育期均会遇到。

第一节　棉花生长逆境

一、生长逆境分类

植物的生存环境并不总是适宜的，在生长发育过程中经常受到复杂多变的逆境胁迫（stress）。植物的环境胁迫因素有生物的（biotic）和非生物的（abiotic）两大类。生物因素包括竞争、抑制、生化互作、共生微生物缺乏、人类活动、病虫草害、动物危害等；非生物因素包括物理因素和化学因素，物理因素包括干旱、热害、冷害、冻害、淹水（涝、淹）、光辐射、机械伤害、电伤害、磁伤害、风害等，化学因素包括盐碱、元素缺乏、元素过剩、低 pH、高 pH、空气污染、杀虫剂、除草剂和毒素等。在这些逆境因素中，水分胁迫、盐碱胁迫、温度胁迫是三种最主要的，也是研究最多的。

二、逆境对植物的影响

植物对环境胁迫最直观的反应表现在形态上，如植物遭受严重水分胁迫后，就会产生一些明显的症状，如叶子卷曲、起皱、产生坏死斑点和过早凋落等。同时，植物的生长也会因环境胁迫而受影响，尽管植物形态和生长方面对环境胁迫的反应较为直观，但往往滞后于生理反应，一旦伤害已经造成，则难以恢复。而通过研究植物对环境胁迫的生理反应，不但有助于揭示植物适应逆境的生理机制，更有助于生产上采取切实可行的技术措施，提高植物的抗逆性或保护植物免受伤害，为植物的生长创造有利条件。

三、棉花生长逆境的分类及定义

（一）盐分胁迫

土壤中的盐分过多对植物生长发育造成的危害叫盐害（salt injury）。盐害分原初盐害和次生盐害。土壤中盐浓度过高对棉花直接产生的伤害叫原初盐害，对棉花产生渗透胁迫造成脱水及由于离子间竞争引起营养元素失衡造成的伤害叫次生盐害（董合忠，2010）。

（二）碱胁迫

碱土是指剖面中具有碱化层，碱化度超过 30%，pH > 9.0，含盐量小于 0.5%，主要盐成分是碱性盐 $NaHCO_3$ 和 Na_2CO_3，对植物造成高 pH 毒害的碱胁迫。盐碱胁迫下植物既受到离子造成的盐胁迫，也受到高 pH 毒害的碱胁迫（Shi et al.，2005）。

碱土可分为草甸碱土、草原碱土、龟裂碱土和镁质碱土（田雪，2013）。草甸碱土以 $NaHCO_3$ 和 Na_2CO_3 为主，pH 为 9.0 左右，分布在松辽平原、内蒙古、华北地区（田雪，2013）；草原碱土以 Na_2CO_3 为主，分布于东北的大兴安岭以西地区（祝寿泉等，1987）；龟裂碱土含苏打（Na_2CO_3），pH 可达 10，分布在西北地区；镁质碱土含镁离子，分布地区为河西走廊（祝寿泉等，1987）。

（三）干旱胁迫

在一定的环境条件下，当植物蒸腾消耗的水分大于吸收的水分时，植物体内就会出现水分亏缺，即发生干旱胁迫（water stress）。根据引起水分亏缺的原因，可将干旱分为三种类型：土壤干旱、生理干旱和大气干旱。

土壤干旱，即土壤中没有或只有少量有效水，棉花因吸水困难导致缺水萎蔫；生理干旱，即土壤并不缺水，因土温过低或土壤水分溶质浓度过高，妨碍棉花根系吸水甚至造成根系失水，导致棉花体内水分平衡失调（张天真，2008）。干旱对棉株最直观的影响是造成幼叶、幼茎的萎蔫。其中萎蔫分为暂时萎蔫和永久萎蔫，暂时萎蔫只是叶肉细胞临时水分失调，而永久萎蔫导致原生质发生了脱水。旱害的本质即原生质脱水，其带来的一系列生理生化影响（王忠，2009），严重时导致棉株死亡。大气干旱即棉株生长的生态环境气候干旱，如干热风等。

（四）低温胁迫

在自然界中，温度是影响植物生长、代谢的重要环境因子。植物不可避免地遭受各种环境因子的胁迫，其中低温是影响植物生存的主要环境胁迫因子之一（李新国等，2005）。低温胁迫使作物的生存能力、农作物的产量、生长发育情况、光合速率和矿质元素吸收速率等受到严重的抑制，严重的导致植株死亡。据统计，世界上每年因冷害造成的农业损失高达数千亿美元（利容千等，2002）。

（五）高温胁迫

高温胁迫（high temperature stress）对植物造成的伤害称热害（heat injury）。植物对高温胁迫的适应和抵抗能力称为抗热性。在高温胁迫下，植物会出现各种热害反应。高温是影响植物生理过程的重要环境因素之一。高温对植物造成的伤害分为直接伤害和间接伤害。

（六）涝害胁迫

涝害（flood injury）是指土壤水分过多对植物产生的伤害。水分过多的危害并不在于水分本身，而是由于水分过多引起缺氧，从而产生一系列危害。

（七）重金属离子胁迫

重金属离子胁迫主要包括 Cd^{2+}、Al^{3+}、Cr^{3+} 等对植物的危害。

土壤中 Cd^{2+} 污染主要是指人为地排放环境污染物，导致土壤 Cd^{2+} 污染严重的现象。土壤 Cd^{2+} 污染已经成为影响农业生产和人类健康的一个主要因素。2014 年国家环保部和国资部联合公布的《全国土壤污染状况调查公报》指出，全国土壤重金属污染比例达 16.1%，其中 Cd^{2+} 超标率高达 7.0%，成为我国耕地中主要的污染物之一（李婧等，2015）。造成我国土壤重金属 Cd^{2+} 污染严重的原因是多方面的，主要原因是随着工农业的生产和发展环境中的排放物增多，究其来源主要有以下几方面：①矿石开采、冶炼、加工排放的废气、废水、废渣；②煤、石油燃烧过程中排放的粉尘；③电镀工业废水；④塑料、电池、电子工业排放的废水；⑤农药、化肥、农膜、汽车尾气；⑥燃料、化工制革工业排放的废水。Cd^{2+} 的移动性很强，在土壤中较为活跃，又不属于植物的必需元素，当植物体从土壤中摄取的 Cd^{2+} 达到一定程度时，植物通常表现为叶片卷曲发黄等受害症状，生理指标上表现为叶绿体降解（Toppil et al.，1999），气孔关闭，水分代谢失衡（Toppil et al.，1999；Cobbett et al.，2010），光合作用受到抑制（Siedlecka et al.，1996），影响植物生长速度，进而影响植物的产量和品质（Toppil et al.，1999）。

铝毒是酸性土壤中限制植物生长的重要元素，常以不同的形式存在，其中离子态［Al^{3+}、$Al(OH)^{2+}$］对植物的毒害最为严重。酸性土壤上铝毒对植物的伤害首先表现于根部，它会破坏根尖结构，抑制根系生长（黄邦全等，2000；Barcelo 等，2002），进而影响植株地上部分生长，最终影响产量和品质。

第二节　盐碱对棉花生长的影响

一、土壤盐碱化

土壤盐碱化，又称土壤盐渍化，是当今世界土地荒漠化和土地退化的主要类型之一，也是世界性的资源问题和生态问题。土地盐渍化对地区的农业生产和生态环境造成很大影响。因此，较准确地分析土壤盐渍化的空间变异特征及变异尺度，揭示其分布规律来防止区域土壤盐渍化具有重要意义。

土壤盐碱化是在自然条件下地质发生变化的现象，在这个过程中，土壤下层盐分在某些条件的作用下向表层凝聚和积累，从而形成盐渍化土壤。随着土壤中可溶性盐的积累，当含量大于0.3%时则会造成土壤的盐碱化。盐碱化的过程往往受到气候、地质、地形等多种自然因素的影响。但人类活动，尤其是近代以来，农业的迅速发展对土壤盐碱化产生了重大影响。土壤的盐碱化严重限制了世界和我国农业的生产和发展，严重影响了农作物的产量和品质（王帅，2017）。

次生盐碱化是造成我国盐碱地面积增大的原因之一，在我国干旱、半干旱地区，由于农业条件的限制以及不合理灌溉，土壤成分逐渐变化，当与原生盐碱土形成条件相同或相近时，便产生了次生盐碱化。除了干旱土壤、半干旱土壤容易发生次生盐碱化，半湿润土壤和长期受到海水浸灌的土壤通常也会出现盐渍化现象。目前占我国可耕地面积近1/4的盐碱地中，有近1/3的面积属于中度或强度盐碱化土地，而且面积在不断扩大，严重影响了我国农业的发展。

根据易溶盐组分不同可将盐碱土分为盐土、碱土和盐碱土（张甘霖等，2013）。其划分依据为：盐土是指0～20cm中具有积盐层，盐分含量大于0.5%

~2.0%，其主要成分是中性的盐 NaCl、Na_2SO_4，主要对植物造成盐胁迫；碱土是指剖面中具有碱化层，碱化度超过 30%，pH > 9.0，含盐量小于 0.5%，主要盐成分是碱性盐 $NaHCO_3$、Na_2CO_3，对植物造成高 pH 毒害的碱胁迫；盐碱土盐成分是中性盐和碱性盐的综合，盐碱胁迫下植物既受到离子造成的盐胁迫，也受到高 pH 毒害的碱胁迫（张冰蕾，2018）。

碱土的碱化度较高，具有很强的碱性，土壤在干旱时收缩坚硬干裂板结，湿润时膨大泥泞；结构性差，通气性差，农作物难以正常生长，产量受到严重影响（沈婧丽，2016）。我国碱土多零星分布在东北、华北和西北地区（黄远，2012）。一般来说，植株的耐碱性与根部结构有很大关系，如玉米根部有较为坚硬的外皮层，比没有外皮层的植株具有更强的耐碱性（陈凯，2015）。

由于气候等条件不同，各地区的盐碱土壤存在较大差异。盐土的主要组成是硫酸盐与氯化盐，可分为滨海、洪积、草甸和典型盐土等（唐于银等，2008）。滨海盐土主要分布于海边地区，受海水影响，土体和地下水的盐成分较高（谷洪彪，2012）；草甸盐土主要受到地下水的作用（唐于银等，2008）；典型盐土主要分布于内陆地区，地表上会有厚的积盐壳（祝寿泉等，1987）；洪积盐土分布于干旱的漠境地区（祝寿泉等，1987）。

据统计，目前全球盐碱地面积约为 $9.5 \times 10^8 hm^2$，我国有 9913 万公顷。同时全球盐碱地正以每年 $1.0 \times 10^4 \sim 1.5 \times 10^4 km^2$ 的速度在增长（Liu，2014）。因此，在耕地有限、世界人口不断增长、耕地面积不断减少的情况下，有效开发利用盐渍化土地对于世界农业具有重要的意义。

作物对盐害的耐受性称为耐盐性。不同作物以及相同作物的不同品种对盐害的抵抗能力差异明显。虽然根据易溶盐组分的不同，我们常将盐碱土分为盐土、碱土和盐碱土，但两者常同时存在，难以绝对区分。目前习惯性将盐分过多的土壤称为盐土，相应地将作物对盐碱地的耐性简称为耐盐性（王海燕，2016）。作物耐盐和耐碱机制上是存在差异的。

作物通常采用耐盐和避盐两种方式来应对所处的盐碱环境，如玉米、高粱等通过将自身盐分排出体外，即泌盐的方式应对盐胁迫，而大麦则主要通过吸水和提高自身生长速度以稀释自身的盐分或通过细胞选择性地吸收避免盐害。

二、棉花的耐盐碱性

棉花作为盐碱地改良的先锋作物，是世界上重要的纤维作物，同时也是重要的油料作物，其生产和种植有 2000 多年的历史。棉花分为四大类，包括四倍体棉种陆地棉和海岛棉以及二倍体棉种亚洲棉和非洲棉，根据其耐盐性强弱排序依次为非洲棉、海岛棉、陆地棉和亚洲棉。

叶武威等（2001）研究认为棉花在苗期具有拒盐性，能够通过降低自身对盐分的吸收适应盐碱的环境，而成株以后棉花具有耐盐性，即通过自身吸收盐分降低盐胁迫对自身的损害。而早期研究认为，棉花属于拒盐性作物，主要通过拒盐达到抵抗盐胁迫的目的（叶武威，1995）。

棉花受到盐胁迫的伤害主要表现为渗透胁迫和离子毒害。渗透胁迫是指土壤的盐浓度较高，当土壤溶液的浓度高于植物细胞本身的渗透压时，会造成植物体水势进一步下降，造成植物吸水困难，导致生理干旱缺水，甚至死亡。离子毒害是指盐胁迫使细胞质膜发生改变，进一步使细胞的生理代谢、遗传功能及遗传机制发生改变，从而在一定程度上破坏细胞分裂、生殖的生理功能。其中较严重的是单盐离子毒害。长时间的盐分胁迫对棉花生长周期的各个阶段都有着严重的伤害，具体表现在形态学、生理生化和分子水平上，最终使棉花总产下降以及纤维品质变差。叶武威等（1998）研究表明，当土壤盐浓度不高于 0.2% 时，对棉花的出苗和生长不会造成多大影响，而且产量和品质也会有一定程度的提高和改善；但当土壤盐分超过 0.4% 时，会对棉花产生严重的危害。

在碱胁迫下，棉花除了会受到盐离子成分引起的胁迫、渗透胁迫和氧化胁迫外，还会受到高 pH 的毒害作用（贾娜尔·阿汗等，2010）。盐离子浓度较高时会引起棉花萌发期出苗困难。较高的盐浓度会使棉花叶片萎蔫，影响植株光合作用（陆许可等，2014）。此外高 pH 毒害作用也会对植株造成严重伤害，会引起土壤中矿物质的状态发生变化，进一步影响植株根部的生理生态变化，严重时引起根部形态改变甚至丧失功能（Zhao et al.，2016）。有研究报道，高 pH 会使得星星草植物的相对生长速率降低，当外源施用磷酸使得 pH 降低时，能够有效缓解胁迫伤害。同时有研究报道，植物细胞外的高 pH 环境会引起细胞内多种生物学反应，如维持细胞膜和细胞壁的稳定性、形态发生、蛋白质稳定性和功能以及营养成分吸收等过程（Zetterberg et al.，1977）。研究发现，在酸性条件下，植物细胞生长延伸很快，当细胞间质间的 pH 升高成碱性时，细胞壁的疏松过程受到阻碍，影响了细胞的延伸（陆长梅，2005；Cosgrove，2000）。实验证实提高细胞内的 pH 会抑制植物根毛生长（Cosgrove，2000）。另外，pH 还与气孔的开闭有关，气孔在开闭的过程中保卫细胞的 pH 存在响应变换（Bibikova et al.，1998）。

董合忠等（2005）研究表明土壤盐分的升高首先会产生初盐毒害作用，使位于土壤内部根系细胞的质膜结构发生变化，随后进一步造成植物整体性的伤害。如光合作用和呼吸作用的变化、内源物质合成的异常等。在生理水平上，杨淑萍等（2010）认为盐分会造成棉花细胞内源物质如蛋白质、脯氨酸等含量增加，过氧化氢酶、超氧化物歧化酶等内源酶活性升高。分子水平上，彭振等（2017）分析转录组研究结果表明，耐盐相关基因及其转录因子的表达量会上调或下调。研究结果发现，在较高的盐分胁迫下，纤维成熟度、绒长和断裂比强度都会有一定程度的下降，盐分胁迫还会使棉花蕾铃形成减少和脱落增加，进而使产量降低。陆许可（2014）对棉花幼苗进行 NaCl、NaHCO$_3$ 和 Na$_2$CO$_3$ 处理，结果发现中性盐 NaCl 和弱碱性盐 NaHCO$_3$ 对棉花幼苗影响较小，而碱性盐 Na$_2$CO$_3$ 对棉花幼苗危害较大，致使其茎基部和根部明显变黑。张冰蕾（2018）选用耐碱性较强的陆地棉材料中 9807 进行不同盐碱胁迫处理，发现根和叶存在明显表型差异。对差异基因的研究发现少量的碱造成的单纯的高 pH，并不会显著影响植物离子稳态，但高 pH 会加大 Na$^+$ 引起的渗透胁迫，从而发生盐和碱的协同增强作用。

三、棉花耐盐碱机制研究

（一）有机酸调节

棉花在应对盐碱的伤害时，尤其是高 pH，最为直接的方法是产生酸性物质来中和环境、细胞内的碱性 pH。主要有两种方式：第一种，根系细胞向环境中分泌 H$^+$，呼吸作用产生 CO$_2$ 以及分泌有机酸等来中和环境中存在的 OH$^-$ 进行小环境的调节（曲元刚等，2004）；第二种，当胁迫超出细胞本身的缓解能力之后，引起了细胞内 pH 的升高，细胞内产生有机酸、柠檬酸等酸性物质来中和体内的高 pH（Deitmer et al.，1996；Takahashi et al.，1996）。有研究发现，在烟草中过表达柠檬酸合成酶基因，该基因来自假单胞杆菌，可以使得柠檬酸的合成量显著增加，转基因烟草在碱胁迫下显著提升了对磷的利用。石德成等（2003）研究发现，星星草和羊草通过大量合成有机酸、柠檬酸的方式使得其耐碱性分别达到 100mM 和 200mM Na$_2$CO$_3$。

（二）渗透调节

渗透调节途径是植物在较高盐分环境中的一种适应性反应，较高的盐分会激活渗透调节途径，诱导渗透调节物质的生物合成和积累，降低细胞渗透势，从而稳定蛋白质和细胞结构（Apse et al.，1999）。可溶性渗透调节物质可以在胁迫反应早期减少水分丢失，在胁迫后期能提高细胞膨压并使细胞扩张。可溶性渗透调节物质的类型具有组织特异性，不同物种中也存在差异，许多渗透调节物质在高温、干旱和低温下都会得到积累。然而有一些渗透调节物质只在特定的植物中积累，如胆碱-牛磺酸、b-丙氨酸甜菜碱和羟脯氨酸只在蓝雪科植物中积累。有一些在海藻类植物中积累，如二甲基磺丙酸、葡甘油酯和甘油。

（三）维持离子稳态

植物维持细胞内的离子稳态来应对盐离子毒害（Fukuda et al.，2004）。通过减少细胞质里的 Na^+，增加 K^+，可以保证细胞内合适的 K^+/Na^+ 比率，从而防止细胞受到伤害并缓解营养不足（Choura and Rebaï，2005）。减少细胞质中 Na^+ 的方法主要有限制 Na^+ 吸收、增加 Na^+ 外排，在液泡中使得 Na^+ 区隔化。Na^+ 跨过细胞膜进入细胞中，这个过程需要通过高亲和力的通道（HKT）、低电压依赖性无选择性通道（NSCC）和低亲和力通道。这些通道都可以介导 Na^+ 和 K^+ 进入植物细胞，有些通道则倾向于转运 K^+ 大于转运 Na^+（Tanaka Y，1993）。HKT1 被认为是参与植物耐盐胁迫的重要蛋白（Platten et al.，2006），推测其可能是通过限制茎组织中 Na^+ 的积累来保护植物免受离子毒害作用。拟南芥中 Na^+ 的外排作用机制研究得较为透彻，在没有胁迫的正常条件下，植物的 SOS 途径的 SOS2 蛋白的激酶活性会受到抑制。液泡 Na^+ 区室化是指将多余的盐离子吸收进入液泡中，在应对盐毒害上具有重要作用（王劲等，2006）。

（四）活性氧清除系统

氧是植物生命活动中的必要元素，但在代谢过程中氧会转换成活性氧（ROS）（焦彦生等，2007）。活性氧具有很强的氧化能力，对细胞膜造成很大的伤害，并形成不可逆的代谢功能紊乱甚至细胞死亡。活性氧会和蛋白质中的氨基酸结合从而形成羰基化合物。超氧化物歧化酶（SOD），可将植物细胞中的超氧化阴离子移除。

四、盐碱胁迫对棉花发育的影响

（一）萌发期

出苗问题是盐碱地种植棉花需要攻克的首要问题。棉花属于耐盐碱作物，在较高的 NaCl 浓度下仍然具有较高的萌发能力。叶武威等（1994）试验表明，陆地棉部分材料在 0.1% NaCl 浓度下可以发芽，当土壤盐分为 0.2%～

0.3% 时出苗困难，0.4% ~0.5% 时不能出土，大于 0.65% 时很难发芽。但不同品种或材料之间的耐盐性也存在极大的差异，谢德意（2000）采用豫棉 15 做萌发期试验发现 NaCl 浓度在 0.6% 以下时，棉籽的发芽势、发芽率与对照（没有盐胁迫）相当；NaCl 浓度在 0.4% 以下时，发芽势和发芽率还都高于对照，这表明低浓度的 NaCl 溶液还有利于棉籽萌发；当 NaCl 浓度上升到 0.7% 以上时，种子的发芽势、发芽率均开始大幅度下降，高浓度（>0.9%）时种子萌发受到强烈抑制；当盐浓度为 1.5% 时，种子的发芽势高，吸水膨胀，造成萌发慢，萌发率低，盐浓度越高，渗透胁迫越严重。NaCl 胁迫会影响棉花种子代谢过程中相关的酶活性，尤其是种子萌发的脂肪酸代谢途径过程中的一些酶，如脂肪酶。

（二）幼苗期

棉花出苗后，由自养阶段进入异养阶段。但高盐胁迫下，棉花幼苗子叶平展困难，幼苗生长速度缓慢且生长畸形，盐分过高时还会引起叶绿素合成受阻，出现黄化症状。幼苗期对盐分比较敏感，三叶期之前最容易受到盐碱的危害，棉花幼苗的耐盐极限浓度比种子萌发时的要低，盐浓度越高，危害越严重，盐胁迫越长，越不利于棉苗根部的生长。研究发现，随着盐分浓度升高，植株株高显著下降，盐分的持续存在会使株高较对照差距不断加大，且三叶期生物量随着盐浓度和盐胁迫时间的增长显著降低，高盐情况下，甚至不增长。王帅（2017）实验发现，棉苗三叶期 NaCl 处理一周后，真叶叶缘焦化严重，叶片软化，颜色发暗，子叶全部脱落，侧根发生较少，根部出现局部黄褐色。

棉苗叶片脱落较早，是因为在高盐情况下，叶片基部易形成离层。同时，土壤中高浓度 Cl⁻ 离子的吸收会阻碍棉苗对其他阴离子的吸收，从而导致必需元素的匮乏，进一步加剧棉苗的抑制作用。盐胁迫下，盐分可以通过干扰气孔的开合从而减少 CO_2 的吸收，使细胞膨压降低，破坏保卫细胞正常的形态，从而降低植株的光合作用。实验发现，耐盐锻炼后的棉苗叶面积、叶绿素含量、蛋白质含量及光合作用酶活力均有所增加，耐盐能力增强。王宁等（2018）报道苗期盐胁迫下，各品种（系）棉花株高、地上部干质量、根干质量、净光合速率较对照下降，而脯氨酸含量、相对电导率、质膜透性和丙二醛含量则较对照上升。

在碱胁迫下，棉花除会受到盐离子成分引起的胁迫、渗透胁迫和氧化胁迫外，还会受到高 pH 的毒害作用（贾娜尔·阿汗等，2010）。盐离子浓度较高时会引起棉花萌发期出苗困难。较高的盐浓度会使得棉花叶片萎蔫，影响植株光合作用（陆许可等，2014）。另一方面高 pH 毒害作用也会对植株造成严重伤害，首先高 pH 会引起土壤中矿物质的状态发生变化，进一步影响植株根部的生理生态变化，严重时引起根部形态改变甚至丧失功能（Zhao et al.，2016）。有研究报道，高 pH 会使得星星草植物的相对生长率降低，当外源施用磷酸使得 pH 降低时，能够有效缓解胁迫伤害。同时有研究报道，植物细胞外的高 pH 环境会引起细胞内多种生物学反应，如维持细胞膜和细胞壁的稳定性、形态发生、蛋白质稳定性和功能以及营养成分吸收等过程（Zetterberg et al.，1977）。研究发现，在酸性条件下，植物细胞生长延伸很快，当细胞间质间的 pH 升高成碱性时，细胞壁的疏松过程受到阻碍，影响了细胞的延伸（陆长梅，2005；Cosgrove，2000）。实验证实提高细胞内的 pH 会抑制植物根毛生长（Cosgrove，2000）。另外，还有研究报道，pH 还与气孔的开闭有关，气孔在开闭的过程中保卫细胞的 pH 存在响应变换（Bibikova et al.，1998）。

（三）发育期

棉花在盐胁迫情况下，会出现生长势下降，叶片生长和增加速率减缓，果枝减少，株高明显降低，现蕾、开花、单株成铃数减少，生育期延长，籽棉产量下降。若胁迫严重，胁迫时间较长，则会出现现蕾、开花提前，成熟期缩短形成"老小苗"。棉花在开花结铃期对盐胁迫较为敏感，在发育过程中，耐盐性不断增加，但在花蕾期会逐渐下降，随后至开花结铃旺盛期达到最高。因此，实验生产中常将苗期和花蕾期作为棉花耐盐性品种筛选的关键时期。叶武威（2001）对中棉所23、荆州退化棉、启丰棉4选、朝阳棉70、咸棉73-145、原光3号、锦育6号、襄北1号、车杂1号和黑山棉1号10个不同生育期品种研究发现，当土壤盐分在0.42%时，对棉花生育期能起到提高或延长的作用，结果如表2-1。

表2-1　土壤盐分0.42%时胁迫与棉花生育期的反应（叶武威，2001）

熟性	生育期反应
早熟	生育期提前1天
中早熟	生育期提前1~2天
中熟	生育期延长1~4天
晚熟	生育期延长4~7天

盐胁迫影响棉花有机物的同化、运输以及激素代谢等生理过程，造成棉花蕾铃的脱落，使产量降低。研究表明，蕾铃的脱落与 NaCl 胁迫密切相关：低盐浓度时，蕾脱落率高；随着盐浓度增加，蕾脱落率降低，铃脱落增加。前人研究结果表明，在低浓度盐分（0.2%）下，棉花脱落率的次序是蕾＞花＞幼铃＞大铃，主要影响花蕾脱落，高浓度盐分（0.4%）下，花蕾脱落率表现为不耐盐材料＞稍耐盐材料＞较耐盐材料，耐盐性与脱落率呈负相关。而在0.4%以下的浓度都不会对较耐盐材料的大铃产生影响。

（四）棉铃发育和纤维成熟期

盐胁迫对棉花的衣分影响不大，盐敏感品种衣分略有下降，但棉纤维的长度、伸长率、整齐度、比强度、马克隆值等纤维品质指标均发生不同程度变化，总体表现为铃重、棉籽重下降，纤维糖分升高。前人研究中一致认为，高盐胁迫会使棉花纤维长度下降，纤维成熟度下降，细度降低，但不同品种间影响不太一致。实验发现不同品种之间，中棉所79的纤维长度、整齐度、马克隆值高于泗棉3号，断裂比强度低于泗棉3号。随着土壤盐分水平提高，长度、整齐度、断裂比强度显著降低，马克隆值、伸长率逐渐升高。对陆地棉 AcalaSJ－2 研究时发现，NaCl 浓度在 25～100M 时有利于棉花细胞的伸长和重量的增加，但细胞变细，认为一定浓度的 NaCl 有利于棉花的增长而不增粗。叶武威（2001）研究发现，盐分（土壤含盐量0.42%）有利于棉纤维的增长而不是增粗，也能提高棉纤维长度和降低马克隆值及细度。同时发现盐胁迫对纤维品质的影响与生育期有一定的关系（表2－2）。

表2－2　0.42% NaCl 胁迫下纤维品质与生育期的关系（叶武威，2001）

纤维性状	与生育期关系
纤维长度	不同生育期材料，长度都提高
比强度	生育期短则纤维比强度小，反之则比强度大
整齐度	生育期短则纤维整齐度小，反之则整齐度大
伸长率	不同生育期材料，伸长率都下降
马克隆值	不同生育期材料，马克隆值都下降

盐胁迫下，棉铃发育过程受到抑制，铃重、种子重量有所下降，纤维中糖含量增加，纤维素含量降低，含水量升高。这可能是由于成熟期推迟，或棉铃

内部渗透压降低，造成铃壳提前开裂，使纤维发育不充分，糖分转化率降低。

（五）盐碱胁迫对棉花生理指标的影响

盐胁迫会对棉花产生直接和间接的伤害。直接伤害即棉花细胞在受到盐胁迫后发生的一系列变化，最终导致膜系统发生变化从而损害膜系统的正常生理功能。间接伤害表现为打破棉花生长环境原有的水分平衡，即渗透胁迫。盐胁迫下，植物自身通过渗透调节来减小这种危害，使植物在盐渍环境条件下保持足够的水分。渗透调节物质主要分两类：一类是外界进入细胞的无机离子如 Na^+、K^+ 和 Cl^- 等；另一类是细胞自身合成有机小分子物质，如脯氨酸、可溶性蛋白、可溶性糖、甜菜碱、多胺等。

超氧化物歧化酶 SOD 是需氧生物中普遍存在的一种含金属酶。它与过氧化物酶 POD、过氧化氢酶 CAT 等协同作用防御活性氧或其他过氧化物自由基对细胞膜系统的伤害。活性氧对细胞的伤害最为严重，细胞自身不能清除活性氧，而 SOD 是抵御活性氧伤害的"第一道防线"；活性氧的累积会形成膜脂过氧化作用，造成整体膜损伤，而 POD 是细胞内有害物质的清除剂。盐胁迫下，棉花体内 SOD、POD 等酶活性增高，研究发现，NaCl 胁迫后 1.5h，SOD 活性变化幅度很大，胁迫后 3h 变化不大，而 POD 则呈现相反的趋势，NaCl 胁迫后 1.5h，SOD 活性变化幅度不大，胁迫后 3h 变化较大。而且每种材料胁迫后其体内酶的增加量不同，说明经过 NaCl 胁迫后超氧化物歧化酶活性低的材料，过氧化氢酶含量相应增加幅度都很大。叶武威（2006）实验发现，无论耐盐品种还是不耐盐品种 SOD 活性都随着 NaCl 浓度的增加而增加，但耐盐品种的增加速度要显著高于不耐盐品种，但对于 POD 而言，耐盐品种的增加速度要低于不耐盐品种。

植物器官衰老或在逆境下遭受伤害，往往发生膜脂过氧化作用，丙二醛是膜脂过氧化的最终分解产物，其含量可以反映植物遭受逆境伤害的程度。MDA 从膜上产生的位置释放出后，可与蛋白质、核酸反应，改变这些大分子的构型，或使之产生胶联反应，从而丧失功能，还可使纤维素分子间的桥键松弛，或抑制蛋白质的合成。因此，MDA 的积累可能对膜和细胞造成一定的伤害。有报道 NaCl 胁迫前后植物组织中丙二醛含量均增加，说明通过 NaCl 胁迫棉花已经遭受伤害，而遭受逆境伤害的程度大小可以从丙二醛含量在 NaCl 胁迫前后的变化幅度表现出来。

有研究报道，棉花在受到盐分胁迫后，体内可溶性糖和可溶性蛋白含量呈现增加趋势，且游离脯氨酸会大量增加，比原始含量增加数十倍。研究证明：

在细胞的几种渗透调节物质中对稳定渗透调节能力的相对贡献大小是 K^+ > 可溶性糖 > 其他游离氨基酸 > Ca^{2+} > Mg^{2+} > 脯氨酸。胁迫下可溶性糖含量的变化说明，在盐胁迫条件下细胞内渗透调节物可溶性糖的积累是反映耐盐性强弱的有效指标之一。

张冰雷（2018）分别利用盐（NaCl）和碱（NaOH、Na_2CO_3）对棉花幼苗进行盐碱胁迫，发现棉花在三叶期对盐碱胁迫反应最为敏感。从根和叶表型分析发现，NaCl 处理下根和叶轻微变软并没有变黑，且根部仍能生长；NaOH 处理下根轻微变黑，叶片失去光泽，并萎蔫；Na_2CO_3 处理下根组织发黑，叶片主叶脉变黑（图 2 - 1）。研究发现，耐盐碱性较强的中 9807 在胁迫处理后，其根和叶片相对含水量、叶片叶绿素含量均最高。张冰蕾（2018）等利用转录组数据分析其耐盐机理发现，棉花在 NaCl 胁迫下，*SOS*（salt overly sensitive）、*NHX*（Na^+/H^+ exchanger）、*CHX*（Cation/H^+ exchangers）等参与调控离子稳态的基因显著上调表达；NaOH 胁迫下，调控糖代谢相关基因显著上调表达；Na_2CO_3 胁迫下，高 pH 对植物细胞造成损伤，引起细胞中调控果胶合成酶相关基因的表达，加固细胞壁合成，从而抵御高 pH 伤害。最终对棉花耐盐、碱机理进行总结，绘制成图（图 2 - 2）。

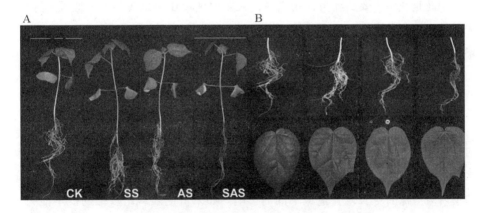

图 2 - 1 不同处理下植株表型变化和生理指标测定

注：（A）中 9807 在 100mM NaCl（SS）、0.125mM NaOH（AS）、50mM Na_2CO_3（SAS）处理下植株表型变化；（B）根和叶部位表型变化

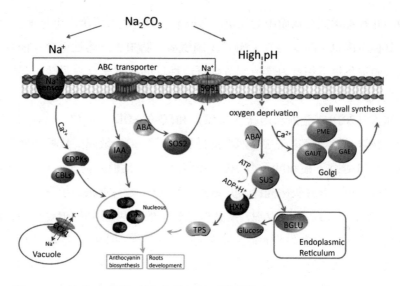

图2-2 棉花响应盐碱胁迫的调控网络模型（Zhang et al.，2018）

第三节 干旱对棉花生长的影响

棉花是我国主要的经济作物之一，大多数种植在干旱或半干旱地区。近年来随着全球气候变暖，降雨不足和不均匀，干旱半干旱地区的面积及程度都呈增加趋势，严重影响了棉花的生长。

一、干旱对棉花形态、产量、品质的影响

棉花是喜高温、耐干旱并且存在无限生长习性的重要经济作物。但是干旱对棉株的生长发育在不同阶段会造成不同程度的影响，干旱使棉花植株体内的含水量下降，从而影响各个器官的生长发育。棉花在不同的发育阶段受到干旱胁迫后对植株的生长发育造成不同的影响。如果苗期表现出较强的抗旱能力，适度的干旱可促进棉花根系的生长。营养生长期轻度的干旱不会造成叶面积的减少，只是生长期会延长。在结铃期遭受到干旱则会造成植株早衰、叶片功能期缩短且光合效率低，有效铃不能很好地膨大，造成减产的同时影响棉花的纤维品质、籽指降低。

（一）干旱对棉花形态的影响

干旱会对棉花的形态特征造成不利的影响，研究表明，干旱抑制细胞分裂，

使得叶片伸展和茎的伸长受到阻碍，致使棉株的叶面积降低，生长速度下降（Mcmichael et al.，1982；Turner et al.，1986；Gerik et al.，1996）。在干旱胁迫下，棉花的根系受到影响，导致棉株的根冠比增大。棉花叶片的生长和形态变化对水分比较敏感。有研究表明，干旱主要是降低棉花单株的叶片数目来影响单株叶面积，其中果枝叶数目受到的影响要大于主茎叶数目。还有研究表明，干旱致使棉花的单叶叶面积显著降低，比叶重升高。水分逆境环境中叶片的形态会出现明显响应。轻度的水分逆境下，叶片通过改变它的空间角度降低辐射截获量，从而避免或减轻了光合机构的损伤；严重水分逆境中，叶片细胞会失去膨压而萎蔫或者卷曲。在缺水情况下棉花叶片上表皮蜡质的厚度和短绒毛数量增加，从而提高保水性和反射率。改变叶片形态可减少辐射截获量，对棉株适应及度过短期水分逆境起重要作用。对于干旱的敏感性，幼叶低于老叶，干旱时幼叶会向老叶夺水，导致老叶死亡。干旱会加速叶片的衰老，棉花叶片脱落率与水分亏缺程度间存在线性正相关。奥斯特罗姆（Van Oosterom，1992）认为，植物叶片薄、叶片呈淡绿色、叶片与茎秆夹角小并且具有蜡质和表皮毛的品种较抗旱，作物的抗旱性与叶片的解剖结构密切相关；努尔（Nour）等（1987）认为，大、深、密的根系是作物抗旱的重要特征。

干旱条件下种子的萌发率、存活率，植株的株高、叶面积、干物质积累速率、叶片生长速率及叶片枯萎率等，根系的发达程度，如根的数量、根/冠比、最大根长、胚根数等形态指标，茎的输导能力，如茎流量等，叶的形态，如叶片形态、大小、角度、卷曲程度等，这些都可作为作物抗旱性鉴定的指标。在上述的所有指标中，叶片的形态变化是最明显的，并且其变化是不可逆的。植物缺水后，细胞的增大受到抑制，单片叶的叶面积会比正常情况下小，由于缺水加速了叶片衰老和脱落，群体的叶面积减小。

在干旱胁迫下比较抗旱的棉花品种会有以下表现：出苗快、发育快、子叶大、长势旺，根系发达，茎秆粗壮，较小而直立，叶片的蜡质层厚，上下表皮气孔数比值小。处于干旱条件下的棉花，根系纵向伸展，地上部分的生长比地下部分受到的影响大，棉花的不同生育期缺水都会导致株高降低，果节数、果枝数以及单株成铃数减少，铃期缩短，棉铃脱落增加。在棉花苗期适度的干旱可以促进根系生长，现蕾期至开花期是棉花水分临界期，结铃期干旱易导致棉株早衰、叶片功能期缩短。

尤尼亚（Uniyal，1998）认为，可以用种子萌发和幼苗的生长状况评价植物的抗逆性，作物生活史中的种子萌发是关键时期，同时也是对植物抗旱性研究的重要时期。研究人员用胚根长、胚根干重（王忠华等，2002；杨淑慎等，2005）、发芽率、发芽势（上官周平等，1989；裴英杰等，1992）均可快速简便地鉴定作物种子的抗旱性（石汝杰等，2009；齐华等，2009；王延琴等，2009；裴成成等，2009）。种子发芽期受到干旱胁迫会导致种子发生一系列生理生化反应，影响种子正常萌发，主要表现在发芽势、发芽率及胚根、胚轴生长等方面。在渗透胁迫下，具有较强生根发芽能力，吸水能力受损程度小的品种，萌芽期抗旱性一般较强。在通过不同浓度的 PEG6000 创造的水分胁迫下，棉花种子的发芽势和发芽率均受到了不同程度的影响，总体上表现为随着水分胁迫的加剧，种子的发芽势和发芽率呈下降趋势，但在较低浓度处理下，在处理后第 3~7 天时种子平均发芽速度呈快速上升趋势（李志博等，2010；王延琴等，2009）。另外，梁泰（2011）等研究不同程度的干旱胁迫会影响幼苗的胚根和胚芽长度，本研究证明，不同浓度 PEG6000 处理对幼苗的胚根和下胚轴伸长均有抑制效应，随着水分胁迫加强，胚根和下胚轴生长受到的抑制越强，这与李妍（2007）的研究结果相似。综上所述，种子萌发各指标与胁迫水势之间具有显著的负相关性。

不同程度水分胁迫的效应不同，在 10% PEG6000 浓度处理下，棉花种子的发芽能力受到严重抑制，与李博等（2010）的研究结果一致。不同处理下不同品种的萎蔫率随处理时间延长变化不同，总体趋势随着处理时间延长，萎蔫率逐渐增高；棉株叶片萎蔫的顺序从顶端心叶开始，每个叶片总是从边缘开始向内出现渍水现象，严重时整个叶片蜷缩。处理 24h 时，随着浓度提高，5% PEG6000 和 10% PEG6000 处理在处理 24h 内差异不大，而 15% 浓度下叶片渍水严重，萎蔫变形，叶片萎蔫率显著高于 5% PEG6000 和 10% PEG6000 处理。利用营养液处理植株幼苗，植株对干旱胁迫相对土壤干旱较敏感，反应更为迅速，高浓度胁迫很快使植株叶片产生反应。岳桦等（2013）利用叶片萎蔫率来反映 PEG6000 对植株的胁迫效应，表现出叶片萎蔫率随浓度提高而提高。

根系是水分和养分吸收的主要器官，当植物遭受干旱胁迫时，根系的形态会发生相应的变化，根系形态变化在一定程度上可以反映植物的抗旱性。研究发现，在苗期干旱胁迫下，棉花的主根下扎，侧根的数目增多，经复水后，侧根生长加快，侧根的总长度增加（李少昆等，2000）。在花铃期干旱胁迫下棉花的根冠比明显增大，复水处理后，随着时间的推移，根冠比降低但依旧高于正常灌溉处理（刘瑞显等，2009；杨传杰等，2012），根长和根表面积显著低于对照（谢志良等，2010）。经干旱处理，会随着干旱时间和干旱程度增加，根的直径会减小，侧根数目增加，根系的总长度、根体积和根表面积会逐渐增大（王家顺等，2011；李文娆等，2010）。也有研究人员发现，干旱胁迫下根系的生长受到抑制，根系表面积和根体积显著低于对照（单立山等，2013；杨振德等，2014），根毛和侧根的数目均降低，复水后，根系逐渐产生大量的新侧根和根毛，从而增加根系对水分和养分的吸收（梁爱华等，2008）。

李东晓等（2010）的研究结果表明，干旱胁迫下，棉花不同生育时期的株高和叶面积均明显降低，且极显著低于对照，干旱胁迫改变了棉花的生育进程，使棉花最大生长期提前。因此，干旱胁迫对棉花的影响最终还是会体现在植株生长上，绿叶面积和相对生长速率是反映棉花生长的重要参考指标。李秉柏等（1995）的研究表明：在干旱胁迫下，棉花植株的生长首先受到抑制，株高和出叶速率下降。干旱胁迫时棉花通过降低生长速率和叶片衰老等途径来减少叶面积，抑制棉花的生长，降低生物量的积累。植物受到干旱胁迫后会抑制叶片的伸展速度、叶面积的生长以及株高生长，降低新生叶片的生长速度。李东晓等（2010）的研究表明，轻度短时间干旱胁迫对根系的生长具有促进作用，且总根长、根总表面积、根总体积和根平均直径的增大，可以增大与养分和水分的接触，提高养分和水分的利用率，进而提高作物的抗旱性。但随干旱程度加剧和干旱时间延长，则会抑制根系的生长，使得根干物重、总根长、根系总表面积、根系总体积和根平均直径降低。

（二）干旱对棉花产量的影响

棉花的产量是指在一定面积内收获的籽棉的总重量，是最重要的育种目标和抗旱指标。干旱胁迫会导致棉花最终产量的降低，主要是通过不同程度降低铃数、铃重和衣分，进而导致减产，其中对铃数的影响最为显著（Pettigrew，2004）。研究中发现，籽棉产量与单株铃数呈正比，干旱主要会造成单株成铃数减少，最终使籽棉产量降低，单株成铃数是评价棉花抗旱性的有效指标之一。干旱还会显著抑制营养体的生长，使得主茎节数减少，株高降低，叶片脱落，对棉花的生育进程也有一定程度的影响（Gerik et al.，1996；董合忠等，1998）。

棉花在不同的生育时期对水分敏感程度不同，苗期需水量较低，并且适时适度的干旱蹲苗有利于棉株的生长。蕾期受干旱影响程度较大，干旱导致棉花生长进程减缓，生育进程加快，现蕾开花较早，持续土壤干旱会造成花蕾的大量脱落。花铃期是棉株由生殖生长与营养生长并进向以生殖生长为中心转移的时期，这个时期也是一年当中气温最高的时候，在此期间棉花生长需水量较大，缺水易导致棉株内部生理失调，是棉株的需水高峰期和临界期。这个时期是棉株生长发育最为敏感的时期（McMichael B and Hesketh J，1982）。该时期缺水，棉花生长缓慢，会阻碍雌雄蕊分化和花粉的发育，造成花蕾小、授粉不良、籽粒败育率高、有效铃数减少、单个铃重降低，最终使生物产量和经济产量下降。

干旱胁迫不仅对棉株的生殖器官有严重影响，导致"库"容量降低，而且迫使营养器官的"源"能力减弱，生物量降低。干旱胁迫使绿叶面积叶日积量减少，光合速率降低，导致光合物质生产能力下降，进而影响产量形成。盛花期土壤干旱较其他时期导致的棉株减产最为严重（王友华等，2011）。不同生育期土壤干旱对棉花产量的影响程度不同，花铃期土壤干旱导致棉花的减产最为严重。决定干旱对棉花结铃影响的关键因素是：干旱的程度、持续的时间、棉花的生育阶段和干旱开始时棉铃所处的发育阶段（McMichael B and Hesketh J，1982；俞希根等，1999）。干旱降低了成铃率，同时也使蕾铃脱落率升高，所以在干旱条件下棉株的铃数会显著降低。但是干旱胁迫并没有使铃重受到显著影响，综合看来，干旱导致棉花减产主要是由于铃数的降低（陈光琬等，1992；刘瑞显等，2009）。花铃期土壤干旱胁迫显著降低单株成铃数，对衣分无显著影响（罗宏海等，2008）。主要是由于随着干旱胁迫程度的加深和胁迫时间的延长，蕾铃脱落不断增加，干旱下幼龄和幼蕾极易脱落，结铃数不断降低（Grimes et al.，1982；Guinn et al.，1984）。本研究结果，同前人基本一致，单株铃数显著降低，随着胁迫程度加深，铃重、单株铃数的降低幅度加大。棉花所处不同的生育时期对土壤干旱的敏感程度不同，其中在棉花生育期中花铃期对水分的要求最高（俞希根等，1999）。与此同时，不同的干旱持续时间也会造成棉株最终产量的差异，其中干旱持续时间超过 20 天会对棉花产量造成不可恢复的减产（蔡红涛等，2008）。

棉花在苗期干旱胁迫下，株高、单株铃数、衣分均呈现降低趋势，进而导致产量降低（王海标等，2013）。在棉花生育后期停止灌水也导致株高降低，果枝数、果节数、铃数减少，铃期变短，脱落率增加，使棉花产量和品质显著降低（李秉柏等，1995；李少昆等，1999）。在棉花花铃期进行短期自然干旱至萎蔫后复水，单株铃数和铃重降低，脱落率显著增加，产量和纤维品质显著下降（刘瑞显等，2008）。在棉花苗期进行适度干旱胁迫可提高早熟棉花的产量和品质（南福建等，2005）。同时，在花铃期适度减少灌溉量提高了棉花的产量和纤维品质（Dagdelen et al.，2009；Panayiota et al.，2014）。裴冬等（2000）在棉花不同生育期进行轻度水分亏缺，发现各时期处理下的产量均有所提高，特别是在苗期和吐絮期进行轻度水分亏缺，产生的补偿效应最大。

（三）干旱对棉花品质的影响

纤维长度以及纤维的比强度是现代纺织厂最关注的纤维品质指标。纤维的最终长度由纤维伸长速率和伸长持续时间决定。土壤水分缺乏会导致纤维长度降低。研究表明，盛花期土壤干旱较初花期对纤维长度的影响更大。主要是由于盛花期时部分纤维已经进入纤维起始伸长期，此时土壤干旱影响纤维细胞膨胀过程而抑制纤维伸长，显著降低纤维长度。同时环境因素还会缩短纤维快速伸长持续的时间，使纤维过早进入细胞壁加厚期，导致纤维长度的下降。

花铃期干旱显著降低了纤维长度，比强度则随着干旱程度加深而降低，对于马克隆值的研究则并不一致（文启凯等，1998；王留明等，2005）。主要也是由于干旱持续时间和棉花的生育阶段有所不同。花铃期土壤持续干旱不仅使棉纤维细胞膨胀受到抑制（董合忠等，1998），纤维长度减短，而且不利于高强度纤维的形成，本试验研究结果与前人研究结果一致。花铃期干旱显著降低了纤维长度，同时干旱也使纤维比强度下降，而马克隆值在年际存在差异。同时由于棉铃着生部位的不同，气象因子对纤维品质的作用大小也存在一定差异，从而使得不同部位的纤维品质存在差异（万燕等，2009）。

纤维比强度的形成主要取决于纤维素沉积的动态变化及其超分子结构（刘继华等，1994），水分胁迫破坏细胞壁完整性，导致纤维细胞中纤维素与半纤维素质量分数下降（裴惠娟等，2011），同时随着水分胁迫程度增加，纤维素质量分数会进一步降低（朱毅，2012）。在干旱胁迫条件下，作为调节渗透压的可溶性糖与储存能量的淀粉两者发生相互转化，通常是蔗糖合成增加，淀粉合成减少（李天红等，2002）。

二、干旱对棉花生理指标的影响

水分是影响棉花生长发育的重要因素，干旱胁迫能伤害棉花的叶绿体结构，影响光合作用，使细胞膜受损、酶活性丧失、细胞内渗透调节改变等，从而影响棉花的生长发育及产量。

干旱的本质是降低环境的渗透势，导致植物细胞失水，产生渗透胁迫，进而迫使植物在其自身范围内进行相应的渗透调节（许兴等，2002）。渗透调节是植物忍耐和抵御干旱的一种重要生理机制。干旱胁迫下，细胞可通过合成和积累对细胞无害的可溶性物质来维持一定的膨压，使细胞生长、气孔运动和光合作用等生理过程正常进行（Subbarao et al.，2000），同时，植物组织中产生大量活性氧，诱发膜脂过氧化、碱基突变、DNA 链的断裂和蛋白质的损伤（Asada et al.，1994；Molle et al.，2007），进而改变细胞膜的孔隙，通透性增加，离子大量外渗，对细胞正常的生理活动影响严重（斯图尔特等，1987；蒋明义等，1991；王建华等，1989）。渗透调节物质的种类很多，目前把渗透调节物质大致分为两大类：一类是由外界进入细胞的无机离子，主要有 K^+、Na^+、Cl^- 等；另一类是在细胞内合成的有机溶质，主要有游离脯氨酸、甜菜碱和可溶性糖等（张正斌，2003）。

（一）干旱对棉花渗透调节物质的影响

渗透调节是植物适应逆境胁迫的一个重要自我保护机制。在干旱胁迫下维持植物的细胞膨压，保护细胞器及细胞膜，使植物正常生长，避免或降低干旱胁迫对植物造成的伤害（Zhang et al.，1990；Yang et al.，2002）。可溶性糖（Francisco et al.，1998）、可溶性蛋白（毛桂莲等，2005）和脯氨酸（王洪春等，2005）是最有效的有机渗透调节物质，既可以作为植物生长过程中的能量物质，也是植物某些代谢过程的中间物，可降低干旱胁迫造成的伤害，提高植物的抗旱能力及复水后的补偿能力。因此，其含量变化在一定程度上能反映植物对逆境胁迫的适应和抵抗能力。在干旱胁迫下不同棉花品种功能叶中脯氨酸和可溶性糖含量均呈增加趋势，且抗旱性强的品种增加量大于抗旱性弱的品种（戴茂华等，2015）。

脯氨酸是植物细胞中重要的渗透调节物质，它的积累程度反映了植物缺水状况，脯氨酸含量增加，可使细胞的渗透调节能力增强，有益于植物抗旱。在棉花苗期进行干旱胁迫，使得棉花体内可溶性糖、脯氨酸等渗透调节物质含量增加（戴茂华等，2014）。在花铃期进行干旱处理，发现棉花根系可溶性糖和脯氨酸含量增加，且随干旱胁迫程度的增加和干旱胁迫历时的延长，棉花根系可溶性糖和脯氨酸含量增加幅度呈增加趋势。费克伟等（2013）研究表明，在干旱胁迫下，耐旱型棉花品种可以通过增加根系渗透调节物质游离脯氨酸含量来提高其耐旱性。刘灵娣等（2009）研究表明，在干旱胁迫下不同铃重棉花品种各部位果枝叶片中丙二醛含量明显增加。棉花在花铃期干旱胁迫 6d 时根系可溶性蛋白急剧增加，而在干旱胁迫 9d 后棉花根系可溶性蛋白含量增加幅度降低，可能干旱胁迫下作物合成了许多新的蛋白质，使得可溶性蛋白总量增加，为提高作物的抗旱能力提供了物质基础（胡根海等，2017）。

在棉花花铃期进行不同程度的干旱胁迫，发现根系赤霉素（GA）含量下降，且随干旱胁迫强度的增加和干旱胁迫历时的延长，GA 含量降低幅度呈增大趋势。干旱胁迫下，根系 GA 含量降低，使根系生长减慢或停止，是植物应对干旱条件而降低生长速率进行的自救方式。

蔗糖含量是影响纤维素合成的重要原因。植物在干旱胁迫下通过改变碳同化物的积累和分配等生理活动来维持植物的正常生长，减轻植物体可能受到的伤害，干旱胁迫下棉花的主茎叶和各层次果枝叶中积累了较多的可溶性糖，碳同化产物主要向可溶性糖转移。研究表明，水分胁迫下碳素同化总量下降，但可溶性碳水化合物含量增加，碳素同化总量的分配向可溶性糖方向分配，这样可以提高细胞的渗透势，以应对干旱。

（二）干旱对棉花激素含量变化的影响

水分的供应情况会对植物体内激素含量产生影响，在个体发育中，不论是种子发芽、营养生长、繁殖器官形成以至整个成熟过程，主要由激素控制，激素是植物体内的微量信号分子，其浓度以及不同组织对激素的敏感性控制了植物的整个发育进程。棉花种子萌发过程受外界环境影响，而外界环境的变化促使种子内生理过程发生改变以适应逆境。内源激素参与了棉花萌发过程的调节，并且各种激素相互协调发挥作用。

油菜素内酯（Brassinosteroids，简称 BRs）又称芸苔素内酯或芸苔素，它是一种甾体化合物，广泛存在于植物界，对植物生长发育有多方面的调节作用。它参与调控植物生长发育及植物与环境间的相互作用，并能增加作物产量，改善其品质和增强作物抗逆性（Goda et al.，2002；李元元等，2015）。

干旱胁迫下外源施适宜度浓度的油菜素内酯（BRs）可增加棉花体内脯氨酸和可溶性糖等渗透调节物质的含量，通过渗透系统增强棉花在干旱胁迫下的吸水能力，增强植物体内的抗氧化酶活性，降低活性氧含量，防止细胞损伤，进而调节生理过程，抵御干旱胁迫造成的危害，使植株生长和产量得到补偿（常丹等，2015）。研究发现，干旱胁迫下根系 BRs 含量升高，随干旱胁迫程度的增加和干旱历时的延长，其增加幅度呈先增大后降低的趋势，干旱胁迫及复水后，根系中较高的 BRs 含量可能促进了渗透调节物质和抗氧化酶活性增加，进而提高了棉花的抗旱性，且有助于复水后棉花的补偿生长。

在棉花盛蕾期到吐絮期，随土壤含水率的降低，根系及叶片脱落酸（ABA）含量显著增加（罗宏海等，2013），在花铃期自然干旱至萎蔫时棉花叶片中 ABA 显著高于对照（刘瑞显等，2008）。在干旱胁迫下，作物根系迅速感知，并以化学信号（ABA）的形式将干旱信息传递到地上部，主动降低气孔开度，抑制蒸腾作用，平衡植物的水分利用（Davies et al.，1991）。降低干旱胁迫给植物带来的伤害，进而提高植物的抗旱性，复水后，ABA 含量降低并以信号传到地上部分，促进了植物的恢复生长，产生一定的补偿作用，弥补了干旱胁迫对植物造成的伤害。

棉花在花铃期遭遇干旱胁迫时，根系乙烯（ETH）含量升高，且随干旱胁迫程度的增加和干旱历时的延长，增加幅度呈增大趋势。复水后，随时间的延长，棉花根系 ETH 含量呈下降趋势，通过调节植物的生理代谢过程，来抵御逆境胁迫。

GA 是促进茎节生长的植物激素之一，并且在植物的各个生理时期都扮演重要的角色，GA 含量变化直接影响植物的生长，在干旱胁迫下，植物体内 GA 含量降低，GA 含量降低幅度与干旱胁迫程度呈正相关（何卫军等，2008）。在棉花花铃期进行不同程度的干旱胁迫，发现根系 GA 含量下降，且随干旱胁迫强度的增加和干旱胁迫历时的延长，GA 含量降低幅度呈增大趋势，干旱胁迫下沙棘和苜蓿 GA 含量也显著低于对照（李丽霞等，2001；韩瑞宏等，2008）。

（三）干旱对棉花抗氧化酶系统的影响

正常条件下，植物细胞中活性氧产生与清除系统保持平衡。但在逆境条件下，植物体内产生大量的活性氧，对植物产生伤害。植物体内的抗氧化酶活性增大，清除过量活性氧，阻止膜脂过氧化，降低对植物的伤害（Tan et al.，2008）。随干旱程度的加重，植物体内超氧化物歧化酶（SOD）和过氧化物酶（POD）活性呈增大趋势（Coners et al.，2005；周雪英等，2007）。在棉花花铃期进行不同程度的干旱胁迫，发现根系 SOD 和 POD 活性增强，随干旱胁迫程度的增加和干旱胁迫历时的延长，根系 SOD 和 POD 活性增加幅度也呈增大趋势，棉花根系过氧化氢酶（CAT）活性在花铃期自然干旱胁迫下显著降低，复水后，根系 CAT 活性恢复到正常灌溉水平，表现出一定的补偿作用（刘瑞显等，2008）。在棉花花铃期进行不同程度的干旱胁迫，发现棉花根系 CAT 活性均呈降低趋势，并随干旱胁迫程度的增加和干旱胁迫历时的延长，根系 CAT 活性降低幅度呈增大趋势，复水后，随时间的延长根系 CAT 活性上升，根系 CAT 活性在干旱胁迫 3d 和 6d 复水处理下显著高于对照，但根系 CAT 活性干旱胁迫 9d 复水处理下仍显著低于对照，结果表明，随着干旱程度的增加，复水后，保护酶活性越不容易恢复，并且当干旱加剧到一定程度时，有可能使保护酶丧失功能（崔秀敏，2005；杜建雄等，2010）。不同品种根系 SOD、POD 和 CAT 活性均在轻度和中度干旱时呈现出增加趋势而在重度干旱时呈降低的趋势（郭元元等，2012）。

费克伟等（2013）研究表明，抗旱性强的棉花品种的超氧化物歧化酶活性随着干旱处理时间延长而增加。当干旱胁迫严重或胁迫时期较长时，叶绿体内的 ROS 的产生速率大于清除速率，当 ROS 积累量超过伤害阈值时，就会导致光合膜及光合作用相关蛋白质等物质的氧化损伤，保护酶活性受到影响，从而产生非气孔因素的有关光合抑制效应。在正常生长条件下，植物体内活性氧自由基的产生与保护酶系统 SOD、POD 及 CAT 等有效地清除共同维持氧化还原的动态平衡，从而不会引起氧化伤害；邓茬明等（2010）研究认为，棉花花药保护酶活性随生育进程推进而逐渐改变，耐高温棉花花药 SOD 和 POD 活性在花粉粒成熟期显著高于敏感类型，而 CAT 活性在整个发育时期均分别显著高于敏感类型材料。李伶俐等（2007）在研究不同熟性的棉花叶片的抗氧保护酶活性时也发现，扩展期叶片的 SOD 活性高，而 POD 活性较平稳；中期叶片的 SOD、POD 活性均不断提高；后期叶片 SOD 表现分两类，一类持续升高，该类表现为强抗旱性，另一类开始下降，该类表现为不抗旱。

（四）干旱对棉花叶片光合效能的影响

干旱胁迫使棉花主茎功能叶片叶水势降低，但随生育进程变化规律与对照水分不同，CK 处理下叶水势随生育进程先降低后上升，而干旱处理下则是一直下降。可能是因为干旱处理初期棉株生长植株较小，土壤中水分胁迫时间短，所以其蒸腾作用小，叶片水势较高；随着棉株不断生长及其生育进程的推进，以及干旱胁迫延长，各品种叶水势降低，棉株进入生育后期，棉株部分根系逐渐衰退，叶片脱落，对土壤水分需求减少，则叶水势变化不明显。由此说明，土壤干旱时间的延长，加剧了叶水势降低。程林梅等（1995）的研究指出，棉花植株在干旱胁迫下叶水势明显下降，但不同作物品种和不同生长时期作物叶水势下降幅度也会有所差异。王志伟（2012）等对 4 个棉花品种光合特性研究结果得出，棉花的光合速率不受气孔因素的影响；李少昆等（2000）研究了不同时期干旱胁迫对棉花生长的影响得出，随着干旱胁迫的加剧，棉花叶片的颜色逐渐由深绿变灰，叶绿素含量明显下降。水分胁迫与复水后叶绿素含量的变化与光合强度变化趋势相似，这进一步说明干旱胁迫会导致叶片叶绿体结构破坏和叶绿素含量降低。胡根海（2010）研究发现，在短期水分亏缺的影响下棉花叶绿素含量随干旱胁迫进程的加剧呈现先升高后降低的趋势，棉花的叶绿素开始降解是干旱缺水的标志。

干旱胁迫通过影响包括光合作用在内的多种生理生化代谢来减缓或抑制棉花的生长发育，导致作物减产，干旱主要影响植株的生理代谢以及光合作用。许多研究表明，干旱胁迫对棉花植株的影响与叶片的光合作用紧密相关。干旱胁迫会导致棉花叶面积变小、叶绿素含量下降、光合性能降低，棉花生长发育受到抑制，棉花产量降低。

（五）干旱对棉花细胞结构的影响

干旱胁迫下，根系在生理和形态上的变化与其细胞和细胞器的变化是密切相关的，而且根系细胞和细胞器的变化在一定程度上可以反映植物的抗旱性。在10%PEG干旱胁迫24h处理下，棉花根系细胞完整，有轻微的质壁分离现象，细胞核和线粒体变化不大。随着干旱胁迫时间的延长，根系细胞核变形，染色质凝聚并边缘化，线粒体内腔空化（刘艳等，2010）。重度干旱胁迫下，细胞形状变化和质壁分离严重，细胞器降解（沈嘉等，2009），棉花在20%PEG和30%PEG干旱胁迫处理下，棉花根系细胞核内容物降解加快，线粒体内脊开始断裂、解体并且内部空泡化越来越严重。抗旱品种CCRI-45根系细胞中线粒体解体和空泡化程度在20%PEG干旱胁迫48h处理下明显小于旱敏感品种CCRI-60，在30%PEG干旱胁迫48h处理下，CCRI-45大多数细胞内不见完整的细胞器，细胞核内部分解，并出现黑色物，线粒体基本降解，而CCRI-60细胞排列紊乱，出现断裂和扭曲变形现象，细胞内的线粒体全部分解。其说明抗旱性强的品种CCRI-45在干旱胁迫下，细胞及线粒体结构比较稳定，有利于根系呼吸作用，确保胁迫下的能量供应，保证根系正常生长，进而提高其抗旱性。程林梅等（1995）研究了干旱和干旱后复水对棉花叶片几种生理指标的影响，指出在干旱胁迫条件下，棉花叶片细胞膜透性明显增加，且耐旱性强的品种对干旱脱水有较强的忍耐性，细胞膜结构保持相对稳定，这对植株生理代谢稳定起到了重要保证。

植物组织受逆境胁迫时，膜的功能受损或结构破坏，其透性增大，细胞内的水溶性物质如电解质会发生不同程度的外渗（杨文英等，2002）。植物受到干旱胁迫时，受到伤害的生物膜系统在不同脱水情况下会产生不同形式的脱水（陈军等，1990），导致膜蛋白从膜系统中游离出来，蛋白质变性聚合，离子泵破坏，同时膜六角形结构能形成渗透孔（高吉寅等，1984），最终导致细胞内容物失去控制，电解质大量外渗，电渗液电导率增大。

三、棉花响应干旱胁迫的分子机制

研究发现，棉花等作物的抗旱遗传分子机制相对比较复杂，主要可以概括为两条途径（图2-3）：ABA依赖途径和ABA不依赖途径（李园园等，2015）。ABA不依赖途径由脱水反应元件（DREB）结合转录因子来介导。其中在ABA依赖途径中，9-顺环氧类胡萝卜素双加氧酶（NCED）是脱落酸ABA生物合成的一个关键酶，在ABA合成后，与受体结合，将信号向下游传递。ABA不依赖

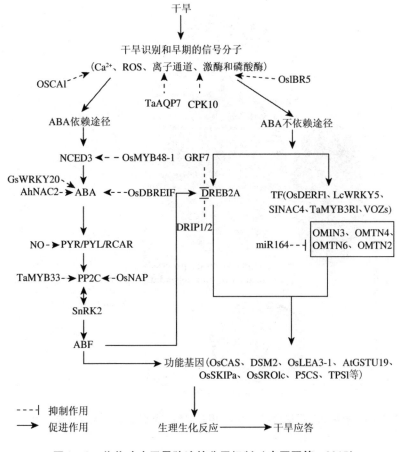

图2-3 作物响应干旱胁迫的分子机制（李园园等，2015）

途径由脱水反应元件（DREB）结合转录因子来介导。DREB 能与抗逆相关基因的启动子区域内的 DRE/CRT 顺式作用元件相结合，进而调节抗旱相关基因的表达。植物应答干旱胁迫的主要分子机制主要分为上游信号分子、转录因子、功能基因和相应的表观遗传机制。在干旱胁迫早期，信号分子主要有 Ca^{2+}、ROS、离子通道、激酶和磷酸酶等（Liu et al.，2011）。已经报道的转录因子主要有 MYB、NAC、WRKY 和 DREB 等。在植物干旱响应的分子调控机制过程中，功能基因不可缺少，涉及多条代谢途径，发挥着重要作用。陆许可等（2017）利用陆地棉抗旱品系中 H177 为实验材料，设置三个处理，CK、干旱胁迫（土壤相对含水量为 7.0%）和干旱后复水，从全基因组水平对干旱响应的长链非编码 RNA（lncRNA）和差异甲基化区域（DMRs）进行筛选及鉴定，从而解析其抗旱分子机制（图 2-4），为棉花抗旱机制的研究和抗旱性育种提供了重要线索和理论依据。

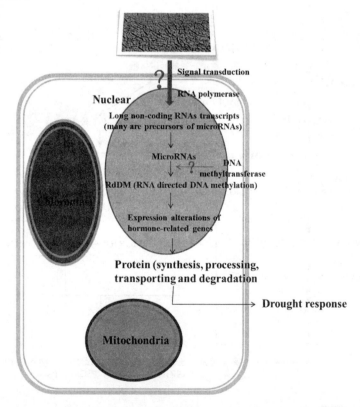

图 2-4　棉花响应干旱胁迫的 DNA 甲基化调控网络模型（陆许可等，2017）

第四节 其他逆境对棉花生长的影响

对棉花生产来说，各种不良环境是影响产量的最直接、最重要的因素，因此加强棉花逆境生理的研究，探明棉花在不良环境下的生命活动规律并加以人为调控，对于夺取棉花高产稳产具有重要意义。除了盐碱胁迫和干旱胁迫以外，其他逆境胁迫如低温、高温、涝害和重金属等胁迫对棉花生长的影响也非常重要。研究逆境胁迫对棉花的伤害，以及筛选相应的鉴定方法，可有效地防御逆境伤害，为棉花抗逆育种提供理论依据。

一、低温胁迫对棉花的影响

许多重要的作物，比如，水稻、玉米、大豆、棉花和番茄等，对冷胁迫都比较敏感，而且冷适应能力差（Chinnusamy 等，2007）。低温冷害是限制我国农业生产的主要农业气象灾害之一。作物遭受了低于其生育适宜温度的连续和短期低温的影响，使作物生育延迟，甚至发生生理障碍造成减产、品质降低，这种自然灾害称为低温冷害（潘铁夫等，1983）。冷害发生在作物生育的温暖季节，并不像霜冻及其他灾害那样引起作物枯萎、死亡等明显症状，它对作物的危害主要有三种情况：低温延缓发育速度；低温引起作物的生长量降低；低温使作物的生殖器官直接受害。

温度是影响棉花播种面积和产量的最主要的环境因素（Roussopoulos et al.，1998）。其中低温冷害与霜冻是威胁棉花的产量品质以及推广的重要灾害之一，尤其对在早春季节播种的棉花危害更为严重（孙忠富等，2001）。棉花是喜温热作物，我国种植区域辽阔，但各地热量条件差异很大，尤其是北方棉区和西北内陆棉区热量条件较差，由于春、秋季气温很不稳定，棉花播种出苗期及苗期和吐絮期常常遭受早霜冻和晚霜冻的危害，其中苗期冷害发生较频繁。低温使棉花生育期延迟、落花落蕾，品质和产量严重下降。

（一）低温对棉花苗期株高的影响

图 2 - 5 4℃低温处理 24h 对棉花生长的影响（王俊娟等，2017）

注：A. 4 个品种 CK 和 4℃ 处理；B. 豫 2067 的对照和 4℃ 处理；C. sGK958 的对照和 4℃ 处理；D. GK50 的对照和 4℃ 处理；E. 衡棉 3 号的对照和 4℃ 处理。每张图的左边为 CK，右边为 4℃ 处理

王俊娟等（2017）通过试验观察到，陆地棉二叶一心时期进行 4℃ 低温处理 24h，对照则在正常温度和光照条件下继续生长，一周后发现，对照已经长到三叶一心期，而低温处理的植株仍停留在二叶一心期，而且叶片大小明显不如对照的大，上胚轴缩短，明显看到低温对棉花生长的抑制（图 2 - 5）。由图 2 - 5 可以看出，4℃ 低温处理 24h 后再恢复正常温度 1 周后，四个陆地棉材料的株高呈下降趋势，豫 2067、sGK958、GK50、衡棉 3 号分别下降了 21.75%、34.13%、25.26%、20.59%，说明 24h 的 4℃ 低温处理明显抑制棉花株高的生长。

（二）低温对棉花苗期根茎叶重量的影响

研究发现，与对照相比，4℃ 低温处理 24h 恢复生长 1 周后，4 个棉花材料的根茎叶的鲜重、干重均呈下降趋势，说明 24h 的 4℃ 低温已经抑制了棉花的生长。其中 4 个材料的总鲜重下降程度为 22.41% ~ 37.28%，叶片鲜重的下降程度为 28.48% ~ 62.83%，茎鲜重的下降程度为 18.25% ~ 28.98%，根鲜重的下降程度为 11.79% ~ 68.24%；总干重、叶干重、茎干重、根干重下降程度分别为 25.1% ~ 56.29%、32.30% ~ 56.36%、28.63% ~ 56.81%、21.36% ~ 64.99%（图 2 - 5）。这些结果充分说明，对各部分的抑制造成了对整株的生长抑制。无论哪个部位，冷敏感材料衡棉 3 号和不抗冷材料 GK50 均下降最多，耐冷材料 sGK958 下降均最少。将 4 个材料的值平均一下，发现总鲜重、根鲜重、茎鲜重、叶片鲜重分别下降 28.85%、45.72%、23.64%、40.43%；总干重、根干重、茎干重、叶片干重分别下降 45.58%、50.93%、46.93%、46.77%，无论是鲜重或是干重，根的下降量均是最多，分别为 45.72% 和 50.93%，在鲜重中下降次之的是叶片的鲜重，下降最少的是茎的鲜重；干重中除了根系重量下降最大外，其余几个部位下降差异不明显。这些结果说明低温对根干重的抑制作用远大于其他部位。

（三）低温对棉花苗期根茎细胞膜透性的影响

4℃ 低温处理一开始时，sGK958、GK50、衡棉 3 号 3 个棉花材料叶片的细胞膜透性开始明显增加，到处理 2h 时，已经分别比对照（0h）增加了 95.61%、66.40%、82.49%，说明 4℃ 低温处理 2h 已经对这三个材料叶片细胞膜造成了伤害，抗冷材料豫 2067 的电导率基本不变，说明其细胞膜比较稳定，基本没受伤害。随着低温处理时间的延长，sGK958、GK50、衡棉 3 号 3 个材料的叶片电导率继续增加，细胞膜伤害加重，6h 时后虽然细胞膜透性还在增加，但增加幅度不是很大，sGK958 材料的电导率在低温处理 6h 后基本不变了，而整个处理过程，抗冷材料的叶片电导率基本保持不变，说明这个材料在面对低温胁迫时，其细胞膜有很高的自我修复能力，保持其不受伤害。冷敏感材料衡棉 3 号和不抗冷材料 GK50 这两个材料在整个处理过程中叶片电导率持续升高，在 24h 达到最高。在低温处理 6h 到 24h 的过程中，4 个抗冷性不同的陆地棉材料叶片的细胞膜电导率均差异显著，说明这个时间段进行 4℃ 低温处理时叶片电导率可以作为区分棉花抗冷性的鉴定指标。

抗冷材料豫 2067 在低温处理 6h 后茎的电导率开始增加，在 10h 时达到最大值，然后趋于稳定；耐低温材料 sGK958 在低温处理 10h 后才开始增加，在 24h 达到最大值；不抗冷材料 GK50 在处理 2h 后即开始增加，6h 达到最大之后趋于平稳；冷敏感材料衡棉 3 号在低温处理一开始茎电导开始增加，后趋于稳定，10h 后又开始增加，至 24h 达到最大。茎对低温的敏感程度是衡棉 3 号 > GK50 > 豫 2067 > sGK958。

4 个材料受低温处理后，根的电导率开始增加，至 6h 后增加到最大值，然后趋于稳定。4 个材料在整个低温处理过程中，根的电导率均差异不大，增加幅度也不是很大，说明棉花根细胞膜受低温胁迫后能保持相对稳定结构。

二、高温胁迫对棉花的影响

高温影响棉花生长发育。首先表现在高温有损种子萌发及根系对水分和营养物质的吸收，导致根系浅、主侧根细弱，种子萌发最适温度为 28～30℃，根系生长的最适温度为昼 30～35℃、夜 22～27℃（熊瑛等，2010）；其次，高温使棉株生长加速，棉铃生长时间和碳同化时间缩短，从而使干物质积累减少，导致棉铃尺寸减小，产量降低，质量变差（熊格生等，2011）；再次，高温影响花粉的正常萌发，花粉最适温度为 28℃且对高温极度敏感，高温可使花粉生活力、花粉萌发率和柱头上花粉粒数量显著下降，甚至导致花粉不育（王苗苗等，2010）；最后，夜间的相对高温影响花蕾和棉铃的数量及质量（邓莛明等，2010）。

高温影响棉花生理生化特性。这主要指高温影响棉株的物质合成与代谢。棉株根系对氮素的吸收、棉株体内蛋白酶活性都因高温胁迫而降低。棉株光合作用及碳水化合物的积累也受高温影响，其中高温使呼吸消耗增大，不利于碳水化合物积累，光合作用则对高温伤害最敏感，光合作用强度和速率受到显著影响。高温还会导致棉株细胞膜从液晶态变为液态，流动性加快，进而影响细胞结构稳定性（邓莛明等，2010）。

三、涝害对棉花的影响

（一）植物对涝害的生理反应

植物对涝害的生理反应主要表现在以下几个方面。

对植物形态和生长的伤害：水涝缺氧使地上部分与根系的生长均受到阻碍。受涝的植株个体矮小，叶色变黄，根尖变黑，叶柄偏上生长。

引起乙烯的增加：许多研究表明，在淹水条件下植物体内乙烯含量增加。如水涝时，向日葵根部乙烯含量大增，美国梧桐乙烯含量提高 10 倍。

涝害使植物的光合作用显著下降：夏阳（1993）在研究苹果、杏、桃三种果树叶片叶绿素含量在水分逆境下的变化时发现，多水处理使叶绿素含量明显降低，并且一直持续到试验结束。测定结果表明，许多植物被淹时，苹果酸脱氢酶（有氧呼吸）降低，乙醇脱氢酶和乳酸脱氢酶（无氧呼吸）升高。所以有人建议，用乙醇脱氢酶和乳酸脱氢酶活性作为作物涝害的指标。

涝害引起植物营养失调：遭受水涝的植物常发生营养失调，一是由于受水涝伤害后根系活力下降，同时无氧呼吸导致 ATP 供应减少，阻碍根系对离子的主动吸收；二是缺氧使嫌气性细菌活跃，增加土壤溶液酸度，降低其氧化还原势，土壤内形成有害的还原物质，使必需元素 Mn、Fe、Zn 等易被还原流失，造成植物营养缺乏。

（二）涝害对棉花的影响

淹涝是造成棉花减产的重要灾害因素。在淹水胁迫下，棉花的生长发育会受到不利影响，中、重度持续淹水还会引起棉花减产甚至绝产。但是，棉株自身具有完整的适应保护机制，遭受淹水胁迫后通过启动逃避机制、静止适应机制和再生调节补偿机制，适应淹水胁迫、减少涝害损失。

受全球气候变暖的影响，洪涝灾害发生频率有增加的趋势（姜群鸥等，2007）。棉花是易受涝渍影响的作物之一，尤以黄河流域和长江流域两大棉区开花结铃期最易遭受涝渍危害。棉花花铃期一般在 7 月上旬到 8 月底，是产量和品质形成的关键时期，此时，棉花对淹水比较敏感。而此期正值多雨季节，淹涝成为棉花减产的重要灾害因素（李乐农等，1999）。淹水可造成涝害与渍害（Ahmed 等，2013），前者使植物的全部根系和部分地上器官处于水面下，后者则使植物根部处于水分饱和的土壤中。淹水胁迫下，一方面棉花的生长发育乃至产量品质会受到不利影响；另一方面棉花自身会产生对淹水的适应性，以缓解淹水胁迫。因此，淹水对棉花生长发育乃至产量品质的影响程度既与棉花的生育期、水深、持续时间等因素有关，也取决于棉花对淹水的适应能力。

（三）淹水胁迫对棉花的伤害及其机制

淹水胁迫对棉花的伤害主要是由于淹水造成了棉株缺氧，迫使棉花由有氧呼吸转变为无氧呼吸，不仅不利于根系向地性生长，使棉株易倒伏，还导致棉株体内产生大量无氧呼吸产物，导致地上部分因缺乏能量供应而使生长发育受阻，进而影响棉花产量品质的形成（刘凯文等，2012）。无氧呼吸会对植物产生危害：首先，可能由于有机物进行不完全氧化，产生的能量较少，从而迫使植物体内糖酵解速率加快，补偿 ATP 的不足，加速了植物体内糖的消耗。其次，不完全氧化产物的积累会对细胞产生毒性，无氧呼吸的另一产物乳酸则能够造成细胞质的初始酸化，随之 ATP 水平和 H^+ – ATP 酶活力下降，发生质子渗透，导致细胞酸化，液泡膜和线粒体的结构受损（魏和平等，2000），使细胞内的正常代谢环境遭到破坏。

（四）淹水胁迫对棉花干物质积累和产量的影响

淹水胁迫会降低棉花干物质积累量。据宋学贞等（2012）在遮雨棚内试验，棉花盛花期淹水 8d 和 10d 后，单株干物质质量比未淹水的对照分别降低 15.5% 和 19.4%，其中根系分别降低 12.6% 和 17.8%，地上部分别降低 15.9% 和 21.1%，说明淹水不仅影响了地上部各器官的生长，也影响了地下根系的生长。

淹水胁迫影响棉花产量和品质的形成，通常造成减产降质。张培通等（2008）在棉花盛花期的淹水试验显示，淹水能抑制棉铃发育，降低铃重和衣分，减少成铃，导致减产。宋学贞等（2012）研究发现，花铃期淹水 8d、10d 的棉花产量，比未淹水的对照分别降低了 23.5%、26.5%。淹水对棉花产量的影响源于产量构成的变化。李乐农等（1999）研究指出，淹水所导致的减产主要是由铃重降低引起的，而王留明等（2001）和张培通等（2008）则认为主要是由铃数减少所致；班戈（Bange）等（2004）也指出淹水造成棉花减产的主要原因是降低了铃数，铃数及干物质产量与光能利用率的降低密切相关。

（五）淹水胁迫对棉花光合作用的影响

淹水胁迫影响棉花光合作用。通常受淹棉花的叶片叶绿素含量降低、光合酶活力减弱，光合速率下降，出现早衰现象。刘凯文等（2010）在棉花蕾期淹水 3d 后，再分别进行 3d、6d、9d、12d 的渍水处理，发现淹水后叶片叶绿素含量显著降低。虽然淹水再渍水 6d 后的叶片叶绿素含量低于对照，但以此时为转折点，棉株开始恢复生长，受渍越轻恢复越快。董合忠等（2003）也报道，淹水后棉叶光合速率明显下降，叶绿素含量降低。罗振等（2008）研究显示淹水对棉花叶片类囊体稳定性的影响较大，这可能是淹水造成净光合速率大幅下降的一个重要原因。除此之外，淹水胁迫还显著降低了棉花叶片的气孔导度、蒸腾速率及叶片水势（Meyer 等，1987；罗振等，2008）。棉苗淹水 8d 后，叶片核酮糖 – 1、5 – 二磷酸羧化酶/加氧酶（Rubisco）活力显著降低（Pandey 等，2001）。由此可见，淹水胁迫引起叶片叶绿素含量、气孔导度、蒸腾速率、叶片水势、Rubisco 活力降低，以及叶绿素荧光参数的改变，最终导致光合能力降低，加速了叶片衰老和脱落。

（六）淹水胁迫对棉花碳、氮代谢的影响

淹水胁迫会破坏棉花的碳氮平衡，导致可溶性糖和可溶性蛋白含量变化。郭文琦等（2009）报道，花铃期淹水 8d 后棉株叶片可溶性蛋白和可溶性糖含量显著降低，并指出其可能的原因在于淹水降低叶片光合效率，使糖的合成减少，进而导致蛋白质的合成也减少。宋学贞等（2012）发现淹水降低可溶性蛋白含量，淹水 8d 和 10d 的棉花较未淹水的对照，可溶性蛋白含量分别降低了 6.4%和 10.3%，其中的 Bt 蛋白含量分别减少了 8.7%和 14.1%，而可溶性糖含量则分别升高了 3.4%和 8.5%。淹水胁迫会抑制正常蛋白的合成，同时引发新的特异蛋白合成。可溶性蛋白和可溶性糖含量的变化既是棉株遭受伤害的具体反映，也是棉株通过调节体内代谢，适应淹水胁迫的重要机制。

（七）淹水胁迫对棉花细胞膜系统的伤害

当植物受到淹水胁迫后，体内的活性氧系统会失去平衡，活性氧如超氧化物阴离子自由基（$-O_2-$）、羟自由基（$-OH-$）、过氧化氢（H_2O_2）大量产生（晏斌等，1995），虽然短期和轻度淹水胁迫时活性氧清除酶系统如超氧化物歧化酶、过氧化氢酶、谷胱甘肽还原酶等的活力升高，活性氧被大量清除，但在持续或重度胁迫下保护酶系统结构遭到破坏，活力则会降低，引起细胞膜脂过氧化物增加，进而破坏细胞膜系统。棉株体内丙二醛含量的高低是膜系统遭受破坏程度大小的反映，大量研究表明，淹水可引起棉花叶片内丙二醛过量积累。郭文琦等（2010）研究表明，棉花花铃期渍水 8d 后棉花叶片内丙二醛含量增加。

（八）淹水胁迫对棉花主要养分含量的影响

大量研究报道显示，淹水胁迫影响棉花对 N、P、K、Ca、Na、Mn、Fe 等营养元素的吸收（Hocking 等，1985）。米尔罗伊（Milroy）等（2009）在棉花播种 65d 和 112d 后分别实施淹水胁迫处理，对完全展开嫩叶矿质营养元素的测定结果显示：淹水后几乎全部营养元素的浓度都降低，且在发育早期实施淹水胁迫对 N、P、K 的影响较后期处理大；但叶片 Na^+ 浓度升高，且 Na^+ 与 P 和 K 的浓度呈负相关；叶片 N 元素含量受淹水胁迫影响较大，播种 65d 后淹水处理，棉花叶片 N 含量下降了 30%，播种 112d 后淹水对叶片 N 含量影响较小。阿什拉夫（Ashraf）等（2011）则报道：淹水胁迫降低了棉花根、茎、叶中 N、K^+、Ca^{2+} 的积累，且 Mn^{2+} 和 Fe^{2+} 也呈增加趋势；淹水胁迫显著提高了棉花根部

Mg^{2+} 的含量，但茎和叶中 Mg^{2+} 含量并未受到影响。总体来看，淹水降低了棉株对主要营养元素的吸收和利用，虽然某些营养元素含量有所提高，但营养元素间的比例和平衡遭到破坏。

四、镉等重金属胁迫对棉花的影响

土壤中 Cd^{2+} 污染主要是指人为地排放环境污染物，导致土壤 Cd^{2+} 污染严重的现象，土壤 Cd^{2+} 污染已经成为影响农业生产和人类健康的一个主要因素。据报道，全国土壤 Cd^{2+} 超标率高达 7.0%，且有日益增长的趋势。镉（cadmium，Cd）是一种非必需的重金属元素，是二价离子，对植物及人类都有很高的毒性。土壤 Cd^{2+} 污染全球都很严重，已经成为世界性的污染问题之一。

Cd^{2+} 的移动性很强，在土壤中较为活跃，又不属于植物的必需元素，当植物体从土壤中摄取的 Cd^{2+} 达到一定程度时，植物通常表现为叶片卷曲发黄等受害症状，生理指标上表现为叶绿体降解（Toppil 等，1990），气孔关闭，水分代谢失衡（Toppil 等，1990；Cobbett 等，2010），光合作用受到抑制（Siedlecka，1996），影响植物生长速度，进而影响植物的产量和品质（Toppil 等，1990）。植物体内 Cd^{2+} 含量过多时甚至会抑制种子萌发，植物生长缓慢，叶片变黄坏死，导致植株死亡（Das 等，1997）；在分子上表现为 Cd^{2+} 可通过与核酸结合抑制 DNA、RNA 合成酶活性，损伤 DNA，抑制 DNA 合成，对染色体进行破坏，从而抑制细胞分裂（段昌群等，1992；Mcmurray 等，2003；江行玉等，2001），研究报道，Cd^{2+} 可通过抑制 DNA 质子泵的活性造成植物生长发育缓慢（Seregin 等，2001；Fodor 等，1995；Daniel–Vedele，1998）。用 Cd^{2+} 胁迫草坪植被时发现，根系的根冠有膨大变黑、腐烂等中毒症状（王慧忠等，2003），Cd^{2+} 胁迫番茄会使番茄心叶出现黄化现象（崔秀敏等，2011）。在 20 mM Cd^{2+} 处理下，木豆的叶绿素含量下降 70%（Sheoran 等，1990）。大豆受 Cd^{2+} 污染后，其根系长度、侧根数目和根体积等形态指标明显低于对照（周青等，1998）。Cd^{2+} 既影响植物的生长发育和产量品质，还能借助食物链来危害人类的健康，成为威胁人类身体健康的重大污染物之一（Das 等，1997；Prasad 等，1995）。

棉花适宜在中性至偏碱性土壤中生长，但在酸性土壤中，铝不仅是土壤酸度的主要来源，而且也是植物的毒害元素。即使土壤溶液中铝的浓度很低，也会抑制棉花生长。另外，铝还会抑制棉花对磷和钙的吸收（孟赐福等，1994）。储祥云等（1994）发现，铝对棉花生长的中毒影响与溶液中铝摩尔活度一致。

生产上用 $0.01 mol \cdot L^{-1} CaCl_2$ 的土壤浸提液铝浓度做棉花铝中毒的土壤诊断指标较好,临界浓度为 $0.18 mg \cdot L^{-1}$。

刘英川(2014)研究表明,镍、铅胁迫可以增加棉花幼苗叶片相应金属的积累量,降低幼苗生物量的积累,造成幼苗根长变短、溃烂,降低幼苗叶片叶绿素含量,增加过氧化氢和丙二醛含量,对棉花幼苗造成严重甚至是不可逆的伤害。棉花幼苗叶片可通过提高可溶性蛋白和脯氨酸的含量增加渗透势,抵御重金属胁迫对其的伤害,同时可以通过调节保护酶系统对抗重金属诱导的氧自由基的毒害。扫描电镜结果显示:棉花幼苗在高浓度的重金属胁迫下,细胞发生严重的皱缩变形,甚至破裂溃烂,细胞间隙缺失,细胞层发生断裂。通过对比分析发现,镍与铅对棉花幼苗这部分的影响作用没有明显差异。免疫染色结果显示:低浓度的镍胁迫对棉花幼苗细胞核组蛋白修饰方面的影响不明显,高浓度的镍胁迫会影响细胞核组蛋白修饰含量,激活一部分沉默基因的表达,同时也抑制一部分基因的表达,并且对于根的影响要大于叶。韩明格(2019)对86 份棉花材料进行了 Cd^{2+} 胁迫下的萌发率比较分析,并初步鉴定了棉花耐 Cd^{2+} 材料。60mM 的 Cd^{2+} 胁迫处理棉花种子 5d,用萌发率作为鉴定指标,将棉花材料耐 Cd^{2+} 性分为四个等级:不耐($\leqslant 49.99\%$)、耐($50.0\% \sim 74.9\%$)、抗($75.0\% \sim 89.9\%$)和高抗($\geqslant 90.00\%$),并对耐 Cd^{2+} 材料和 Cd^{2+} 敏感材料于芽期和三叶期进行了表型的验证,发现邯 242 为棉花耐镉材料。韩明格以邯 242 为实验材料,利用 4mM $CdCl_2$ 进行处理,结合转录组测序技术对棉花耐镉机制进行研究发现,Cd^{2+} 胁迫棉花主要引起了重金属转运基因(ABC、CDF、HMA、IRT、ZIP 等)、膜联基因 1(annexin 1)、热激蛋白基因(HSP genes)、重金属转运解毒超家族基因、蛋白磷酸酶 2C 家族基因、生长素反应因子等差异基因的表达,差异基因通路主要富集在碳代谢、MAPK、Ca^{2+} 信号通路和植物激素信号通路上,这些基因及信号通路共同调控着棉花的耐 Cd^{2+},最终构建了棉花耐镉调控网络模型(图 2-6 和图 2-7)。

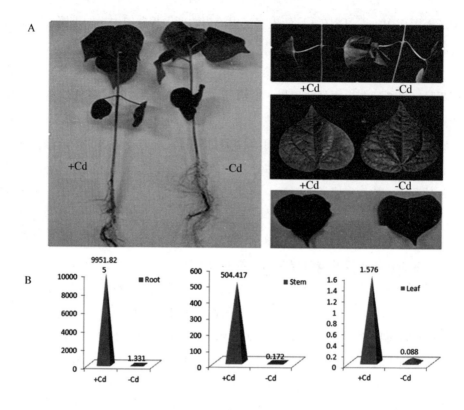

图 2 - 6　Cd^{2+} 胁迫下棉花表型症状和各组织 Cd^{2+} 含量分析（韩明格等，2019）

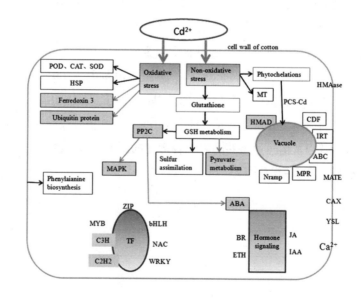

图 2 - 7　棉花耐镉分子调控网络模型（韩明格等，2019）

参考文献:

蔡红涛, 汤一卒, 习品春, 等. 棉花花铃期土壤持续干旱胁迫对产量形成的调节效应 [J]. 棉花学报, 2008, 20 (4): 300-305.

曹让, 梁宗锁, 吴洁云, 等. 干旱胁迫及复水对棉花叶片氮代谢的影响 [J]. 核农学报, 2013, 27 (2): 231-239.

常丹. 油菜素内酯对干旱胁迫下棉花的生理生化特性和基因表达的影响 [D]. 乌鲁木齐: 新疆大学, 2015.

陈光琬, 唐仕芳. 土壤水分对棉花产量和纤维品质的影响 [J]. 棉花学报, 1992 (1): 33-40.

陈军, 顾慰连, 戴俊英. 干旱对玉米膜透性及膜脂脂肪酸组分的影响 [J]. 植物生理学通讯, 1990 (6): 39-41.

陈玉梁, 石有太, 罗俊杰, 等. 甘肃彩色棉花抗旱性农艺性状指标的筛选鉴定 [J]. 作物学报, 2012, 38 (9): 1680-1687.

程林海, 张原根, 阎继耀, 等. 土壤干旱对棉花生理特性与产量的影响 [J]. 棉花学报, 1995, 7 (4): 233-237.

程林梅, 张原根, 阎继耀, 等. 干旱和复水对棉花叶片几种生理指标的影响 [J]. 华北农学报, 1995, 10 (4): 82-85.

储祥云, 陈根成. 金衢盆地的土壤铝状况及其对棉花生长的影响 [J]. 浙江农业大学学报, 1994, 20 (5): 530-534.

崔秀敏, 王秀峰, 许衡. 甜椒对不同程度水分胁迫—复水的生理生化响应 [J]. 中国农学通报, 2005, 21 (5): 225-229.

戴茂华, 刘丽英, 庞昭进, 等. 不同棉花品种对干旱胁迫的生理响应及抗旱性评价 [J]. 中国农学通报, 2015, 31 (21): 98-101.

单立山. 西北典型荒漠植物根系形态结构和功能及抗旱生理研究 [D]. 兰州: 甘肃农业大学, 2013.

邓汪明, 熊格生, 袁小玲, 等. 棉花不同耐高温品系的 SOD、POD、CAT 活性和 MDA 含量差异及其对盛花期高温胁迫的响应 [J]. 棉花学报, 2010, 22 (3): 242-247.

董合忠. 盐碱地棉花栽培学 [M]. 北京: 科学出版社, 2010: 48-100.

董合忠, 李维江. 旱地与水浇地棉花生长发育特点比较研究 [J]. 山东农业科学, 1998 (6): 20 - 22.

董合忠, 李维江, 唐薇, 等. 棉花生理性早衰研究进展 [J]. 棉花学报, 2005 (1): 56 - 60.

董合忠, 郑继有, 李维江, 等. 干旱条件下棉纤维细胞 POD 活性变化及其与纤维伸长的关系 [J]. 棉花学报, 1998, 10 (3): 136 - 139.

董树亭. 高产冬小麦群体光合能力与产量关系的研究 [J]. 作物学报, 1991, 17 (6): 461 - 469.

杜传莉, 黄国勤. 棉花主要抗旱鉴定指标研究进展 [J]. 中国农学通报, 2011, 27 (9): 17 - 20.

杜建雄, 师尚礼, 刘金荣, 等. 干旱胁迫和复水对草地早熟禾 3 个品种生理特性的影响 [J]. 草地学报, 2010, 18 (1): 73 - 77.

杜磊, 王长彪. 棉花主要逆境及研究方法 [J]. 生物技术通报, 2012 (5): 9 - 14.

费克伟, 罗晓丽, 司怀军, 等. 五个棉花品种抗旱性与 SOD 活性相关性分析 [J]. 作物杂志, 2013 (6): 134 - 136.

高吉寅, 胡荣海, 路漳, 等. 水稻品种苗期抗旱生理指标的探讨 [J]. 中国农业科学, 1984 (4): 41 - 44.

谷洪彪. 松原灌区土壤盐碱灾害风险评价及水盐调控研究 [J]. 国际地震动态, 2012 (4): 43 - 44.

郭元元, 罗海斌, 曹辉庆, 等. 土壤自然干旱胁迫对甘蔗幼苗根系保护酶系统的影响 [J]. 南方农业学报, 2012, 43 (9): 1281 - 1286.

韩明格. 棉花种质耐镉 Cd^{2+} 鉴定及 GhHMP1 的克隆 [D]. 乌鲁木齐: 新疆农业大学, 2019.

韩瑞宏, 张亚光, 田华, 等. 干旱胁迫下紫花苜蓿叶片几种内源激素的变化 [J]. 华北农学报, 2008, 23 (3): 81 - 84.

何卫军. 水分胁迫对酿酒葡萄黑比诺幼苗生理生化特性的影响 [D]. 杨凌: 西北农林科技大学, 2008.

胡根海, 董娜, 眭毛妮, 等. PEG 模拟干旱胁迫对不同抗逆性棉花的生理特性的影响 [J]. 干旱地区农业研究, 2017, 35 (5): 223 - 228.

胡根海. 短期水分亏缺对百棉 1 号叶绿素含量的影响 [J]. 安徽农业科学, 2010, 38 (6): 2914 - 2915.

黄邦全，白景华，薛小桥．植物铝毒害及其遗传育种研究进展［J］．植物学通报，2001，18（4）：385-395.

冀天会．小麦抗旱性鉴定评价指标比较研究［D］．杨凌：西北农林科技大学，2006.

蒋明义，荆家海，王韶唐．水分胁迫与植物膜脂过氧化［J］．西北农业大学学报，1991，19（2）：88-94.

焦彦生，郭世荣，李娟，等．钙对低氧胁迫下黄瓜幼苗体内多胺及多胺氧化酶的影响［J］．西北植物学报，2007（3）：542-548.

李秉柏，陆景淮，吴金栋．旱涝灾害对江苏棉花生产影响初探Ⅰ旱涝灾害对棉花生长的影响［J］．中国农业气象，1995，16（3）：23-26.

李东晓．干旱对棉花叶片的衰老生理及抗氧化酶同工酶谱特征的影响［D］．保定：河北农业大学，2010.

李婧，周艳文，陈森，等．我国土壤镉污染现状、危害及其治理方法综述［J］．安徽农学通报，2015，21（24）：104-107.

李丽霞，梁宗锁，韩蕊莲，等．干旱对沙棘休眠、萌芽期内源激素及萌芽特性的影响［J］．林业科学，2001，37（5）：35-40.

李伶俐，房卫平，谢德意，等．不同熟性棉花品种叶片衰老特性研究［J］．棉花学报，2007，19（4）：279-285.

李平．干旱胁迫对棉花苗期生长生理及光谱特征的影响研究［D］．保定：河北农业大学，2014.

利容千，王建波．植物逆境细胞及生理学［M］．武汉：武汉大学出版社，2002：141.

李少昆，王崇桃，汪朝阳，等．北疆高产棉花根系构型与动态建成的研究［J］．棉花学报，2000，12（2）：67-72.

李天红，李绍华．水分胁迫对苹果苗非结构性碳水化合物组分及含量的影响［J］．中国农学通报，2002，18（4）：35-39.

李文娆，张岁岐，丁圣彦，等．干旱胁迫下紫花苜蓿根系形态变化及与水分利用的关系［J］．生态学报，2010，30（19）：5140-5150.

李新国，毕玉平，赵世杰，等．短时低温胁迫对甜椒叶绿体超微结构和光系统的影响［J］．中国农业科学，2005，38（6）：1226-1231.

李妍．干旱胁迫对油菜种子萌发的影响［J］．现代农业科技，2007（9）：

105 - 107.

李元元, 曹清河. 油菜素内酯参与调控植物生长发育与抗逆性的机制及其育种应用研究 [J]. 中国农业科技导报, 2015 (2): 25 - 32.

李园园, 陈永忠, 罗秀云, 等. 作物响应干旱胁迫应答的分子机制 [J]. 化学与生物工程, 2015, 32 (12): 3 - 8.

李志博, 魏亦农. 北疆主栽棉花种子对渗透胁迫的响应及其萌发力差异评价 [J]. 种子, 2010, 29 (7): 1 - 4.

梁爱华, 马富裕, 梁宗锁, 等. 旱后复水激发玉米根系功能补偿效应的生理学机制研究 [J]. 西北农林科技大学学报, 2008, 36 (4): 58 - 64.

梁泰, 李得禄, 魏林源. 4 种补血草属植物种子萌发期抗旱性研究 [J]. 中国农学通报, 2011, 27 (22): 130 - 135.

刘继华, 贾景农. 棉花纤维强度的形成机理与改良途径 [J]. 中国农业科学, 1994 (5): 10 - 16.

刘灵娣, 李存东, 孙红春, 等. 干旱对不同铃重基因型棉花叶片细胞膜伤害、保护酶活性及产量的影响 [J]. 棉花学报, 2009, 21 (4): 296 - 301.

刘瑞显. 干旱条件下氮素影响棉花产量与品质形成的生理生态基础研究 [D]. 南京: 南京农业大学, 2008.

刘瑞显, 郭文琦, 陈兵林, 等. 氮素对花铃期干旱及复水后棉花叶片保护酶活性和内源激素含量的影响 [J]. 作物学报, 2008, 34 (9): 1598 - 1607.

刘瑞显, 郭文琦, 陈兵林, 等. 氮素对花铃期干旱再复水后棉花纤维比强度形成的影响 [J]. 植物营养与肥料学报, 2009, 15 (3): 662 - 669.

刘艳, 岳鑫, 陈贵林. 水分胁迫对甘草叶片和根系细胞超微结构与膜脂过氧化的影响 [J]. 草业学报, 2010, 19 (6): 79 - 86.

罗宏海, 韩焕勇, 张亚黎, 等. 干旱和复水对膜下滴灌棉花根系及叶片内源激素含量的影响 [J]. 应用生态学报, 2013, 24 (4): 1009 - 1016.

罗宏海, 张亚黎, 张旺锋. 新疆滴灌棉花花铃期干旱复水对叶片光合特性及产量的影响 [J]. 作物学报, 2008, 34 (1): 171 - 174.

毛桂莲, 哈新芳, 孙婕, 等. NaCl 胁迫下枸杞愈伤组织可溶性蛋白含量的变化 [J]. 宁夏大学学报 (自然科学版), 2005, 26 (1): 64 - 66.

孟赐福, 水建国. 红壤棉田施用石灰石粉的增产效应 [J]. 中国棉花, 1990 (1): 26 - 29.

潘铁夫，方展森，赵洪凯，等．农作物低温冷害及其防御 [M]．北京：农业出版社，1983.

裴惠娟，张满效，安黎哲．非生物胁迫下植物细胞壁组分变化 [J]．生态学杂志，2011，30 (6)：1279 – 1286.

裴英杰，郑家玲，庚红，等．用于玉米品种抗旱性鉴定的生理生化指标 [J]．华北农学报，1992，7 (1)：32 – 35.

彭振，何守朴，龚文芳，等．陆地棉幼苗 NaCl 胁迫下转录因子的转录组学分析 [J]．作物学报，2017，43 (3)：354 – 370.

齐华，许晶，孟显华，等．水分胁迫下燕麦萌芽期抗旱指标的研究 [J]．种子，2009，28 (7)：6 – 10.

曲元刚，赵可夫．NaCl 和 Na_2CO_3 对玉米生长和生理胁迫效应的比较研究 [J]．作物学报，2004，30 (4)：334 – 341.

上官周平，陈培元．土壤干旱对小麦叶片渗透调节作用和光合作用的影响 [J]．华北农学报，1989，4 (4)：44 – 49.

沈嘉．人工模拟干旱胁迫对赤霞珠幼苗叶片及根系超微结构的影响 [D]．杨凌：西北农林科技大学，2009.

石德成，颜红，尹尚军，等．对植物碱胁迫的初步认识 [C] //中国植物生理学会全国学术年会暨成立 40 周年庆祝大会学术论文摘要汇编，2003.

石汝杰，胡廷章．渗透胁迫对 4 个玉米品种种子萌发及幼苗生长的影响 [J]．种子，2009，28 (7)：85 – 87.

斯图尔特，莫尼．棉花生理专题论文集 [M]．北京：农业出版社，1987.

孙福贵，刘学圣．作物抗旱性鉴定指标的研究 [J]．安徽农业科学，2009，37 (26)：12494 – 12495.

孙红春．不同棉花品种对水分胁迫的形态—生理生化反应 [D]．保定：河北农业大学，2015.

唐于银，乔海龙．我国盐渍土资源及其综合利用研究进展 [J]．安徽农学通报，2008 (8)：19 – 22.

田雪．天津滨海新区盐碱地改良措施及植物配置研究——以滨海新区大港湿地公园为例 [D]．保定：河北农业大学，2013.

万燕，冯艳波，丁时永，等．温光气象因子影响棉铃产量和纤维品质性状的相关效应研究 [J]．棉花学报，2009，21 (2)：100 – 106.

王爱云, 黄姗姗, 钟国锋, 等. 铬胁迫对 3 种草本植物生长及铬积累的影响 [J]. 环境科学, 2012, 33 (6): 2028 - 2037.

王海燕. 作物的抗逆性育种方法 [J]. 吉林农业, 2016 (5): 64.

王洪春. 植物生理学专题讲座 [M]. 北京: 科学出版社, 1987.

王家顺, 李志友. 干旱胁迫对茶树根系形态特征的影响 [J]. 河南农业科学, 2011, 40 (9): 55 - 57.

王建华, 刘鸿先, 徐同. 超氧物歧化酶 (SOD) 在植物逆境和衰老生理中的作用 [J]. 植物生理学通讯, 1989, 82 (1): 1 - 7.

王劲, 杜世章, 刘君蓉. 植物耐盐机制中的渗透调节 [J]. 绵阳师范学院学报, 2006 (5): 56 - 61.

王留明, 王家宝, 沈法富, 等. 渍涝与干旱对不同转 Bt 基因抗虫棉的影响 [J]. 棉花学报, 2005, 13 (2): 87 - 90.

王宁, 冯克云, 南宏宇, 等. 甘肃河西走廊棉区棉花萌发期和苗期耐盐性鉴定与评价 [J]. 干旱地区农业研究, 2018 (1): 148 - 155.

王钦, 金岭梅. 草坪植物对干旱胁迫的效应 [J]. 草业科学, 1995, 12 (5): 54 - 59.

王帅. 耐盐相关的陆地棉 VP 基因家族分析及其功能验证 [D]. 北京: 中国农业科学院, 2017.

王延琴, 杨伟华, 许红霞, 等. 水分胁迫对棉花种子萌发的影响 [J]. 棉花学报, 2009, 21 (1): 73 - 76.

王毅. 水稻抗旱性的主要鉴定指标及其抗旱相关基因的分子生物学研究进展 [J]. 热带农业科学, 2009, 29 (2): 40 - 45.

王友华, 周治国. 气候变化对我国棉花生产的影响 [J]. 农业环境科学学报, 2011, 30 (9): 1734 - 1741.

王志伟, 张建伟, 张金宝, 等. 4 个棉花栽培品种的光合特性研究 [J]. 棉花科学, 2012, 34 (5): 16 - 20.

王忠. 植物生理学 [M]. 北京: 中国农业出版社, 2009: 546 - 551.

王忠华, 李旭晨, 夏英武. 作物抗旱的作用机制及其基因工程改良研究进展 [J]. 生物技术学报 (综述与专论), 2002 (1): 16 - 19.

文启凯, 盛建东, 陈全家. 北疆棉花不同灌水量与棉田土壤水分研究 [J]. 干旱区资源与环境, 1998 (3): 53 - 57.

谢德意，王惠萍. 盐胁迫对棉花种子萌发及幼苗生长的影响 [J]. 中国棉花，2000 (9)：12-13.

谢志良，田长彦. 膜下滴灌水氮对棉花根系形态和生物量分配变化的影响 [J]. 干旱区资源与环境，2010，24 (4)：138-143.

徐慧妮，王秀峰. 植物生长发育逆境胁迫及其研究方法 [C] //中国园艺学会第七届青年学术讨论会论文集，2006.

许兴，郑国琦，邓西平，等. 水分和盐分胁迫下春小麦幼苗渗透调节物质积累的比较研究 [J]. 干旱地区农业研究，2002，20 (1)：52-56.

杨传杰，罗毅，孙林，等. 水分胁迫对覆膜滴灌棉花根系活力和叶片生理的影响 [J]. 干旱区研究，2012，29 (5)：802-810.

杨淑萍，危常州，梁永超，等. 盐胁迫对不同基因型海岛棉光合作用及荧光特性的影响 [J]. 中国农业科学，2010 (8)：1585-1593.

杨淑慎，山仑，郭蔼光，等. 水通道蛋白与植物的抗旱性 [J]. 干旱地区农业研究，2005，23 (6)：218-222.

杨文英，钱翌，刘天齐，等. 新疆英吉沙县扁桃果树叶片光合速率及相对含水量和细胞膜透性的比较研究 [J]. 新疆农业大学学报，2002，25 (4)：5-8.

杨振德，徐丽，玉舒中，等. 水分胁迫对土沉香生理生化特性及根系形态的影响 [J]. 西部林业科学，2014，43 (1)：1-5.

叶武威，刘金定. 棉花种质资源耐盐性鉴定技术与应用 [J]. 中国棉花，1998，25 (9)：34.

叶武威，刘金定. 世界棉花基因库现状 [J]. 中国棉花，1995，22 (10)：37-38.

叶武威. 棉花对 NaCl 的抗性及其机理 [D]. 北京：中国农业科学院，2001.

俞希根，孙景生，肖俊夫，等. 棉花适宜土壤水分下限和干旱指标研究 [J]. 棉花学报，1999，11 (1)：35-38.

岳桦，张文娟. PEG-6000 拟干旱胁迫对并头黄芩幼苗生理特性的影响 [J]. 北方园艺，2013 (12)：65-68.

张冰蕾. 棉花种质耐碱性鉴定及 GhMGL11 耐碱基因功能验证 [D]. 北京：中国农业科学院，2019.

张瑞军，韩旭，康艾. 土壤盐渍化调查研究 [J]. 西部资源，2014 (1)：

186 - 187.

张天真. 作物育种学总论 [M]. 北京: 中国农业出版社, 2008: 210 - 212.

张正斌. 作物耐旱节水的生理遗传育种基础 [M]. 北京: 科学出版社, 2003.

赵都利, 许玉璋, 许萱. 花铃期缺水对棉花干物质积累和用水效率的影响 [J]. 干旱地区农业研究, 1992, 10 (3): 7 - 10.

周青, 黄晓华, 黄纲业, 等. 镉对大豆苗期素质的影响与镧的防护作用 [J]. 生态与农村环境学报, 1998, 14 (1): 58 - 60.

周雪英, 邓西平. 旱后复水对不同倍性小麦光合及抗氧化特性的影响 [J]. 西北植物学报, 2007, 27 (2): 278 - 285.

朱毅, 范希峰, 武菊英, 等. 水分胁迫对柳枝稷生长和生物质品质的影响 [J]. 中国农业大学学报, 2012, 17 (2): 59 - 64.

祝寿泉, 王遵亲. 关于盐土和碱土分类问题 [C] //中国土壤学会盐渍土与分类分级会议, 1987.

祝寿泉, 王遵亲. 盐渍土分类原则及其分类系统 [J]. 土壤, 1989 (2): 106 - 109.

APSE M P, AHARON G S, Snedden W A, et al. Salt tolerance conferred by overexpression of a vacular Na$^+$/H$^+$ antiporter in *Arabidopsis* [J]. Science, 1999, 285: 1256 - 1258.

ASADA K. Production and action of active oxygen in photosynthetic tissue [M]. CRC Press, Boca Raton. FL, 1994: 77 - 104.

BARCELO J, POSCHENRIEDER C. Fast root growth responses, root exudates, and internal detoxification as clues to the mechanisms of aluminum toxicity and resistance: a review [J]. Environmental and Experimental Botany, 2002, 48: 75 - 92.

BINI C, MALECI L, ROMANIN A. The chromium issue in soils of the leather tannery district in Italy [J]. Journal of Geochemical Exploration, 2008, 96 (2 - 3): 194 - 202.

BRUCE R R, SHIPP C D. Cotton fruiting as affected by soil moisture regime [J]. Agronomy Journal, 1962, 54 (1): 15 - 18.

BSHI D C, SHENG Y M. Effect of various salt - alkaline mixed stress conditions on sunflower seedlings and analysis of their stress factors [J]. Environmental and Experimental Botany, 2005, 54 (1): 8 –21, 25.

CHINNUSAMY V, ZHU J H, ZHU J K. Cold stress regulation of gene expression in plants [J]. Trends in Plant Science, 2007, 12 (10): 444 –451.

CHOUDHURY S, PANDA S K. Toxic effects, oxidative stress and ultrastructural changes in moss *Taxithelium nepalense* (Schwaegr.) Broth. under chromium and lead phytotoxicity [J]. Water, Air, & Soil Pollution, 2005, 167 (1 –4): 73 –90.

CHOURA M, REBA A. Identification and characterization of new members of vacuolar H^+ – pyrophosphatase family from *Oryza sativa* genome [J]. Russian Journal of Plant Physiology, 2005, 52 (6): 821 –825.

COBBETT C S, MAY M J, HOWDEN R, et al. The glutathione – deficient, cadmium – sensitive mutant, *cad 2 – 1*, of *Arabidopsis thaliana* is deficient in gamma – glutamylcysteine synthetase [J]. Plant Journal for Cell & Molecular Biology, 2010, 16 (1): 73 –78.

PLATTEN J D, COTSAFTIS O, BERTHOMIEU P, et al. Nomenclature for HKT transporters, key determinants of plant salinity tolerance [J]. Trends in Plant Science, 2006 (6): 2569 –2572.

DAVIES W J. Root signals and the regulation of growth and development of plants in drying soil [J]. Annual Review of Plant Physiology and Plant Molecular Biology, 1991, 42: 55 –76.

DEITMER J W, ROSE C R. pH regulation and proton signalling by glial cells [J]. Progress in Neurobiology, 1996, 48 (2): 73 –103.

FUKUDA A, CHIBA K, MAEDA M, et al. Effect of salt and osmotic stresses on the expression of genes for the vacuolar H^+ – pyrophosphatase, H^+ – ATPase subunit A, and Na^+/H^+ antiporter from barley [J]. Journal of Experimental Botany, 2004, 55 (397): 585.

GERIK T, FAVER K, THAXTON P, et al. Late season water stress in cotton: I. Plant growth, water use, and yield [J]. Crop Science, 1996, 36 (4): 914 –921.

GODA H, SHIMADA Y, ASAMI T, et al. Microarray analysis of brassinosteroid – regulated genes in *Arabidopsis* [J]. Plant Physiology, 2002, 130 (3): 1319 –1334.

GRIMES DW, YAMADA H. Relation of cotton growth and yield to minimum leaf water potential [J]. Crop Science, 1982, 22 (1): 134 –139.

GUINN G, MANUEY J R. Fruiting of cotton. Ⅰ. Effects of moisture status on flowering [J]. Agronomy Journal, 1984, 76 (1): 90 – 94.

HAN M G, LU X K, YU J, et al. Transcriptome analysis reveals cotton (*Gossypium hirsutum*) genes that are differentially expressed in cadmium stress tolerance [J]. International Journal of Molecular Sciences, 2019, 20 (6), 1479.

HEINZ C, CHRISTOPH. L. In situ measurement of fine root water absorption in three temperate tree species: Temporal variability and control by soil and atmospheric factors [J]. Basic and Applied Ecology, 2005 (6): 395 – 405.

KRIEG D R, SUNG J F M. Source – sink relationships as affected by water stress during boll development. In Mauney J R and Stewart J M (ed) Cotton Physiology [M]. The Cotton Foundation, Memphis, TN, 1986: 73 – 77.

LIU X, HONG L, LI X Y, et al. Improved drought and salt tolerance in transgenic arabidopsis overexpressing a NAC transcriptional factor from *Arachis hypogaea* [J]. Bioscience Biotechnology & Biochemistry, 2011, 75 (3): 443 – 450.

LIU Z X, ZHANG H X, YANG X Y. Growth, and cationic absorption, transportation and allocation of *Elaeagnus angustifolia* seedlings under NaCl stress [J]. Acta Ecologica Sinica, 2014 (2).

LU X K, WANG X G, CHEN X G, et al. Single – base resolution methylomes of upland cotton (*Gossypium hirsutum* L.) reveal epigenome modifications in response to drought stress [J]. BMC Genomics, 2017 (18).

MCMICHAEL B, HESKETH J. Field investigations of the response of cotton to water deficits [J]. Field Crops Research, 1982 (5): 319 – 333.

MCMICHAEL B L, JORDAN W R, POWELL R D. Abscission processes in cotton: induction by plant water deficit [J]. Agronomy Journal, 1973, 65 (2): 202 – 204.

MCMICHAEL B L, JORDAN W R, POWELL R D. An effect of water stress on ethylene production by intact cotton petioles [J]. Plant Physiology, 1972, 49 (4): 658 – 660.

MCMICHAEL B L, QUISENBERRY J E. Genetic variation for root – shoot relationships among cotton germplasm [J]. Environmental and Experimental Botany, 1991, 31 (4): 461 – 470.

MOLLER I M, JENSEN P E, HANSSON A. Oxidative modifications to cellular components in plants [J] . Annual Review of Plant Biology, 2007, 58: 459 – 481.

NOUR A E, WIEBEL D E. Evaluation of root characteristics in grain sorghm [J] . Agronomy Journal, 1987, 70: 217 – 218.

OOSTEROM E J, ACEVEDO E. Adaptation of barley (*Hordeum vulgare* L) to harsh Mediter 2 ranean environments [J] . Euphytica, 1992, 62: 1 – 14.

PACE P F, CRALLE H T, SHM E H, et al. Drought – induced changes in shoot and root growth of young cotton plants [J] . Journal of Cotton Science, 1999, 3 (4): 183 – 187.

PETTIGREW. Moisture deficit effects on cotton lint yield, yield components, and boll distribution [J] . Agronomy Journal, 2004, 96 (2): 377 – 383.

PETTIGREW W T. Physiological consequences of moisture deficit stress in cotton [J] . Crop Science, 2004, 44 (4): 1265 – 1272.

SHARMA D C, SHARMA C P, TRIPATHI R D. Phytotoxic lesions of chromium in maize [J] . Chemosphere, 2003, 51 (1): 63 – 68.

SIEDLECKA A, KRUPA Z. Interaction between cadmium and iron and its effects on photosynthetic capacity of primary leaves of *Phaseolus vulgaris* [J] . Plant Physiology & Biochemistry, 1996, 34 (6): 833 – 841.

SUBBARAO G V, CHAUHAN Y S, JOHANSEN C, et al. Pattems of osmotic adjustment in pigeon pea – its importance as a mechanism of drought resistances [J] . European Journal of Agronomy, 2000, 12 (3 – 4): 239 – 249.

TAN W. Allerations in photosynthesis and antioxidant enzyme activity in winter wheat subjected to post – anthesis water – logging [J] . Photosynthetica, 2008, 46: 21 – 27.

TANAKA Y, CHIBA K, MAEDA M. Molecular cloning of cDNA for vacuolar membrane proton – trans locating inorganic pyrophosphatase in *Hordeum vulgare* [J] . Biochemical and Biophysical Research Communications, 1993, 190 (3): 110 – 111.

TOPPIL S D, GABBRIELLI R. Response to cadmium in higher plants [J] . Environmental & Experimental Botany, 1999, 41 (2): 105 – 130.

TURNER N C, HEARN A B, BEGG J E, et al. Cotton (*Gossypium hirsutum* L.): Physiological and morphological responses to water deficits and their relationship to yield [J] . Field Crops Research, 1986, 14 (2): 153 – 170.

UNIYAL R C, NAUTITAL A R. Seed germination and seeding extension growth in qugeinia dalbergioides under water salinity stress [J] . New Forests, 1998, 16 (3): 265 – 272.

WILSON R F, BURKE J J, QUISENBERRY J E. Plant morphological and biochemical responses to field water deficits: Ⅱ. responses of leaf glycerolipid composition in cotton [J] . Physiology and Behavior, 1981, 27 (1): 167 – 170.

YANG J C. Abscisic acid and cytokinins in the root exudates and leaves and their relationship to senescence and remobilization of carbon reserves in rice subjected to water stress during grain filling [J] . Planta, 2002, 215: 645 – 652.

ZHANG B L, CHEN X G, LU X K, et al. Transcriptome analysis of *Gossypium hirsutum* L. reveals different mechanisms among NaCl, NaOH and Na_2CO_3 stress tolerance [J] . Scientific Reports, 2018, 8 (1): 13527.

ZHANG J. Changes in concentration of ABA in xylem sap as a function of changing soil water status can account for changes in leaf conductance and growth [J] . Plant Cell and Environment, 1990, 13: 277 – 285.

第三章

棉花基因组及基因组学

　　棉花是全球重要的经济作物之一。棉花纤维是纺织工业主要的天然资源，同时也是关乎国计民生的重要战略物资。除了棉花重要的经济价值以外，棉花也是一种研究多倍体化、细胞伸长和细胞壁生物合成的极好模式系统。解码棉花基因组将会更好地提高对棉属多倍体性、基因组大小变异的功能和农艺性状重要性认识的基础。但由于其基因组丰富、尺幅较大（0.8~2.5Gb）、多倍体性以及其他复杂性，因此国际棉花基因组计划（ICGI）整合全球31个国家的研究资源和全球多项领先技术而展开，目的是提高对棉花基因组结构和功能的认识，促进全球棉花研究、教育等方面的技术交流和合作，为进一步促进和造福全球的棉花事业做贡献。

第一节　棉花基因组基本概述

一、基因组（Genome）的定义

　　基因组（Genome）指单倍体细胞中包括编码序列和非编码序列在内的全部DNA，即一个细胞或者生物体所携带的一套完整的序列，包括全套基因和间隔序列。说得更确切些，核基因组是单倍体细胞核内的全部DNA分子。真核生物的线粒体和植物的叶绿体中均存在DNA，线粒体基因组则是一个线粒体所包含的全部DNA分子，叶绿体基因组则是一个叶绿体所包含的全部DNA分子（庞乐君，2005）。

二、真核生物基因组特点

（1）基因组较大。真核生物的基因组由多条线形的染色体构成，每条染色体有一个线形的 DNA 分子，每个 DNA 分子有多个复制起点。

（2）不存在操纵子结构。真核生物的同一个基因簇的基因，不会像原核生物的操纵子结构那样，转录到同一个 mRNA 上。

（3）存在大量的重复序列。真核生物的基因组里存在大量重复序列，通过其重复程度可将其分成高度重复序列、中度重复序列、低度重复序列和单一序列（别墅等，2003）。

（4）有断裂基因。大多数真核生物编码蛋白质的基因都含有"居间序列"，即不编码多肽，其转录产物在 mRNA 前体的加工过程中被切除的成分。

三、棉花基因组

四倍体棉花染色体数为 52，染色体相对较小，染色体数目较多。陆地棉 26 对染色体目前只确定了 15 个单体，9 个属于 A 染色体亚组，6 个属于 D 染色体亚组，52 个端体配套材料中只检定了 19 个端体，共 29 个端体品种，其中 17 个属于 A 染色体亚组，12 个属于 D 染色体亚组。遗传材料不完整，给棉花基因组研究带来了较多的困难（别墅等，2003）。棉花二倍体棉种有染色体 26 条，基因组类型复杂。

第二节　棉花基因组研究技术发展

棉花基因组研究的目的是阐明基因组的全部序列和遗传信息，在此基础上应用生物技术改良棉花品种。其研究内容包括分子标记技术、分子连锁图谱、物理连锁图谱、基因图谱、数量性状位点（QTL）定位，以基因图谱为基础的基因克隆、分子进化等（宋宪亮，2004）。

一、棉花基因组研究现状

棉花现有 50 多个种，其中有 40 ~ 45 个属于二倍体（2n = 26），五个属于四倍体（2n = 52）。这 50 多个棉种根据染色体亲和力的不同被分为八个不同的基因组类型。在四倍体水平上有五个物种，分别以（AD）$_1$ 到（AD）$_5$ 代表，即异源四倍体棉花。二倍体的棉种主要分为两大系，包括 13 个 D 基因组种系和30 ~ 32 个 A、B、E、F、C、G 和 K 基因组种系（胡艳，2008）。在对棉属基因组进行测序之前，人们已经对棉属的基因组进行了测定，结果显示，棉花与其他多倍体相比，其基因组大小有着显著的变化。在二倍体的棉花中，最小的 D 基因组有 885Mb，最大的 K 基因组有 2572Mb，相差三倍；在每个谱系中，基因组大小在 A、F、B、E、C、G、K 谱系中变化最大，范围从 1311Mb 至 2778Mb，差异为 1467Mb（110.2%）；在 D 基因组谱系，范围从 841Mb 到 934Mb，差异为 93Mb（10.5%）；最少的在多倍体谱系中，范围为 2347 至 2489Mb，差异为 142Mb（5.9%）。在棉属植物中，有两种异源四倍体（*G. hirsutum* 和 *G. barbadense*）和两个二倍体（*G. raimondii* 和 *G. arboreum*）的基因组被完成测序（表 3 - 1）（李钦等，2013）。

表 3 - 1　已经测序完成的棉花基因组情况

物种 Species	基因数量 Gene dosage	染色体数 Chromosome number
亚洲棉 *G. arboreum*	40134	26
雷蒙德氏棉 *G. raimondii*	37223	26
陆地棉 *G. hirsutum*	61263	52
海岛棉 *G. barbadense*	88900	52

2012 年，来自中国和美国的科研人员对雷蒙德氏棉基因组进行了测序（图 3 - 1），中国测序结果，scaffold 更长（18.8 Mb），总共组装了 737.8Mb（98.3%）的基因组。结果显示，尽管与其他八个棉属基因组相比，雷蒙德氏棉的重复 DNA 类型是最小的，但是其基因组的 61% 是由转座子衍生的。长末端重复序列的反转录转座子（LTRs）占雷蒙德氏棉的 53%，但只有 3% 的 LTRs 碱基对衍生自 2345 个全长元件。由于棉花的基因组结构异常复杂，这导致对棉花基因组的测序变得异常困难。2014 年，另一个重要的二倍体棉花亚洲棉被测序（图 3 - 2），采用全基因组鸟枪法测序得到 193.6Gb 的数据，测序深度是 112.6 倍，利用高分辨率的遗传图谱将 90.4% 的组装序列锚定到 13 条染色体上，组装后的 *G. arboreum* 的基因组大小为 1694Mb，其中各种形式的重复序列占总基因组的 68.5%，预测含有 41330 个编码蛋白的基因，其中

96%的基因通过转录组数据得到了验证（邹先炎，2018）。异源四倍体棉花是研究多倍体作物驯化和遗传改良的模式生物之一。在对异源四倍体陆地棉的测序中，2.3Gb 的基因组定位在 26 条染色体上，其中 A 基因组有 1.5Gb，包括 4635 条 scaffolds，D 基因组有 0.8Gb，包括 1511 条 scaffolds。总共有 1.9Gb 的基因组能够定位到连锁图上，占总数的 79.2%（李钦等，2013）。异源四倍体棉花海岛棉基因组在 2016 年被测序完成，与陆地棉相比，海岛棉基因组是雷蒙德氏棉基因组大小的约两倍，其中有 90.4% 的基因定位在 13 条染色体上，有 68.5% 的基因是重复基因。二者基因组大小相近，A 基因组有 1.5Gb，D 基因组有 853Mb，80876 个基因被确认和定位。海岛棉与陆地棉相比，其棉纤维的耐受力即拉力更强，同时棉纤维更为优质。

亚洲棉（*G. arboreum*，A 基因组型）是一种古老的栽培棉，至今仍保留少量种植。雷蒙德氏棉（*G. raimondii*，D 基因组型）则生长于南美洲秘鲁一带，因其纤维极短而无法用于纺织业。异源多倍体（Allopoly - ploid）棉花是在 100 万~200 万年之前，通过 A 基因组与 D 基因组杂交形成的异源四倍体棉花（AADD），包括陆地棉（*G. hirsutum*）和海岛棉（*G. barbadense*）。陆地棉和海岛棉是世界上最主要的天然纤维来源，具有重要的经济价值，同时拥有两套不同的亚基因组（AADD，2n = 52），虽然海岛棉棉纤维比陆地棉细，但是其纤维长度和强度比陆地棉更高，它们的基因组也存在着差异（宋宪亮，2004）。棉花全基因组测序对揭示棉属物种进化及起源、棉属基因组复制、棉花异源四倍体的形成、棉花基因组变异、棉花耐盐碱和抗旱重要农艺性状的形成及适应性遗传等重要问题提供理论支持和数据证据。与拟南芥和水稻等模式植物相比，棉花基因组庞大且比较复杂，分子生物学研究基础相对滞后（别墅等，2003）。

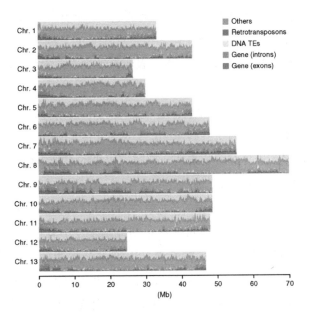

图3-1　雷蒙德氏棉的13条染色体（Wang et al.，2012）

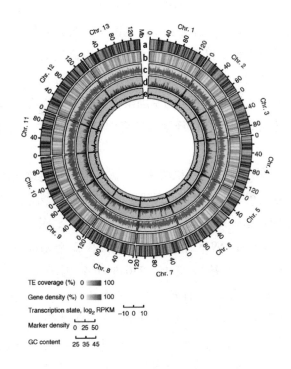

图3-2　亚洲棉基因组图谱（Li et al.，2014）

异源四倍体棉种均为 AD 型基因组。研究表明，现存与原始四倍体棉种的祖先种最近亲缘关系的二倍体棉种 A 基因组是草棉（A_1）或亚洲棉（A_2），D 基因组为雷蒙德氏棉（D_5）。2012 年，中国农业科学院棉花研究所联合北京大学、美国南方平原研究中心等单位，率先公布了二倍体 D 基因组雷蒙德氏棉的全基因组草图序列，获得了 87.7% 的全基因组序列，其基因组大小为 775.2Mb，基因注释发现雷蒙德氏棉基因组共有 40976 个蛋白质编码基因，其中 92.2% 找到了转录数据的证据。进化和分析表明，棉花与可可的基因组比较接近，都包含 CDN1 基因，该基因家族参与了棉酚的生物合成（棉酚是棉属特有的物质）。基因注释到 2706 个转录因子，发现在开花后 0d 和 3d 后有大量的 MYB 和 bHLH 基因在胚珠中表达，推测这些基因可能在早期纤维发育中有重要作用（魏恒玲，2008）。随后，美国佐治亚大学的帕特森（Paterson）等也完成了雷蒙德氏棉的基因组图谱绘制，他们还发现 A 基因组棉种和 D 基因组棉种差异较大，异源四倍体棉种中存在大规模的 A 和 D 基因组片段置换现象，而且 D 基因组棉种不能产生纤维。2014 年，Li 等（2014）发表了二倍体 A 基因组亚洲棉（A_2）的基因组草图，基因组测序分析发现，亚洲棉的基因组大小为 1694Mb，注释包含了大约 41330 个编码基因，研究分析揭示了 A 基因组的亚洲棉和 D 基因组的雷蒙德氏棉这两个棉种的基因组不仅在染色体水平上具有高度共线性，而且基因序列和基因数目也都比较接近，说明两者由同一原始祖先分化而来，分化之后大规模的反转录转座子插入导致亚洲棉的基因组大小是雷蒙德氏棉基因组大小的二倍。此外，研究还发现乙烯在棉纤维的发育中起着非常关键的作用（王志伟，2009）。

2015 年 Li 等采用全基因组鸟枪法测序、人工细菌染色体文库测序及高分辨率遗传图谱 3 种方法相结合，组装得到陆地棉的基因组大小为 2173 Mb，88.5%（1923 Mb）的基因组锚定到 26 对染色体上（图 3-3），其中 At 为 1170Mb，Dt 为 753 Mb。一共预测有 76943 个基因，其中 72142 个基因分布在染色体上，35056 个基因分布在 At 基因组上，37086 个基因分布在 Dt 基因组上。G. arboreum 和 G. hirsutum 的共线性较高，分别覆盖了 A 和 At 基因组的 68.2% 和 65.9%；G. raimondii 和 G. hirsutum 的共线性更高，分别覆盖了 D 和 Dt 基因组的 91.9% 和 88.8%。同源基因丢失比较发现，Dt 丢失 643 对同源基因，At 丢失了 478 对同源基因，说明 Dt 基因在进化过程中基因丢失更严重。而四倍体棉花基因中 At 和 Dt 基因组丢失同源基因的数目分别为 523 对和 461 对，二倍体棉花 A

基因组和 D 基因组丢失同源基因数目分别为 234 对和 390 对，说明四倍体棉花丢失基因的频率高于二倍体棉花，而且在 AD 基因组杂交形成四倍体的过程中，At 基因组丢失了更多的基因。

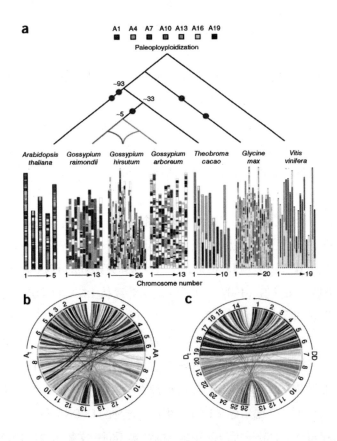

图 3 – 3　陆地棉基因组的进化及其共线性分析（Li et al.，2015）

注：a. 陆地棉和其他 6 个基因组源于共同的双子叶植物祖先；b. 陆地棉 At 亚组与二倍体 A 基因组的共线性模块分析；c. 陆地棉 Dt 亚组与二倍体 D 基因组的共线性模块分析。

二、棉花基因组研究技术发展

（一）棉花 DNA 的提纯

棉花富含棉酚、多糖、单宁等物质，在细胞破碎时，棉酚等多酚类物质自动氧化，然后跟蛋白质、核酸等发生不可逆反应，结果形成棕色胶状复合物，影响高质量 DNA 的获取。因此，如何减少多酚类物质对棉花 DNA 的影响，成为棉花基因组研究的关键一步。近年来国内外学者进行了深入的探讨，取得了明显的进展（陈翠霞等，1996）。赖尼施（Reinisch）等（1994）在提取液中加入甘露糖阻止多酚化合物跟 DNA 的共价结合；阿尔塔夫（Altaf）等（1997）在提取液中加入 PVP 40（酚结合剂）使获得的 DNA 进一步纯化；左开井等（1997）探讨优化 RAPD 技术，认为低 Mg^{2+} 浓度增加小片段扩增，高 Mg^{2+} 浓度产生非特异带，Mg^{2+} 的最适浓度为 0.16 mmol/L；王心宇（1997）在反应液中加入适量的巯基乙醇（BME）提取棉花 DNA；宋国立等（1998）用改良 CTAB 法快速提取棉花 DNA，提出在研磨时加入 DIECA（酚氧化酶抑制剂），提取液中加入 PVP 40 和活性炭，DNA 沉淀时挑出絮状 DNA 的方法；在其他含酚植物中（陈翠霞等，1996），也有学者提出每克鲜样中加入 0.05～0.25g 的维生素 C，来防止多酚物质氧化的方法。通过改进 DNA 提纯方法，提取的 gDNA、CPDNA 均可满足分子生物学分析的要求（卢东柏等，2008）。

（二）棉花分子标记技术

近几年新型分子标记技术应用主要有两个方面：一是代表高容量的标记技术 RAPD 和 AFLP，二是序列标记位点（STS）（Feng et al.，2005）。在棉花基因组中主要应用 RFLP、RAPD 及 AFLP 标记，从微卫星重复序列的 DNA 区域获得 STS 标记可能取得进展。文德尔（1989）分析陆地棉叶绿体 DNA（CPDNA），认为棉花 CPDNA 具有明显的保守性，四倍体细胞质源于 A 染色体组中叶绿体 DNA 棉种；加劳（Galau）等（1989）分析陆地棉 Coker21 的核 DNA（gDNA）的 RFLP，认为四倍体 A/D 基因组源于原始二倍体 A 和 D 棉种；文德尔等用 RFLP 方法分析克劳茨基棉和戴维逊棉的 CPDNA，认为二棉种在 25 万～70 万年前发生趋异变化（Rong et al.，2004）；文德尔等（1991）用 4 个棉种的 CPDNA 和 gDNA 做 RFLP 分析，CPDNA 和 gDNA 的分子标记差异显示的结果不同；文德尔等（1992）用 40 个棉种 61 份材料的 CPDNA 应用 RFLP 研究结果表明棉属起源于非洲或澳洲；文德尔等（1993）用海岛棉与陆地棉的 CPDNA 与 gDNA 分析结果认为，核基因在两个棉种之间的渗透量大于胞质基因；布鲁贝克尔（Brubaker，1994）等分析陆地棉与锦葵科的 RFLP 认为，陆地棉品种与棉属其他种类相比遗传多样性水平较低；阿莱西亚（Alesia）等（1994）在海岛棉×陆地棉后代中用 RFLP 分析认为，四倍体棉种是由染色体基数 6 和 7 的棉种形成二倍体棉种，在进行四倍体基因组物理图谱构建过程中，发现 A 亚组与 D 亚组具有大量的同源区域；威尔金斯（Wilkins）等（1994）对陆地棉、中棉、雷蒙德氏棉 H^+－ATPase 基因结构进行分析，编码其亚基的两个基因 *Vat*69*A*、*Vat*69*B* 在四倍体棉种 A 亚组中具有 2 个拷贝，在 D 亚组中具有 1 个拷贝，*Vat69B* 在 A 亚组和 D 亚组中各具有 2 个拷贝，认为在形成四倍体栽培种以前，二倍体棉种可能存在多倍体化的可能；穆尔塔尼（Mul－tani）等（1995）用澳大利亚 13 个陆地棉和 1 个海岛棉品种进行 RAPD 分析，其中 9 个关系密切的品种相似系数为 92.1%，30 个随机引物共产生 453 个 RAPD 标记，根据品种特异的 RAPD 标记，可以区分陆地棉的 10 个品种；耿川东等（1995）用 4 个陆地棉（其中有抗蚜虫、抗螨虫品种各 1 个）进行 RAPD 分析，结果表现品种间具有多态性差异；塔提尼（Tatineni）等（1996）用 16 个种间杂种进行 RAPD 分析，并结合遗传力高的 19 个形态性状进行聚类分析比较，结果表明形态性状与 RAPD 标记的聚类分析结果一致，表明在遗传多样性分析方面应用 RAPD 分析技术是可行的；克里奇（Creech）等（1996）用 6 个种质系、1 个栽培种和 1 个 F_2 代用 RFLP 分析光周期基因，认为光周期基因在不同的种质系间具有明显的差异，而 F_2 代则不明显，表明光周期基因存在是可能的；郭旺珍等（1996）用 9 个陆地棉品种做 RAPD 分析，引物 OPP－9 可使每一个品种具有自身的特征带（郭旺珍等，2005）；伊克巴尔（Iqbal）等（1997）用巴基斯坦棉花栽培种进行 RAPD 分析，显示巴基斯坦陆地棉遗传基础较为狭窄；阿尔塔夫（Altaf）等（1997）用 3 个不同基因组 A2、D8 和 AD1 杂交 F2 进行 RFLP 分析，用亚洲棉与三裂棉杂交后得到人工异源四倍体，再与陆地棉杂交后自交获得 F_2 代，群体表现丰富的表型及遗传变异，共有 216 个标记位点（包括 194 个 AFLP、19 个 RAPD 和 3 个表型标记），其中 85 个标记表现常规的孟德尔 3∶1 遗传；Feng 等（1997）用遗传标准系 TM－1（陆地棉）与 Pima 3－79（海岛棉）杂交 F1 代进行 RFLP 标记，提出改进型非放射性银染 AFLP 方法，试验结果使用单体 F1 代出现 4 个 AFLP 标记，用引物对 E－AGC 和 M－CTC 分离到 400 bp 和 560 bpAFLP 标记定位在 16 号染色体上，引物对 E－AGC 和 M－CTT 获得的 420 bpAFLP 标记定位在 10 号染色体上，引物对 E－AGC 和 M－CTT 获得的 450 bpAFLP 标记定位于 17 号染色体上，引物对 E－AGC 和 E－CTA 获得的 320 bpAFLP 标记定位于 25 号染色体上（范术丽等，2006）。

（三）棉花分子连锁图谱

美国得克萨斯 A&M 大学作物学与土壤科学系与奥艾瓦州立大学等三个实验室合作，在 1994 年构建了详细的棉花基因组分子标记连锁图谱，通过比较亲本和亚洲棉、非洲棉（A 染色体亚组）、三裂棉、雷蒙德氏棉（D 染色体亚组）的 RFLP 位点，大部分连锁群确定了染色体亚组的归属，通过进一步与单体、端体置换系 RFLP 位点的比较，确定了 14 个连锁群的染色体属性，它们分别属于 1、

2、4、6、9、10、17、22、25、5、14、15、18 和 20 号染色体，根据 62 个探针 RFLP 重复位点的遗传特性，初步确定了 11 对部分同源染色体，并且发现有部分同源染色体已发生了如易位和倒位等染色体结构变异。棉属 RFLP 图谱的建立，为棉属的性状遗传、起源、部分同源转化群的鉴定、渐渗的外源基因的鉴别乃至分子标记辅助选择、重要农艺性状的基因克隆打下了坚实的基础（王志伟，2009）。目前该图谱标记 41 个连锁群，705 个位点，标记的平均间距为 7.1cM，14 个连锁群定位在染色体上，推断棉花 n=13 到 n=26 的多倍化过程发生在 110 万~190 万年前，n=13 多倍化过程发生在 2500 万年前（李爱国，2008）。沙普利（Shappley）等（1996）用 HS46×MAR-CABUCAG 8US-1-88（MAR）和 HS 46× PeeDee5363（PD5363）F_2 代群体进行 RFLP 分子标记研究，前一组合采用 73 个探针/酶组合获得 42 个多态片段，代表了 26 个多态位点，其中 15 个为共显性，11 个为显性，卡方测验分别符合 1:2:1 和 3:1 的比率，用作图工具分别建立了 4 个连锁群，共计 10 个多态位点，另外 16 个标记没有连锁群；后一组合用 6 个探针/酶组合共产生 11 个多态片段，6 个多态位点，1 个显性，5 个共显性基因型，作图分析产生 2 个连锁位点，共产生 53 个多态片段，32 个多态位点，共计 5 个连锁群（王寒涛，2015）。阿肯色州大学农学系与新墨西哥州立大学农业园艺系的阿尔塔夫、斯图尔特（Stewart）等人采用海岛棉（A_2）与三裂棉（D_8）杂交后人工加倍形成 2（A_2D_8）杂种，再与陆地棉多显性标记系 T-586（AD_1）杂交后自交获得 F_2 代群体，用 RFLP 方法，共获得 216 个标记（194 个 AFLP、19 个 RAPD 和 3 个表型标记）（钱能，2009）。棉花 RFLP 图谱共获得 705 个标记位点，共 41 个连锁群，总距离为 4675cM，棉花基因组大小为 2000Mb，每个 cM 的 DNA 为 400kb，基因组总距离应为 5000cM，若以平均 1cM 的密度进行作图，大约需要 3000 个 DNA 分子标记才能构成高密度的饱和的分子连锁图谱。

（四）棉花基因组物理连锁图谱

目前，已鉴定的异源四倍体棉种有 I 至 XVⅢ连锁群，但其中 V 和 XⅢ连锁群同属于第 12 染色体，因此，实际上只确定了 17 个连锁群，其中有 11 个连锁群已定位在染色体上，2 个连锁群分别位于 A 染色体组（连锁群 VII）和 D 染色体组（连锁群 XIV）上，还有 4 个连锁群（X、XV、XVI、XVIII）没有定位到染色体上。物理图谱的构建还包括用于克隆大片段 DNA 的酵母人工染色体（YAC）和细菌人工染色体（BAC）文库，利用序列标记位点（STS）或指纹分析建立克隆片数的 Contigs 物理图谱（刘德新，2015）。普赖斯（Price）等（1981）用原位杂交法（FISH）将 18 S - 28 SrDNA 基因定位于第9 染色体上，发现第9 染色体与第23 染色体、第7 染色体和第16 染色体具有部分同源性（关兵，2008）。恩德里奇（Endrizzi）等（1979）利用单体材料的 F_1 代及测交群体将 CL1（簇生）、R1（红色植株）、ygl（黄绿苗）、灰白纤维基因定位于 16 号染色体长臂上。棉花基因组已建立了克隆大片段 DNA 的 BAC 文库，棉花 BAC 文库是采用 HindIII 和 BamHI 限制性位点在 PBelo BAC 媒介下克隆棉花 DNA 而成（郑拥民，2005）。BAC 文库将在棉花物理构图、Map - base 基因克隆及分离核基因方面具有重要作用，比较水稻 BAC 文库包括 11000 个克隆，克隆平均大小为 125kb，YAC 文库包括 7000 个克隆，平均大小为 350kb。棉花基因组 BAC 文库发展速度是很快的（王军，2014）。

（五）棉花的基因图谱

建立 cDNA 文库，测定文库中每个克隆的 cDNA 序列，利用已知的 cDNA 序列发展表达序列标记（EST）并将之定位于物理图谱上建立基因图谱，从棉花的 cDNA 文库、CPDNA 文库中利用已经完成测序的基因，根据这些已知的序列可以发展为表达序列标记 EST，从而可以将这些基因定位在物理图谱上建立基因图谱。建立基因图谱的工作，目前尚未见报道（程华等，2012）。

（六）棉花 DNA 重复序列

重复序列按其在染色体上的分布方式，可分为散布重复序列和串联重复序列。散布重复序列的拷贝数很多，在重复单位之间彼此常有序列的变化，难以用作 RAPD 标记。串联重复序列又包括卫星序列（Satellite）、小卫星序列（Min - isatellite）和微卫星序列（Microsatellite）（Atchison et al.，1990）。卫星序列的重复单位很大，一般分布在染色体的异染色质区，难以用分子杂交或 PCR 方法揭示多态性；小卫星和微卫星序列重复单位较小，有重复序列的差异和重复单位的数目变化，可形成丰富的多态性，因而可用于染色体定位和多态性分析（Serfaty et al.，2017）。贝克（Baker）等（1995）分析了陆地棉的微卫星、串联重复、转座因子、低拷贝基因（过氧化氢酶基因），认为棉花基因组单一拷贝序列占 60%，中度重复片段占 27%，高度重复片段占 13%。（CT）n、（GT）n 拷贝数分别为 1768 ±432 与 485 ±228，rDNA 的拷贝数为 1714 ±428，Copia - like 拷贝数为 1843 ±453，脱氢酶基因拷贝数为 29 ±56，其中（CT）n 高度重复序列每 922 kb 出现一次（Sealy et al.，1981）。Zhao 等（1995）利用 YAC 文库分析 DNA 重复序列，认为较大的 A 染色体组与 D 染色体组的低拷贝序列是相似的，但可用重复序列片段从四倍体棉花基因组中鉴别单一的 YAC（别墅等，2003）。

（七）棉花比较基因组研究

比较基因组是利用近缘物种间同源的分子标记在相关物种间进行遗传作图和物理作图，比较这些标记在不同物种基因组的分布情况，揭示染色体片段上同线性和共线性的存在，从而对不同物种的基因结构及进化历程进行精细分析（谈卫军等，2015）。樊卫华等（1995，1997）分析了两个基因与其他物种的同源性，棉花 *NdhB* 基因与烟草的同源性为 98.5%，与水稻的同源性为 95.3%；*RPS7* 基因与烟草的同源性为 97.9%，与水稻的同源性为 89.5%；3′端非编码区同源性则分别为 96.3% 和 83.9%（樊卫华等，1995）。

（八）棉花的 QTL 定位

棉花的许多经济性状都是由 QTLs 控制（Quantitative Trait Loci），因而进行 QTLs 定位具有重要的理论实践意义（宋宪亮，2004）。Yu Zhizhong 等（1996）用 TM-1×Pima 3-79 组合的 F_2 代，使用 4 个限制性内切酶 ECORI、ECORV、HindIII 和 XbaI 及一套探针（源于 A. H. Pateson）分析了 7 个作图亲本及 F_2 代的 RFLP，90% 的探针至少在一个限制性内切酶情况下表现多态性，对无腺体、不成熟纤维、光周期敏感和光子 4 个性状进行了 QTL 定位（宋宪亮，2004）；莱特（Wright）等（1997）用陆地棉×海岛棉（Tamcot Sp37×Pima S6）和（CD3H×Pima S6）F_2 群体用 RFLP 进行分析，棉花抗细菌疫病 Xcm 的 2 个 QTL 标记出现在不同的组合中，3 个 QTL 标记出现在基因组不同的区域（Said et al.，2015）。近几年棉花基因组研究发展很快，虽然棉花基因组染色体多，染色体相对较小，提纯较为困难，但这几年基本得到了解决。值得注意的是国内棉花基因组研究明显较国外活跃。由于棉花是我国重要的经济作物，加速棉花基因组的研究，应用生物工程改良棉花品种是当前最紧迫的任务。

（九）棉花原位杂交技术研究现状

基因定位研究应用原位杂交技术，可以把基因定位于染色体上。所定位的片段可以是高度重复序列，也可以是单拷贝基因序列，还可以定位于与某一性状有关的染色体特异序列乃至整个基因组特异序列（奇文清等，1996）。伯吉（Bergey）等（1989）对陆地棉与海岛棉种间杂种的减数分裂染色体进行了原位杂交，探针是大豆的 18s、28s rDNA 片段，检测出了 3 个二价体，表明陆地棉中存在 3 个 NOR（nucleolar organizer region）位点，说明陆地棉的二倍体祖先中其中一个有 1 个 NOR 位点，另一个有 2 个 NOR 位点。这是荧光原位杂交技术在棉花上的最早应用。普赖斯（1990）等用同样的方法对陆地棉中包含染色体 9 的两个易位杂合体和单体的性母细胞中期的原位杂交分析表明：18s～28s rDNA 位于染色体 9 的长臂上（9L），这是在棉花染色体上第一个作图的分子标记（王寒涛，2015）。克莱恩（Crane）等（1993）运用 18s～28s、5s rDNA 对陆地棉减数分裂染色体进行荧光原位杂交，他们定位两个大的 18s～28s 位点分别在染色体 16 的短臂上、染色体 23 的长臂上，并且也鉴定出了两个大小不等的 5S 位点（程华，2007）。汉森（Hanson）等（1996）应用荧光原位杂交技术确定 5s、18s、28s rDNA 位点在 A 基因组物种组物种雷蒙得氏棉、瑟伯氏棉以及 AD 四倍体棉种陆地棉上的分布。在陆地棉上鉴定出了 6 个新的 18s～28s rDNA 位点，使陆地棉上观察到的位点数达到 11 个，5 个定位于陆地棉的 A 亚基因组上，6 个在 D 亚基因组上。米克尔（Michael）等（1998）通过限制性位点对棉花中编码 18s、5.8s、25s rRNA 基因（rDNA）的核仁组织作图，发现 rDNA 重复大小在物种间有 200bp 的轻微变化，重复片段在陆地棉和海岛棉中为 9.4kb，草棉为 9.8kb，亚洲棉为 9.6kb，在间隔区没有检测出种内变化。汉森等（1999）用 20 个散布重复元件对 AD 基因组物种陆地棉及其推断的 A、D 二倍体祖先种中期染色体进行荧光原位杂交，从而推断出多倍体形成中重复元件的协同演化。由于植物基因组中重复序列占有很大比重，四倍体棉中重复 DNA 元件占重复 DNA 的 60%～70%，而占四倍体棉基因组的 30%～60%（Zhao，1995）。Ji（1999）运用易位杂合子四价体（NT－IV）的荧光原位杂交对陆地棉上新鉴定的 rDNA 进行定位，除去以前鉴定的位点外，又鉴定出 4 个小的 18s～26s rDNA 位点，分别作图到染色体 8、9、15、17、19、20、23 的右臂上和染色体 5、11、12、14 的左臂上。汉森等（1995）用荧光原位杂交技术检测一个高拷贝重复元件 AD 四倍体陆地棉以及它的推测二倍体祖先草棉（A）和雷蒙德氏棉（D）的分布。结果在陆地棉上所有染色体上都产生强的信号，而 A 亚基因组染色体比 D 亚基因组染色体上的信号稍强一些。王春英等（2001）采用 rDNA 为探针，作为封阻的是鲑鱼精 DNA，作为靶染色体的棉种包括陆地棉、海岛棉、草棉、亚洲棉、克劳茨基棉和比克棉等的棉花体细胞染色体荧光原位杂交，在方法上取得明显成效。别墅等（2004）以 45s rDNA 为探针，获得了草棉、亚洲棉体细胞染色体的荧光原位杂交资料，草棉有 6 个杂交信号，也显示了 3 对核仁组织区，分别位于第 3、9、13 对同源染色体上；亚洲棉有 4 个杂交信号，显示了 2 对 NOR，分别位于第 6、13 对同源染色体上（王春英等，2001）。刘三宏等（2005）在对草棉和陆地棉的同一有丝分裂细胞分别进行以 45s rDNA 和 gDNA 为探针的原位杂交中，发现以 gDNA 为探针所产生的 NOR 信号与以 45s rDNA 为探针所产生的 NOR 信号在数目、位置以及大小方面极其相似甚至相同（王春英等，2001）。

利用原位杂交技术可以研究或鉴别基因组的类型及同源性，并进而探讨物种进化及亲缘关系，采用基因组原位杂交，根据杂交信号位点的多少，判断同源序列的多少，进一步推测物种间亲缘关系的远近（傅明川等，2017）。

棉属作为植物界一个比较大的类群，是由二倍体、四倍体物种组成。而多倍体物种又由二倍体物种进化而成。了解这些二倍体物种基因组间的关系以及多倍体物种的基因组组成，对于棉花及近缘属品种的改良具有重要的指导意义。鉴别它们的供体基因组及外源染色体是亲缘关系研究的一个重要方面，传统的染色体水平的研究是根据核型和分带特征来推测不同物种之间的演化关系，但是在一些时候，这些特征数据常常不稳定，难以提供识别供体基因组的有效依据，基因组原位杂交提供了一个直接的、可见的辨别属间或种间杂种中亲本基因组以及异源基因组组成的有效手段（傅明川等，2017）。王坤波等（2001）采用 A 染色体组棉种亚洲棉基因组 DNA（gDNA）为探针，封阻是棉属二倍体野生种瑟伯氏棉 gDNA，对海岛棉体细胞染色体进行了荧光原位杂交，结果都发现 52 条染色体中有杂交信号与否的刚好各一半，从而直观地证实了海岛棉异源双二倍体起源的理论。在海岛棉的起源演化过程中，起源于两个亚组的染色体，彼此之间发生了较大程度的交换（王坤波等，2001）。

基因组、同源染色体在细胞中的空间分布是随机的还是有序的，这是一个重大的理论问题。因为它与染色体行为、基因表达、DNA 复制，以及基因组的进化包括物种的形成都密切相关。这些问题已争论了几十年。基因组原位杂交技术的发展，为此问题的研究提供了更科学的技术手段（韩金磊，2017）。属间杂交、种间杂交的杂种细胞中的染色体，经各亲本基因组总 DNA 的探针标记和检测表明，不同种的染色体在杂种细胞中是呈区域性分布，而非随机混合分布的。但在有的属间杂种细胞中，DNA 的 GISH 显示，大部分间期核中仍维持有丝分裂后期的构型，至中期两基因组才呈现分离现象。但从大量研究结果看，染色体在细胞中的空间分布并不是固定不变的，在不同类型细胞或在不同发育阶段可能有不同构型（张乃群等，2000）。

三、棉花功能基因组研究技术

尽管棉花分子生物学研究相对滞后，全基因测序工作仍在进行中，但国内外的研究者仍然在挖掘棉花基因组资源和利用有效基因方面做出了不懈努力。表达序列标签（Expressed sequence tags，ESTs）被证明是用于基因识别、绘制基因表达图谱、寻找新基因的一条非常有效的功能基因组研究途径。到目前为止，通过 NCBI（National Center for Biotechnology Information）能找到 523046 条棉花 ESTs 序列，其中包括陆地棉 273779 条、雷蒙德氏棉 63577 条、亚洲棉 39602 条（左东云等，2017）。基因芯片是另外一种高效、高通量的功能基因组学研究方法，该技术目前被广泛应用于棉花纤维发育机理、棉花抗病机制、棉花色素腺体形成机理和淀粉合成调控网络等研究中。RNA 干涉（RNAi）是一种特异基因下调表达技术，它是将双链 RNA 导入细胞内引起特异靶基因 mRNA 降解从而引起基因沉默，目前已成为功能基因组学研究的一种强有力的研究工具。受棉花 RNAi 转基因周期长、组织培养技术相对滞后以及转化效率较低等因素的限制，RNAi 技术在棉花功能基因组研究中报道较少（左东云等，2017）。Li 等应用 RNAi 技术研究了细胞骨架肌动蛋白在纤维发育中的作用，并证明 GhACT1 基因在纤维伸长期起主要作用。Li 等用 RNAi 技术研究了拟南芥半乳糖蛋白基因功能，证明 GhAGP 基因家族对棉纤维发育非常重要。另外，秦超等通过构建 pGUS－CCR4 融合瞬时表达载体，研究探讨了 GhCCR4 基因在棉花纤维发育过程中可能存在的作用。东锐等利用 RT－PCR 结合 RACE 技术，从陆地棉中克隆到一个成花素类似基因 GhFTL1，通过在拟南芥中过量表达 GhFTL1，发现该基因具有促进提前开花的作用，推测 GhFTL1 在棉花的开花途径中可能起着重要作用（李廷刚，2018）。陆许可等（2019）以国家发明一等奖品种——中棉所 12 为材料，挖掘其中所蕴含的优良农艺性状基因及相应的 Haplotype Block（单元型模块），并揭示了 Haplotype Block（单元型模块）在中棉所 12 后代品种中的遗传机理。研究认为，具有连锁关系的棉花优良性状基因可以作为一个 Haplotype Block（单元型模块），一个模块可能包含一个或者几个基因，在人工选择育种过程中可以作为一个整体遗传给后代，而且模块之间在杂交过程中会发生遗传重组和分离，产生新的模块，从而导致新性状的产生。研究结果共获得 420 个候选基因与黄萎病、抗旱和耐盐相关，而且共鉴定出 23752 个可以遗传的连锁模块，1029 个模块在遗传过程中可以发生重组。正是因为这些连锁模块的遗传和重组，为后代品种积淀了很多优良性状基因。本研究为中棉所12在育种上的进一步应用和遗传机理的解析提供了重要参考。

四、棉花结构基因组研究技术

（一）基因组的倍增

在植物进化过程中，基因组倍增即全基因组复制（Whole genome duplication，WGD）现象十分普遍。全基因组复制就是植物多倍体化的过程，大部分开花植物都经历了古老的多倍体化过程，然后再经历二倍体化的过程，伴随着大量重复基因的丢失和功能分化，最终进化成当代的二倍体物种。因此，全基因复制是基因组进化和产生新物种的主要驱动力之一（李廷刚，2018）。基因组测序结果也证实，许多植物基因组中存在着大量的染色体复制片段，曾经发生过全基因复制事件。比如，大豆经历两次全基因复制事件（Schmutz et al.，2010），毛果杨也发生过两次全基因复制事件（Tuskan et al.，2006）。棉属D基因组雷蒙德氏棉和A基因组亚洲棉的基因组数据分析结果表明，棉属植物存在一次棉属特有的全基因组复制事件（Li et al.，2014）。

（二）棉花经历的全基因组加倍

近年来，随着测序技术的发展，棉花多个亚基因组相继被测出，在全基因组水平上对棉花基因组结构与进化就有了新的认识。多倍化在植物进化过程中是普遍存在的，最新的研究表明，棉花在其进化过程中经历了复杂的多倍化过程，也造成了棉花的基因组结构异常复杂（杨南山等，2017）。

被子植物在约两亿年的进化过程中经历了持续的全基因组加倍事件，如双子叶植物共同祖先共同经历了一次古老的全基因组三倍化事件（Whole - genome triplication），此后有的双子叶类群又经历了新的基因组倍化，比如，拟南芥连续经历了两次全基因组水平上的二倍化事件（whole - genome duplication），大豆独立发生了一次全基因组二倍化事件（陈全家，2014）；在单子叶植物中，也发生了多次多倍化事件，比如，禾本科的共同祖先物种在约一亿年前发生了一次全基因组二倍化事件。此后，一次独立的全基因组二倍化事件发生在了玉米中，这也使得玉米基因组更加复杂。双子叶植物中，葡萄的基因组很大程度上保留了双子叶植物祖先基因组的结构，常常作为双子叶植物研究中的外类群来进行比较分析。根据贾隆（Jaillon）等（2007）的研究结果，双子叶植物的祖先基因组有 $n = 7$ 条古染色体，在经历全基因组三倍化后有 $n = 3x = 21$ 条染色体。这次多倍化事件可能促进了双子叶植物主要类群的产生和分化（Senchina et al.，2003）。在已经测序的植物中，可可与棉花亲缘关系最近，它们的祖先在约六千万年前分化。持续的多倍化事件的发生，往往会使物种形成多倍体，也造成了物种的基因组结构非常复杂（胡根海等，2007）。而棉花所经历的特有的加倍事件则导致棉花基因组结构异常复杂。对棉花 D 基因组的测序揭示了令人惊讶的复杂结构（杨南山，2017），棉花 D 基因组发生了大量的染色体融合，可能伴随有其他重排事件，这些事件可能导致对棉花基因组结构和进化的研究变得复杂。有人认为，古老的棉花在与葡萄、可可分开的时候，经历了二倍化事件，形成一个古老的四倍体，这种看法存在着争议，对棉花比较基因组学的开展有利于解释棉花所经历的加倍事件。棉花是重要的天然纤维和油料作物，具有较高的经济价值，同时棉花也是研究基因组进化、植物进化模式、多倍化、农作物产量的重要模式作物之一。近年来，随着测序技术的发展，棉花的多个亚基因组全基因组序列相继被测出，包括两个二倍体的亚洲棉 A 基因组（*G. arboreum*）和雷蒙德氏棉 D 基因组（*G. raimondii*），两个四倍体的 AD 基因组陆地棉（*G. hirsutum*）和 AD 基因组海岛棉（*G. barbadense*），这就为在全基因组水平上研究棉花基因组的结构与进化提供了重要的材料基础（南文智等，2013）。

第三节　棉花基因组学研究进展

一、基因组学研究

基因组（Genome）是基因（Gene）或染色体（Chromosome）的组合，用于描述生物的全部基因和染色体组成。基因组学（Genomics）则是指对所有基因进行基因组作图、核苷酸序列分析、基因定位和基因功能分析的一门科学，包括以全基因组测序为目标的结构基因组学（Structural genomics）和以基因功能鉴定为目标的功能基因组学（Functional genomics）（周富来，2019）。

（一）棉花基因组测序

解码棉花基因组能够深入了解棉种起源进化及棉花重要农艺性状形成的遗传基础。因此，由中国农业科学院棉花研究所牵头，分别对二倍体棉种雷蒙德氏棉和亚洲棉进行了基因组测序，并随后完成了四倍体棉种陆地棉的全基因组测序

（Farshid，2013）。2012 年，Wang 等和帕特森等分别完成了棉花 D 基因组雷蒙德氏棉（*Gossypium raimondii*）的全基因组测序工作。2014 年，Li 等完成了棉花 A 基因组亚洲棉（*Gossypium arboreum*）石系亚 1 号的全基因组测序及组装工作。棉花 A 组和 D 组基因组测序的完成，为棉花栽培品种陆地棉的全基因组测序奠定了基础。2015 年，Li 等和 Zhang 等分别独立完成了异源四倍体棉花品种陆地棉（*Gossypium hirsutum*）TM‑1 的全基因组测序及组装（Farshid，2013）。

棉花异源四倍体栽培品种有陆地棉和海岛棉 2 种。由于海岛棉产量低，因此种植面积不到陆地棉的 1%，但是海岛棉能够产生超长纤维，纤维品质及抗病性都明显优于陆地棉（张力圩，2016）。为了更好地分析这些差异形成分子机制，Yuan 等和 Liu 等采用全基因组鸟枪法测序、人工细菌染色体文库测序及高分辨率遗传图谱 3 种方法相结合，分别对海岛棉品种 3‑79 和 Xinhai21 进行了全基因组测序及组装，结果 3‑79 全基因组大小为 2.57 Gb，编码 80876 个蛋白质，含有 63.2% 的重复序列；而 Xinhai21 基因组大小为 2.47 Gb，编码 76526 个蛋白质，含有 69.11% 的重复序列（程华等，2012）。

（二）棉花基因组重测序及关联分析

棉花全基因组测序工作的完成，使棉花基因组重测序及关联分析成为可能。Wang 等（2017）选择 352 份陆地棉材料，其中对 31 份野生棉和 321 份栽培品种进行了基因组重测序，根据测序结果将 352 份棉花品种分为 3 类：中国型（China）、美国巴西印度型（ABI）和野生型（Wild），而且根据 2012 年和 2013 年 2 年的田间调查性状进行全基因组关联分析，发现 25 个数量性状位点（Quanti tative trait locus，QTL）与棉花的农艺性状相关，其中有 17 个与纤维品质性状相关。此外，他们还发现，驯化选择方向的不同导致启动子中顺式调控元件的差异进化形成棉花不同的农艺性状。Fang 等（2017）对 318 份陆地棉材料进行重测序，这 318 份材料中，包括 35 个淘汰的地方品种，它们是很多现代棉花品种的祖先，258 份全球现代改良的棉花品种，13 份在中国广泛种植的优良品种及 12 个高度相近的棉花品种。进行全基因组关联分析，检测到的纤维产量相关位点多于纤维品质相关位点，说明纤维产量具有更多的选择性。同时，发现 2 个乙烯途径相关的基因位点与纤维产量相关。一共鉴定到 119 个单核苷酸多态性（Single nucleotide polymorphism，SNP）位点，其中 71 个与纤维产量相关，45 个和纤维品质相关，3 个与黄萎病抗性相关；其中 70 个位点分布在 At 亚基因组上，46 个位点分布在 Dt 亚基因组上，而 3 个黄萎病抗性相关位点全部分布在 Dt 亚基因组上（王晓歌等，2016）。Ma 等（2018）首次利用我国 419 份陆地棉核心种质发掘了约 366 万个 SNP 标记（图 3−4），对陆地棉核心种质群体的遗传多样性和群体结构进行了系统分析。本研究的主要亮点是完整地搜集了 13 个纤维相关性状在 12 个环境中的表现，利用全基因组关联分析（GWAS）发掘了一大批重要性状相关的位点和基因，并对部分关键候选基因进行了功能验证。Du 等（2018）利用三代 PacBio 和 Hi−C 技术，重新组装了高质量的亚洲

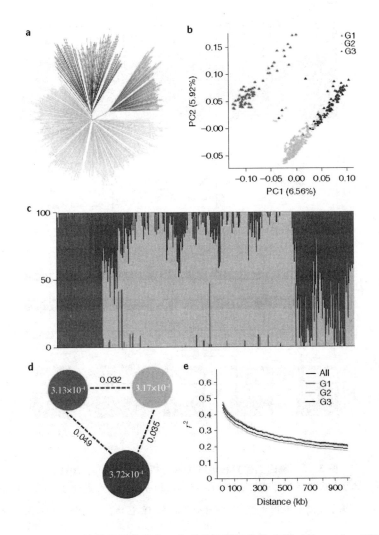

图 3−4 419 份棉花材料的进化、主成分和遗传结构分析（Ma et al.，2018）

a. 群体进化分析；b. 两组分（PC1 和 PC2）的主成分分析；c. 结构分析；d. 群体分化和遗传多样性分析；e. 全基因组平均 LD 分析。

棉基因组（图3-5），分析了243份二倍体棉花种质的群体结构和基因组分化趋势，同时确定了一些有助于棉花皮棉产量遗传改良的候选基因位点，相关研究结果发表在《Nature Genetics》杂志上。自2012年至今，棉花基因组及功能基因组领域共在《Nature》、《Nature Genetics》和《Nature Biotechnology》发表论文8篇，其中，中国农业科学院棉花研究所为主的4篇，重要参与2篇，表明中国农业科学院棉花研究所在该领域的研究具有举足轻重的地位。

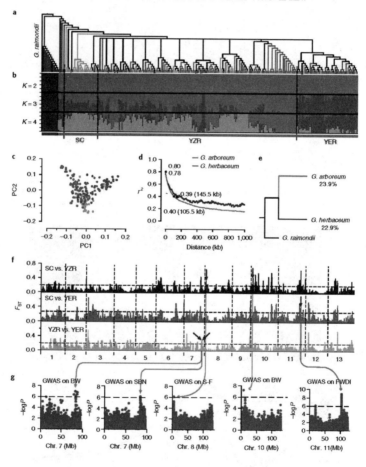

图3-5　基因组差异和地理关系分析（Du et al., 2018）

注：a.243个二倍体材料的进化分析；b. 群体结构分析；c. 主成分分析；d. LD分析；e. 棉属的系统发育和祖先等位基因分析；f. 高度分化的基因组区域；g. 分组进行GWAS分析。

此外，随着陆地棉TM-1测序的完成，棉花高通量SNP进一步发展，高质量的SNP标记在棉花基因组的分布密度达到0.32 cM/SNP，使得利用芯片进行棉花全基因组关联分析变得更加精准（郑炜佳，2013）。Sun 等（2014）利用棉花高密度 SNP 芯片，对 719 个棉花品种在 8 个不同的环境中进行表型鉴定后，全基因组关联分析棉花纤维品质相关的位点，一共有 46 个显著相关的 SNPs 能够在至少 1 个环境中被检测到，分布在 At01、At07、At08、At10、At12、At13、Dt01、Dt03、Dt04、Dt05、Dt06、Dt07、Dt10、Dt11 和 Dt13 染色体上，其中有些 SNPs 能够在多个环境中被检测到。纤维长度相关的 SNPs 有 20 个，分布在 At07、At10、Dt03、Dt05、Dt06、Dt07 和 Dt11 上，其中 At07 上分布 7 个，Dt11 上分布 4 个。纤维强度相关的 SNPs 有 18 个，分布在 At01、At07、At13、Dt06、Dt10、Dt11 和 Dt13 上，其中 At07 上分布 7 个。根据棉花 TM－1 基因组序列，将显著相关的 46 个 SNPs 上下游 200 kb 范围内的候选基因进行分析，一共检测到 612 个候选基因（任启军，2004）。同时利用转录组分析了 212 个纤维长度相关和 161 个纤维强度相关的候选基因的表达模式，其中 163 个纤维长度相关和 120 个纤维强度相关的候选基因在纤维发育的 4 个时期表达量很高。黄聪等（2018）收集了全国 503 份陆地棉品种，于 2012—2013 年在 4 个不同的地方对棉花的 16 个农艺性状进行调查，利用棉花 63K Illumina Infinium SNP 芯片进行全基因组关联分析，将这些材料分为 3 个亚群。通过比较遗传结构和表型变异，发现地理分布和驯化时间并不是遗传结构的决定因素，并且这 3 个亚群的遗传结构尽管不同，但是它们在表型上的差异并不明显。一共有 324 个 SNP 和 160 个候选 QTLs 与 16 个农艺性状相关，其中有 38 个 QTL 控制着多个性状（高进，2013）。

1. 遗传图谱

遗传图谱（Genetic map）又称遗传连锁图谱（Genetic linkage map），是指以染色体重组交换率为相对长度单位，以遗传标记为主体的染色体线性连锁图谱。遗传标记是遗传物质的易于识别的表现形式，通常可分为形态学标记、细胞学标记、生化标记和分子标记 4 种类型。以形态、生理和生化标记来构建的遗传图谱为经典遗传图谱，其主要特点是遗传标记数量少、多态性差，图谱距离大、密度和饱和度低。分子遗传图谱能克服经典遗传图谱的弱点，饱和度和密度大大提高（贾晓昀，2017）。分子遗传图谱在棉花生产中具有十分重要的理论意义和应用价值，它不仅能为育种家指明育种目标，还能使育种工作针对性和目标性更强，有效性更高，从而大大提高育种工作效率，加快育种速度，缩短育种周期。1994 年赖尼施等用 RFLP（Restriction fragment length polymorphism）标记构建了第一张异源四倍体棉花分子遗传图谱，2002 年 Zhang 等构建了第一张以 PCR（Polymerase chain reaction）为基础的分子遗传图谱，随后，RFLP（Restriction Fragment Length Polymorphism）、AFLP（Amplified fragment length polymorphism）、RAPD（Randomly amplifiled polymorphic DNA）、SSR（Simple sequence repeats）、EST－SSR（Simple sequence repeat based on expressed sequence tag）、REMAP（Retrotransposon－microsatellite amplified polymorphism）、SRAP（Sequence－related amplified polymorphism）和 SNP（Single nucleotide polymorphism）等分子标记被广泛应用于海陆种间、陆地棉种内遗传连锁图谱构建（刘方，2016）。各种分子标记技术对棉花遗传图谱的研究工作起了非常大的促进作用，但目前大多数分子遗传连锁图谱仍然存在覆盖率低、所用的分子标记数较少、分布不均匀、标记间距离过大等问题。因此，发展新型分子标记技术，构建高密度、高覆盖率、饱和的陆地棉种间分子连锁图谱仍然是棉花遗传学研究领域的一个重要课题（刘德新，2015）。

  2. 物理图谱及基因组测序

  物理图谱是基于酵母人工染色体（Yeast artificial chromosome，YAC）、细菌人工染色体（Bacterial artificial chromosome，BAC）、双元细菌人工染色体（Binary BAC，BIBAC）和可转化人工染色体（Transformation－competent artificial chromosome，TAC），利用限制性内切酶将染色体切成片段，根据重叠序列确定片段间连接顺序以及遗传标志之间物理距离的图谱（崔兴雷，2015）。棉花是多倍体作物，基因组比较大，基因序列高度重复，采用其他模式生物通用的鸟枪法测定全基因组序列难度较大。因此，构建高分辨率棉花物理图谱，在此基础上采用逐步克隆法进行全基因组测序，是最经济也是最快捷的（王凯，2006）。棉花全基因组物理图谱的构建工作开展比较晚，但费雷利霍斯基（Frelichowski）、Wang、Hu 和李朋波等在陆地棉大片段基因组文库构建、叶绿体基因组文库构建、陆地棉单体系建立等方面做出了很大贡献。此外，Xu 等于 2008 年完成了陆地棉 12 和 16 染色体的精确物理图谱，分别将 220 个和 115 个重叠群定位在这两条染色体上。2010 年，Lin 等在全世界首先完成了二倍体棉种雷蒙德氏棉（D 染色体组）全基因组序列的物理图谱，该图谱共应用 2828 个探针和 13662 个 BAC 末端序列，将 1585 个重叠群锚定在棉花分子遗传图谱上，其中 370 个重叠群可以同时锚定在拟南芥中，438 个重叠群与葡萄基因组序列相同，而 242 个重叠群能同时锚定在拟南芥和葡萄中，因此认为棉花与葡萄基因组相似程度更高（殷剑美，2005）。由于棉花基因组太大、多倍性以及序列高度重复，棉花栽培种的全序列测定还在进行，但单染色体及二倍体全基因组物理图谱的完成、新测序技术的出现，以及拟南芥等模式植物、高粱等多倍体植物基因组计划的成功实施，将为棉花基因组计划的顺利完成奠定坚实基础和提供经验借鉴（刘德新，2015）。

二、比较基因组学研究进展

比较基因组学（Comparative genomics）是建立在基因组图谱和基因组测序的基础上，对不同物种基因组间的基因和基因组结构进行比较，以揭示基因的数目、位置、功能、表达机制和物种进化的一门学科。随着越来越多不同进化谱系的绿色植物基因组测序完成，大量的基因组数据为从整个基因组的角度系统分析一些重要基因家族在同一谱系的物种内和不同谱系的物种间的分子进化规律提供了条件（雷凌姗，2018）。

近年来，随着测序技术的发展与进步，依赖于毛细管电泳的 Sanger 测序技术逐渐被高通量测序技术所替代，其巨大的技术优势使其被广泛运用于基因组学研究。但是，基于高通量测序技术展开的大规模的测序项目，同时产生了海量的数据，如何从这些大量的数据中提取更加有效的信息，成为科研工作者亟须解决的问题，而比较基因组学正是在这种背景下应运而生。

在物种比较基因组学研究中，经常会以进化中相邻物种为参考进行基因组间的比较分析，并且比较基因组学可以利用现有的基因组对其他物种的基因组信息进行推测分析（陈杰丹，2016）。比较基因组学不仅仅研究基因组间的比较分析，还被应用于系统发育进化关系分析、基因的预测等研究，利用不同亲源物种间的序列进行比较分析（庞乐君等，2005）。在比较基因组学的研究中，直系同源基因（Orthologs）和旁系同源基因（Paralogs）的鉴定是重要的研究线索和内容。直系同源基因是指存在于不同物种中的，在物种形成过程中起源于某一共同祖先基因的同源基因，这些基因在功能上高度保守。旁系同源基因是指在一个基因组中由于基因复制产生的同源基因，这些基因可能具有相似功能，但也可能已经发生明显的功能分化，甚至变成假基因（周富来，2019）。

三、功能基因组学研究进展

近年来，分子生物学技术取得的发展和进步，为人们了解单个基因的结构及其功能提供了多样化的手段和参考。随着测序质量和效率的提高，大量基因组相关结构数据的产生和积累，人们迫切希望借助新的手段对其解读，找到更多与研究相关的分子信息和功能过程，从而提高实验设计的靶向性和科学性（张力垆，2016）。作为后基因组时代的新兴学科，功能基因组学主要在全基因组水平上对基因的结构和功能信息进行解析，为生物学家寻找相关功能基因提供了新的思路，而传统的技术（例如，northern blot 等）难覆盖整个基因组。由此，基因芯片、蛋白质芯片和深度测序等高通量技术应运而生，其研究对象包括了 DNA 和 RNA 等。高通量技术与分子生物学方法的紧密结合，产生了以基因芯片、RNA - seq、sRNA - seq、ChIP - seq 和 Bisulfate - seq 等为代表的生物分子大数据生产技术，为人们对物种遗传进化、表观遗传修饰、转录调控、代谢网络等生物学研究提供了多维的数据基础和探索途径（左东云等，2017）。

近年来，人们利用基因芯片和 RNA - seq 等技术，在全基因组水平上对棉花响应外源胁迫、参与纤维发育调控的基因进行表达特征研究和功能挖掘，为棉花育种筛选具有关键功能的基因资源。例如，Yao 等在（2011）利用 Affymetrix 公司开发的棉花基因芯片，对陆地棉根组织中响应盐胁迫的生物学过程进行了研究，并发现 WRKY、ERF、JAZ 等参与转录调控的蛋白编码基因发生了差异表达，表明这些因子在陆地棉根中参与了对盐胁迫的响应（宋宇琴，2018）。2013 年 Yao 等利用 RNA - seq 数据，通过转录组拼接的方法，探究了亚洲棉根、茎和叶三个组织对干旱和盐胁迫响应的特异性，在亚洲棉中鉴定了一批与水分胁迫相关的转录本序列。YOO 等（2014）利用 RNA - seq 技术，对野生陆地棉和驯化棉种的单细胞纤维进行了比较转录组分析，发现有 5000 多个基因发生了差异表达并参与了初级和次级细胞壁的合成。YOO 等（2014）还发现相比于野生棉，虽然人类对棉花 5000 多年的栽培和驯化从遗传学水平上提高了棉纤维的产量和品质，但同时也弱化了棉花对逆境的抗性。在非编码 RNA 领域，microRNA 可以在转录后水平对靶基因进行抑制调控，在植物生长发育和逆境适应过程中发挥重要调控作用。除了利用基因芯片技术和 northern blot 等分子生物学技术对拟南芥中与冷胁迫响应有关的 microRNA 进行转录组学研究以外（Zhou et al.，2008），越来越多的研究人员利用高通量技术对其他植物中的 microRNA 进行鉴定和研究。利用 sRNA - seq 对雷蒙德氏棉和亚洲棉两个二倍体棉种间的 microR-NA 进行鉴定和进化分析，同时对 miRNA 的横向拷贝数和表达活性评估，发现 miRNA 虽然保守性很强，但在不同棉种间的表达趋势和功能特征具有显著的差异（张军毅，2018）。此外，Wang 等鉴定了陆地棉中参与干旱与盐胁迫响应的 miRNA，并利用降解组测序数据鉴定了这些 microRNA 的靶基因，同时对它们可能参与的生物学调控过程进行了探讨。

四、陆地棉基因组学研究进展

陆地棉（*Gossypium hirsutum* L.）隶属锦葵目（Malvales），锦葵科（Malvaceae），棉属（*Gossypium*），因最早在美洲大陆种植而得名，是世界上最重要的棉花栽培品种，占全球棉花种植面积的 90% 以上。尽管陆地棉在棉花产业中占据核心地位，但由于其为异源四倍体，相关的全基因组测序工作一直难以开展（胡艳，2008）。来自南京农业大学、北京诺禾致源、美国得克萨斯大学的国际团队，利用最新测序技术，成功构建了高质量的陆地棉全基因组图谱，为进一步改良棉花的农艺性状提供了基础，同时也为多倍体植物的形成和演化机制提供了新的启示。

研究方法：选取陆地棉遗传标准系 TM‑1，利用 Illumina Hiseq2500 平台 PE100 测序，测序深度为 245×，采用 SOAPdenovo 软件进行组装，在此基础上，结合 17 万对 BAC 末端序列和高密度的遗传图谱，获得了高质量的全基因组图谱。利用 TM‑1 的全基因组序列，对四倍体棉花中两个亚基因组的非对称进化机制进行了解析。同时，对棉纤维发育相关的重要基因展开了深入研究（王凯，2006）。

研究结果：绘制了陆地棉基因图谱，陆地棉基因组大小为 2.5Gb，组装结果 ContigN50 达到 34Kb，Scaffold N50 达到 1.6Mb，其中 92% 的 scaffold 可定位到染色体上。组装结果优于目前已测序的多倍体植物油菜（N50 = 764kb）、烟草（N50 = 345 ~ 386kb）等。

A 亚组和 D 亚组非对称进化：通过比较陆地棉（AADD）、雷蒙德氏棉（DD）和亚洲棉（AA）的基因组序列，估算出陆地棉形成于一百万至一百五十万年前。在陆地棉形成后的一百多万年内，A 亚组不仅有更高的蛋白质进化速率，其染色体重排发生频率以及基因丢失和失活的频率均显著高于 D 亚组。

A 亚组和 D 亚组对陆地棉性状的互补性贡献：选择分析发现 811 个正选择基因（470 个在 A 亚组，341 个在 D 亚组），在 A 亚组中，正选择基因与纤维长度的发育有重要关系；而在 D 亚组中，正选择基因多与抗性有关。该结果表明，陆地棉继承了两个祖先种中各自的优良性状，因此具有良好的纤维品质及广泛的适应性。

棉纤维关键基因的表达及进化分析：对 *MYB*、*CESA* 等纤维发育相关的重要基因开展了表达及进化分析。*MYB* 基因家族中的一个分支在纤维发育中起重要的作用；陆地棉中多个 *CESA* 基因在驯化过程中受到了显著的正选择作用，可能与棉纤维品质的改良有直接关系（刘德新，2015）。

2015 年，中国农业科学院棉花研究所和南京农业大学张天真教授的两个团队在《Nature Biotechnology》同期分别发表了陆地棉 TM-1 的基因组研究结果。中国农业科学院棉花研究所利用 167 个 RIL 群体构建的棉花高密度遗传连锁图谱将 88.5% 的 DNA 序列定位在陆地棉的 26 条染色体上，估算陆地棉基因组大小为 2173Mb，覆盖了 89.6% ~ 96.7% 的 AtDt 基因组，注释包含了约 76943 个编码基因，并推测到现代陆地棉是在大约 150 万年前由两个二倍体祖先种加倍而成，异源四倍体陆地棉的 At 亚基因组比 Dt 亚基因组大，并检测发现两个亚基因组之间至少发生了 100 个以上的片段替换，可能这些片段替换促进了棉花纤维的增加和品质的提高（Farshid，2013）。研究发现，不同调控机制 *CesA*、*ACO1* 和 *ACO3* 等协同进化对提高陆地棉纤维品质和产量有可能起到了至关重要的作用。南京农业大学则是利用 17 万个 BAC 文库的末端测序辅助 500 万个 SNP 位点构建的高密度遗传图谱，成功将 92% 的 scaffold 组装到陆地棉 TM-1 的 26 条染色体上，基因组大小约为 2.5Gb，注释到大约 70478 个编码基因。他们的进化分析证明，陆地棉大约在一百万年至一百五十万年前形成，此后，由于 At 亚基因组具有更高的进化速率，导致其染色体的重排发生的频率以及基因丢失和失活的频率均显著大于 Dt 亚基因组；两个亚基因组分别继承了两个基因组棉种的优良特性，使得陆地棉具有较好的纤维品质和广泛的环境适应性。研究还表明 *MYB* 基因家族在棉花纤维发育中起到了重要的作用，*CESA* 基因在人为驯化过程中受到了显著的正向选择，可能与棉纤维品质的改良有直接关系（Farshid，2013）。

五、棉花基因组进化关系

棉花是锦葵科（Malvaceae）、棉属（*Gossypium*）植物，共有约 50 个种，其中包括了 46 个二倍体（2n = 2x = 26）和几个不同的异源四倍体棉种（A1D1n = 4x = 52），如以雷蒙德氏棉（*Gossypium raimondii*）和亚洲棉（*Gossypium arboreum*）分别为代表的 A 基因和 D 基因组二倍体，以陆地棉（*Gossypium hirsutun*

L.）为代表的异源四倍体棉种。随着人类文明的进步，棉花成为世界上较为重要的经济作物，其产生的纤维是化工生产、纺织业的重要原材料，而相应的棉籽也是生物油料的来源之一。因此棉花在中国、美国和印度等地都具有较大的种植面积，其中以海岛棉（*G. barbadense* L.）、亚洲棉（*G. arboreum* L.）、陆地棉（*G. hirsutum* L.）等为代表的栽培种，占棉花总种植规模的90%。1989年，文德尔选择了4个A基因组二倍体、12个D基因组二倍体和10个异源四倍体棉花，对各个棉花叶绿体基因组中的560个限制性位点进行了检测和系统发育分析（刘德新，2015）。结果表明，异源四倍体棉花（例如，海岛棉和陆地棉）主要是在100万~200万年前，由A基因组二倍体和D基因组二倍体通过种间杂交、长期进化而形成的新型棉种。森赤那（Senchina）等（2003）对不同二倍体棉种间48个核基因的序列进行了进化分析，发现棉花二倍体的碱基替换率很低，说明二倍体棉花之间的进化保守性很强。通过系统发育分析发现，棉花的二倍体祖先形成于大约670万年前，而在大约500万年前二倍体祖先发生分化，形成了八类不同的二倍体棉花，包括A、B、C、D、E、F、G和K基因组二倍体棉花（Senchina et al.，2003）。亨德里克斯（Hendrix）等利用流式细胞检测方法对不同棉种的细胞核检测，发现棉花基因组大小在不同棉种间具有较大的跨度(880~2500Mb)，因此棉花成为植物多倍体形成与进化的最佳模式（张则婷，2010）。

其中，陆地棉因其具有耐干旱、耐盐碱、高产、纤维和棉籽品质优良等农艺性状，所以一直是种植规模最为广泛的棉种之一。帕特森等认为雷蒙德氏棉和亚洲棉是形成陆地棉的二倍体基因组供体，前者的基因组大小只有大约885 Mb，而后者的基因组大小大约是前者的两倍，大约为1746 Mb（张则婷，2010）。随着测序技术的发展，酵母、线虫、小鼠、拟南芥、水稻和人类等模式生物的基因组序列图谱在21世纪初被率先绘制完成，为人们提供了了解生物基因组组成信息的机遇。近年来，基因组学的快速发展为生命科学、环境学、生物信息科学等多项研究领域和生物医疗、化工生产等实际应用领域的发展带来了深远的影响，为解决实际问题提供了新的思路。为了促进棉花的生物学研究，更加准确地寻找提高棉花抗逆、纤维产量和品质的基因资源，杰弗里（Z. Jffrey）、Chen等在2007年将棉花基因组测序计划提上了日程。根据棉花的进化特征，基因组的大小、复杂度等因素，最终确定了按照以雷蒙德氏棉、亚洲棉和异源四倍体棉种为顺序的方案，逐个绘制棉花的基因组草图（王凯，2006）。

2012 年，雷蒙德氏棉的基因组测序完成，这项工作成为棉花基因组学领域的里程碑，为后续更复杂的棉种测序奠定了实践经验和理论基础。通过测序结果发现，在雷蒙德氏棉的基因组中，大约有 57% 都是由转座元件组成的。通过与陆地棉转录组学的比较分析发现，许多与纤维形成和伸长相关的基因家族成员，在雷蒙德氏棉中表达活性均很低，从而揭示了引起雷蒙德氏棉纤维短少的潜在分子机制。2014 年，进一步完成了对亚洲棉的全基因组测序工作（李付广等，2009）。在雷蒙德氏棉、亚洲棉与近缘物种可可（*Theobroma cacao*）之间进行全基因组比对和共线性分析，发现雷蒙德氏棉与亚洲棉均在一千多万年前发生了全基因组扩增事件。此外，两者的基因组序列呈现了较好的共线性，间接佐证了不同棉种之间的保守性（殷剑美，2005）。然而在 700 万 ~ 800 万年前和近 300 万年内，亚洲棉经历了两次小规模和两次大规模的逆转座子扩增事件，导致其基因组大小是雷蒙德氏棉的两倍多。通过转录组学比较分析发现，*NBS* 蛋白编码基因在雷蒙德氏棉中的高表达，提高了雷蒙德氏棉对轮枝菌侵袭的抗性。李付广等在基于乙烯对棉花纤维生长具有调控作用的研究中，对乙烯合成调控基因 *ACO* 启动子区附近的顺式作用元件进行了比较分析，发现在雷蒙德氏棉中，*ACO* 家族基因的启动子区附近存在多个 *MYB* 转录因子结合位点，*MYB* 转录因子对该位点的识别引起 *ACO* 家族基因高表达，最终致使棉纤维细胞早衰而产生无法伸长的表型，该发现为棉花分子生物学家提供了新的理论参考依据（傅明川，2017）。2015 年，张天真等和李付广等分别对陆地棉完成了基因组测序。同年，张献龙等完成了对另一个异源四倍体棉花——海岛棉（*Gossypium barbadense*）的基因组测序，并在此基础上发现了 *CesA* 家族基因在海岛棉中所特有的"接力赛跑"表达调控模型（韩金磊，2017）。

由高盐、干旱、冷等环境因素引起的水分胁迫，一直是影响棉花纤维、棉籽品质和产量的主要因素之一。如何在保证棉花对环境胁迫耐受能力的前提下，提高农业生产效率一直是棉花生物学家密切关注的问题。近年来，利用种间杂交等方法培育了许多具有特色农艺性状的新品种，比如，由陆地棉、亚洲棉和斯特提棉进行三交杂种形成的中 G5，具有纤维品质优良的特点，而另一个品种中 9807 则具有优良的抗盐能力。此外，也有学者利用 QTL 定位、GWAS 等遗传学手段和统计分析，找到了许多与棉花抗逆、提高纤维和棉籽产量与品质的分子标记（吴翠翠等，2010）。拉克西特（Rakshit）等（2014）利用杂交技术和线性回归分析找到了 53 个与农艺性状相关的 AFLP 和 SSR 分子标记，其中被命名为 BNL3502 的标记与脂肪酸的代谢和棉花的纤维强度有关，而在 F_2 和 F_3 代的农学观察中，拉克西特等（2014）发现另外 16 个标记也与多种表型有关联。棉花基因组学的快速发展，为棉花的分子生物学、遗传学和农学等多项领域带来了新的动力热潮。基因组测序的完成，推动了对棉花生长发育、胁迫抗性、棉纤维发育调控等基础生理生化层面的研究，对棉花的育种改良和纤维品质、棉籽产量提高具有十分重要的意义（Yin et al.，2006）。

第四节　棉花生物信息学研究进展

一、生物信息学基础

生物信息学是一门崭新的、发展迅速的交叉学科，是英文单词"bioinformatics"的译名。广义的生物信息学是指从事对基因组研究相关的生物信息的获取、加工、储存、分配、分析和解释。一方面是对海量数据的收集、整理和服务；另一方面是对大数据进行分析，发现新的规律。狭义的生物信息学是指综合应用信息科学、数学理论和方法，管理、分析和利用生物分子数据的科学。生物信息学是建立在分子生物学基础之上的，产生与发展仅有四十年的时间。20 世纪 80 年代末，随着人类基因组计划的启动，生物实验和衍生数据的大量储存，促使了这一新兴交叉学科的形成。国际上公认的生物信息学研究内容大致包括 8 个内容：①生物信息的收集、储存、管理与提供；②基因组序列信息的提取与分析；③功能基因组分析；④生物分子设计；⑤药物设计；⑥生物信息分析的技术与方法研究；⑦应用与发展研究；⑧系统生物学研究。生物信息学研究内容几乎涵盖了生命科学的各个领域，它的发展给生命科学研究带来了重大变革。

二、生物信息学数据库

数据库是进行生物信息分子必需的数据资源，20 世纪 80 年代美国参议员克劳德·派帕尔（Claude Pepper）率先认识到生物信息的重要性，美国国会在他的提议下，于 1988 年 11 月 4 日成立了国立生物技术信息中心（National Center for Biotechnology Information，简称 NCBI）。NCBI 成立之后发挥了重要作用，维护了一系列的数据，主要包括：全核苷酸数据库、蛋白质数据库、基因组数据库、结构数据库、三维结构域数据库、保守域数据库、UniSTS 数据库、基因数据库、UniGene 数据库、HomoloGene 数据库、SNP 数据库、PopSet 数据库、生物分类数据库、GEO 数据库、GENSAT 数据库、癌症染色体数据库、dbGaP 数据库、PubChem Compound 数据库、PubChem Substance 数据库、PubChem BioAssay 数据库、PubMed Central 数据库、期刊数据库、MsSH 数据库、Bookshelf 数据库、OMIM 数据库、OMIA 数据库和探针数据库。欧洲生物信息研究所（European Bioinformatics Institute，EBI）是非营利性学术组织 EMBL 的一部分，也同样维护着一系列的数据库，主要包括：EMBL 核酸序列数据库、UniProt Knowledgebase、大分子结构数据库、ArrayExpress、Ensembl、IntAct、UniProtKB/Swiss - Prot、UniProtKB/TrEMB、InterPro 和一些其他数据库。加利福尼亚大学圣克鲁斯分校（University of California Santa Cruz，UCSC）基因组浏览器数据库是一个及时更新基因组序列及其注释的数据库，包括各种脊椎动物、无脊椎动物以及主要模式生物的基因组信息。

三、棉花生物信息学研究进展

随着人类基因组计划以及各种模式生物基因组计划的顺利实施，产生了大量的基因组数据，这些数据的出现促进了生物信息数据库及相应的生物信息分析平台的快速发展。棉花作为纤维的重要来源，是一种世界性的重要的经济作物，在国民经济生产和物质生活中发挥着重要的作用。棉花也是一种优秀的模式植物，它的研究对于解答基因组进化学、植物发育学等很多基础问题有很大的参考和借鉴作用。因而，近年来棉花基因组研究进展十分迅速，许多棉花重要农艺性状的基因和 QTL 得到发掘和精确定位，与棉花研究相关的各方面实验数据也都随之急剧增加。利用生物信息学手段来快速、有效地处理分析这些海量的数据就显得越来越重要。目前棉花的生物信息数据大部分都在国外的综合生物信息数据库中，给研究者们访问和使用这些数据带来不便。强燕梅（2009）对目前生物信息学的研究内容与方向进行了简要的阐述，介绍了当前世界上三大主要的生物信息学数据库，并概括了一些当前网络上比较流行和常用的农业生物信息学网站及相关网络资源，对棉花生物信息平台实现过程中所涉及的基于 Lucene 的全文检索技术、BLAST 序列比对算法和信息可视化等关键技术进行了深入研究和详细介绍。在深入研究和了解目前国际上广为应用的各种综合生物信息学数据库的基础上，以 MySQL 作为后台数据库，在 Linux 操作系统下构建了棉花生物信息数据库。该数据库融合了南京农业大学及国外综合信息数据库中关于棉花的 Gene、SSRs、QTL、Markers 等相关数据信息，实现了基于 Web 的本地化 BLAST 序列同源比对，其检索方式、参数选择、结果格式与 NCBI 网站上的类似，弥补了综合数据库中比对缺乏针对性等缺点，为棉花生物信息的保存、检索、分析及有效利用提供了帮助，对进一步进行生物实验和育种有重要的指导意义。随着二倍体棉花和四倍体棉花基因组的测序完成，为棉花实现全基因组家族分析提供了重要数据资源，如棉花 GR 基因家族（张传义等，2019）、SBP 基因家族（郑玲等，2019）、棉花 DNA 去甲基转移酶家族（杨笑敏等，2019）、bZIP 基因家族（王晓歌等，2020）、FAR1/FHY3 基因家族（袁娜等，2018）、MAPKs 基因家族（郭慧敏等，2016）等。随着生物信息技术的进一步发展，棉花基因组信息将会被更深入地解析，更好地为棉花科研和生产服务。

第五节　棉花基因组资源应用前景

棉花在国民经济中发挥着重要的作用，其棉纤维是纺织工业重要的材料来源，同时棉花中高产优质、抗病虫、耐涝旱等优良的基因资源信息丰富，对棉花的研究不仅能改良棉花品种，带来经济效益，也能够促进相关研究的理论发展。棉花进化过程和规律的研究，相关的方法在其他物种基因组进化的研究中也可以推广（Yin et al.，2006）。虽然对二倍体棉花 D 基因组的研究揭示了古棉花的分化过程，但是对同样的二倍体棉花 A 基因组、异源四倍体棉花 AD 基因组陆地棉和海岛棉的基因组进化研究相对滞后，这为研究其与棉花亚基因组带来了机遇。同时，随着古棉花加倍规模的确定，在全基因组水平上研究基因组加倍对棉花主要优质基因资源的基因家族的影响也可以进行研究与分析（贾琪等，2014）。雷蒙德氏棉、亚洲棉和陆地棉基因组测序的完成代表着我国棉花科研水平已经在国际上领先。基因组数据对于促进我国棉花功能基因组学方面的研究及高产、优质、多抗的棉花新品种的分子育种提供了数据资源，同时也为我国棉花分子生物学研究，包括棉花的起源、进化及抗逆调控机理等多种代谢网络的研究奠定了重要基础。

参考文献：

别墅，王坤波，孔繁玲，等．棉花基因组重复序列研究进展 [J]．分子植物育种，2003（3）：373–379．

别墅，王坤波，王春英，等．二倍体栽培棉45SrDNA–FISH作图及核型比较 [J]．棉花学报，2004，16（4）：223–228．

陈翠霞，于元杰，王洪刚．棉花DNA的快速提纯 [J]．山东农业大学学报，1996（3）：353–355．

陈杰丹．陆地棉TM–1参考基因组构建及比较基因组分析 [D]．南京：南京农业大学，2016．

陈全家．棉纤维发育相关基因转录组学、表达谱分析研究 [D]．北京：中国农业大学，2014．

程华．荧光原位杂交技术在棉花中的应用 [J]．今日科苑，2007（20）：26．

程华，彭仁海，张香娣，等．棉花BAC文库快速筛选法 [J]．生物技术，2012，22（3）：55–57．

崔兴雷．草棉1号染色体物理图谱的构建及CCICR转座子家族的发现与分析 [D]．北京：中国农业科学院，2015．

范术丽，喻树迅，宋美珍，等．短季棉早熟性的分子标记及QTL定位 [J]．棉花学报，2006，18（3）：135–139．

樊卫华，程奇，任延国，等．棉花叶绿体 *ndhB* 基因的克隆和序列分析 [J]．农业生物技术学报，1995（4）：89–93．

樊卫华，沈燕新，张中林，等．棉花叶绿体70S核糖体S7蛋白基因的克隆和序列分析 [J]．作物学报，1997（4）：487–490．

FARSHID T．三个D组棉花叶绿体全基因组测序及其进化研究 [D]．北京：中国农业科学院，2013．

傅明川．棉花基因组的同质段结构特征及进化研究 [C] //中国农学会棉花分会．中国农学会棉花分会2017年年会暨第九次会员代表大会论文汇编．2017：64．

高进．棉花1号染色体上纤维长度QTL的精细定位及其单QTL近等基因系的创建 [D]．南京：南京农业大学，2013．

耿川东，龚蓁蓁，黄骏麒，等. 用 RAPD 鉴定棉花品种间差异 [J]. 江苏农业学报，1995（4）：21－24.

郭慧敏，翟伟卜，张珊珊，等. 棉花 MAPKs 家族成员的聚类分析 [J]. 棉花学报，2016，28（5）：425－433.

郭旺珍，张天真，潘家驹，等. 我国棉花主栽品种的 RAPD 指纹图谱研究 [J]. 农业生物技术学报，1996（2）：29－34.

郭旺珍，张天真，潘家驹，等. 我国陆地棉品种的遗传多样性研究初报 [J]. 棉花学报，1997，9（5）：19－24.

郭旺珍，张天真，朱协飞，等. 分子标记辅助选择的修饰回交聚合育种方法及其在棉花上的应用（英文）[J]. 作物学报，2005（8）：963－970.

关兵. 利用荧光原位杂交技术研究棉花基因组的组成及进化 [D]. 南京：南京农业大学，2008.

韩金磊. 棉花着丝粒 DNA 组成与结构分析及染色体空间分布规律研究 [D]. 福州：福建农林大学，2017.

黄聪. 基于自然群体及 MAGIC 群体关联分析解析陆地棉重要农艺性状的遗传基础 [D]. 武汉：华中农业大学，2018.

胡艳. 亚洲棉和陆地棉基因组 BAC 文库的构建及初步应用 [D]. 南京：南京农业大学，2008.

胡根海，喻树迅，范术丽，等. 陆地棉叶绿体铜锌超氧化物歧化酶基因的克隆与表达（英文）[J]. 植物生理与分子生物学学报，2007（3）：197－204.

贾琪，吴名耀，梁康迳，等. 基因组学在作物抗逆性研究中的新进展 [J]. 中国生态农业学报，2014，22（4）：375－385.

贾晓昀. 陆地棉种内高密度遗传图谱构建及重要农艺性状 QTL 定位 [D]. 咸阳：西北农林科技大学，2017.

雷凌姗. 利用比较基因组学寻找大豆结瘤固氮过程中重要基因 [D]. 武汉：华中农业大学，2018.

李爱国. AB－QTL 法定位海岛棉产量及纤维品质基因 [D]. 长沙：湖南农业大学，2008.

李付广，侯玉霞，方鑫，等. 来源于耐旱荒漠植物蛋白 CkND 对棉花黄萎病的抑制作用及其抗旱性研究 [J]. 棉花学报，2009，21（2）：89－93.

李钦. 棉花 A、D 亚基因组数据分析与演化及功能关系分析 [C] //2013 全国植物生物学大会论文集，2013：25 – 26.

李廷刚．棉花抗黄萎病全基因组关联分析及 TIR – NBS – LRR 类抗病基因 *GhTNL*1 功能研究［D］．北京：中国农业科学院，2018.

刘德新．陆地棉遗传图谱加密与 T₁ 区域纤维品质 QTL 精细定位及候选基因鉴定［D］．重庆：西南大学，2015.

刘方．陆地棉与海岛棉、毛棉、达尔文氏棉种间遗传图谱加密及线性关系比较［D］．重庆：西南大学，2016.

刘三宏，王坤波，宋国立，等．棉花 GISH – NOR 的初步探讨［J］．科学通报，2005（5）：443 – 447.

卢东柏，李晓方，刘志霞．改良 SDS 法提取棉花基因组 DNA 研究［J］．广东农业科学，2008（5）：14 – 16.

MD H O R. 利用 CSSLs 进行棉花抗黄萎病、纤维品质和产量性状全基因组 QTL 定位［D］．北京：中国农业科学院，2017：189.

南文智，吴嫚，于霁雯，等．利用高通量测序技术鉴定棉纤维发育相关 miRNAs 及其靶基因［J］．棉花学报，2013，25（4）：300 – 308.

庞乐君，王松俊，刁天喜．基因组学和蛋白质组学对新药研发的影响［J］．军事医学科学院院刊，2005（1）：77 – 79.

奇文清，李懋学．植物染色体原位杂交技术的发展与应用［J］．武汉植物学研究，1996（3）：269 – 278.

钱能．陆地棉遗传多样性与育种目标性状基因（QTL）的关联分析［D］．南京：南京农业大学，2009.

强燕梅．棉花生物信息平台的构建及关键技术的研究［D］．南京：南京农业大学，2009.

任启军．基于棉花微卫星序列的 SNP 变异和系统进化［D］．南京：南京农业大学，2004.

宋国立，崔荣霞，王坤波，等．改良 CTAB 法快速提取棉花 DNA［J］．棉花学报，1998，10（5）：50 – 52.

宋宪亮．异源四倍体棉花栽培种分子遗传图谱的构建及部分性状 QTL 标记定位［D］．泰安：山东农业大学，2004.

宋宇琴．德氏乳杆菌保加利亚亚种的群体遗传学和功能基因组学研究［D］．呼和浩特：内蒙古农业大学，2018.

谈卫军. 单核细胞增生李斯特菌 XYSN 和 NTSN 全基因组测序及比较基因组学分析 [D]. 扬州：扬州大学，2015.

王春英，王坤波，宋国立，等. 棉花体细胞染色体 rDNA - FISH 技术 [J]. 棉花学报，2001，13（2）：75 - 77.

王寒涛. 陆地棉遗传图谱的构建及其重要农艺性状的 QTL 定位 [D]. 武汉：华中农业大学，2015.

王军. 源四倍体鲫鲤 BAC 文库的构建及其功能基因的遗传变异分析 [D]. 长沙：湖南师范大学，2014.

王凯. 异源四倍体棉花遗传图谱的构建与分子细胞遗传学研究 [D]. 南京：南京农业大学，2006.

王坤波，王文奎，王春英，等. 海岛棉原位杂交及核型比较 [J]. 遗传学报，2001（1）：69 - 75，98.

王晓歌，阴祖军，王俊娟，等. 陆地棉转录组耐盐相关 SNP 挖掘及分析 [J]. 分子植物育种，2016，14（6）：1524 - 1532.

王志伟. 分子标记辅助选择构建棉花种间单片段代换系及其遗传评价 [D]. 武汉：华中农业大学，2009.

魏恒玲. 陆地棉 110 个 BAC 测序结果的初步分析 [D]. 武汉：华中农业大学，2008.

吴翠翠，简桂良，王安乐，等. 棉花抗黄萎病 QTL 初步定位 [J]. 分子植物育种，2010，8（4）：680 - 686.

杨南山，王金朋，王希胤. 棉花基因组结构进化研究进展 [J]. 基因组学与应用生物学，2017，36（3）：1090 - 1095.

殷剑美. 棉花胞质雄性不育恢复基因的精细定位和物理作图 [D]. 南京：南京农业大学，2005.

袁娜，王彤，刘廷利，等. 棉花 FAR1/FHY3 基因家族的全基因组分析 [J]. 棉花学报，2018，30（1）：1 - 11.

张传义，许艳超，蔡小彦，等. 棉花 GR 基因家族的全基因组鉴定及分析 [J]. 棉花学报，2019，31（6）：482 - 492.

张军毅. 太湖蓝藻水华的宏基因组学研究 [D]. 南京：东南大学，2018.

张力圩. 棉花功能基因组学平台构建和非编码转录组学数据挖掘 [D]. 北京：中国农业大学，2016.

张乃群,董庆阁.原位杂交技术在植物研究中的应用 [J].南都学坛,2000 (3):66-68.

张则婷.棉花14-3-3蛋白在纤维发育中的功能表达和相互作用研究 [D].武汉:华中师范大学,2010.

郑玲,张欢欢,张延召.棉花SBP家族基因的鉴定与分析 [J].河南农业科学,2019,48 (3):39-48.

郑炜佳.SNP标记的开发及海陆遗传连锁图谱的构建 [D].乌鲁木齐:新疆农业大学,2013.

郑拥民.棉花品种细菌人工染色体(BAC)文库的构建 [D].保定:河北农业大学,2005.

周富来.基于化学基因组学的活性化合物与新靶点发现 [D].上海:中国科学院大学(中国科学院上海药物研究所),2019.

邹先炎.基于GWAS挖掘棉花优异纤维相关位点及全基因组单体型分析 [D].北京:中国农业科学院,2018.

左东云,叶武威,程海亮,等.棉花功能基因组研究进展 [J].棉花学报,2017,29 (S1):20-27.

左开井,孙济中,张金发,等.棉花RAPD分析条件优化探讨 [J].棉花学报,1997,9 (6):304-307.

ALTAF M K, STEWART J M, WAJAHATULLAH M K, et al. Molecular and Morphological genetics of a trispecies F_2 population of cotton [C]. Proc. Beltwide Cott. Conf. , 1997:448-452.

ATCHISON L, CANNIZZARO L, CAAMANO J, et al. Assignment of 35 single-copy and 17 repetitive sequence DNA probes to human chromosome 3: high-resolution physical mapping of 7 DNA probes by *in situ* hybridization [J]. Genomics, 1990, 6 (3):441-450.

BAKER R J, LONGMIRE J L, DEN BUSSCHE R A, et al. Organization of repetitive elements in the upland cotton genome (*Gossypium hirsutum*) [J]. Journal of Heredity, 1995, 86 (3):178-185.

BERGEY D R, STELLY D M, PRICE H J, et al. *In situ* hybridization of biotinylated DNA probes to cotton meiotic chromosomes [J]. Biotechnic & Histochemistry, 1989, 64 (1):25-37.

BRUBAKER C L, WENDEL J F. Reevaluating the origin of domesticated cotton (*Gossypium hirsutum* Malvaceae) using nuclear restriction fragment length polymorphisms (RFLPs) [J]. American Journal of Botany, 1994, 81: 1309 – 1326.

CRANE C F, PRICE H J, STELLY D M, et al. Identification of a homeologous chromosome pair by *in situ* DNA hybridization to ribosomal RNA loci in meiotic chromosomes of cotton (*Gossypium hirsutum*) [J]. Genome, 1993, 36 (6): 1015 – 1022.

CREECH J B, JENKINS J N, MCCARTY J C J, et al. RFLP analysis of photoperiodic genes in cotton [C]. Proc. Beltwide Cott. Conf., 1996: 635.

DU X, HUANG G, HE S, et al. Resequencing of 243 diploid cotton accessions based on an updated A genome identifies the genetic basis of key agronomic traits [J]. Nature Genetics, 2018, 50 (6): 796.

ENDRIZZI F E, RAMSAY G. Monosomes and telosomes for 18 of the 26 chromosomes of *Gossypium hirsutum* [J]. Canadian Journal of Genetics and Cytology, 1979, 21: 531 – 536.

FANG L, WANG Q, HU Y, et al. Genomic analyses in cotton identify signatures of selection and loci associated with fiber quality and yield traits [J]. Nature Genetics, 2017, 49 (7): 1089 – 1098.

FENG C, STEWART J M, ZHANG J, et al. STS markers linked to the *Rf1* fertility restorer gene of cotton [J]. Theoretical and Applied Genetics, 2005, 110 (2): 237 – 243.

FENG X, SAHA S, et al. AFLP markers in cotton [C]. Proc. Beltwide Cott. Conf., 1991: 483.

GALAU G A, WILKINS T A. Alloplasmic male sterility in AD allotetrapolid *Gossypim hirsutum* upon epalacement of its resident A cytoplasm with that of D species (*G. harknessii*) [J]. Theoretical and Applied Genetics, 1989, 78: 23 – 30.

HANSON B, GRATTAN S R, FULTON A. Agricultural salinity and drainage [M]. University of California Irrigation Program, University of California, Davis, 1999.

HANSON R E, ISLAMFARIDI M N, PERCIVAL E A, et al. Distribution of 5S and 18S – 28S rDNA loci in a tetraploid cotton (*Gossypium hirsutum* L.) and its putative diploid ancestors [J]. Chromosoma, 1996, 105 (1): 55 – 61.

HANSON R E, ZWICK M S, CHOI S, et al. Fluorescent *in situ* hybridization of a bacterial artificial chromosome [J]. Genome, 1995, 38 (4): 646 – 651.

IQBAL M, AZIZ N, SAEED N A, et al. Genetic diversity evaluation of some elite cotton varieties by RAPD analysis [J]. Theoretical and Applied Genetics, 1997, 94 (1): 139 – 144.

JAILLON O, AURY J, NOEL B, et al. The grapevine genome sequence suggests ancestral hexaploidization in major angiosperm phyla [J]. Nature, 2007, 449 (7161): 463 – 467.

JI Y, DE DONATO M, CRANE C F, et al. New ribosomal RNA gene locations in *Gossypium hirsutum* mapped by meiotic FISH [J]. Chromosoma, 1999, 108 (3): 200 – 207.

JOSEPH I S, JOSEPH A K, SONG M Z, et al. Cotton QTLdb: a cotton QTL database for QTL analysis, visualization, and comparison between *Gossypium hirsutum* and *G. hirsutum* x *G. barbadense* populations [J]. Molecular Genetics and Genomics, 2015, 290 (4): 1615 – 1625.

LI F, FAN G, WANG K, et al. Genome sequence of the cultivated cotton *Gossypium arboreum* [J]. Nature Genetics, 2014, 46 (6): 567 – 572.

LU X K, FU X Q, WANG, D L, et al. Resequencing of *cv* CRI – 12 family reveals haplotype block inheritance and recombination of agronomically important genes in artificial selection [J]. Plant Biotechnology Journal, 2019, 17: 945 – 955.

MA Z, HE S, WANG X, et al. Resequencing a core collection of upland cotton identifies genomic variation and loci influencing fiber quality and yield [J]. Nature Genetics, 2018.

MULTANI D S, LYON B R. Genetic fingerprinting of Australian cotton cultivars with RAPD markers [J]. Genome, 1995, 38: 1005 – 1008.

PATERSON A H, WENDEL J F, GUNDLACH H, et al. Repeated polyploidization of *Gossypium* genomes and the evolution of spinnable cotton fibres [J]. Nature, 2012, 492 (7429): 423 – 427.

PILLAY M, MYERS G O, LU H, et al. Ribosomal DNA structure and variation in cotton [C]. Beltwide Cotton Conferences, 1998: 594.

PRICE H J, STELLY D M, MCKNIGHT T D, et al. Molecular cytogenetic mapping of a nucleolar organizer region in cotton [J]. Journal of Heredity, 1990, 81 (5): 365 – 370.

RONG J, ABBEY C A, BOWERS J E, et al. A 3347 – locus genetic recombination-tion map of sequence – theoretical and applied geneticsged sites reveals features of genome organization, transmission and evolution of cotton (*Gossypium*) [J]. Genetics, 2004, 166 (1): 389 – 417.

SCHMUTZ J, CANNON S B, SCHLUETER J A, et al. Genome sequence of the palaeopolyploid soybean [J]. Nature, 2010, 463 (7278): 178 – 183.

SENCHINA D S, ALVAREZ I, CRONN R, et al. Rate variation among nuclear genes and the age of polyploidy in *Gossypium* [J]. Molecular Biology and Evolution, 2003, 20 (4): 633 – 643.

SERFATY D M, CARVALHO N D, GROSS M C, et al. Differential chromosomal organization between *Saguinus midas* and *Saguinus bicolor* with accumulation of differences the repetitive sequence DNA [J]. Genetica, 2017: 359 – 369.

SHAPPLEY Z W, JENKINS J N, et al. Establishment of molecular markers and linkage groups in two F_2 population of upland cotton. [J]. Theoretical and Applied Genetics, 1996, 92: 915 – 919.

TATINENI V, CANTRELL R G, DAVIS D D. Genetic diversity in elite germ plasm determined by morphological characteristics and RAPD [J]. Crop Science, 1996, 36: 186 – 192.

TUSKAN G A, DIFAZIO S, JANSSON S, et al. The genome of black cotton wood, *Populus trichocarpa* (Torr. & Gray) [J]. Science, 2006, 313 (5793): 1596 – 1604.

VANDERWIEL P S, VOYTAS D F, WENDEL J F. Copia – like retrotransposable element evolution in diploid and polyploid cotton (*Gossypium* L.) [J]. Journal of Molecular Evolution, 1993, 36: 429 – 447.

WANG K, WANG Z, LI F, et al. The draft genome of a diploid cotton *Gossypium raimondii* [J]. Nature Genetics. 2012, 44 (10): 1098 – 1103.

WANG M J, TU L L, LIN M, et al. Asymmetric subgenome selection and cisregulatory divergence during cotton domestication [J]. Nature Genetics, 2017, 49 (4): 579 – 587.

WANG X G, LU X K, WAQAR A M, et al. Differentially expressed bZIP tran-scription factors confer multi – tolerances in *Gossypium hirsutum* L. [J]. International Journal of Biological Macromolecules, 2020, 146: 569 – 578.

WENDEL J F. New World cottons contain Old World cytoplasm [J]. Proceed-ings of the National Academy of Sciences of the United States of America, 1989, 86: 4132 – 4136.

WENDEL J F, ALBERT V A. Phylogenetics of the cotton genus (*Gossypium*): Character – state weighted parsimony analysis of chloroplast – DNA restriction site data and its systematic and biogeographic implications [J]. Systematic Botany, 1992, 17: 115 – 143.

WENDEL J F, STEWART J M, RETTIG J H, et al. Molecular evidence for ho-moploid reticulate evolution among Australian species of *Gossypium* [J]. Evolution, 1991, 45 (3): 694 – 711.

WILKINS T, WAN C Y, LU C C. Ancient origin of the vacuolar H$^+$ – ATPase 69 – kilodalton catalytic subunit superfamily [J]. Theoretical and Applied Genetics, 1994, 89: 514 – 524.

WRIHGT R J, THAXTON P M, et al. QTL analysis of bacterial blight resistance genesin cotton using RFLP markers [J]. Beltwide Cotton Conferences, 1997, 635 – 636.

YANG X M, LU X K, CHEN X G, et al. Genome – wide identification and ex-pression analysis of DNA demethylase family in cotton [J]. Journal of Cotton Re-search, 2019, 2: 16.

YAO D X, ZHANG X Y, ZHAO X H, et al. Transcriptome analysis reveals salt – stress – regulated biological processes and key pathways in roots of cotton (*Gos-sypium hirsutum* L.) [J]. Genomics, 2011, 98 (1): 47 – 55.

YIN J, GUO W, YANG L, et al. Physical mapping of the Rf1 fertility – restoring gene to a 100 kb region in cotton [J]. Theoretical and Applied Genetics, 2006, 112 (7): 1318 – 1325.

YOO M J, WENDEL J F. Comparative evolutionary and developmental dynamics of the cotton (*Gossypium hirsutum*) fiber transcriptome [J]. PLoS Genetics, 2014, 10 (1).

YU Z H (JOHN), PARK Y, LAZO G, et al. Molecular mapping of the cotton genome and its applications to cotton improvement [C] . Beltwide Cotton Conferences, 1996: 636 – 637.

ZHAO X P, WING R A, PATERSON A H. Cloning and characterization of the majority of repititive DNA in cotton (*Gossypium* L.) [J] . Genome, 1995, 38: 1177 – 1188.

ZHOU X, WANG G, SUTOH K, et al. Identification of cold – inducible microRNAs in plants by transcriptome analysis [J] . Biochimica et Biophysica Acta, 2008, 1779 (11): 780 – 788.

第四章

棉花抗逆基因

植物的生长和繁殖很大程度上会受到生物和非生物胁迫的影响。然而，在植物长期的进化和育种的基础上，为了在地球上更好地生存和繁殖，植物已经形成了一系列精细的机制来响应周围环境的改变（白琳，2012）。随着生物技术手段的发展，挖掘抗逆基因的方法已成为热点研究课题。抗逆基因在棉花基因工程中应用也越来越广泛，抗逆基因在棉花新品种培育上发挥了越来越重要的作用。例如，分子标记辅助育种缩短了棉花育种年限，加快了育种进程，提高了育种效率，克服了很多常规育种方法中的困难。将海藻的耐盐基因导入棉花，使棉花的耐盐能力有所提高。再如，将抗除草剂基因导入棉花喷洒除草剂时，杀死田间杂草而不损伤作物等。

第一节　抗逆分子标记

一、分子标记的特点

分子标记（Molecular markers）是指能反映个体或群体间基因组中差异特征的 DNA 片段，即在 DNA 水平上遗传多态性的直接反映。分子标记具有以下特点：① 以 DNA 水平直接表现出来，不受环境、季节及其他条件变化的影响；②广泛存在于基因组中，遗传多态性高；③遗传上表型为中性，目标性状在生物体内的表达不受影响，便于遗传分析；④多为共显性标记，方便杂合和纯合基因型个体的鉴别（方宣钧等，2001）；⑤检测方法简单快捷，成本低，耗时短，对所有的生物检测程度基本上一致。

二、分子标记的类型

根据分子标记产生的特点，大致可分为四类：①基于 Southern 杂交建立的 DNA 标记，包括限制性片段长度多态性（Restrcition Fragment Length Polymorphism，RFLP）、数目可变串联重复多态性标记（Variable Number of Tandem Repeats，VNTR）等。②基于 PCR（Polymerase Chain Reaction）的 DNA 标记，利用引物类型的不同，分为随机引物 PCR 标记和特异性引物 PCR 标记。随机引物 PCR 标记包括随机扩增片段多态性（Random Amplified Polymorphism DNA，RAPD）、随机引物 PCR 扩增（Arbitrary Primed PCR，AP – PCR）、简单重复序列区间（Inter – Simple Sequence Repeat，ISSR）等。特异性引物 PCR 标记包括简单重复序列（Simple Sequence Repeat，SSR）、序列特异性扩增区（Sequence Characterized Amplified Region，SCAR）等。③基于限制性酶切技术与 PCR 扩增相结合的 DNA 标记，包括扩增片段长度多态性（Amplified Fragment Length Polymorphic，AFLP）、切割扩增多态性序列（Cleaved Amplified Polymorphic Sequence – tagged Sites，CAPS）等。④基于单核苷酸多态性的 DNA 标记，包括 SNP 标记、序列标签位点（EST）等。

（一）限制性片段长度多态性

限制性片段长度多态性（RFLP）最早是于 1974 年由格罗齐克尔（Grodzicker）等提出的。1978 年肯（Kan）和杰弗里等将 RFLP 标记用于人类球蛋白的研究，博斯坦（Bostein）等在 1980 年提出将 RFLP 作为新的遗传标记应用在人类基因组作图上，随后该技术在生物领域获得广泛应用。RFLP 标记的基本原理是限制性内切酶将基因组 DNA 切割，不同样品的 DNA 存在着差异，若限制性内切酶识别序列上的点突变或者 DNA 片段的缺失、插入、倒位、易位等致使限制性内切酶位点发生改变，使得产生许多不同长度及数量的 DNA 片段，从而出现限制性片段长度多态性，这些酶切片段经琼脂糖电泳、印记转移到硝酸纤维素滤膜或尼龙膜上后，用放射性同位素或荧光素标记的探针进行杂交，经放射自显影技术在感光胶片上能清楚显示酶切片段长度的多态性。RFLP 标记优点：在遗传上呈共显性，便于区别杂合基因型和纯合基因型，标记数量多，结果稳定可靠，重复性高。缺点：对 DNA 的纯度和需求量（$5 \sim 10 \mu g$）要求高，需要的放射性同位素或荧光素标记的探针具有种属特异性等，实验操作过程烦琐，检测周期长且耗时长。

（二）随机扩增片段多态性

随机扩增片段多态性（RAPD）是美国杜邦公司威廉姆斯（Williams）和加利福尼亚生物研究所威尔士（Welsh）于1990年建立起来的一种分子标记技术。其原理是以人工合成的9~10个碱基随机排列寡聚核苷酸序列而成的引物，利用PCR技术以基因组总DNA为模板随机扩增出一系列多态性的DNA片段，通过凝胶电泳将不同长度的DNA片段分开并进行多态性分析。RAPD的优点有：操作程序简便、快捷、灵敏；不需要模板DNA序列信息就能产生DNA片段；对DNA样品的量所需少，对纯度要求也低；所用的随机引物没有种属特异性，可在不同基因组分析和应用；RAPD标记所检测的标记信息几乎能够覆盖整个基因组。其缺点是：呈显性遗传，无法区分杂合和纯合基因型；所用的随机引物序列短，扩增的产物受实验条件的影响较大，所得结果的稳定性和重复性较差。

（三）扩增片段长度多态性

扩增片段长度多态性（AFLP）最早是1992年由荷兰科学家萨博（Zabeau）等创立的一项检测DNA多态性的分子标记技术。AFLP的原理是：用两种限制性内切酶（一般是一个酶切点数多，一个酶切点数较少）酶切基因组DNA，与特定的人工接头连接，然后用标记好的专用引物进行PCR扩增，经变性的聚丙烯酰胺凝胶电泳分离，放射性自显影技术检测DNA的多态性。专用引物通常由三部分组成人工接头互补的核心碱基序列、限制性内切酶识别序列、引物3'的选择性碱基序列，引物长度一般为18~20个碱基。优点是：具备RAPD和RFLP的优点，稳定性好、分辨率高、快速高效、重复性也好，可在一个反应体系内检测到大量的限制性片段。缺点是：操作过程比较烦琐，难以进行优化；所用的内切酶对甲基敏感时，会使甲基化的DNA产生假多态性；内切酶Mse Ⅱ只能识别AATT序列，会导致AFLP标记在物种基因组中分布不均匀；该技术费用高、成本大。

（四）简单重复序列

简单重复序列（SSR）又可称为微卫星DNA（Microsatellite DNA）或短串联重复（Short Tandem Repeats）。1982年SSR最早在人类遗传研究中被发现，于1994年将SSR作为一种新的分子标记技术用于构建拟南芥遗传图谱中。SSR的串联重复序列一般是由2~6个核苷酸组成的，重复次数通常为10~50次，广泛存在于基因组的不同位置。SSR的原理是：根据微卫星两端的保守区域设计特异性引物，将设计好的引物在整个基因组DNA中进行PCR扩增，然后通过凝胶电泳将不同大小的扩增片段分离开，进行多态性的分析。多态性产生的基础是重复次数和重复程度的不同使 DNA 片段的大小产生差异。SSR 技术的优点有：标记数量丰富，覆盖整个基因组；呈共显性，可以辨别纯合基因型和杂合基因型；含有大量的等位变异位点，多态性高；对实验所需的 DNA 质量要求不高，并且所需要的 DNA 量也少；实验操作简单，结果稳定可靠。缺点：SSR 所用的引物需要有特异性，必须知道重复序列两端的 DNA 序列信息才能对引物进行设计，标记开发过程需要大量的人力、物力及财力。

（五）单核苷酸多态性

单核苷酸多态性（SNP）最早是 1996 年由美国学者兰德（Lander E）提出的第三代 DNA 遗传标记。SNP 从分子水平上对单个核苷酸的差异进行检测，是指同一位点的不同等位基因之间只有一个或者几个核苷酸的差异，是最彻底、最精确地检测基因组 DNA 多态性的方法。其有两种途径：一是同源序列测序后与 EST 序列进行比对，获得多态性位点，通过 PCR 扩增和酶切相结合来检测；二是 SNP 通常表现为二等位多态性，直接通过高通量的 DNA 芯片、DNA 微阵列等高技术手段检测基因组或基因间的不同。其优点是：数量丰富，覆盖整个基因组；多态性比较丰富，遗传稳定性高；SNP 只有两个等位基因，通过简单的" + / － "方式就能对基因型进行分析，易实现自动化。缺点是：SNP 是建立在测序技术上，成本高；不同物种之间的通用性低。

三、遗传图谱的应用

遗传图谱（Genetic maps）又称遗传连锁图谱，作为研究结构基因组中的重要组成部分，是遗传学研究的一个重要领域。通过计算具有连锁关系的遗传标记之间的重组率，确定该连锁标记的相对距离（cM），从而得出基因组中不同位点标记和专一的多态性标记间相对位置的图谱。遗传图谱作为遗传学研究的重要领域，为研究基因组的组成、重要的经济性状基因定位及克隆奠定基础。

第一张遗传连锁图谱是斯特蒂文特（Sturtevant A）于 1913 年构建，在果蝇 X 染色体上确定了翅形、体色、眼色、体形大小等在内的 6 个性状。根据生理、生化及形态标记构建了一些经典的遗传图谱，由于当时标记数量的限制，致使构建的图谱饱和度和分辨率都比较低，应用价值有限。自 20 世纪 80 年代以来，随着分子标记技术突飞猛进的发展，加速了遗传图谱的构建，为构建高密度、覆盖广的分子遗传图谱提供了可能。RFLP、PAPD、SSR、AFLP、SNP、TRAP、

SRAP 等分子标记极大丰富了标记的种类，为构建遗传图谱来研究作物提供了基础。对于棉花来说，它的遗传图谱的构建相对落后，主要有以下原因：首先是在棉花早期的分子生物学研究中存在一系列的技术问题，其次就是棉花的 DNA 标记的多态性相比来说比较低。近年来，利用早期的分子标记和新开发的分子标记，尤其是来源不同棉种的基因组数据和 EST 测序数据的快速增长，为棉花分子遗传连锁图谱的构建提供了重要依据。

1994 年赖尼施等（1994）利用陆地棉野生种系 Palmeri 与海岛棉 K101 种间杂交 F_2 群体的 57 个单株，构建了棉花第一张 RFLP 遗传图谱，此图谱总长 4675cM，共检测到 705 个多态性标记位点，标记间平均距离为 7.1 cM，分布在 41 个连锁群上，将其中的 14 个连锁群定位到相应染色体上。此后，研究人员利用海岛棉与陆地种间杂交群体，构建了棉花种间高密度遗传连锁图（Zhang et al.，2002；Nguyen et al.，2004；Waghmare et al.，2005；Han et al.，2006；Guo et al.，2007；He et al.，2007）。在陆地棉种内图谱方面，许多学者利用 RFLP、RAPD、AFLP、SSR 和 SRAP 标记等构建了陆地棉种内遗传连锁图谱（Shappley et al.，1998；左开井等，2000；Ullo et al.，2002；Zhang et al.，2005；Shen et al.，2007；Wan et al.，2007）。陆地棉的遗传基础狭窄，标记多态性低，致使陆海种间的遗传图谱密度及数目远远高于陆地棉种内图谱。在棉花早期的遗传图谱构建的过程中，大多数研究人员都以 F_2 或 $F_{2:3}$ 群体作为作图群体，并且该群体的植株个数比较少，以至于图谱的准确性差。近年来，随着高密度棉花遗传图谱研究工作的进行，在构建棉花的遗传图谱中 RIL 等作图群体被广泛运用，大大提高了遗传图谱的准确性。

对已有的不同亲本构建的棉花分子遗传图谱进行比较，发现大多数标记只在个别亲本之间具有多态性，只有少量的标记在多种亲本之间表现多态性，且其在染色体上的位置在不同的图谱上也是一致的。利用这一类标记能够较为高效地进行框架图谱的构建及连锁群在染色体上的定位。

（一）棉花 QTL 的定位

利用分子标记技术对目标性状进行 QTL 定位，最基本的工作是构建比较饱和的分子遗传图谱。棉花的分子标记技术虽然起步晚但是发展很快，国内外许多实验室关于棉花分子遗传图谱的构建工作已获得重大进展。随着分子标记技术的发展，QTL 定位遗传图谱标记密度不断增加，群体类型越来越多，群体规模也不断增加，QTL 定位方法不断趋于完善，越来越多的 QTL 被定位，包括产量、纤维品质、抗病虫、形态、生理等性状。

QTL 定位为棉花种质创新提供了新的策略，大量已定位的 QTL 使人们对性状分子遗传机理的研究更为深入，棉花分子遗传图谱正在不断地丰富和发展。总的来说，棉花的 QTL 还存在以下问题：①不同研究人员所用的亲本材料不同，使得遗传图谱的整合和 QTL 的比较定位有一定难度。②QTL 定位的准确性和精确性不足，许多 QTL 定位分析选用陆海杂交材料，然而陆海杂交易发生偏分离现象，影响 QTL 定位的准确性。③所用杂交组合问题，对亲本组合进行某性状的 QTL 分析，该性状在双亲间的表型具有显著性差异，QTL 定位才能比较理想。实际上，同一群体在定位多个性状的 QTL 时，当某个性状表型在两个亲本间无显著性差异时，也有可能定位到与该性状相关的 QTL。④许多国外的研究人员使用 RFLP 标记，而 RFLP 自身的缺点限制了相应标记位点的应用。

（二）分子标记辅助选择

随着现代生物技术的快速发展，分子标记辅助选择作为一项重要的技术，既改善传统育种中选择技术的准确率，又加快了育种的进程。该技术在作物育种上的应用研究日益深入，目前对于棉花 QTL 的定位工作来说还不能满足育种要求，但是一些基于主效 QTL 的分子标记辅助选择取得了好的研究进展。尤其是在棉花的纤维品质、抗病性等主效 QTL 选择方面发展较快。

沈新莲（2001）利用四个杂交组合的 243 个单株为材料，用 2 个 RAPD 标记（FSR1933 和 FSR41047）和 1 个 SSR 标记（FSS1130）与 1 个高强纤维的主效 QTL 连锁进行分子标记辅助选择。该研究证明了与这 3 个分子标记连锁的 QTL 在不同的遗传背景和不同分离世代中是稳定遗传的。仅利用 1 个主效 QTL 进行 MAS 也能提高棉花纤维强度。将棉花纤维品质 QTLs 的分子标记用于辅助育种，可快速改良棉花纤维品质，是目前提高棉纤维品质的直接又有效的方法。

石玉真等（2007）以转基因抗虫棉品种 sGK321 和中棉所 41 为轮回亲本，与优质丰产品种太 121 和高纤维品质渐渗种质系 7235 杂交的 F1 代材料杂交并回交，运用与高强纤维 QTL 紧密连锁的 2 个 SSR 标记进行辅助选择，此 QTL 在不同的遗传背景和多世代中能够稳定遗传而且选择效应稳定，明显提高了育成品种的棉纤维强度。

莱特（1998）和隆吉（Rungi）等（2002）使用 RFLP 标记研究棉花染色体上细菌性角斑病的抗性基因。数据显示，抗性位点与 14 号染色体的已知标记相分离，这一已知标记与广谱 B12 抗性基因相连锁。同时，AFLP 与 SSR 标记被用于寻找与细菌性角斑病 Xcm 抗性位点连锁的新标记，这项研究会使通过分子标记辅助选择将此性状引入海岛棉变得更简单。

柳李旺等（2003）利用分子标记与抗虫 Bt 基因的 PCR 标记相结合，从 100 个 BC_2F_1 的单株中筛选出 10 株 R_f 和 B_t 基因均为纯合的单株，通过 MAS 技术成功获得了带有恢复基因 R_f 的 B_t 抗虫棉恢复系统，在短期内成功地聚合了恢复和抗虫基因，大大提高了多目标性状聚合的效率。

孔祥瑞等（2010）采用 MAS 将与陆地棉黄萎病抗性相关的连锁标记用于大田辅助选择育种，发现 3 个 SSR 标记在标记基因型病指上存在显著的差异，并且选择的效应能够在不同世代间稳定遗传，多标记最优组合可以实现选择效应最大叠加。

李志坤等（2011）利用与海岛棉抗黄萎病基因紧密连锁的 SSR 分子标记 BNL3255 – 208，对海岛棉品种"Pima90 – 53"与陆地棉品种"中棉所 8 号"的杂交组合后代进行了分子标记辅助选择，初步筛选到带有抗黄萎病基因分子标记的植株 36 株。

郭旺珍等（2005）以"泗棉 3 号"为轮回亲本，"7235"和"山西 94 – 24"品系为优质 QTL 和抗虫基因的供体亲本，进行分子标记辅助的优质 QTL 系统选择和外源 Bt 基因的表型及分子标记选择，培育出了优质、高产的抗虫棉新品系"南农 85188"。祁伟彦等（2012）以"中植 372"为亲本，通过对种间杂交、回交、加代选育以及再杂交的材料基于人工病圃筛选和分子标记辅助育种相结合，培育出抗黄萎病、产量高及品质优良的抗黄萎病棉花新品种。

对于目前棉花的 QTL 标记辅助选择育种来说还存在一些问题：①由于作图群体大小和结构、环境重复、标记数目等因素的限制，许多定位的目标性状 QTL 准确性和精确度还达不到标记辅助选择的要求；②多数研究者为了更好地检测 QTL 而利用两个极端亲本或遗传材料构建作图群体，鉴定出的与目标性状 QTL 紧密连锁的分子标记未能进一步走向育种应用，尚需在以后的研究中进行验证；③由于选用亲本不同、鉴定环境差异以及试验误差等原因，常常会对控制同一性状的 QTL 数目、位置、效应等得出不同的结论，给 QTL 的辅助选择带来了疑惑。

通过国内外各实验室的研究积累，可直接应用于棉花 MAS 育种的一些重要农艺性状分子标记已经获得，MAS 育种平台已初步建立并开始付诸育种实践。随着 QTL 遗传图谱的日益饱和及 MAS 育种方法的改进，棉花的 MAS 育种体系一定能够不断成熟，结合传统选育技术，可最终实现棉花产量、品质、熟性等重要性状的定向性和快周期性。

（三）图位克隆

1986 年剑桥大学的艾兰·科尔森（Alan Coulson，1986）首次提出这一概念。它是随着各种植物分子标记图谱相继建立而出现的一种新的基因克隆技术。该技术是根据目的基因在染色体上的位置进行基因克隆的，在分离基因时并不需要提前知道基因的 DNA 序列和其表达产物的相关信息。它的原理是：根据功能基因在基因组中都有相对稳定的基因座位，利用分子标记对目的基因进行精细定位，并用与目的基因紧密连锁的分子标记筛选 DNA 文库（包括 BAC、YAC、TAC 或者 Cosmid 等），构建目的基因区域的物理图谱，再利用已构建的物理图谱通过染色体步移逐步逼近目的基因或通过染色体登陆最终找到含有目的基因的克隆，再经过遗传转化和功能互补验证目的基因。

近年来，作物数量性状基因克隆取得了重要突破，一批控制复杂农艺性状的 QTL 已被成功分离。随着植物基因组研究的日益广泛和深入，作物 QTL 的图位克隆技术将有新的发展 。

自 1992 年第一次应用图位克隆技术在拟南芥中成功分离 *ABI*3 基因和 *FAD*3 基因以来，已经从拟南芥、水稻、玉米、番茄等植物中克隆出 130 多个基因。例如，运用图位克隆法已成功分离了拟南芥中对植物生长素不敏感的基因 *AXR*1，番茄 *Pot* 基因，水稻的抗白叶枯病基因 *Xa*21、*Xa*1，抗稻瘟病基因 *Pi - b*，控制水稻分蘖的基因 *Moc*1，还有小麦的抗线虫基因 *Cre*3，甜菜抗胞囊线虫基因 *IIslpro - 1*。应用图位克隆法进行的基因克隆在近年来已取得了突破性进展。目前已报道被成功克隆的作物 QTL 有 7 个。其中在水稻中分离出了与抽穗期有关的 4 个基因 *Hd*1、*Hd*6、*Hd*3 和 *Ehd*1（Yano et al.，2000；Takahashi et al.，2001；Kojima et al.，2002；Doi et al.，2004），在番茄中分离出 3 个作用于糖含量的基因 *Brix*9 - 2 - 5、*fw*2. 2 和 *Ovate*（Fridman et al.，2000；Fridman et al.，2004；Anne et al.，2000；Liu et al.，2002）。而棉花图位克隆在国内外还无一成功的先例。随着越来越多的生物完成高密度遗传图谱的构建以及物理图谱构建和全基因组测序，这些研究所提供的高密度遗传图谱、大尺度物理图谱、大片段基因组文库和基因组全序列，将为图位克隆的广泛应用铺平道路。

（四）棉花基因组物理图谱的构建

物理图谱是指 DNA 分子标记、BAC 克隆、基因等特定序列通过分子技术检测到在基因组上的实际位置。它是物种染色体的一种形态标志及染色体上基因或其他标记在染色体长度上的物理分布，一般用 Kb 表示距离。构建物理图谱，在研究重要功能基因的克隆、染色体间的亲缘关系、染色体的结构和组成等方面有着重要的意义。

物理图谱是以饱和的分子遗传图为基础的，相比其他的作物，棉花的物理图谱的研究还处于初级阶段。2008 年，Xu 等（2008）在已有的 BAC 文库的基础上，成功构建了陆地棉 12 和 26 号染色体的精确物理图谱，该图谱分别将 220 个和 115 个重叠群定位在这两条染色体上，覆盖长度分别为 73.49Mb 和 34.23Mb，结果表明，大部分重叠群在这两个染色体上是同源的。林等（2010）完成了第一张二倍体棉种雷蒙德氏棉（D 染色体组）全基因组序列的物理图谱的构建工作，该图谱构建于雷蒙德氏棉 BAC 文库的基础上（该 BAC 文库包括 92160 个克隆，插入片段的平均值为 100Kb），其中发现 4032 个克隆经过末端测序后与叶绿体基因组具有同源关系。通过指纹图谱分析发现，有 9290 个重叠群和 26716 个单一序列。利用 Overgo 探针杂交法，应用 2828 个探针和 13662 个 BAC 末端序列，将 1585 个重叠群锚定在棉花分子遗传图谱上（Lin et al.，2010）。Wang 等（2010）将减数分裂粗线期作为靶染色体，通过荧光原位杂交法，构建了陆地棉 12 号和 26 号染色体的物理图谱，分别把 15 个和 21 个 BAC 克隆定位到这对同源染色体上。2012 年 Zhang 等（2012）完成了一张四倍体棉花 TM-1 的物理图谱的构建，该图谱共有 3450 个 BIBAC 重叠群，覆盖长度为 2244Mb，约是陆地棉 TM-1 全基因组预测大小的 92.6%（Zhang，2012）。随着棉花物理图谱的深入研究，棉花基因组研究将会得到迅速的发展。

四、数量性状位点

数量性状位点（QTL）定位是以标记为基础的分析方法。其实质是检测到数量性状基因位点相连锁的分子标记以及该标记在染色体上的位置。其原理是根据基因型将研究的群体进行分组。如果某个标记跟某个 QTL 是连锁的，在进行多次杂交后就会出现标记与 QTL 在一定程度上的共分离现象，出现不同的基因型，在数量性状的分布、平均值和方差方面都存在差异。通过检验这些差异，就可推知该标记是否与 QTL 连锁。数量性状位点定位的过程是构建作图群体后，利用分子标记去检测群体的标记基因型，获得群体目标性状的表型，构建遗传图谱，将标记基因型与目标性状表型相结合，对该性状进行 QTL 定位。QTL 定位的研究方法有 5 种。

（一）单标记分析法（Single Marker Analysis，SMA）

该方法是由索迪（Thoday，1961）于 1961 年提出的最早应用于数量性状的研究方法。该方法是通过回归分析、方差分析、似然比检验等方法，比较不同标记基因型间的目标性状均值的差异程度，由此确定该性状的 QTL 是否与标记相连锁。SAM 检测 QTL 的能力强，对遗传图谱的完整性要求低，常用于早期遗传图谱不完整时 QTL 的检测，但是该方法检测效率低，准确度也不高，无法确定 QTL 具体所在染色体上的位置。

（二）区间作图法（Interval Mapping，IM）

鉴于 SAM 方法存在的问题，兰德和博斯坦于 1989 年提出新的作图方法，即区间作图法，它是以两个侧邻标记为基础的作图方法。该方法建立于完整的遗传图谱基础上，利用正态混合分布的最大似然函数和简单回归模型，计算在基因组的任一位置的相邻两个标记间可能存在的 QTL 的 LOD 值（存在 QTL 和不存在 QTL 的似然函数比值的对数）。根据整个染色体上各位点处的 LOD 值画出一个是否存在 QTL 的图谱，设定某一临界值，当 LOD 值超过该设定值时，就由 LOD 支持的区间代表 QTL 的可能位置。相比 SAM，该作图方法所用的群体较小，染色体上只存在一个 QTL 时，QTL 的位置和表型效应接近无偏，如果染色体上存在多个 QTL 就会造成结果偏差，所以每次只能用两个标记来检测 QTL，除此之外的标记不能用。

（三）复合区间作图法（Composite Interval Mapping，CIM）

Zeng（1993）对多元线性回归方法进行 QTL 作图的理论基础进行系统研究，于 1993 年提出复合区间作图方法来解决区间作图过程中出现的弊端，将区间作图法和多元线性回归模型结合起来分析。检测特定区间的标记时，把该区间中与其他 QTL 连锁的全部标记都纳入这个回归模型中，作为控制遗传背景效应的协变量，在检测区间内的任何位点都是独立的，检测到的 QTL 位置和遗传效应都不受其他的影响，大大提高了准确度。该方法可显示 QTL 所在的位置及显著程度，QTL 作图的可靠度增加；充分利用整个基因组的标记信息；以多个标记进行分析，控制了背景遗传效应，提高了作图的效率和精度。但是不能解决 QTL 与环境的互作、上位性效应等复杂问题。

（四）完备区间作图法（Inclusive Composite Interval Mapping，ICIM）

由于复合区间作图法存在一些问题，使 QTL 效应可能会被侧连标记区间外的标记变量吸收，同时不同的背景标记选择方法对作图的结果影响较大。2009年王健康（2009）提出了完备区间作图法。该作图法以所有分子标记检测的信息为基础，利用逐步回归的方法选择重要标记变量，并估计其效应值大小，然后将逐步回归所得的表型数据通过线性模型进行校正，经过一维扫描检测显（加）性效应 QTL，二维扫描定位检测上位性互作的 QTL。该方法简化了复合区间作图中遗传背景变异等的复杂过程，提高了检测功效和作图效率。主要在上位性作图时，不仅可以检测到加性效应 QTL 间的互作，而且还能够检测到没有明显加性效应的 QTL 间的互作，有效地抑制了对该位置 QTL 的干扰，这对染色体片段渐渗系群体的 QTL 定位较为适合，但是不能绘制遗传连锁图谱，图像的保存及输出都需人工来完成，给该软件的使用和分析带来了不便（姚丹等，2010）。

（五）基于混合线性模型的 QTL 定位方法（Mixed Linear Model，MLM）

由于数量性状遗传复杂，受基因与环境间的互作以及上位性效应影响，以上所讲述的四种方法得到的 QTL 是没有环境互作的理想情况下计算出的。朱军等（1988）在 1998 年提出了基于混合线性模型预测随机效应获得基因型及基因型×环境互作效应的预测值，并进行了 QTL 定位。这种方法是将各个参数进行分类，将作图群体的性状表型值和 QTL 的遗传效应作为固定遗传效应，将 QTL 与环境之间的互作和误差作为随机效应，分析多个环境下的联合 QTL。这种方法在对环境与基因型互作效应、QTL 上位性效应分析时，需在基因组上二维搜索，计算起来较复杂。

五、棉花抗逆分子标记利用与品种改良

抗逆分子标记技术在棉花品种鉴定、构建遗传图谱与物理图谱等方面已经得到了广泛的应用，利用已鉴定的、基因特异的分子标记构建高密度遗传图谱，检测紧密连锁或共遗传的性状，确定控制数量性状的遗传因子数量和所处的位置已成为棉花研究的热点。

随着陆地棉基因组序列草图的绘制完成，新型的 DNA 分子标记不断出现，将会有越来越多棉花基因的结构、功能和调控机理被阐明，棉花抗性研究和分子标记辅助育种将会得到进一步充实和发展。

（一）棉花耐盐分子标记的利用及品种改良

张丽娜等（2010）以 2 个典型的耐盐和盐敏感棉花品种为试验材料，寻找与棉花耐盐相关的 SSR 分子标记，最终筛选到的 10 对 SSR 引物有望成为鉴定棉花耐盐性的标准引物。

Jia 等（2014）通过使用 106 个微卫星标记与 323 份陆地棉种质资源耐盐性状进行关联分析，筛选到 3 个标记与耐盐紧密关联。

吴巧娟等（2014）以感盐碱棉花品系新洋 718 和耐盐碱棉花新品系苏研 128 为亲本配置杂交组合，构建 F_2 分离群体和 $F_{2:3}$ 家系，采用多态性高、稳定性好的 SSR 标记构建棉花遗传连锁图谱，共检测到 6 个棉花耐盐相关 QTL。其中大田耐盐数据检测到 3 个 QTL，位于染色体 19、7、15 上，分别命名为 qST - 19 - 1、qST - 7 - 1 和 qST - 15 - 1。室内耐盐鉴定结果共检测到 3 个棉花耐盐相关的 QTLs，位于染色体 7、3、5 上，分别命名为 qST - 7 - 2、qST - 3 - 1 和 qST - 5 - 1，表型贡献率分别为 5.28%、3.23% 和 9.86%。通过标记来选择间接性状，可以创造新的育种技术，提高育种效率，为深入开展棉花耐盐碱育种奠定理论基础。

刘雅辉等（2015）选用耐盐材料 NY1 和敏盐材料中棉所 12 的 F_2 分离群体，利用 SRAP 技术和 BSA 法筛选与棉花耐盐相关的分子标记，最终筛选获得 1 个与棉花耐盐密切相关的 SRAP 分子标记，为棉花耐盐性鉴定提供了一种快速有效的方法，从而促进了棉花耐盐性分子标记辅助育种的进程。

邵冰欣等（2015）利用 134 份陆地棉栽培种构成的自然群体，对其耐盐性进行表型鉴定，并利用 74 个 SSR 标记进行基因组扫描，分析群体的遗传结构，进行耐盐性状的关联分析，共检测到 8 个与棉花耐盐性相关的 SSR 分子标记位点，各位点对表型变异的解释率为 2.91% ~ 7.82%，平均值为 4.32%，为棉花耐盐分子标记辅助选择育种提供依据。

王晓歌等（2015）通过比较 8 个材料的对照样品的 SNP 分型，筛选到 4971 个在不同材料间分型有差异的位点，并结合转录组分析数据和差异表达基因，筛选到 105 个与耐盐相关的 SNP 标记，分别位于 88 个差异表达基因附近。

Du 等（2016）将 304 个陆地棉的 10 个耐盐性状与 145 个 SSR 标记进行关联分析，共筛选到 95 个相关标记，其中有 17 个与发芽率相关，24 个与苗期生理指标相关，37 个与苗期生化指标相关。

Cai 等（2017）对 264 个陆地棉种质调查了苗期的 10 个性状，综合 MLM

和 GLM 模型对 145 对 SSR 标记进行关联分析，在 P > 0.05 显著水平共筛选到 25 个标记与耐盐性相关。

徐佳陵（2017）对 196 份陆地棉种质资源进行萌发出苗期和苗期的盐胁迫处理，筛选 SNP，进行基于 MLM 模型的关联分析，在 $-\log_{10}P > 4$ 显著水平共检测到萌发出苗期 34 个与耐盐相关的标记，苗期 45 个与耐盐相关的标记与 10 个性状相关联，其中与耐盐性状净光合速率、株高、蒸腾速率、地上部分鲜质量、叶面积相关的位点分别有 5 个、5 个、4 个、18 个、4 个。这为进一步开展棉花耐盐种质创新、品种选育和耐盐机理研究提供了参考。

（二）棉花抗旱分子标记的利用及品种改良

郭纪坤等（2007）利用鲁棉 97 - 8 和苏棉 12 为亲本构建的 F₂ 群体为材料，通过 SSR 等分子标记绘制了一个包含 25 个标记、8 个连锁群的遗传图谱，并且检测到 4 个稳定的 QTL 位点，贡献率在 5.47% ~ 17.20%，其中苗期株高 1 个、现蕾期 3 个，由于这 4 个位点在株高胁迫系数和株高胁迫指数中都能检测到，可能是 4 个相同的位点，认为这 4 个位点控制着不同生育期的抗旱性、耐盐性，为今后开展棉花抗旱、耐盐碱分子标记辅助选择育种提供了重要的理论依据和物质基础。

刘光辉（2015）对 84 份棉花资源材料在对照处理、胁迫处理和抗旱系数处理三种情况下，对包括农艺性状和纤维品质性状在内的 15 个性状进行测定，同时利用在棉花基因组均匀分布的 151 对 SSR 标记分别对这 15 个性状进行关联分析，发现在 3 种情况下共检测到 84 个和抗旱性状相关联的标记，分布在 25 条染色体上。其中 AD_ chr06 染色体上检测到有 6 个与抗旱性状相关联的标记，分别是 NAU5270、BNL1153、NAU3489、NAU2611、NAU2967 和 NAU3900。这些标记不仅仅跟表型突变相关，更有可能与棉花中表达抗旱性的基因相关联。解析了与棉花抗旱相关的农艺性状和纤维品质性状的优异等位突变，发掘出携带有优良等位突变的载体，并利用优异等位突变对目标性状进行跟踪选择，将促进棉分子育种工作的开展。

郑巨云（2016）采用四倍体野生种毛棉和中棉所 12 为亲本进行杂交，配制 F₂ 作图群体，并构建遗传连锁图谱，通过对 F₂:₃ 家系苗期、蕾期、盛花期和盛铃期抗旱相关性状及盛花期的光合性状进行定位，在干旱胁迫环境下检测到 6 个稳定的抗旱性状 QTL 位点，包括 1 个控制蕾期叶面积（q BLA - Chr5 - 1）的 QTL 位点，解释 9.00% ~ 13.30% 的表型变异；1 个控制蕾期叶绿素含量（q

BCC - Chr9 - 1）的 QTL 位点，1 个控制盛花期叶绿素含量（q FCC - Chr8 - 1）的 QTL 位点，解释 4.10% ~ 16.00% 的表型变异；1 个控制单铃重（q FBBW - Chr16 - 1）的 QTL 位点，2 个控制主茎粗（q FBSD - Chr21 - 1 和 q Fbsd - Chr21 - 2）的 QTL 位点，以期揭示毛棉抗旱和光合作用性状的遗传基础，检测稳定的主效 QTL，为有效发掘利用毛棉的优异基因，开展抗旱及高光效分子标记辅助选择育种奠定基础。

桑晓慧（2017）以 191 份陆地棉栽培种构成的自然群体为实验材料，在萌发期和花铃期分别进行干旱胁迫，利用 74 对 SSR 引物与该自然群体进行关联分析，寻找与抗旱性相关联的标记位点，9 个位点与抗旱性度量值相关，2 个位点与综合抗旱系数相关，14 个位点与产量抗旱指数相关联，NAU5163 - 1、NAU3424 - 2 与花铃期抗旱性相关。

第二节　抗逆转录组学

一、转录组的概念及研究方法

转录组（transcriptome）广义上指某一生理条件下，细胞内所有转录产物的集合，包括信使 RNA、核糖体 RNA、转运 RNA 及非编码 RNA；狭义上指所有 mRNA 的集合。抗逆转录组学（stress - resistance associated transcriptomics），顾名思义，就是与抗逆性相关的转录组学研究。转录组测序一般是对用多聚胸腺嘧啶（oligo - dT）进行亲和纯化的 RNA 聚合酶 II 转录生成的成熟 mRNA 和 ncRNA 进行高通量测序，是利用高通量测序技术进行 cDNA 测序，全面快速地获取某一物种特定器官或组织在某一状态下的几乎所有转录本。相对于传统的芯片杂交平台，转录组测序无须预先针对已知序列设计探针即可对任意物种的整体转录活动进行检测，提供更精确的数字化信号、更高的检测通量以及更广泛的检测范围，是目前深入研究转录组复杂性的强大工具。

随着后基因组时代的到来，转录组学、蛋白质组学、代谢组学等各种组学技术相继出现，其中转录组学是率先发展起来以及应用最广泛的技术（Lockhart D J, 2000；Maher C A, 2009）。遗传学中心法则表明，遗传信息在精密的调控下通过信使 RNA（mRNA）从 DNA 传递到蛋白质。因此，mRNA 被认为是 DNA

与蛋白质之间生物信息传递的一个"桥梁"，而所有表达基因的身份以及其转录水平，综合起来被称作转录组（Transcriptome）（Costa V，2010）。

转录组研究是基因功能及结构研究的基础和出发点，了解转录组是解读基因组功能元件和揭示细胞及组织中分子组成所必需的，并且对理解机体发育和疾病具有重要作用。整个转录组分析的主要目标是：对所有的转录产物进行分类；确定基因的转录结构，如起始位点，5′和3′末端，剪接模式和其他转录后修饰；量化各转录本在发育过程中和不同条件下（如生理/病理）表达水平的变化。

随着新一代测序（Next-generation sequencing，NGS）平台的市场化，RNA-Seq（RNA sequencing）技术的应用已经彻底改变了转录组学的思维方式。RNA-Seq，即RNA测序又称转录组测序，是最近发展起来的利用深度测序技术进行转录组分析的技术，该技术能够在单核苷酸水平对任意物种的整体转录活动进行检测，在分析转录本的结构和表达水平的同时，还能发现未知转录本和稀有转录本，精确地识别可变剪切位点以及cSNP（编码序列单核苷酸多态性），提供更为全面的转录组信息。相对于传统的芯片杂交平台，RNA-Seq无须预先针对已知序列设计探针即可对任意物种的整体转录活动进行检测，提供更精确的数字化信号、更高的检测通量以及更广泛的检测范围，是目前深入研究转录组复杂性的强大工具，已被广泛应用于生物学研究、医学研究、临床研究和药物研发等。

（一）转录组测序基本原理及平台

自2005年以来，以Roche公司的454技术、Illumina公司的Solexa技术以及ABI公司的SOLiD技术为标志的高通量测序技术相继诞生（周晓光等，2010）。相较于传统方法，该技术的主要特点是测序通量高、测序时间和成本显著下降，可以一次对几十万到几百万条DNA分子序列测定，这使某物种全基因组和转录组的全貌细致分析成为可能，又称为深度测序，很多文献中称其为新一代测序技术，足见其划时代意义（Zhou X G，2010）。

与基因芯片相比，RNA-seq测序基本步骤流程比较简单易控，如图4-1所示。RNA-Seq具有以下优势：①通量高，运用第二代测序平台可得到几个到几百亿个碱基序列，可以达到覆盖整个基因组或转录组的要求；②灵敏度高，可以检测细胞中少至几个拷贝的稀有转录本；③分辨率高，RNA-Seq的分辨率能达到单个碱基，准确度好，同时不存在传统微阵列杂交的荧光模拟信号带来的交叉反应和背景噪音问题；④不受限制性，可以对任意物种进行全转录组分析，无须预先设计特异性探针，能够直接对任何物种进行转录组分析，同时能够检测未知基因，发现新的转录本，并准确地识别可变剪切位点及 SNP、UTR 区域。

RNA‒seq 数据分析流程（Trapnell et al.，2012）通常包括以下几个步骤：①将 reads 定位到基因的相应位置上（如果有生物学重复，则对每一个读段单独进行定位）；②根据已有注释信息进行 RPKM/FPKM 的计算；③对结果进行数据统计，标准化之后生成表达水平报告文件；④依据不同的需求，对这些数据结果进行后续分析。基因芯片是根据已知序列来制备探针，这在一定程度上限制了它的应用范围，新一代测序技术与芯片技术相比，不仅可以发现新的转录本，同时兼具通量高、噪音小、灵敏度高等优点。转录组测序数据量有 6G 与 8G 之分，这需要根据研究目的而定。根据基因转录规律，一般转录组测序选择 6G 就可以达到目的。

（二）RNA‒Seq 的主要用途

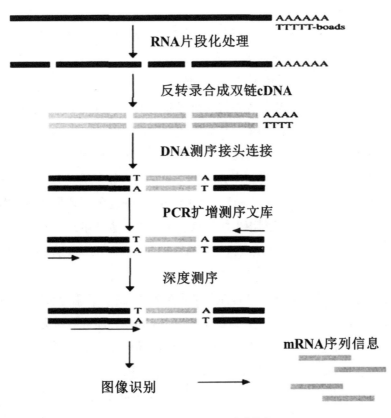

图 4‒1　RNA‒seq 试验流程

RNA-seq 技术能够在单核苷酸水平对特定物种的整体转录活动进行检测，从而全面快速地获得该物种在某一状态下的几乎所有转录本信息。由于转录组测序可以得到全部 RNA 转录本的丰度信息，加之准确度又高，使得它具有十分广泛的应用领域，主要应用于：①检测新的转录本，包括未知转录本和稀有转录本；②基因转录水平研究，如基因表达量、不同样本间差异表达；③非编码区域功能研究，如 microRNA、非编码长 RNA（lncRNA）、RNA 编辑；④转录本结构变异研究，如可变剪接、基因融合；⑤开发 SNPs 和 SSR 等。

棉花的基因组芯片发布于 2006 年，包含 23977 个探针组，代表 21854 个棉花转录本。当时陆地棉基因组测序并未完成，因此用于设计芯片的序列来自 GenBank、dbEST 和 RefSeq。棉花基因组芯片基于的 EST 序列主要来自四个棉花种，即陆地棉（16812 个）、雷蒙德氏棉（7077 个）、亚洲棉（36 个）和海岛棉（69 个）。目前已有多篇文献采用基因芯片技术来研究棉花生长发育相关抗逆的分子机制（Christianson et al.，2010；Cottee et al.，2014；Guo et al.，2015；Nigam et al.，2014；Padmalatha et al.，2012；Rodriguez - Uribe et al.，2014；Yao et al.，2011；Zhu et al.，2013），主要包括棉纤维发育、病害感染、涝害、盐胁迫和干旱胁迫等方面的研究。

（三）全长转录组测序技术（Iso - seq）

在真核生物中，大多数的基因可以编码多个蛋白质，这是因为基因经过可变剪接，可产生多个转录异构体，从而大大增加基因组的蛋白编码潜力。来自同一个基因的可变剪接异构体可能有着明显不同甚至拮抗的作用。为了研究基因表达，研究人员利用新一代测序方法研究了生物体各个基因的片段，这种方法通常称为 RNA 测序（RNA - seq）。短读长 RNA - seq 的原理是将转录本异构体打断成较小的片段，然后利用生物信息学工具将其重新组装。由于组装错误的存在，RNA - seq 很可能无法获得完整的转录本，因而难以准确表征异构体的多样性。

全长转录组测序是基于 PacBio 单分子实时测序技术，凭借超长读长的优势，无须打断 RNA 分子，直接对反转录的全长 cDNA 测序，即可得到从 5′末端到 3′ PolyA 尾的高质量全长转录本序列，从而对同源异构体（isoform）、可变剪接、融合基因、同源基因、超家族基因、等位基因表达等进行精确分析。

PacBio 的异构体测序（Iso - seq）采用长读取序列来测序长达 10 kb 的转录本异构体。无论是广泛研究还是靶向分析，这种转录本多样性的分析都揭示了可变转录的频率和类型等关键信息，改善了基因组注释和基因发掘。

Iso-seq 方法无须打断 RNA 分子，直接对反转录的全长 cDNA 测序，可提供从 5′端到 3′ polyA 尾巴、跨越整个转录本异构体的序列。Iso-seq 方法可提供选择性剪接外显子和转录起始位点的准确信息。对于长达 10 kb 的转录本，它还可提供聚腺苷酸化位点的信息，能够覆盖靶基因或整个转录组的全长异构体。

1. Iso-seq 的建库方案有三类（图 4-2）

①整个库都是一个样品的全长转录组，不需要加 barcode 区分样品。

②不同样品的全长转录组，加上不同 barcode，可以放在一起进行建库测序。

③一些靶向获得的部分基因也可以进行全长转录组的测序。

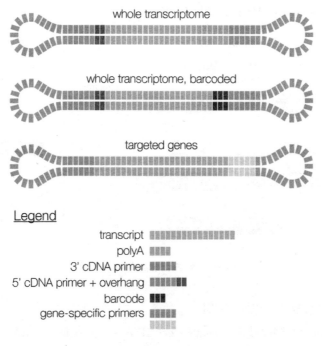

图 4-2　全长转录组 3 种建库示意图

2. Iso-seq 分析

Pacbio sequel 下机是 bam 格式的 reads 文件，它和 reads 比对到参考基因组上生成的 bam 文件，内容有差异，但格式一致。（格式说明可参考 https：//www. plob. org/article/11099. html）

RS_ IsoSeq. 1 程序适用于分析 SMRT 测序技术生成的数据，能够对转录本和剪接变体进行功能鉴定。Iso‑seq 分析运行可选择从头开始（*de novo*）或基于参考序列的模式运行，主要步骤如图 4‑3。

分类：从 PacBio 系统（或 SMRT Cell）运行中提取插入片段的序列；去除 cDNA 引物和 poly A；然后将插入片段的读取序列分成嵌合或非嵌合、全长或非全长的序列。

聚类：利用迭代聚类和错误纠正（ICE）算法，根据分类的读取序列预测新发现的转录本一致性异构体。

映射：利用 GMAP，将分类的读取序列和预测的一致性异构体与用户指定的参考序列进行比对。

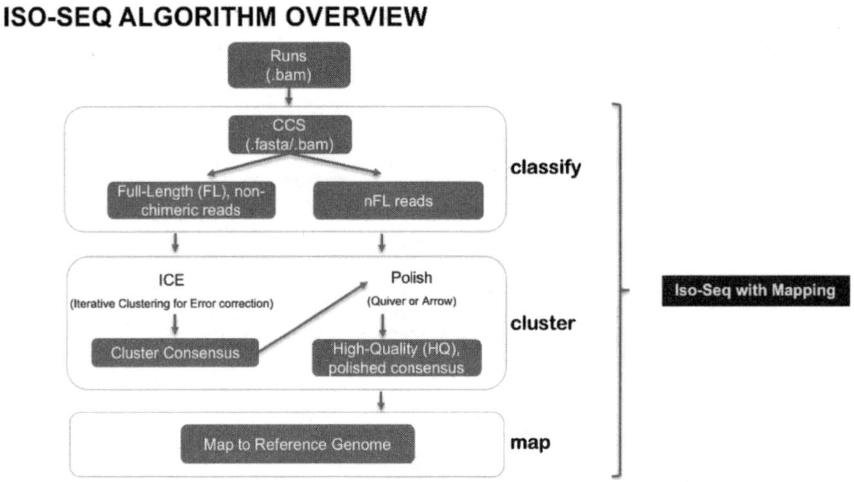

ISO-SEQ ALGORITHM OVERVIEW

图 4‑3　全长转录组分析示意图

（四）单细胞转录组测序技术

单细胞转录组测序技术（Single‑cell RNA‑sequencing，scRNA‑seq）是在单细胞水平对全转录组进行扩增与测序的一项新技术。其原理是将分离的单个细胞的微量全转录组 RNA 扩增后进行高通量测序。对单个细胞转录组的分析由布雷迪（Brady）等（1990）和艾博文（Eberwine）等（1992）分别利用基于 PCR 技术的对单个细胞 cDNA 的指数扩增和基于 T7RNA 连接酶体外转录（invitrotranscription）的线性扩增进行了初步的探索。2006 年，栗本（Kurimoto）等改进了单细胞 cDNA 扩增方法，将定向的 PCR 扩增与线性扩增相结合，对单个 ESC 进行了单细胞 cDNAmicroarray 分析，在高覆盖率和准确性的前提下，使基因表达的代表性和再现性都有了明显的提高。而随着测序技术的发展，Tang 等 (2010) 将单细胞 cDNA 扩增技术和新一代测序技术相结合而首次创立的单细胞 RNA 测序分析应用于单个小鼠的卵裂球，最终发现了芯片未检测到的 5200 多个基因和 1800 个可变剪切点。相比而言，单细胞 cDNA microarray 分析技术成熟，成本低廉，尤其适用于分析已知基因上调或下调的一般转录信息，但是该系统相对比较封闭，对于未知基因的检测无能为力，并且不能提供 mRNA 的确切长度和序列。而单细胞 RNA 测序则是一个开放的系统，能够提供更加详细和准确的转录信息，尤其可对未知基因的转录进行检测，但是该方法价格昂贵，并且对于结果的分析需要强大的计算机系统提供保障。哈佛大学谢晓亮院士（2012）推出基于 MALBAC 技术的单细胞转录组扩增技术，可以对单个细胞、单条染色体或者 0.5pg 的 RNA 进行高保真扩增，并且已经进行了商业化运作。

二、棉花转录组研究概况

在转录组水平研究植物的抗逆基因为理解植物的胁迫应答机制提供了广阔的视角。植物的盐胁迫响应过程是一个多基因参与和多因素调控的复杂生物学过程。随着雷蒙德氏棉、亚洲棉和陆地棉测序的完成，功能基因组学和转录组学等方面的研究已经取得了很多成果（Bowman et al.，2013；He et al.，2013；Li et al.，2015；Li et al.，2014；Paterson et al.，2012；Wang et al.，2012；Zhang et al.，2015；Zhu et al.，2013），这些成果极大地促进了棉花功能基因的研究，同时也产生了数量可观的组学数据，为组学水平上全方位研究棉花生长发育和抗逆机制提供了基础。高通量的组学技术由于成本低、测序数量大等特点，常用于研究特定条件下基因表达的动态变化（Bohnert et al.，2009；Zhu et al.，2013）。目前的高通量组学技术主要包括全长文库测序、基因芯片和高通量测序技术等（Wang et al.，2009），已被广泛用于棉花的生长发育和抗逆分子机制研究（Bowman et al.，2013；Christianson et al.，2010a；Guo et al.，2015；Naoumkina et al.，2015；Peng et al.，2014；Rodriguez‐Uribe et al.，2014；Shi et al.，2015；Xu et al.，2011；Yao et al.，2011；Zhang et al.，2016；Zhang et al.，2011；Zhu et al.，2013）。

（一）棉花耐盐转录组研究

在盐碱胁迫下，棉花生物体内细胞的基因表达模式会发生显著变化。RNA‐seq 可以通过对照正常样本和处理样本中表达模式发生显著差异的基因，让人快速全面掌握在植物性状中起重要功能的基因。

棉花转录组研究涉及了棉花不同发育阶段和胁迫条件下的表达谱（Naoumkina et al.，2015；Nigam et al.，2014；Peng et al.，2014；Xu et al.，2011；Xu et al.，2013；Zhang et al.，2016）。二倍体野生种戴维逊氏棉抗性优良，研究人员利用 RNA - seq 技术分析了戴维逊氏棉的盐胁迫应答的分子机制（Zhang et al.，2016）。在棉花根系和叶片中分别得到了 4744 个和 5337 个与盐胁迫应答相关的差异表达基因。研究人员重点分析了 SOS 和 ROS 信号通路，同时还发现光合作用和代谢过程对维持细胞内离子稳态和氧化还原平衡具有重要作用（Zhang et al.，2016）。利用 RNA - seq 和 miRNA - seq 对耐盐与敏盐棉花叶片的转录组进行比较分析发现，盐胁迫处理 24 h 后，耐盐品种中特异变化的转录因子有 129 个。耐盐材料中差异表达的 miRNA 有 108 个，其靶基因多编码转运蛋白、CDPKs、MAPKs 以及乙烯和 ABA 的合成与信号转导途径中的关键组分（Peng et al.，2014），这说明利用耐盐和盐敏感棉花品种研究棉花盐胁迫应答的分子机理具有现实可行性。

王刚（2011）通过 Solexa 高通量测序的方法，对盐胁迫处理前后的棉花幼苗进行转录组测序，通过分析大量的测序结果，发现了相当多受盐胁迫处理上调和下调的基因，揭示了棉花幼苗盐处理前后转录组水平的复杂调控网络。之后，利用 qRT - PCR 的方法对测序结果进行了验证，并对 Nacl 处理后，上调非常明显的 4 个编码 LEA 蛋白的基因进行表达模式分析、基因的分离、系统发生分析和功能验证。找到了 223 个上调基因和 317 个下调基因。利用 qRT - PCR 的方法检测了 4 个 LEA 基因和 3 个已知的非测序结果筛选得到的 LEA 基因的相对表达量，结果显示 4 个 LEA 基因受盐胁迫诱导上调的倍数要明显高于其他 3 个 LEA 基因，表明这 4 个 LEA 基因在棉花耐受盐胁迫过程中发挥着主要作用。4 个 LEA 基因的组织表达模式结果显示，M19406 受 NaCl 诱导的表达量显著高于 TA24166_ 3635 和 X15086，且三者在真叶和根中的诱导表达模式一致，但 M19379 在真叶中几乎检测不到它的表达，而在根中受盐诱导表达显著。

DNA 甲基转移酶是甲基化过程中的关键酶，杨笑敏（2019）通过转录组测序发现并鉴定了棉花 A 组、D 组 AD$_1$ 和 AD$_2$ 组的 9、8、16 和 18 个基因（图 4 - 4），发现这些家族成员可以根据结构分为四个亚家族。通过定量 PCR 研究还发现不同的基因在不同组织中对逆境的响应存在差异性。构建 GhDMT6 基因的过表达载体 pBI121 - GhDMT6 农杆菌侵染拟南芥筛选 20 个株系，已收获 T2

代种子。利用 VIGS 沉默 *GhDMT*6 基因发现棉花幼苗与对照相比抗旱、耐盐性
降低。

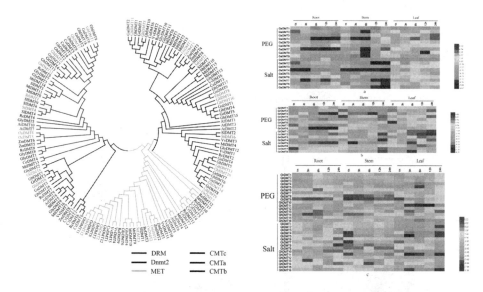

图 4 - 4 *GhDMT* 基因进化和定量分析（杨笑敏等，2019）

丁明全等（2015）利用转录组技术在棉花中分析了 WRKY 基因在逆境胁迫
下的表达模式。其在雷蒙德氏棉和亚洲棉基因组水平和转录组水平下研究了
WRKY 转录因子家族基因。第一次在 A 和 D 二倍体棉种中对 WRKY 转录因子进
行比较研究。在雷蒙德氏棉中发掘了 112 个 WRKY 基因，在亚洲棉中发掘了
109 个 WRKY 基因。两棉种之间没有重大的基因结构的改变。但是很多 SNP 在
内含子和外显子中分布不平衡。物理图谱显示 WRKY 基因在亚洲棉和雷蒙德氏
棉中的染色体位置并不对应，预示着在棉花二倍体基因组中整个染色体可能发
生了重排。转录组分析表明许多 WRKY 基因参与具体的纤维发育过程如纤维起
始、伸长率、成熟度等，并且种间表达存在差异（图 4 - 5）。

张亚楠（2015）通过 RNA - seq 对棉花可能的耐盐机制进行了初步的探讨。
以鲁 1138（对照）和转 *ZmPIS* 基因棉花的三个株系为实验材料，对转基因株系
和对照株系在盐处理前和 250mM 浓度的盐处理 1d、7d、14d 和 21d 的相对含水
量、离子渗漏程度、渗透势和抗氧化酶酶活、脯氨酸含量等生理生化指标进行
了测定。通过生理实验和种子出苗实验，选出表现最好的转基因株系和对照株
系进行了 RNA - seq 测序分析。结果表明，转 *ZmPIS* 基因影响了转基因棉花中

磷脂酰肌醇途径中钙调蛋白和 DG 激酶相关基因的表达，以及脂肪酸合成代谢相关基因的表达，氨基酸合成代谢相关基因的表达量也出现显著性差异，另外，还影响了 ABA 合成关键酶基因，可能使得细胞内 ABA 含量增加；许多其他激素的合成代谢及激素信号途径相关基因的表达也受到了很大影响，这些都可能是导致转基因株系棉花耐盐性较高的原因。

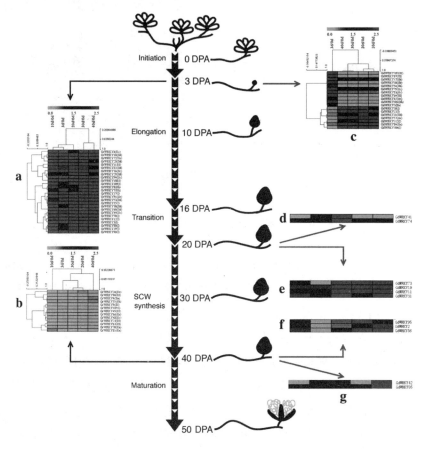

图 4 - 5　WRKY 基因进化和定量分析（Ding et al.，2015）

Zhang 等（2016）利用 RNA 测序技术分析棉花的耐盐机制，共发现 4744 个和 5337 个差异表达基因（DEGS）分别参与了根和叶的耐盐性。基因功能注释阐明了盐过度敏感（SOS）和活性氧（ROS）信号通路。此外还发现光合作用途径和代谢在离子平衡和氧化平衡中起着重要的作用以及选择性剪接也有助于盐胁迫反应的转录后水平，响应盐胁迫。

此外，Yin Z J 等（2013）构建了棉花耐盐品系的转录组文库，获得 74631 条 unigene，在陆地棉中确定了 78 个 MAPKKK 基因，分为三个亚家族，其中 12 个为 ZIK，22 个为 MEKK，44 个为 RAF。ZIK 和 MEKK 基因在 13 条染色体中的 11 条上显示出分散的基因组分布，而 RAF 基因分布在整个基因组中。对 60 个 MAPKKK 基因 RT－PCR 表达量验证，结果表明：41 个基因在成熟叶片中表达较强。12 个 MAPKKK 基因在 3－DPA 胚珠中的表达量高于 0DPA 胚珠。

张冰蕾（2018）对陆地棉中 9807 三叶期进行不同的盐碱处理（Na_2CO_3，NaCl 和 NaOH），转录组测序后在根和叶中分别找到 25929 个、6564 个差异表达基因（DEGs）。其中对 Na_2CO_3 胁迫下根和叶共有的 762 个差异基因进行了聚类分析，找出表达模式相同的 cluster，挖掘出特异性表达的耐碱候选基因（A12G2168：胱硫醚 γ－合成酶基因 GhMGL11）（图 4－6）。

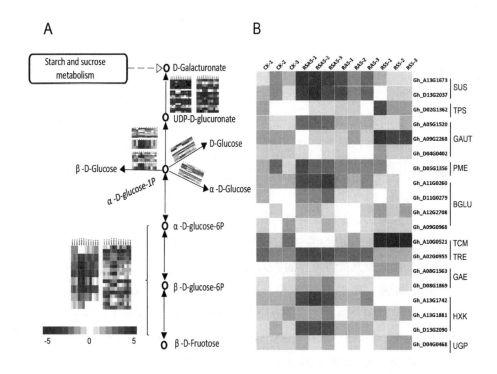

图 4－6　ghmgl11 基因的调控途径（Zhang et al.，2018）

闫荣等 2017 年利用 RNA－seq 分析种子萌发过程中基因表达的动态变化。数据分析得出以下结论：①不同时间点发生着不同的生理变化，需要不同类型和数量的基因调控，而萌发过程对不同浓度的盐逆境存在相同和相异的表达调控。②转录因子在生物学发育、逆境响应等过程都有重要的调控作用。共有74个家族、1053个转录因子编码基因表达发生显著性的变化，包括 ERF（138）、bHLH（103）、WRKY（93）、NAC（66）、ARF（51）、GATA（48）、MYB（44）、HSF（36）、Trihelix（35）等，很多转录因子成员被研究报道参与植物逆境下萌发或发育等调控或响应，进一步证明这些转录因子在逆境条件下种子萌发中具有重要的生物学功能。③棉花 A－亚基因组和 D－亚基因组对棉花耐盐响应不具有明显的差异（Zhang，2018）。

张璞凡（2017）通过转录组测序的方法，对盐胁迫处理前后的毛棉幼苗的根和叶片组织进行转录组测序，通过对数据的分析，发现了大量受盐胁迫处理后差异表达的基因，挖掘了潜在的抗盐候选基因。之后，利用 qRT－PCR 的方法对测序结果进行了验证。检测了 11 个基因在盐处理前后的相对表达量。

许艳超（2017）利用复合盐碱胁迫下的转录组数据，鉴定分析了 ROS 产生与清除系统相关基因。主要结论如下：①确定 6 份材料对新疆复合盐碱的抗性强弱顺序为：玛利加朗特 85 ＞阔叶棉 32 ＞中棉所 16 ＞中棉所 12 ＞阔叶棉 40 ＞阔叶棉 130，其中玛利加朗特棉 85 为耐盐碱材料，阔叶棉 32 和中棉所 16 为中耐盐碱材料，阔叶棉 40 和中棉所 12 为盐碱敏感材料，阔叶棉 130 为高敏盐碱材料。②相比幼苗的叶组织，根对盐碱胁迫更为敏感，活性氧清除系统在半野生棉响应盐碱胁迫过程中起重要作用。证明了抗性不同的材料在复合盐碱胁迫下响应方式很复杂，既有相同又有不同。不同的响应方式决定了不同材料的抗性差异，即复合盐碱胁迫下耐盐材料玛利加朗特 85、阔叶棉 32、中棉所 16 与盐敏感材料阔叶棉 40、阔叶棉 130、中棉所 12 的抗坏血酸过氧化物酶和过氧化氢酶活性的不同，是造成其抗性差异的原因之一。③筛选鉴定到 265 个与 ROS 产生与清除相关基因。其中包括 SOD、APX、MDAR、GR、GPX、Ferritin、Prx、CAT、AOX 相关基因、GLR 相关基因、TRX 相关基因、NADPH oxidase 相关基因。SOD、APX、MDAR、GR、GPX、Ferritin、PRX、CAT、AOX、GLR、TRX 参与 ROS 的清除，NADPH oxidase 参与 ROS 的生成。在鉴定得到的 265 个基因中有 247 个基因差异表达，分析表明 ROS 产生与清除网络的基因在复合盐碱胁迫后的活跃程度影响棉花幼苗的耐盐性。在复合盐碱胁迫后 4 份材料（玛利加朗特 85、中棉所 16、中棉所 12 和阔叶棉 40）幼苗的叶或根中，发现 58 个基因具有相似表达模式，可供棉花耐盐机理研究。在 4 份材料幼苗的根和叶中发现 3

个基因均差异表达，为研究 ROS 产生与清除网络调控棉花幼苗耐盐性的关键基因。同时，发现有 2 个基因在耐盐材料玛利加朗特 85 和中棉所 16 中表达无变化，在盐敏感材料阔叶棉 40 和中棉所 12 中差异表达，是研究棉花耐盐性差异的重要基因。

Peng（2014）利用转录组测序（RNA - Seq）技术分析 2 个种质在 200 mmol · L^{-1} NaCl 胁迫 4 h 和 24 h 后幼苗叶片的转录因子家族及转录因子的表达情况（彭振，2016）。鉴定出 54 个转录因子家族的 2815 个转录因子。盐胁迫 4 h 后，长绒 7 号有 249 个转录因子基因表达发生变化；南丹巴地大花中有 261 个转录因子基因表达发生变化。在胁迫 24 h 后，2 个种质对盐响应的转录因子数量均剧增。只在耐盐种质长绒 7 号特异表达的有 106 个（4 h）和 184 个（24 h）转录因子基因，对于 2 个种质共同表达的转录因子有 143 个（4 h）和 282 个（24 h）。通过筛选，鉴定出 26 个与耐盐相关的转录因子家族 124 个基因，并采用荧光定量验证转录组数据的准确性。推测高表达的 11 个转录因子的基因 *CotAD*66280（HD - ZIP）、*CotAD*47058（ERF）、*CotAD*18472（G2 - like）、*CotAD*04289（C2H2）、*CotAD*57763（HSF）、*CotAD*23656（TCP）、*CotAD*02221（ERF）、*CotAD*23975（WRKY）、*CotAD*54036（MYB）、*CotAD*27788（NAC）和 *CotAD*23815（HSF）有可能与陆地棉抗盐性密切相关，可作为陆地棉耐盐育种的候选基因源。

（二）棉花抗旱转录组研究

Bowman M J 等（2013）对棉花水分胁迫根组织进行转录组测序分析，并根据差异表达基因的序列定位检测了 A2 基因组特异性基因的表达。Campbell BT 等（2013）利用 RNA 测序构建了棉花花期水分胁迫的表达谱，并将转录本定位在了 At 和 Dt 基因组。Park W 等在转录组水平研究了陆地棉叶片和根系响应水分胁迫后的差异基因变化，结果表明，棉花受水分胁迫后，与对照相比，519 个转录本表现出差异，其中有 147 个转录本有功能注释，这些转录本中有 70% 参与到以下 4 类功能基因中，分别为未明确分类型、胁迫/防御型、代谢型、基因调控型，其中热激蛋白相关转录本和活性氧相关转录本最丰富。这一发现表明多倍体棉花受自然田间水分胁迫后的转录组响应涉及复杂的机制，并为棉花在分子水平上研究水分胁迫提供候选目标（Park W，2012）。

包秋娟（2018）用 2.5% PEG6000 处理棉花幼苗，利用 RNA - seq 技术对干旱胁迫下棉花幼苗的转录组进行测序。从棉花干旱胁迫响应的转录组中，筛选获得差异表达的 DNA 损伤修复相关基因共 51 个，其中差异表达的上调基因 23 个，差异表达的下调基因 28 个，干旱胁迫能够影响棉花 DNA 损伤修复相关基因的表达。选取 4 个差异基因进行生物信息学分析及 qRT - PCR 验证，*HMGB*1、*recA*1、*UDGs* 和 *GMP synthase* 基因的表达变幅有一定的差异，但基因的表达趋势一致，棉花转录组测序结果通过 qRT - PCR 验证是可靠的。

利用转录组测序技术对两个具有不同抗旱性的棉花品种在干旱胁迫下的叶片转录组进行了比较分析，鉴定了一个编码 PP2C 蛋白的基因，命名为 *GhDRPP*1（Drought - Related PP2C1）。利用过量表达和基因沉默的技术方法，*GhDRPP1* 在棉花干旱应答过程中的功能及作用机制进行了研究，差异表达基因的统计结果显示，在干旱胁迫下有 13.38% ~ 18.75% Unigene 的表达发生了变化，与对照相比，晋棉 13 号植株中差异表达基因的数量随着干旱处理时间增加而增加，对晋棉 13 号在整个干旱时期的差异表达基因进行共差异表达分析时发现，与对照组相比，晋棉 13 号有 627 个基因持续上调表达，229 个基因持续下调表达，这说明持续的干旱胁迫引起细胞内一些特定的基因表达变化来调控棉花抗旱应答过程；细胞壁合成、非生物胁迫应答、ABA 信号应答、碳水化合物的合成与代谢等相关基因在干旱处理的整个过程中都富集性高表达，而乙烯信号通路相关基因富集性低表达，暗示了晋棉 13 号可能通过激活 ABA 信号通路和其他代谢通路相关基因的表达来抵御干旱胁迫。干旱处理 6 d 的晋棉 13 号和鲁棉 6 号之间的差异表达基因的统计结果显示，10000 多个基因发生了差异表达；与鲁棉 6 号相比，非生物胁迫应答、细菌防御应答、葡萄糖转移酶、ABA 信号应答等相关基因在晋棉 13 号中富集性高表达，乙烯、茉莉酸合成与代谢通路等相关基因低表达，暗示了这些信号通路可能参与棉花对干旱胁迫的响应及耐受性（陈云，2016）。

（三）其他逆境转录组学研究

随着研究技术的不断发展，转录组测序方法也被应用到棉花冷胁迫和重金属胁迫等研究中。王俊娟等（2016）通过对陆地棉转录组文库测序分析，得到了 2 个耐冷基因 *CIPK* 和 *GhDHN*1（图 4 - 7）。对 4℃低温处理陆地棉抗冷材料三叶期幼苗 24h 前后进行转录组测序，筛选差异基因数 2487，上调表达 45.64%，下调表达 54.36%。极端上调表达的基因包括：类似乙烯响应转录因子 ERF109、类似稻内酯 A 合成酶、15kD 类似油质蛋白、8 - 8 鞘脂类脱氢酶、类似抗病蛋白 Atlg12280、NBS - LRR 抗病蛋白、多药抗性泵和生长类响应蛋白等。显著富集的代谢通路主要有植物激素信号传导、昼夜节律—植物、植物—病菌相互作用、脂肪酸延伸等。差异基因中共鉴定出被低温诱导的转录因子有 31 类,主要包括 AP2/ERF、Zinc finger、DREB1、NAC 和 MYB 等基因家族的成员。

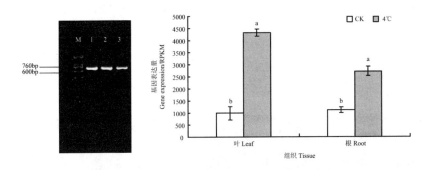

图 4 – 7　*CIPK* 基因的克隆及表达（王俊娟,2016）

在棉花叶片上过量表达抗氧化酶基因（*SOD*、*APX* 和 *GR*）,所有转基因植株受低温胁迫时光系统 PSH 被有效保护,在响应冷胁迫时比野生型的光能利用效率增加,低温诱导产生的 PSll 光抑制现象被减轻,能够保持较高的电子传递速率（Kornyeyev et al.,2001）。郭惠明等（2011）从海岛棉种 7124、陆地棉品种中棉所 12、中棉所 36 克隆了 CBF 全长基因,研究表明,低温等多种逆境信号诱导了 *GbCBF*1 基因的表达,将 *GbCBF*1 基因插入烟草中,得到的转基因烟草的耐寒性提高（郭惠明,2011）。Shan D P 等（2007）在陆地棉 cDNA 文库中筛选并克隆了一个转录因子 *GhDREB*1,研究证明 *GhDREB*1 受低温的强烈诱导,过表达 *GhDREB*1 的烟草比野生型具有更高的抗冷性,具体表现为,在低温胁迫条件下,转 *GhDREB*1 烟草比野生型具有更高的叶绿素荧光、净光合速率、脯氨酸含量。Wang C L 等（2016）在棉花中克隆了一个 6 – 海藻糖磷酸合成酶基因 *GhTPS*11,研究表明 *GhTPS*11 在棉花中被冷胁迫诱导,过表达 *GhTPS*11 基因的拟南芥种子中抗冷相关基因 *CBF*1 和 *CBF*2 受低温诱导比野生型强烈,说明 *GhTPS*11 基因编码的蛋白质在种子萌发过程中起抗冷作用。Xue T 等（2009）将棉花中金属硫蛋白合成基因 *GhMT3a* 转化到烟草中表明,低温处理后,H_2O_2 在转基因植株中的含量仅为野生型中的一半,体外实验表明,*GhMT3a* 编码的蛋白质能结合金属离子和清除反应性氧化物（Reactive Oxidative Species,ROS）,*GhMT3a* 是通过 ROS 信号通路在抗冷中起作用的。Liu T C 等（2016）将 *GbPATP* 转到烟草中表明,转基因植株比野生型抗冷性强,MDA 含量比野生型更低,

CAT 酶活性更高，是作为 P4 – ATPase 在抗冷中起作用的。韩明格等（2018）对陆地棉邯 242（三叶期，4 mM Cd^{2+} 胁迫处理 9h）进行转录组分析，共得到根中差异表达基因 4627 个、茎中 3203 个、叶中 3673 个。根据基因本体论（GO）和 KEGG 数据库注释信息，显示 Cd^{2+} 胁迫棉花主要引起了重金属转运基因（*ABC*、*CDF*、*HMA*、*IRT*、*ZIP* 等）、膜联基因 1（*annexin* 1）、热激蛋白基因（HSP genes）、重金属转运解毒超家族基因、蛋白磷酸酶 2C 家族基因、生长素反应因子等差异基因的表达（图 4 – 8）。

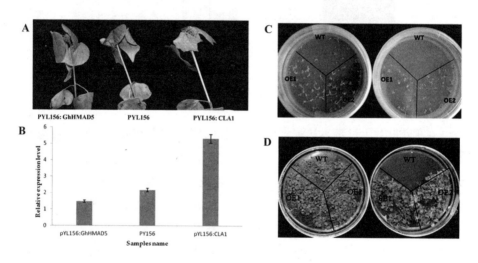

图 4 – 8 *GhHMAD* 基因在拟南芥和棉花中的功能验证（Han et al.，2019）

第三节 棉花抗逆基因克隆及功能验证

发掘新的基因是几十年来生物学领域重要的任务。由于现有棉花抗逆种质的血缘过于狭窄，通过人工创新发掘出符合抗逆育种研究所需特异种质，是获得棉花抗逆新基因的关键。目前，随着植物基因工程技术的不断完善，植物抗逆基因工程研究正向纵深发展：对植物抗逆有关的功能性基因的研究不断加强；从单基因转向多基因抗性方向的研究；抗性基因由生物抗性（抗病、抗虫）到非生物抗性（抗旱、抗盐、抗冷）的转移。目前已有很多与抗旱、耐盐和抗低温有关的基因被分离克隆，并利用基因工程，转入植物体内，提高了植物的抗逆性，这些都为抗逆新品种的筛选提供了良好的基础。近年来，随着我国生物技术的快速发展，克隆抗虫、抗病、抗杂草以及提高作物品质的基因为数众多，很多转基因作物已经进入田间实验阶段。由于许多作物高密度的分子标记连锁图谱的构建、大片段 DNA 克隆系统的建立、序列测序技术与基因遗传转化技术的发展，降低了未知基因的克隆难度，许多未知基因的克隆成为可能。现在，作物基因的克隆技术已经发展得十分完善，主要有：PCR 克隆技术、同源序列克隆技术、转座子标签技术、mRNA 差异显示法、功能克隆、表型基因显示法、DNA 芯片技术和定位克隆技术。就棉花基因的克隆而言，目前我国的实验室根据自己的设备和技术采用较多的主要是功能克隆的方法。

一、利用基因芯片技术挖掘抗逆基因

生物芯片技术是生命科学领域中一项具有战略意义的技术手段，它是随着人类基因组计划（Human Genome Project，HGP）的进展而发展起来的生物技术之一。该技术集微电子、微机械、化学、物理技术、计算机技术为一体，在后基因组时代发挥着重要作用。

生物芯片是将生物大分子，如核苷酸片段、多肽分子等生物分子制成探针，以有序、高密度的方式排列在玻璃片或纤维膜等载体上，形成二维阵列，然后将标记的样品分子与其杂交，通过检测杂交信号实现对样品的检测。生物芯片一次能检测大量的目标分子，实现了快速、高效、大规模、高通量、高度并行性的技术要求，并且芯片技术的研究成果具有高度的特异性、敏感性和可重复性（王颖，2010）。

生物芯片的应用范围很广，其分类标准也有很多。根据其分子成分的不同，可以分为基因芯片、蛋白质芯片、抗体芯片、组织芯片和芯片实验室等，其中基因芯片是出现最早、应用最为广泛的一种生物芯片。

基因芯片又称为 DNA 芯片或 DNA 微阵列，它是基于碱基互补配对的原则，将荧光或生物素标记的样品分子与 DNA 探针进行杂交，通过检测每个探针分子的杂交信号强度进而获取样品分子的数量和序列信息。常见的基因芯片包括表达谱芯片、miRNA 芯片、SNP 芯片、甲基化芯片等，可以用来检测基因表达谱、miRNA 表达谱、基因突变或者进行多态性分析等，为"后基因组计划"时期基因功能的研究提供了强有力的工具。

基因芯片的制备方法大致可以分为两种类型：原位合成法和点样法。原位合成法是目前制备高密度寡核苷酸芯片的最好方法，目前两大芯片生产厂商 Affymetrix 和 Agilent 都采用的是此方法。其中，Affymetrix 采用的是原位光刻合成技术，即在合成碱基单体的 5′ 轻基末端连上一个光敏保护基团，利用光照使轻基脱保护，然后逐个将 5′ 端保护的核苷酸单体连接上去，这个过程反复进行直至设定的寡核苷酸长度。其中光照区域就是要合成的区域，该过程通过一系列掩膜来控制。该方法的最大优点在于用很少的步骤可合成大量的 DNA 阵列，可制作的点阵密度高达 $106 \sim 1010/cm^2$。Agilent 公司则采用的是喷墨原位合成技术，即通过机械手臂直接将碱基合成试剂氨基磷酸酯点样到芯片适当的位置上，循环下去就能合成预计的寡核苷酸。

根据探针的类型，基因芯片可以分为 cDNA 芯片和寡核苷酸芯片。其中寡核苷酸芯片需要综合考虑探针的灵敏性（Sensitivity）和特异性（Specificity），避免非特异性杂交；此外还需要考虑 GC 含量以及退火温度，以保证整个芯片可在相同条件下进行杂交实验，所有探针都有比较一致的杂交效率。不同公司生产的芯片有较大的差别，探针的序列不同、探针的长短不同，例如，Affymetrix 公司的芯片采用短探针，只有 25 个核苷酸，而 Agilent 公司所用探针相对较长，为 60 个核苷酸。

基因芯片杂交的灵敏度和特异性是芯片技术的核心，Affymetrix 采用一种特别的 PM – MM 设计，其中芯片上的每一个基因或 EST 都是由一个或几个探针组组成，而每组探针组又由 $11 \sim 20$ 对 25mer 的探针对组成，其中一个是完全匹配（Perfect – Match，PM）的，另外一个是序列中间有一个碱基错配的（Mis – match，MM）。在 PM – MM 探针设计中，MM 探针是有效的内参照，它们与 PM 探针一样可以和非特异性序列结合，这样，就可以将不同来源的样品中的背景信号有效地定量扣除。在棉花中，Hulse – Kemp 等基于 Infinium 技术成功开发出一款 63K 芯片，该芯片包含 45104 个陆地棉种内的 SNP 标记和 17954 个陆地棉与其他棉种的种间 SNP 标记，单张芯片一次性可以检测 24 个样品，并用 1156 个样本对其进行了验证，分析出 38822 个多态性标记，这为棉花 SNP 标记的大规模检测开辟了先河（Hulse – Kemp et al.，2015；Kuang 等，2016；匡猛等，2016）。目前该芯片产品已被广泛应用于棉花全基因组关联分析、高密度遗传连锁图谱的绘制及 QTL 定位等研究中。2018 年南京农业大学郭旺珍团队构建了棉花更高密度的 80K SNP 芯片，命名为 Cotton SNP80K，该芯片包含 82259 个 SNP 位点（SEQ ID NO：1 SEQ ID NO：82259），主要基于陆地棉种内 SNP 变异定制，非常适于陆地棉种内基因分型检测，可大大克服陆地棉种内遗传基础狭窄、遗传多样性低的瓶颈。该芯片可以对陆地棉品种资源进行分子标记指纹分析、品种纯度和真实性鉴定、育种材料遗传背景的分析和筛选、农艺性状重要基因位点关联分析等。同时，该芯片也将有效用于海岛棉等其他棉种的种内及种间基因分型分析。

这种独特的设计对于区分特异性和非特异性杂交是相当灵敏的。比较那些单一的基因探针来说，PM – MM 探针的高特异性和灵敏度更适合检测低丰度表达的基因。除 Affymetrix 公司生产的芯片外，其他芯片多采用双色杂交系统，即使用 Cy5（红）和 Cy3（绿）两种染料分别标记所比较两种样品的 cDNA 序列，然后杂交至同一芯片。随着生物芯片技术的日益成熟，它在功能基因组、系统生物学等领域得到了广泛的应用，目前已经发表了上万篇的研究论文。迈阿密原则（Minimum Information About a Micro – array Experiment，MIAME），即微阵列实验最小信息量的制定（Brazma et al.，2001），使世界各地实验室的芯片实验数据都可以共享。目前 NCBI 的 GEO 数据库中，收录了各种芯片平台的实验数据，可以从中下载自己感兴趣的芯片数据进行分析。植物对非生物胁迫的响应非常复杂，它包括一系列的信号转导途径和转录调控过程（Kojimas et al.，2002；Vnocur and Altman，2005）。因此，经典的分子生物学手段已经不能满足科研的需要。生物芯片技术的发展，开启了从全基因组水平检测基因表达的时代（Bartels and Sunkar，2005；Rizhsky et al.，2004）。目前，许多物种的非生物胁迫研究中都采用了生物芯片的方法，例如，Kreps 等使用生物芯片技术对拟南芥 3 种逆境中的根和叶片中转录组的变化进行研究，分别为盐胁迫、渗透胁迫和冷胁迫处理后 3h 和 27h（Kreps et al.，2002）。近年来，NCBI 的 GEO 数据库中通过生物芯片技术来研究植物响应水分胁迫的文献报道已有上百篇，其研究材料包括细胞培养物、植株、植物器官等多种。

目前棉花中也有多篇文献采用生物芯片技术来研究棉花的生长发育和胁迫反应（Alabady et al.，2008；Christianson et al.，2010；Dowd et al.，2004；Hinchliffe et al.，2010；Rodriguez – Uribe et al.，2014；Shi et al.，2006；Udall et al.，2007；Wu et al.，2005）。这些研究主要包括棉花纤维发育和胚珠发育、病害感染、涝渍胁迫和盐胁迫。例如，Wu 等（2005）从棉花胚珠发育的 cDNA 文库中筛选了 10 万多条 EST 序列，制成 cDNA 芯片，用来研究放线菌酮对纤维发育的影响。尤德尔（Udall）等（2007）利用 50 多个不同组织和处理的 cDNA 文库设计了一款寡核苷酸芯片，该芯片一共有 22787 个探针，分别来自 211397 条

EST 序列，这些 cDNA 文库多是纤维特异性的文库。

采用 Affymetrix 芯片研究陆地棉根和叶片中应答涝渍胁迫的表达谱分析结果发现，水涝 4h 后，棉花根部有 1012 个基因发生变化，这些基因的功能主要与细胞壁改变和生长代谢、糖酵解、发酵等相关，同时，涝渍胁迫还会影响叶片中基因的表达，在涝渍胁迫后 24 h 共引起 1305 个基因的变化（Christianson et al.，2010）。200 mM 盐胁迫处理下，通过陆地棉耐盐植株和不耐盐植物的芯片比较分析，共得到 720 个盐胁迫相关基因，其中 695 个下调，25 个上调（Rodriguez – Uribe et al.，2014）。

生物网络可直观地展示生物系统中各个基因、蛋白之间的相互关系，常见的生物网络包括蛋白互作网络、非编码 RNA 与其靶基因的调控关系、基因调节网络、基因共表达网络以及代谢网络等（Han et al.，2016；Liu et al.，2016；Takehisa et al.，2015；Wang et al.，2016；Zhang et al.，2015a）。基因共表达网络是基因调控网络的一种，它的每个节点代表单个基因，边代表基因之间表达的相关关系，通过对基因共表达网络的研究，可以发现具有相似调控机制的基因相互连接。这对于预测新基因的功能、寻找植物抗逆关键基因都有很重要的作用（Takehisa et al.，2015）。基因共表达网络的基本原理是利用基因表达谱数据来推断基因表达量之间的相关性（Persson et al.，2005；Ryngajllo et al.，2011）。基因共表达网络的构建依赖于高通量技术所产生的大规模表达谱数据，比如，基因表达谱芯片技术和 RNA – seq 技术等。运用统计学分析来大量预测未知的调控网络，为真实的调控网络的研究提供大量有价值的信息。

不少植物中已经报道了基于基因芯片数据构建基因共表达网络（Childs et al.，2011；Liu et al.，2014；Mao et al.，2009；Presson et al.，2008；Ransbotyn et al.，2014；Takehisa et al.，2015），但在棉花中的报道较少。随着 RNA – seq 技术的广泛应用，基于 RNA – seq 数据构建基因共表达网络变得更加准确全面（Dugas et al.，2011；Iancu et al.，2012；Li et al.，2012；Zhang et al.，2015），但基于基因芯片数据构建基因的共表达网络技术相对成熟，可用的公共平台的数据在增多（郭金艳，2016）。

二、利用高通量测序挖掘抗逆基因

目前，功能基因组学已经发展到可以采用高通量、大规模、自动化的方法，可以加速遗传分析和基因克隆进程。拟南芥中，从氨基酸序列推断出大约一半基因编码的蛋白质的功能仍是未知的。由于缺乏其他信息，差别表达模式通常为基因功能提供线索并且是大规模开发 EST 资源的一个重要标准。cDNA 文库构建是发掘基因和研究基因功能的重要工具，可以在特定的组织、生长发育时期以及处理条件下研究基因表达，在发掘新基因、研究基因功能、开发分子标记和构建遗传图谱等方面发挥着重要的作用。同时，cDNA 文库结合高通量测序技术对于已经测序完成的物种同样是非常重要的方法，可以发现新基因，不断完善基因组的信息。盐生植物耐盐机理是一个复杂的各种因子协作的问题。通过从 cDNA 文库中随机挑选克隆进行测试所获得的 EST 构建 EST 文库，对耐盐相关基因的克隆、筛选是可行有效的。棉花 cDNA 文库构建的主要研究方向就是棉花非生物胁迫和抗病相关基因的挖掘，其优势在于能够比较快速地富集差异表达基因。其中 SSH 文库在棉花中应用较多，其优势在于能够比较快速地富集差异表达基因。Zhang 等（2010）构建了棉花盐胁迫根系 SSH 文库，得到了 468 个 unigenes，研究结果表明激酶、转录因子可能在棉花盐胁迫早期应答中发挥作用，在 CDPK、SOS、MAPK 三条路径中，Ca^{2+} 介导的信号转导途径可能发挥比较重要的作用。叶武威等（2009）构建了陆地棉盐胁迫抑制差减文库，该研究认为 MAPK 信号转导路径是棉花盐胁迫信号转导的主要路径，此外，王德龙等（2010）用 SSH 文库发掘抗旱相关基因。

单个标记的分析揭示出对应基因的差别表达，但这种"digital Northern"方法仅检测高丰度和有重要意义的正调节作用和负调节作用基因，而不能胜任对大量的植物基因进行全面、系统的分析，于是基因表达的系统分析（Serial Analysis of Geneexpression，SAGE）、DNA 微阵列（cDNAmicroarray）和 DNA 芯片（DNA chip）等能够大规模地进行基因差异表达分析的技术应运而生。

基因表达的系统分析技术的主要理论依据是：来自 cDNA 特定位置的一段 9~11 饰长的序列能够区分基因组中 95% 的基因。这一段基因特异的序列被称为 SAGE 标签（SAGE tag）。通过 cDNA 制备 SAGE 标签，并将这些标签串联起来，然后对上述串联起来的 SAGE 标签进行测序，不仅可以显示各 SAGE 标签所代表的基因在特定组织中是否表达，还可以根据各 SAGE 标签所出现的频率作为其所代表基因表达丰度的指标。应用 SAGE 技术的一个必要前提是 GeneBank 中必须有足够的某一物种的 DNA 序列资料，尤其是 EST 序列资料。SAGE 可以准确地检测出单个转录物，并且通过单克隆序列多标记还可以提高 EST 数据库的效率。

　　DNA 芯片（DNA chip）和 cDNA 微阵列（cDNA microarray）：DNA 芯片和 cDNA 微阵列都是基于 reverse Northern 杂交以检测基因表达差异的技术，其中 cDNA 微阵列为研究基因综合表达概况提供了高通量的方法。高通量基因系列表达检测，使用基于 DNA 芯片或微阵列的方法，用于植物包括两个不同发育阶段及在逆境条件和野生条件的根、茎和花的组织中检测基因的表达模式。基因表达的 DNA 芯片和 cDNA 微阵列分析已被大量用于检测水稻和拟南芥的耐盐表达基因与盐胁迫的关系。应用转录组和表达谱在棉花中发掘抗逆基因的研究有很多报道。丁明全等（2015）利用转录组分析了 WRKR 基因在逆境胁迫下的表达模式（Ding, 2015）。Feng Zhang 等（2016）利用 RNA 测序技术分析棉花的耐盐机制。鲍曼（Bowman）等（2013）对棉花水分胁迫根组织进行转录组测序分析，并根据差异表达基因的序列定位检测了 A2 基因组特异性基因的表达。坎贝尔（Campbell BT）等（2014）利用 RNA 测序构建了棉花花期水分胁迫的表达谱，并将转录本定位在了 AT 和 DT 基因组。此外阴祖军等（2013）构建了棉花耐盐品系的转录组文库，获得 74631 条 unigene。王俊娟等（2016）通过对陆地棉转录组文库测序分析，得到了一个耐冷基因——CIPK。孔静静等（2016）利用基因枪介导的瞬时表达研究了 *SjCA* 基因在陆地棉叶片组织中的表达情况和基因亚细胞定位情况，穆敏等（2016）利用基因枪介导的瞬时表达研究了酵母 *HAL*1 基因在棉花叶片组织中的瞬时表达情况，结果显示 *HAL*1 基因在棉花叶片细胞膜上优势表达（图4－9）。

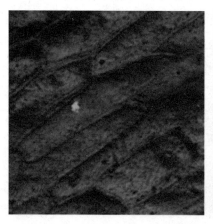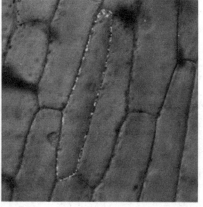

图 4－9　基因的亚细胞定位分析（穆敏，2016）

　　表4-1列举了近几年克隆的抗逆相关的基因，并对这些基因的相关功能进行了研究，为抗逆新品种培育提供了丰富的基因资源，为下一步棉花抗逆分子育种奠定了坚实的理论基础。

表4-1　部分棉花抗逆基因与其功能

基因名称	抗逆性	单位	基因中文名称	年份
GhTrx	耐旱	中国农业科学院棉花研究所	硫氧还蛋白基因	2011
GhPTAC	耐旱	中国农业科学院棉花研究所	质体转录活性因子基因	2011
GhCYP1	耐旱	石河子大学	亲环素基因	2012
GhGR	耐旱	中国农业科学院棉花研究所	谷胱甘肽还原酶基因	2012
GhWD40	耐旱	华中农业大学	WD40 类蛋白	2013
GhRAX3	耐旱	江苏徐淮地区徐州农业科学研究所	MYB 转录因子	2015
GhPNP1	耐旱	安徽农业大学	钠尿肽基因	2015
GhAPX2	抗旱	新疆农业大学	抗坏血酸过氧化物酶（APX）	2016
GhACBP3	抗旱、耐盐	南京农业大学	酰基辅酶 A 结合蛋白（ACBP）	2013
GhSRO04	抗旱、耐盐	石河子大学	SRO 转录因子	2015
GhSRO08	抗旱、耐盐	石河子大学	SRO 转录因子	2015
GhACBP6	抗旱、耐盐	南京农业大学	酰基辅酶 A 结合蛋白（ACBP）	2016
GhCBF2	抗旱、耐盐	喀什大学	CBF/DREB 类转录因子	2016
GhNHX1	耐盐	山东农业大学	液泡型 Na^+/H^+ 逆向运转体（NHX1）	2007
GhSOS2	耐盐	浙江省农业科学院	盐超敏感基因	2010
GhSOS1	耐盐	中国农业科学院棉花研究所	盐超敏感基因	2016

基因名称	抗逆性	克隆单位	基因中文名称	克隆年份
GhVP	耐盐	中国农业科学院棉花研究所	液泡膜质子转运无机焦磷酸酶	2010
GhSAMS	耐盐	中国农业科学院棉花研究所	S-腺苷甲硫氨酸合成酶基因	2011
GhGnT	耐盐	中国农业科学院棉花研究所	N-乙酰氨基葡萄糖转移酶基因	2011
GhPRP5	耐盐	华中师范大学	富含脯氨酸的蛋白（proline-rich proteins，PRPs）	2012
GhLIMa	耐盐	河北省农林科学院棉花研究所	LIM 结构蛋白	2014
GhSR13	耐盐	河南大学	DDETnp16 家族	2016
GhNAC6	耐盐	河南大学	NAC（NAM-ATAF-CUC）家族	2017
GhSAMDC	抗冷	石河子大学	S-腺苷甲硫氨酸脱羧酶	2013
GhAGP31	抗冷	华中师范大学	编码非典型阿拉伯半乳聚糖蛋白的基因	2013
GhDHN1	抗冷	中国农业科学院棉花研究所	脱水素基因	2016
GhCKI	耐高温	华中农业大学	丝氨酸/苏氨酸蛋白激酶	2013
GhHsf	耐高温	新疆农业大学	热激转录因子	2014
GhSPS1	耐低温、高温	陕西师范大学	蔗糖磷酸合成酶基因	2012

陆许可等（2019）采用中棉所 12、其亲本及其后代品种为材料，在基因组水平上揭示了中棉所 12 优良性状基因在家系后代品种中"Haplotype Block（单元型模块）"的遗传分子机理（图 4 - 10），为棉花抗逆品种的分子育种和遗传

机理的深入解析提供了关键途径。利用中棉所 12、亲本及其后代品种，结合当前种植的 12 个骨干品种（具有不同抗旱、耐盐、抗病等特性）进行组型分类、重测序，共鉴定出 23752 个可遗传的"Haplotype Block"（单元型模块），其中 1029 个"Haplotype Block"在遗传过程中可以发生重组，不同的"单元型模块"包含了不同的与抗旱、耐盐、黄萎病和产量等关联的 SNP 和基因。通过对其中 SNP 和基因进行功能验证，发现了每个品种的奥秘所在，正是因为这些"Haplotype Block"的遗传、重组和分离凝聚了高产优质、抗逆、广适性不同的棉花品种。

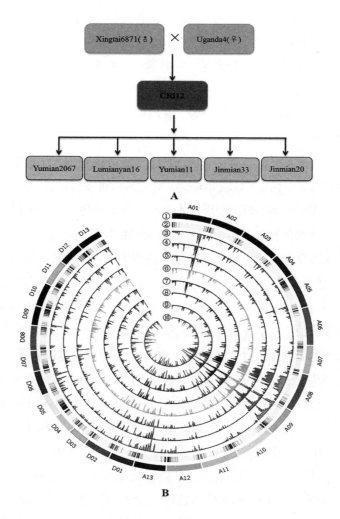

图 4 - 10　中棉所 12 的遗传密码解析（Lu et al., 2019）

三、棉花抗逆基因功能验证

随着棉花基因组计划和棉花功能基因组计划的推进，后基因组时代对基因的功能研究成为重中之重，而抗逆基因的功能验证又是棉花功能基因组的重要任务之一。先后有瞬时表达、RNA 干扰法（RNAi）、基因敲除法（Knock‐out of gene）、酵母双杂交法和转基因鉴定法等用于棉花抗逆基因的验证。

（一）利用瞬时表达技术研究抗逆基因功能

当外源基因导入植物细胞中以后，其表达方式有瞬时表达（Transient expression）和稳定表达（Stable expression）两种。在瞬时表达状态的基因转移中，引入细胞的外源 DNA 和宿主细胞染色体 DNA 并不发生整合。这些 DNA 一般随载体进入细胞后 12h 内就可以表达，并持续约 80h 左右。在稳定表达状态的基因转移中，导入宿主细胞的 DNA 整合到细胞染色体 DNA 上，以永久形式存在，并可传给后代，形成稳定的转化细胞。基因的导入方法可分为间接转基因方法和直接转基因方法。

植物瞬时表达系统在启动子分析、基因功能分析和生产重组蛋白方面用途广泛，并且具有如下优点：①简单快速，转化基因可在转化的一周内进行分析，避免了组织培养等繁杂过程；②表达水平高，当单链的 T‐DNA 进入植物细胞后，许多未整合到植物基因组中的游离外源基因同样可以表达；③安全有效，不受植物生长发育过程的影响，不产生可遗传的后代，结果可靠直观，不存在基因漂移的风险。常用基因枪转化和农杆菌真空渗透法瞬时表达技术是在相对短的时间内将目标基因转入靶细胞，在细胞内建立暂时高效的表达系统，获得该目标基因短暂的高水平表达的技术。与稳定表达相比，瞬时表达所需时间短，不需要将外源基因整合到宿主植物染色体中，比较适用于基因或蛋白互作研究。

王蕾选择棉花子叶作为实验材料，利用 GUS 表达载体及农杆菌注射的方法建立了棉花子叶瞬时表达系统，通过农杆菌介导的方法将含 *gus* 基因的表达载体注射到子叶中，检测 GUS 表达。以 *eGFP* 为报告基因，利用棉花子叶瞬时表达系统对 D‐7 启动子活性进行分析，结果显示 D‐7 启动子是一个弱的胁迫诱导型启动子，受干旱、盐、ABA、高温、低温处理 6~9h 时，有绿色荧光表达，与 D‐7‐eGFP 转化拟南芥的实验结果有一致性。表明棉花子叶瞬时表达系统可用于棉花来源的启动子活性研究，强启动子的效果更宜于观察检测。利用棉花子叶瞬时表达系统及激光共聚焦显微镜观察 *Ghppr*1 和 *GhpprH*2 的亚细胞定位。

结果显示：子叶注射了含 GhpprH2 - eGFP 载体的农杆菌 LBA4404，共培养 3 天后，在叶绿体中可观察到显著的绿色荧光，表明 *GhpprH2* 定位于叶绿体。

（二）利用 RNAi 技术研究抗逆基因功能

RNAi（RNA interference）是指双链 RNA 引起的同源基因 mRNA 序列发生特异性降解，最终导致内源靶基因沉默的机制。VIGS 是普遍存在于植物体内的一种自然遗传免疫机制，是一种转录后沉默的现象，作用主要是维持生物细胞内部稳定，识别并抑制外源基因的表达，抵御外来病毒、转座子的核酸侵入。

利用 RNA 病毒 TRV 介导的 VIGS 技术研究棉花基因功能是一种常用的方法（Gao，2011；Thomas，2001；Baulcombe D C，1999）。TRV 介导的 VIES 体系也有两个病毒载体，农杆菌介导转化。在 TRV 体系中沉默 *CLAD*（Cloroplastos alterados 1 gene），其沉默表型可维持较长时间，目前没有报道显示沉默效果是否会随时间逐渐衰退。Qu 等（2012）的研究表明 TRV 介导的 VIGS 体系较 CLCrV 介导的 VIGS 体系更为优化。王帅等（2012）利用陆地棉材料中 9807 克隆了 *GhVP*1 基因，并结合 RNAi 技术和 VIGS 技术，成功构建干扰载体和 VIGS 载体，对 *GhVP*1 基因的功能展开分析：1. 比较系统地分析了陆地棉 AD 基因组 *VP* 基因家族。以 *GhVP* 基因（Gene Bank No：ADN96173.1）为参考序列，参考棉花四倍体（AD 组）基因组信息，筛选鉴定获得 13 个 *VP* 基因家族成员（*GhVP*1 - *GhVP*13）。分析表明，长期进化过程中，不同物种间基因结构有一定的变化，但相同物种间仍保留大部分结构和功能的相似性，*VP* 基因的外显子数量都在 6 个以上，且 *VP* 基因成员都具有几个相同结构域。2. *GhVP*1 基因 RNAi 载体转化拟南芥。选择长度为 347 bp 片段作为干涉载体正义、反义序列。成功构建 pBI121 - PH：：VP1 干涉载体。转化拟南芥并获得 9 株转基因苗，对获得的 T_3 代转基因拟南芥进行耐盐性分析，结果显示：盐胁迫下，转干涉载体拟南芥的发芽率降低，根长变短，整个生育期的生长受到抑制。研究表明 *VP* 基因对拟南芥整个生育期的耐盐性都有重要作用。3. *GhVP*1 基因 VIGS 载体侵染棉花。获得 *GhVP*1 长度为 320bp 的目的片段，构建陆地棉 TRV - VIGS 体系。以陆地棉耐盐材料中 9807 为对象，研究发现基因沉默后棉花的耐盐性显著降低，定量分析表明盐胁迫对 *GhVP*1 的表达有促进作用。4. 转 *GhVP*1 基因棉花的检测。对基因枪活体转化技术获得的转基因 T_1 植株进行 PCR 检测，阴性对照为空白，转基因植株和质粒均扩出条带，并将检测得到阳性植株进行自交，已收取 T_2 代种子。本研究通过对陆地棉 AD 基因组 VP 家族展开鉴定分析，获得了 13 个家族成员，并对 *Gh-*

VP1 功能进行分析，构建了 *GhVP1* 基因的 RNAi 载体转化拟南芥，同时构建 *Gh-VP1* 基因的 VIGS 载体侵染棉花。研究结果均表明 *GhVP1* 基因与植物的耐盐性相关，为进一步探索 *VP* 基因耐盐机制奠定了基础。此外，李芳军（2014）利用 VIGS 和转录组测序技术，鉴定出了两个参与干旱胁迫的基因 *GhOST1* 和 *Gh-WRKY30*。常丽等（2016）基于前期 SSH 文库中分离到一个 expansin – like 基因 *GhEXLB2*，对其在棉花中的抗旱功能进行初步鉴定和机制探索，在已获得 *GhEX-LB2* 超量表达和 RNAi 干涉表达材料的基础上，以 GhEXLB2 蛋白为诱饵通过酵母双杂交筛选棉花非生物逆境文库，共筛选到 19 个与 GhEXLB2 蛋白互作的蛋白。

　　周彬（2017）通过分析棉花逆境处理均一化文库，从中分离到一个 b ZIP 家族基因 *GhABF1*，对其在棉花中的抗逆功能进行初步鉴定和机制探索，进而对海岛棉不同逆境处理均一化文库进行分析。通过对本课题组海岛棉 Hai – 7124 不同逆境处理（高温、低温、高盐、低钾、低磷和黄萎病）均一化文库进行文库随机测序，得到 6047 条高质量的 EST 序列，经过聚类拼接，组装成 3135 条单一序列，其中包括 638 个 contigs 序列和 2497 条 singletons 序列。同源比对结果显示，2746 条特异基因与目前已知的基因表现出高度的同源性，74 条特异 EST 与预测的蛋白高度同源，而有 315 条特异 EST 特征不明显。功能分类揭示了这些特异 EST 在分子结合、催化活性和结构分子活性三方面丰度极高。与植物转录因子数据库（Plant TFDB）和植物逆境蛋白数据库（PSPDB）比对发现，在这个文库中有相当多的转录因子（如 MYB – related、C2H2、FAR1、bHLH、bZIP、MADS 和 mTERF）和逆境相关基因，我们对其中部分转录因子和逆境相关基因进行了 RT – PCR 实验再验证，有利于筛选出与抗逆相关的候选基因用于分子育种。基于上述的 cDNA 文库，我们筛选到一个 b ZIP 家族基因 *GhABF1* 受干旱诱导上调表达。序列同源比对分析发现 *GhABF1* 与 *GrABI5* 最同源，并且具有 bZIP 转录因子典型的碱性亮氨酸拉链结构域；启动子顺式作用元件预测发现 *GhABF1* 上游启动子含有较多的脱落酸、茉莉酸、乙烯、赤霉素响应元件，厌氧、热胁迫等逆境防御响应元件和细胞循环、胚乳表达响应元件；逆境诱导表达分析表明 *GhABF1* 受 ABA、PEG 和 NaCl 等逆境因子诱导上调表达，表明其可能参与棉花抗非生物逆境过程。我们利用病毒诱导基因沉默（VIGS）技术抑制 *GhABF1* 在陆地棉品系 Jin668 中的表达。通过离体叶片失水率和叶盘法观察其在盐胁迫下的表型发现，沉默 *GhABF1* 基因后植株的耐旱性和耐盐性增强；同时我们以

GhABF1 蛋白为诱饵通过酵母双杂交筛选棉花非生物逆境文库，共筛选到 12 个与 GhABF1 蛋白互作的蛋白，点对点验证发现其中 G 蛋白偶联受体 GhGCR2（Gh_D01G0507）能与 GhABF1 蛋白互作激活报告基因表达，具体的调控机制有待进一步研究。

胡美玲（2016）基于前期棉花干旱胁迫表达谱分离到一个显著诱导表达的 NAC 基因 GhNAC3，对其在棉花中参与响应干旱和盐胁迫的功能进行初步鉴定和机制探索，主要结果如下：我们在棉花中鉴定到 232 个 NAC 家族转录因子，并基于公共数据库表达谱数据对其组织表达模式和逆境诱导表达模式进行了分析。同时从陆地棉中克隆到 GhNAC3 基因，氨基酸序列多重比对结果显示该基因具有保守的 NAC 结构域；亚细胞定位实验表明 GhNAC3 编码一个核定位蛋白；酵母反式激活实验揭示 GhNAC3 BD 结构域（1–160aa）不具有转录激活能力，AD 结构域（161–298aa）具有转录激活能力。组织表达模式分析发现 GhNAC3 在根和花中优势表达；非生物逆境表达模式分析表明，GhNAC3 受 PEG 和 NaCl 诱导显著上调表达。另外，对 GhNAC3 启动子的 cis–element 分析发现，该基因的启动子区域具有响应干旱、盐和 ABA 的一些顺式作用元件，如 ERD1（early responsive to dehydration）、DRE/CRT（dehydration–responsive element/C–repeat）等。在拟南芥中超表达 GhNAC3，萌发实验及根长实验表明超表达该基因可以增强转基因拟南芥对渗透压胁迫和盐胁迫的耐受性，对 ABA 的敏感性降低。利用病毒诱导基因沉默技术（VIGS）沉默 GhNAC3 的表达，ABA 含量在干涉材料中显著降低；干旱处理后，在干涉材料中积累较多的过氧化氢（H_2O_2）和丙二醛（MDA）；离体叶片失水处理、自然干旱和叶盘实验表明在棉花中沉默该基因可以降低棉花对干旱和盐胁迫的耐受性。通过农杆菌侵染棉花下胚轴转化技术，我们获得了稳定转化的超表达材料，与阴性分离材料和野生型一起进行 PEG6000 模拟的渗透胁迫实验，结果表明，超表达材料较对照材料表现出更好的生长势。以上结果表明，GhNAC3 是一个参与调控棉花响应非生物逆境的基因，我们推测该基因可能通过介导 ABA 信号参与棉花响应干旱和盐胁迫。

梅丽琴（2016）通过病毒介导的基因沉默（Virus induced gene silencing，VIGS）技术对棉花进行侵染，得到基因沉默的棉花植株后，通过盐胁迫处理来进行幼苗生长期的生理生化实验。该研究从陆地棉品种"中棉所79"中克隆到目的基因。1. 序列分析显示 GhSPO11–3 基因与可可和拟南芥氨基酸序列同源性较高。进化树分析也显示出棉花 GhSPO11–3 蛋白与可可和拟南芥同源蛋白的进化距离很近。2. 实时荧光定量 PCR 分析发现 *GhSPO*11 – 3 基因在各个组织中均有表达，在植物叶片中表达量最高，属于组成型表达的基因。通过洋葱表皮的瞬时表达进行亚细胞定位分析，结果显示 *GhSPO*11 – 3 主要定位于细胞核中。与对照组相比，基因沉默的棉花植株在表型上出现生长迟滞的现象。通过流式细胞仪分析细胞倍性，结果显示，*GhSPO*11 – 3 基因沉默的实验组细胞的核内复制水平比对照组低，在荧光显微镜下观察到基因沉默的细胞核比对照组的小。基因沉默的植株萎蔫严重而对 TRV：GFP 对照组植株影响较小。在氯化钠盐处理下，对棉花植株的生理指标进行测定，结果显示，*GhSPO*11 – 3 的沉默导致棉花植株在生理变化中更敏感，在盐胁迫后基因沉默的棉花植株总叶绿素含量和脯氨酸含量与对照组相比要低，而丙二醛（MDA）含量相对较高。荧光定量PCR 检测耐盐相关基因的表达量发现，在盐胁迫两周后，*NCED3*、*P5CS*、*RD29A* 和 *DREB1A* 基因表达水平显著低于对照植株。这些结果表明 *GhSPO*11 – 3 基因沉默的植株表现出更敏盐的现象。

杨勇等（2017）从陆地棉 TM – 1 中克隆到 1 个 NAC 转录因子基因并研究了其功能。根据其序列同源性和进化分析结果，将该基因命名为 *GhNAC6*，并对 *GhNAC6* 进行了生物信息学和表达分析，并利用病毒诱导基因沉默技术在棉花中沉默 *GhNAC6* 的表达。转录组数据分析结果表明，*GhNAC6* 在棉花发育的不同时期具有时空表达差异性；实时荧光定量核酸扩增检测结果显示 GhNAC6 还受到植物激素水杨酸、乙烯利、茉莉酸甲酯和逆境胁迫低温、高温、高盐、伤口的诱导。干涉 *GhNAC6* 基因发现，降低 *GhNAC6* 基因的表达能增强棉花对盐胁迫的耐受性。研究结果表明 *GhNAC6* 可能参与了棉花发育、逆境响应和激素信号传导的过程。

秦朋飞（2016）基于陆地棉（*Gossypium hirsutum*）遗传标准系 TM – 1 基因组序列信息，鉴定并获得 21 个棉花 ACBP 家族基因成员的全序列和染色体定位等信息。转录组分析表明，该家族基因在不同组织、不同发育时期表达差异较大。不同逆境诱导分析表明，*GhACBP1*、*GhACBP3* 和 *GhACBP6* 显著受盐、旱、低温、高温逆境胁迫诱导，而 *GhACBP4* 和 *GhACBP5* 对逆境胁迫响应不强烈。进一步分析表明，*GhACBP3* 和 *GhACBP6* 的表达受过氧化氢（H_2O_2）、水杨酸（SA）、茉莉酸（JA）、脱落酸（ABA）和乙烯（ET）的诱导。病毒诱导的基因沉默（VIGS）试验表明，沉默 *GhACBP3* 和 *GhACBP6* 亚类基因会降低棉花植株对干旱和盐的耐性。目标基因沉默后发现 *GhACBP3* 和 *GhACBP6* 在棉花抗旱、耐盐中发挥作用。

（三）通过植物体过表达研究基因功能

植物转基因技术（Plant transgenetic technology）是指把从动植物或微生物中分离克隆到的目的基因，通过各种手段转移到植物基因组中，使目的基因在宿主植物体内稳定遗传并赋予植物新的性状，如抗虫、抗病、抗逆、高产、优质等。

1. 农杆菌介导法

农杆菌介导法主要是利用根瘤农杆菌（Agrobacterium tumefaciens）的 Ti（Turnerinduce）质粒或发根农杆菌（Agrobaterium rhizogenis）的 Ri（Root induce）质粒将特定的基因片段插入寄主细胞的基因组中。Cheng 等（1997）首次利用农杆菌介导法，以刚剥离的幼胚、预培养的幼胚以及幼胚愈伤组织为受体，获得转基因小麦植株；He 等（2011）利用农杆菌介导法，成功将胆碱脱氢酶基因 betA 转化小麦，转基因小麦体内甜菜碱的含量大大提高，进而提高小麦的抗旱性。

2. 病毒介导法

外源基因插入病毒基因组中，用载体病毒对植物细胞进行感染，使病毒核酸在宿主细胞中复制并表达，进而将外源基因导入植物细胞（高俊山等，2003），是近年来新出现的植物转化法——病毒介导法。迄今为止研究最深入的烟草花叶病毒 TMV（TobaccoMosaic Virus）是一种单链的 RNA 病毒，它以 RNA 为模板反转录合成双链 cDNA，将外源基因插入病毒的 cDNA 中，通过体外转化，带有外源基因的病毒 DNA 感染宿主细胞，借此将外源基因导入宿主植物细胞中。道森（Dawson）等（1989）借助烟草花叶病毒（TMV）系统表达 CAT 基因，发现该病毒的表达效率非常高。

3. PEG 介导的原生质体转化法

利用 PEG 能促进细胞间或外源 DNA 与膜之间的接触和黏连，通过改变细胞膜表面的电荷改变其通透性，借助原生质体的内吸作用，外源基因进入原生质体并整合到染色体上，通过原生质体再生形成完整植株。PEG 法操作简单，对实验设备要求较低，对原生质体伤害小，并且一次可以转化较多原生质体，外源基因的整合率高，重复性好（郑祥正，2012）。目前，该方法已在多种禾谷类作物及部分双子叶植物中应用并成功获得转基因植株（薛红卫和卫志明，1997）。

4. 基因枪法

1987 年，美国康奈尔大学（Cornell University）的桑福德（Sanford）等首次

提出基因枪法，克莱因（Klein）等（2006）最早利用基因枪法成功转化洋葱表皮细胞。基因枪法是借助火药或高压气体装置将包裹着钨粉或金粉微粒的外源DNA加速穿透植物的细胞壁和细胞膜进入细胞内，并整合到植物基因组中进行遗传表达。基因枪可分为三种类型，分别是：火药式基因枪、压缩气体型基因枪和高压放电型基因枪。基因枪转化法无宿主限制，靶受体类型广泛，包括原生质体、悬浮细胞、叶圆盘及种子分生组织、愈伤组织等（Sonriza et al.，2001），且该方法可控性高、操作简便、转化时间短。

5. 花粉管通道法

花粉管通道法由彭迪（Pendey）等（1983）提出，其实验操作简单，节省大量的时间和金钱，且有效地利用了自然生殖过程，避免了植物受体选择上的困难；但该方法也受花期时间等的限制（陈彦，2010）。花粉管通道法可分为两个不同阶段进行遗传转化：（1）花粉未受精阶段，将外源基因转化花粉并整合到精子核基因组中通过受精作用得到转基因植株；（2）植物完成双受精的一段时间内，受精卵细胞的细胞壁和核膜系统不完整，外源基因通过花粉管通道进入受精卵，转化进入合子或早期胚胎细胞，然后依靠生物自身的种质系统或细胞结构实现外源基因的转化。

（四）通过酵母双杂交研究基因功能

酵母双杂交系统（Yeast two – hybrid system）的建立是基于对真核生物调控转录起始过程的认识。细胞起始基因转录需要有反式转录激活因子的参与。反式转录激活因子，例如，酵母转录因子 *GAL4* 在结构上是组件式的（modular），往往由两个或两个以上结构上可以分开、功能上相互独立的结构域（domain）构成，其中有 DNA 结合功能域（DNA binding domain，DNA – BD）和转录激活结构域（activation domain，DNA – AD）。这两个结合域将它们分开时仍分别具有功能，但不能激活转录，只有当被分开的两者通过适当的途径在空间上较为接近时，才能重新呈现完整的 *GAL4* 转录因子活性，并可激活上游激活序列（upstream activating sequence，UAS）的下游启动子，使启动子下游基因得到转录。

陈云（2016）从棉花中分离鉴定了一个 PP2C 家族基因，命名为 *GhDRPP*1（CotAD18479）。表达分析结果显示，*GhDRPP*1 在棉花各组织中均有表达，并且该基因在棉花叶片和根中的表达受 ABA、甘露醇、NaC1 的强烈诱导；在干旱处理时期，*GhDRPP*1 在晋棉 13 和鲁棉 6 号的棉花叶片中都显著上调表达。干旱处理 3 d 和 5 d 时, 晋棉 13 中 *GhDRPP*1 基因的表达量要高于鲁棉 6 号, 这表明 *GhDRPP*1 是一个受干旱胁迫诱导的基因, 可能参与棉花干旱胁迫的应答过程。其构建了 *GhDRPP* 过量表达载体和基因沉默 (RNA 干扰) 相关载体, 分别转化棉花, 收获 T$_1$ 和 T$_2$ 代种子后, 分别对 T1 和 T2 代转基因棉花表型进行了分析, 结果显示 *GhDRPP*1 的过量表达棉花植株相对于野生型干旱敏感, 而 GhDRPP1RNAi 棉花植株相对于野生型更加耐旱。生理指标的测定结果显示, 在干旱处理条件下 *GhDRPP*1 的过量表达棉花植株中的 MDA 和 H$_2$O$_2$ 的含量都高于野生型, 而 GhDRPP1RNAi 棉花植株中的 MDA 和 H$_2$O$_2$ 的含量都低于野生型, 说明 *GhDRPP*1 的过量表达植株受到干旱胁迫的影响更加严重; 相反, 植物体内的清除 ROS 相关的保护性酶的含量 (如 SOD、POD 等) 在 GhLDRPP1RNAi 植株中高于野生型, 而在 *GhDRPP*1 过量表达植株中低于野生型, 脯氨酸含量的测定也得到类似结果, 这说明 GhDRPP1RNAi 植株耐旱能力的提高可能是由于增强了这些 ROS 清除酶含量和脯氨酸含量的原因; 另外, 胁迫应答相关基因 (如 *GXH – PX*8、*GST*8、*RD*22、*KIN*10 等) 的表达在 GhDRPP1RNAi 植株中高于野生型, 而在 *GhDRPP*1 过量表达植株中低于野生型, 这些结果说明, GhDRPP1RNAi 植株可能通过增强胁迫相关基因的表达来抵御干旱胁迫。通过构建干旱胁迫下棉花叶片的酵母双杂交 cDNA 文库, 以 *GhDRPP*1 为诱饵蛋白筛选互作蛋白。发现在所筛选出的 23 个候选蛋白中, 有两个感兴趣的 *GhDRPP*1 的互作蛋白, 它们与 *GhDRPP*1 在棉花抗旱中的功能有待进一步深入研究。此外, 酵母双杂交实验结果显示, GhDRPP1 与 GhPYL 蛋白相互作用具有选择性。

秦丽霞 (2012) 从棉花中分离鉴定了一个参与 ACP 糖链合成的 β – 1, 3 – 半乳糖基转移酶基因, 命名为 *GhGalT*1, 本书对该基因编码蛋白的糖基转移酶活性及其在棉纤维发育中的功能及调控进行了较为系统的研究。此外, 本书还探讨了棉花 *GhDi*19 – 1/ – 2 在盐胁迫应答中的作用机制。获得的主要结果如下:
1. GhGalT1 是一个 β – 1, 3 – 半乳糖基转移酶, 可能以同源二聚体或异源二聚体的形式发挥功能。为了研究 GhGalT1 的生化功能, *GhGalT*1 的开放阅读框 (ORF) 全长及 C – 端连 VENUS 标签形成融合蛋白表达载体, 瞬时转化烟草叶片细胞。提取叶片微粒体蛋白, 进行酶活性分析。通过反向高效液相色谱及质谱技术对酶催化反应产物进行分析, 结果表明, GhGalT1 具有 β – 1, 3 – 半乳糖基转移酶活性, 能够催化 AG 糖链中 β – 1, 3 – 半乳聚糖主链的合成。酵母双杂交及双分子荧光互补实验分析显示 GhGalT1 不仅能与自身相互作用, 而且 Gh-

GalT1 与 GhGa1T2 可以相互作用，但是与 GhGalT3、GhGalT4 不能相互作用，表明 GhGalT1 以同源二聚体或异源二聚体形式在棉花纤维 AGPs 的多糖侧链合成中行使生物学功能。2. *GhGalT*1 在纤维起始和伸长过程中起负调控作用，*GhGfalT*1 基因在纤维不同发育阶段均有表达，在早期纤维发育阶段（0～3 DPA），表达量由弱变强。随着纤维进一步发育，表达量逐渐增加，在 6 天和 18 天纤维中表达量最高。为了研究 *GhGalT*1 在棉花纤维发育中的功能，构建了 *GhGalT*1 过量表达载体和 *RNAi* 载体，通过农杆菌介导法转化棉花，获得大量转基因棉花植株。与野生型相比，*GhGalT*1 过量表达株系棉铃变小，纤维变短，而 RNAi 株系棉铃变大，纤维变长。纤维品质测定分析表明，RNAi 转基因株系的棉纤维显著长于野生型，过量表达株系棉纤维显著短于野生型。

第四节　基因工程在棉花改良中的利用

基因工程（Genetic Engineering）又称 DNA 重组技术，是在分子水平上用人为的方法将所需要的某一供体生物的遗传物质——DNA 大分子提取出来，在离体条件下用适当的工具酶进行切割后，把它与作为载体的 DNA 分子连接起来，然后与载体一起导入受体细胞内，使这个基因能在受体细胞内复制、转录、翻译表达出新产物或新性状的操作，这一技术又被称为转基因技术。转基因技术已被广泛应用于医药、工业、农业、环保、能源、新材料等领域。

通过将外源基因转入植物改变植物的某些遗传特性，培育优质新品种，或生产外源基因的表达产物的技术称为植物转基因技术。1987 年，科学家通过农杆菌介导的遗传转化法将外源报告基因转入棉花基因组获得了世界上第一株转基因棉花（Firoozabady E et al.，1987；Umbeck et al.，1987）。但是其后几年内转基因棉花的发展并没有想象中的那么迅速，原因是棉花体细胞再生为植株非常困难，这就严重限制了转基因棉花植株的获得。众所周知，最为成功的植物转基因方法是农杆菌介导的遗传转化法，这个方法需要关键的两步：（1）将外源基因转入并整合到植物基因组中；（2）由单个转化细胞获得完整的转基因植株。虽然任何植物细胞都包含一套完整的遗传信息和发育成完整植物的潜力，但是组织培养技术并没有发展到将任何植物细胞诱导发育成完整植株的能力。因此，植株再生成为制约转基因棉花发展的瓶颈。由此，众多科学家投身研究影响体细胞再生和植株再生各种因素的研究中（Aydin Y et al.，2006；Zhang B et al.，2009；Zhang J et al.，2008；Zapata C et al.，1999）。由于棉花组织培养和植株再生技术的改进，以及棉花新转化技术的发展，转基因棉花在过去40年取得了长足的进步。从基础研究到农业应用，转基因技术已被广泛应用于棉花。转基因棉花是世界上首批商业化的转基因作物之一，而且目前被广泛种植于世界各地。

自从利用农杆菌介导的遗传转化法获得转基因棉花植株以来，许多转化方法被发明出来并被应用于将外源基因转入棉花基因组。在这些转化方法中，应用最为广泛的棉花转基因方法有三种：农杆菌介导的遗传转化法、基因枪介导的遗传转化法和花粉管通道介导的遗传转化法。目前，基本上所有的转基因棉花都是通过这三种转基因方法获得的。

一、农杆菌介导棉花的遗传转化法

农杆菌介导的遗传转化技术是目前应用最广泛、最成功的转化技术，特别是在双子叶植物中。农杆菌是一种可应用于基因转化的自然工具，它含有一种质粒，称为肿瘤诱导质粒（Ti质粒）。农杆菌利用一种复杂的机制将转移DNA（T - DNA）转移插入植物基因组中。T - DNA的一个特点是，我们可以通过DNA重组技术将任意外源基因连入T - DNA（Gelvin SB，2003）。通过T - DNA，外源基因被转移并整合到植物基因组中。

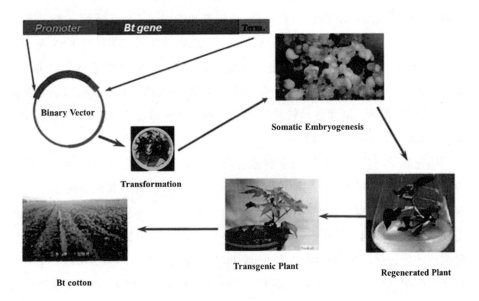

图4 -11　农杆菌介导的棉花遗传转化（Zhang B，2013）

农杆菌介导的棉花遗传转化是一个包含多种复杂步骤的过程，其中涉及植物组织培养。农杆菌介导的遗传转化是从农杆菌与受损棉花的外植体（如子叶、下胚轴）共培养开始的，然后通过筛选转基因细胞和体细胞胚胎获得转基因棉花植株（图4-11）。农杆菌介导的遗传转化是获得转基因棉花的主要方法。世界上首棵转基因棉花就是通过农杆菌介导的遗传转化法获得的（Firoozabady E et al.，1987；Umbeck et al.，1987）。此后，许多研究小组建立了农杆菌介导的棉花遗传转化方法（Asad S et al.，2008；Kim HJ et al.，2009；Liu JF et al.，2009；Wu JH et al.，2004）。

影响棉花农杆菌介导的遗传转化成功率的因素很多。目前，科学家已成功利用多种农杆菌菌株获得转基因棉花。其中最常用的菌株是LBA 4404和EHA 105。尽管每种菌株都能起作用，但研究表明，LBA4404明显优于EHA 105（Sunilkumar G，Rathore KS，2001）或C58C3（Jin SX et al.，2005）。采用模式棉种Coker 312进行转基因实验效率比较，发现菌株LBA4404的转化效率比EHA 105高2倍以上。尽管在21~28℃间的任何温度下共培养都可以，而且转基因棉花也是在这些温度下获得的，但是研究发现共培养时的温度低温优于高温（Sunilkumar G，Rathore KS，2001）。

不同外植体也会影响转化率。目前常用的外植体有子叶和下胚轴。在农杆菌与外植体的共培养培养基中或农杆菌的培养基中加入乙酰丁香酮（AS）可以促进农杆菌介导的棉花转化（Sunilkumar G，Rathore KS，2001；Jin SX et al.，2005；Wu SJ et al.，2008）。AS是一种酚类的天然产物，特别是与受到伤害和其他的生理变化有很大的相关性。研究表明，AS作为信号分子，可以诱导农杆菌vir基因的表达，进而启动转化过程（Joubert P et al.，2002；Lai EM et al.，2006；Nair GR et al.，2011）。

棉花品种的基因型是影响农杆菌介导的棉花遗传转化的主要因素，因为少数棉花品种的基因型可以被培养来获得体细胞胚胎发生和植株再生。为了避免这个问题，一些实验室开发了新的策略来通过农杆菌介导的遗传转化获得转基因棉花，包括转化一些具有获得整个植株高潜力的组织或细胞，这些组织或细胞包括胚性愈伤组织（Leelavathi S et al.，2004；Wu J et al.，2005）和茎尖组织（Chen X G et al.，2017；Zapata C et al.，1999）。农杆菌介导的棉花茎尖遗传转化方法是通过将棉花茎尖切损伤后用农杆菌侵染，而被侵染的棉花植株可以继续生长而获得转基因棉花植株（图4－12），这一技术相比利用愈伤组织的转化技术，既节省了转化所需要的时间，也突破了棉花品种基因型的限制，但是也存在获得的当代转基因植株常为嵌合体的问题（Chen X G et al.，2017）。

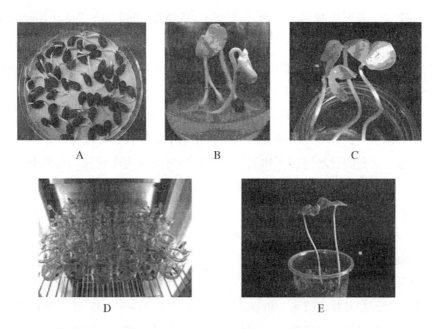

图4－12　农杆菌介导的棉花茎尖遗传转化（Chen et al.，2017）

二、基因枪介导棉花的遗传转化法

显微颗粒介导的遗传转化法是获得转基因棉化的另外一种转化技术。这种转化技术有几个不同的名称，如基因枪轰击法和粒子轰击法，它使用一种设备（如基因枪）向细胞中注入遗传信息。1993年，麦凯比（McCabe）和马丁内尔（Martinell）首次使用基因枪转化法，利用包裹DNA的高速金珠，将外源基因直接传递到离体的棉花胚轴的分生组织中。他们的实验结果表明，外源基因能稳定地整合到棉花基因组中并以孟德尔遗传定律的方式传递给后代（McCabe DE and Martinell BJ，1993）。此后，其他一些研究也将报告基因和目标基因转入不同棉花外植体的基因组中（Banerjee AK et al.，2002；Dangat SS et al.，2007；Liu JF et al.，2011；Rech EL et al.，2008）。

基因枪的历史可以追溯到1987年。第一代基因枪是台式基因枪，其中火药型台式基因枪是基因枪中最原始的类型。最早的基因枪是由美国康奈尔大学桑福德于 1987 年与该校工程技术专家沃夫（Wolf）及凯伦（Kallen）合作研究出的一种基因转移的新方法。该方法一经发明便在学界崭露头角，克莱因等人于 1987 年最早应用基因枪进行洋葱表皮细胞的转化，并获得了成功。

　　基因枪自 1987 年诞生以来得到迅速发展。美国康奈尔大学自 1988 年先后申报了三个关于基因枪技术的专利（EP 0331 855A2, 1988；US Patent Number 4, 945, 050 July 31, 1990；US Patent Number 5, 036, 006 July 30, 1991）。1987—1990 年间，高压放电、压缩气体驱动等各种基因枪相继出现，并都在重复的实践中得到改进和发展。麦凯比于 1988 年将目的基因包于钨粉上，电轰击大豆茎尖分生组织，结果约有 2% 的组织通过器官发生途径获得再生植株，在子代中检测到了外源基因。1989 年气动式基因枪转化烟草等植物获得成功，并且得到了瞬时表达。大麦的转基因技术比起其他植物相对发展速度较慢，直到 1989 年，卡塔（Kartha）等人用大麦的细胞和组织进行培养，成功检测到报告基因的瞬时表达。

　　1990 年，美国杜邦公司（DuPont Company）推出首款商品基因枪 PDS - 1000 系统。该仪器是一种"biolistic"台式基因枪，有关的工艺技术是从一个小型的 Biolistics 公司（负责人来自康乃尔大学）购买的。据康奈尔研究基金会副主席和大学专利及技术市场的负责人霍伊斯勒（W. Haeussler）说，向杜邦公司转让的这个技术是当时康奈尔发明的一次最大交易，将总数 228 万美元的专利税和研究支持费一次性付给康奈尔大学。当时由伯乐公司（Bio - Rad Laboratories, Inc.）与杜邦签署的代工与分销商协议。随后，伯乐公司 1992 年推出了 PDS - 1000/He 枪。国内中国科学院生物物理所和清华大学也分别于 1989 年和 1991 年推出了新的枪种并申请了专利（中国专利 89109334 和 91207467）。与现在新型手持型基因枪不同，台式基因枪体积偏大，实验场所受限，不能灵活应用于田间地头。高压气体需要抽真空，压缩机工作时噪音较大，而且过高气压推动微粒子轰击使得台式基因枪仅限于细胞转殖而不能用于活体转殖。第一代基因枪的每枪轰击成本也很高，金粉与控制气压用的 Rapture disk 均造价不菲。

　　第二代基因枪出现于 1996 年，伯乐公司推出了 Helios 手持式基因枪。这是历史上最早出现的手持式基因枪。该系统通过可调节的氦气脉冲，来带动位于小塑料管内壁处预包有 DNA、RNA 或其他生物材料的金粉颗粒，将其直接打入细胞内部。与第一代台式基因枪相比，Helios 手持式基因枪摒弃了抽真空压缩机，牺牲了一些气体压力，从而使活体动物转殖成为可能，可以对活体动物的肌肉、皮肤直接进行转殖。因其体积小巧，方便实验人员随身携带，大大地拓宽了基因枪的应用范围。在随后的 10 年里，Helios 手持式基因枪被广泛应用于由原生质体再生植株较为困难和农杆菌感染不敏感的单子叶植物的基因转殖。在基因枪使用以前，外源 DNA 进入细胞质后很难穿过双层膜的细胞器。用基因枪技术转化这类细胞器，转化频率高，重复性好，是目前该领域研究中最常用和最有效的 DNA 导入技术。相比第一代台式基因枪而言，手持式基因枪由于气体压力较小（仅有 100～600 psi），而不能穿透成熟叶片的细胞壁，一定程度上影响了其在植物中转基因的应用范围，不过与台式基因枪互补，Helios 很好地延伸了基因枪的应用领域。

同样是利用高压气体传送基因，制作技术的改良使得基因枪从细胞转殖到活体转殖，从台式到手持，一步一步将基因枪的应用范围扩大。首先意识到并积极尝试利用基因枪的生命科学工作者在转基因工作中的科研水平得到了极大提高，转基因工作者的想象力也因此得到了解放。蒸蒸日上的基因枪技术被学界寄予厚望，视为转基因领域的明日之星。不过人们慢慢地发现，活体动物的脏器相比于皮肤、肌肉要脆弱得多，如小鼠活体的肝和脾最多只能承受 40psi 的压力，在 100psi 的高压气体冲击下器官会被严重破坏而导致实验失败。而过低的气体压力并不能令基因微载体具有足够的动量打入细胞内部。气体压力与粒子传递速度的矛盾成了基因枪发展的瓶颈，这个问题在之后的 10 年一直困扰着各大生命科学仪器厂商的研发团队。

直到 2009 年，Wealtec 公司推出 GDS－80 低压基因传递系统（又称：GDS－80 基因枪）（US Patent Number 6，436，709 B1），引领了第二代基因枪技术发展方向。GDS－80 手持式基因枪巧妙地从流体动力学与航空动力学入手，使用氦气或氮气于低压状态加速生物分子至极高的速度，完成基因传送，从一个全新的角度解决了气压与粒子速度的矛盾。第三代基因枪的超低压（10～80 psi）推动，不仅没有牺牲反而大大增加了微粒子的传输动量，因此不仅使基因枪能够成功应用于仅在低压状态下才能完成的动物活体器官层面转殖，而且相比较于第二代手持式基因枪，GDS－80 射出的携基因微粒子因为其本身的高动量，居然能够像台式基因枪发射出的粒子一样穿透植物细胞壁穿入植物细胞完成转殖，而在此之前，完成这一工作的第一代台式基因枪需要至少 1000～2000psi 的高压气体。在动物细胞，尤其是活体动物转殖实验中，本身具备高动量的生物粒子无须借由微粒子载体（如金粒子）的携附方式转移至目标体中，这在避免了靶细胞内异物残留问题的同时，大大降低了实验成本。第三代基因枪的低压传导，使得细胞损害与枪体轰击的噪音都大大减小，并有效地在动物实验中降低了由金粉微载体带来的昂贵开销。GDS-80基因枪"子弹"的制备也从干式转为湿式，节省了烘干的时间，简化了流程。

中国农业科学院棉花研究所叶武威等人在2013年开发出一种棉花的基因枪活体快速转化方法，即棉花花粉介导的基因枪转化法（图4-13），该方法是以金粉为颗粒，通过第三代便携式基因枪和优化转化的参数使活体转化时对花蕾和花粉形成微创伤，大大缩短了获得转基因植株的周期。该方法包括如下步骤：（1）利用基因枪轰击的方法，将含有外源基因的载体轰入父本棉花的花粉中；（2）将基因枪轰击后的父本花粉授粉到活体母本棉花中；（3）授粉后的母本棉花所结的种子便是转基因棉花种子，实现了棉花的基因转化。此方法无须组织培养步骤，直接在活体棉花上便实现基因转化，实用、易操作、不依赖组织培养、稳定性好。

| 大田棉花 | 去雄蕊，套蜡管，做标记 | 收集的花朵 |
| 收集的花粉 | 基因枪轰击 | 授粉 |

图4-13 棉花花粉介导的基因枪转化法（Kong et al.，2016）

中国农业科学院棉花研究所分别于2018年和2019年举办了两届棉花抗逆基因资源创新利用暨第三代基因枪活体快速应用技术观摩会，吸引了新疆农业大学、山东大学、中国农业大学、河南大学、河北省农林科学院棉花所、石河子大学、江苏农科院经作所等50多家科研院所的代表参加会议。会议分为大田观摩和大会讨论两个环节。大田观摩期间，与会人员在中国农业科学院棉花研究所试验农场（安阳）参观了棉花抗逆鉴定课题组培育的抗旱耐盐种质创新材料、耐盐抗旱的鉴定试验和第三代基因枪应用展示（图4－14）。此外，大会还组织了学术专题报告，与会专家就棉花抗逆基因挖掘、基因克隆及功能验证、抗逆表观遗传学研究、抗逆种质资源创新应用等方面的最新研究进展进行了讨论和交流。通过这两次观摩会，使广大科研工作者深入了解了基因枪转化的优点，也推进了基因枪在棉花转化中的应用。

图4－14 第三代基因枪活体快速应用技术观摩会现场观摩

此外，2017年，有报道利用纳米颗粒作为介导物进行棉花的遗传转化，该方法是以纳米颗粒为载体，质粒与其形成复合物，将该复合物与花粉混合，使复合物通过花粉孔进入花粉里，然后通过授粉将目的基因转入棉花基因组里（图4－15）。该方法将外源DNA转入花粉，通过授粉和受精产生转基因种子，并培育出转基因棉花植株。这种纳米颗粒可以保护DNA的功能，保持花粉活力。此外，该方法比较简单，不需要专用的转化设备，而且能够同时传递多个基因。通过该方法获得转基因植株的时间短得多，成功率高。外源DNA能够成功整合进棉花基因组、有效表达和稳定遗传。然而，由于基因组中存在一个以上的整合位点，此方法需要额外的两代自花授粉才能获得转基因纯系。此外，花粉表达的转化率高于转基因事件的转化率。转基因事件的成功率受多种因素的影响，包括花粉生活力（有些花粉可能在受精前已经死亡）、授粉时机（影响花粉生活力）、授粉技术（决定附着在柱头上的花粉数）、环境条件（影响结实率）等。因此，通过优化实验条件和精心准备，可以提高成功率（Zhao et al.，2017）。

由于几乎所有开花植物都可以通过授粉产生种子，因此棉花的成功案例可以合理地推广到许多其他植物。通过该方法也成功地获得了转基因辣椒和南瓜植株，证明了该系统的重复性和有效性。该方法对转基因受体来说是不用培养基的，也没有基因型的限制。可以绕过烦琐的组织培养过程，从转化的种子中在短时间内产生转基因植株。该方法将促进转化种质的规模化生产和转基因作物新品种的选育过程，进一步促进将新的和有益的性状引入作物，特别是那些难以转化的植物，从而获得具有更多优良性状的作物。

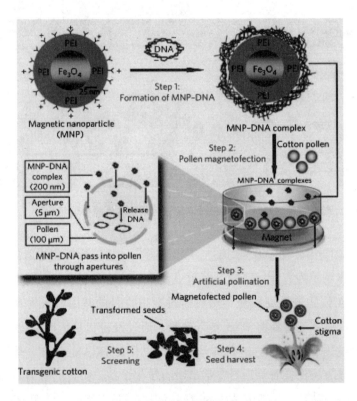

图4-15 纳米颗粒介导的棉花遗传转化法（Zhao et al.，2017）

三、花粉管通道介导的遗传转化法

在植物受精过程中，花粉从柱头上脱落，萌发生长融入整个系统后到达胚囊，与卵结合。在这个过程中，花粉到达胚囊的距离形成了花粉管通道。所以，很有可能外源基因可以通过这一途径进入胚囊并转移到受精卵中。基于这个原则，在授粉后向子房注射含目的基因的 DNA 溶液，利用植物在开花、受精过程中形成的花粉管通道，将外源 DNA 导入受精卵细胞，并进一步地被整合到受体细胞的基因组中，随着受精卵的发育而成为携带转基因的新个体。该方法于 20世纪 80 年代初期由我国学者周光宇提出，我国目前推广面积最大的转基因抗虫棉就是用花粉管通道法培育出来的（Zhou G et al.，1983）。该法的最大优点是不依赖组织培养人工再生植株，技术简单，不需要装备精良的实验室，常规育种工作者易于掌握。有研究小组将外源基因组 DNA 转移到陆地棉中，并从这些转化事件中得到了许多突变体。此后，该转化技术已被成功应用于获得转基因棉花（Huang GC et al.，1999；Ni WC et al.，2000）、西瓜（Yang A et al.，2009；Hao J et al.，2011）、大豆（Hu CY et al.，1999；Shou HX et al.，2002；Yang S et al.，2011）、小麦（Martin N et al.，1992；Qiu Z et al.，2008；Yin J et al.，2004；Zeng JZ et al.，1994）、木瓜（Wei JY et al.，2008）和玉米（Yang A et al.，2009；Zhang YS et al.，2005），其中一些转基因作物已经在田间得到了广泛推广。

（一）花粉管通道法的主要原理

授粉后使外源 DNA 能沿着花粉管通道形成的途径渗透，经过珠心进入胚囊，最终转化尚不具备正常细胞壁的合子或早期胚胎细胞。这一技术原理可以被应用于任何开花植物。围绕着花粉管通道的形成是一个发生在植物花器结构中的传粉受精的过程。从狭义上理解就像字面表明的那样，授粉是指从花粉被送到柱头上到在柱头上萌发的过程，实际上应该是一个以狭义授粉为中心的包括这一过程的非常复杂的生理现象，即包括花粉形成、传粉、花粉萌发、花粉管伸长以及继花粉管伸长之后的受精问题，甚至还包括拒绝受精现象。

被子植物的花器结构已被研究得比较清楚，最外面的是子房，子房中有胚珠，它由外胚珠、内胚珠及珠心、珠孔、珠柄组成。珠心内有 8 核，近珠孔端有 3 个核，一个分化为卵细胞，2 个分化为助细胞。助细胞和卵细胞组合成卵器。这三个细胞排列成三角形，各细胞都呈梨形，尖部朝着珠孔端。近合点端的 3 个核分化为反足细胞。胚囊的中央有两个极核，并和周围细胞质组成一个中央细胞。因此典型的被子植物胚囊为 8 核 7 细胞胚囊，亦称为雌配子体，卵细胞称为雌配子。雄配子体由含有大量淀粉的营养核和具有微管的两个精细胞，此外还有多糖类、线粒体组成。

植物开花以后，落在柱头上的花粉粒，被柱头分泌的黏液所黏住，以后花粉的内壁在萌发孔处向外突出并继续伸长，形成花粉管，这一过程，称作花粉粒的萌发。花粉落在柱头上以后，首先向周围吸收水分，吸水后的花粉粒呼吸作用迅速增强，多聚核糖体数量增多，蛋白质的合成也有显著的提高。吸水的二细胞花粉粒，其营养细胞的液泡化增强，细胞内部物质增多，细胞的内压增加，这就迫使花粉粒的内壁向着一个（或几个）萌发孔突出，形成花粉管。禾本科作物中，当花粉黏着在柱头上以后，就会引起柱头的萎缩现象，从黏着部分开始逐渐扩大到相邻细胞，最终使得整个柱头的乳突细胞萎缩。这种萎缩是由于已授粉的柱头的细胞的渗透性增大并脱水所致。花粉一黏到柱头上就立刻从花粉中渗出某种液体；同时在花粉粒表面产生瘤状膨起而改变形状。其后，在 30~60 秒内花粉又恢复到原来的球形。随之，花粉伸入乳突细胞开始萌发。

助细胞在花粉管伸长过程中的作用。花粉管必须伸长才能进入胚囊，花粉管进入囊胚的方法有多种：（1）从卵细胞与一个助细胞之间进入；（2）从胚囊壁和一个助细胞之间进入；（3）直接进入一个助细胞等。在某些种植物中，花粉管进入两个助细胞中的一个，在这一助细胞中释出精核。用电子显微镜也确证了这种观察（Schulz et al., 1968）。助细胞对于精核的进入是极为重要的。棉花中，一个助细胞在花粉管到达胚囊之前就开始退化。细胞器膜和液泡发生变化，细胞发生退化。在花粉管的顶端与助细胞的细胞质接触之前，花粉管不会开裂。

从其细胞质的结构来看，认为花粉管的内含物需要在压力之下方能注入。受精前，各个助细胞的核及细胞质是正常的。但是一旦受精，其中一个助细胞的核及细胞质便发生变性，花粉管进入这一变性的助细胞之中。精核的释放不是在花粉管的尖端，而是在稍稍靠后的部位，管壁破裂而释放出精核。在这一瞬间，助细胞发生变化。助细胞的细胞壁消失，液泡缩小（Jensen，1968）。然后，花粉管将其中的营养核、两个精子和淀粉释放到助细胞中，被释放出的精子立即移动到已退化的助细胞的合点端。此后，精核进入卵细胞和中央细胞的细胞质，于是形成合子和胚乳核。已退化的营养核和助细胞核，在受精后仍残留在助细胞内。

已知在花粉中有这样的情况，即在不分裂的细胞中也发生 DNA 的合成与运转。花粉管核不分裂，但是具有合成 DNA 的能力。其次是已知在花粉管这样迅速生长的细胞中，伴随着它的生长，形成大量酶类。为此必须进行大量的遗传物质复制（Stanley and Young，1962）。杂交授粉的场合，花粉管顶端是复杂而积极地摄入物质，这说明花粉管是异养的。在花药裂开后，当花粉管到达胚囊的尖端时，助细胞的代谢活性变得最高。詹森（Jensen，1965）用电子显微镜研究了棉花的助细胞，他发现助细胞的作用是从珠心吸收物质，并且可以贮藏和转运出去。根据这种作用，认为它供给卵、胚和胚乳所需要的物质，另外，它可能与花粉管在胚囊中的生物合成也有关。

（二）花粉管通道法的应用

花粉管通道法研究主要在国内，最早见诸报道的利用花粉管通道法直接导入外源 DNA 的技术是由周光宇等人建立并发展起来的，并且在棉花、小麦和水稻中都得到了变异子代（段晓岚和陈善葆，1985；黄骏麟等，1981；曾君祉等，1993）。1979 年，周光宇发表了《远缘杂交的分子基础——DNA 片段杂交的一个论证》。他认为，从分子水平上看，虽然就整个染色体基因组而言，亲缘关系较远的生物间的染色体和染色体外 DNA 的结构愈不亲合，则愈互相排斥，但从局部 DNA 片段来看，两种植物的部分结构却可能保持一定的亲合性。因而，当远缘 DNA 片段在母本 DNA 复制过程中有可能被重组，而使子代出现变异。这种参与杂交的 DNA 片段可能带有可亲合远缘物种的结构基因、调控基因，甚至是断裂的无意义的 DNA 片段。后两种 DNA 片段如果整合到母本基因组中，将同样可能影响母本基因表达而变异。根据这种看法，常规远缘杂交中存在着 DNA 片段杂交的假设。并认为从分子水平来看，能取得成功的远缘杂交的大多数是 DNA 片段的杂交，即染色体水平以下的遗传分子的杂交。用 3 H 标记的棉花大分子 DNA 进行了花粉管通道的验证。棉花自花授粉24h 后，将外源 3 H － DNA 从顶部注入子房。从 3 H － DNA 自显影，可清楚地看到 DNA 经由珠孔进入开放的珠心到达胚囊。30 分钟后即观察到胚囊中 3 H － DNA 显影，2～4h 之间，80％ 以上的胚囊中均有外源 DNA 进入。在花粉管中没有找到 3 H － DNA，说明 DNA 不是进入花粉管后再进入胚囊，而是经过花粉管所经过的通道进入胚囊的。

经过许多学者尝试后的结果，花粉管通道法实施的最佳时机集中在植物传粉受精后的一段时间，这是有其根据的。一方面，早期胚细胞不具有正常细胞壁，因此易于 DNA 转化；另一方面，受精后的细胞 DNA 复制活跃，易于 DNA 整合。早期的花粉管通道法所用的外源 DNA 是种间或属间带有目的基因的供体总 DNA 片段，以后有学者将以质粒为载体带有目的基因片段的重组 DNA 分子配以一定的浓度和纯度来转化受体的种质细胞，并得到具有目的性状的变异后代（谢道昕等，1991）。在国外，直接运用同样方法最早见诸报道的是赫斯（Hess），经过多年的努力，他利用花粉萌发时吸收种内或种间 DNA 技术，将外源 DNA 导入矮牵牛中，获得来自外源 DNA 的花色变异子代。运用赫斯的技术，德韦（Dewet）等（1983）培育出玉米抗大小叶斑病品种。奥塔（Ohta，1985）在美国科学院院报上报道用玉米种间外源总 DNA 片段和玉米花粉混合受粉，在当代得到高频率的胚乳基因的转移。

王敏华（2014）研究了盐胁迫下棉花中 *GaSus*3 和 *GaSus*4 基因的表达模式，发现两个基因的表达整体上呈现一致的趋势：在根组织中表达量上升，在叶片组织中下降。并研究构建了植物过量表达载体 p35S∷GaSus3 和 p35S∷GaSus4，通过花序侵染法转化拟南芥，成功获得转 *GaSus*3 和 *GaSus*4 基因的拟南芥植株。通过对转基因拟南芥的观测，发现过表达 *GaSus*3 基因的拟南芥在花序轴上部和花柄上出现了异位毛生长，这从侧面证实 *GaSus*3 基因在纤维发育中发挥一定作用。利用 NaCl 对转基因拟南芥进行盐胁迫处理，证实转 *GaSus*3 基因的拟南芥与野生型相比耐盐性明显增强。在高盐胁迫下，野生型拟南芥的生长受到严重抑制，而转基因拟南芥则受较小影响，萌发率和主根长度更好。在成苗盐胁迫下，转基因拟南芥叶片生长状态良好，而野生型则受盐害过早黄化死亡。研究还发现，转基因拟南芥的过氧化氢酶活性在胁迫前后都高于野生型，这说明转 *GaSus*3 基因能够提高拟南芥抗氧化胁迫的能力。

董雪妮（2016）利用农杆菌介导法将耐旱耐盐转录因子基因 *PeDREB2a* 和 *KcERF* 导入受体材料陆地棉 R15 中，获得 12 个株系的转基因植株，通过硫酸卡那霉素初筛以及 PCR 分子检测最终获得 7 个转 *KcERF – PeDREB2a* 基因的棉花株系。通过测定转基因棉花的抗逆相关生理指标以及对基因相对表达量测定分析，结果表明 200 mmol·L^{-1} 的 NaCl 和 15% 的 PEG6000 胁迫处理后，转基因棉花幼苗的 CAT、SOD 活性，游离脯氨酸含量均高于对照组，MDA 含量较对照组棉花明显下降。实时定量 RT – PCR 结果表明，干旱胁迫下转基因棉花幼苗叶片中 *PeDREB2a* 基因的表达量高于 *KcERF* 基因的表达量；高盐胁迫下转基因棉花叶片中的 *PeDREB2a*、*KcERF* 基因的相对表达量持平。该研究结果表明在干旱、

高盐胁迫下 *KcERF* 和 *PeDREB2a* 基因有助于提高棉花的耐旱耐盐能力。

苏莹等（2016）利用 RT - PCR 和 RACE 技术，克隆了 *GhWRKY41* 基因。该基因 cDNA 长度为 1630bp，含有 ORF（Open reading frame）为 1068bp，编码 355 个氨基酸的多肽，包含 2 个内含子。亚细胞定位结果表明，转录因子 *GhWRKY41* 定位于细胞核，符合转录因子特性。转基因株系发芽试验结果表明：过量表达 *GhWRKY41* 基因，可显著提高转基因棉花在干旱、盐和低温胁迫下的发芽率；利用 Real - time PCR 技术，证明在盐和干旱胁迫条件下，转基因株系中 *Gh-WRKY41* 基因的表达量显著上升。*GhWRKY41* 基因在根、茎和叶片中表达存在差异，根系中胁迫 6h 上调达到最高，茎中则胁迫 48h 达到最高，而叶片中仅 6 和 24h 上调表达。进一步比较转基因棉花与野生型棉花的纤维品质性状，结果表明，*GhWRKY41* 的过表达可以提高转基因棉花的衣分。该研究认为 *GhWRKY41* 参与了棉花响应盐和干旱胁迫应答过程，且过表达可提高转基因棉花耐盐性和耐旱性。

王永强（2016）利用转 *ScALDH21* 基因的新农棉 1 号的 3 个 T_4 代棉花株系为研究材料，通过不同 NaCl 浓度处理转基因棉花种子及其幼苗，鉴定转基因种子萌发和幼苗生长时期的耐盐能力。研究结果表明：受体棉种子萌发耐受的 NaCl 浓度为 0～50 mmol/L，转基因棉花种子萌发耐受的 NaCl 浓度为 50～100 mmol/L，部分株系如 L38 能够耐受 150 mmol/L NaCl 的盐胁迫；随着盐胁迫浓度升高，种子萌发延迟，萌发率也有不同程度的降低，但转基因种子萌发率均优于受体种子。在高 NaCl 浓度（100～150 mmol/L）胁迫下，转基因幼苗鲜重显著高于受体，其鲜重比受体高 75% 以上；转基因株系 SOD 和 POD 活性较受体植株增强。该研究结果表明，在盐胁迫条件下，转 *ScALDH21* 基因棉花表现出优良的生长和生理优势，转 *ScALDH21* 基因能提高棉花的抗盐能力。

李永亮等（2015）分别从抗逆性优良的沙生植物铃铛刺（*Halimodendron halodendron*）和胡杨（*Populus euphratica*）中分离 *HhERF2* 和 *PeDREB2a* 转录因子基因，构建以 rd29A 为启动子的表达载体，并通过花粉管通道法转化棉花。利用 Real - time PCR 分析胁迫处理的转基因阳性植株 *HhERF2* 和 *PeDREB2a* 基因异位表达及下游 PR（pathogenesis - related protein）基因表达情况，结果表明在病原菌、干旱和盐胁迫下转基因植株体内 *HhERF2* 基因能够超表达，而 *Pe-DREB2a* 基因仅在干旱和盐胁迫诱导下超表达。接种大丽轮枝菌（*Verticillium dahlia*）后能够诱导转基因植株相关 PR 基因表达，同时与对照 J12 相比，植株体内 PAL、SOD 和 POD 等酚类代谢相关酶的活性显著增加，且增强了转基因棉花对大丽轮枝菌的抵抗能力。干旱和高盐胁迫下生理生化特性分析表明，与对照相比，转基因棉花叶片中可溶性碳水化合物和相对含水量显著升高，而电导率和丙二醛（MDA）含量显著降低。因此，转基因棉花对大丽轮枝菌及干旱和高盐胁迫表现出了较强的耐受能力。

张安红（2017）通过农杆菌介导法将耐盐转录因子基因（*GHABF4*）导入陆地棉中棉所 35 中，通过对转化植株的卡那霉素初步筛选及 T_1、T_2、T_3 目的基因 PCR 的分子检测，获得 T3 转基因棉花纯合系。通过盐胁迫试验对 5 个 T3 转基因棉花株系和非转基因棉花对照进行耐盐性分析。结果表明，在 200 mmol/L NaCl 胁迫下，与非转基因对照相比，5 个转基因棉花株系株高提高 2.5 ~ 4.4 cm，地上部分的鲜重质量增加 3.6% ~ 11.8%，且抗氧化酶 SOD、POD、CAT 活性以及叶绿素含量提高。在盐胁迫条件下，转 *GHABF4* 基因棉花表现出优良的生长和生理优势，转 *GHABF4* 基因能够提高棉花的抗盐能力。

陈希瑞（2016）采用农杆菌介导的芽尖转化技术，获得了转 *GmNAC4* 基因棉花，以野生型株系鲁棉 21 号为对照，对转 *GmNAC4* 基因棉花的耐盐性及耐盐的相关机制进行初步探讨。生理指标的测定结果表明转 *GmNAC4* 基因植株耐盐性明显高于野生型植株。盐胁迫下的种子萌发实验中，转 *GmNAC4* 株系的出苗率高于野生型株系。转 *GmNAC4* 植株叶盘叶绿素含量比野生型植株高 30% 左右。PCR 及 Southern blot 检测到 *GmNAC4* 基因整合到棉花基因组中。转 *GmNAC4* 株系中 *GhSOD* 的表达量较野生型对照提高 6.54% ~ 13.89%；转 *GmNAC4* 株系 *GhProDH* 表达量较野生型株系最高提高 22.43% ~ 33.72%；转 *GmNAC4* 株系 *GhAKTl* 表达量较野生型植株最高提高 25.47%；转 *GmNAC4* 株系 *GhSOS2* 基因表达量较野生型株系提高 18.63% ~ 37.25%；转 *GmNAC4* 株系 *GhDGK* 基因表达量较野生型株系最高提高 37.12%。这些实验数据表明转 *GmNAC4* 基因棉花耐盐性显著提高。殷婷婷（2016）将来自大豆的 *GmST2* 基因转入棉花中，获得了转基因棉花。通过对幼苗苗期生理生化指标的测定和种子出苗实验对其耐盐性进行了初步测定，并通过实时荧光定量 PCR 对其耐盐的机制进行初步探究，以期了解过表达 *GmST2* 基因在棉花中提高耐盐性的机制。对棉花叶片进行离体耐盐性的鉴定，不同盐浓度下棉花离体叶片形态变化表明，在 400mM 和 600mM 盐处理下，转基因株系的耐盐性好于对照，且叶绿素含量高于对照。生理生化指标表明，转基因植株的耐盐性要好于对照。qRT - PCR 结果表明 *GmST2* 基因上调了部分棉花胁迫相关基因的表达，如与棉花 Na$^+$、K$^+$ 离子运输相关的基因 *GhNHX*1、*GhAKT*1、*GhSOS*1，棉花抗氧酶合成相关基因 *GhSOD*1，渗透保护物质合成相关基因 *GhP5CS* 等基因，但是棉花内源的 *GhNAC*1 基因的表达却受到抑制。实验田数据显示转 *GmST*2 基因棉花的籽棉产量高于野生型对照的，表明转基因棉花的耐盐性要好于对照。

郭亚宁（2017）利用 qRT – PCR 检测 *GhNAC*63 在不同组织、不同衰老特性短季棉品种子叶衰老过程中的表达模式，以及在不同培养条件下，对不同非生物胁迫的响应；通过 XbaI 和 SacI 酶切位点，构建 35S – GhNAC63 表达载体转入拟南芥，在纯合的 T4 世代进行表型观察；根据 pYL156 – pYL192 病毒体系诱导的基因沉默原理，降低棉花中 *GhNAC*63 的表达水平，观察棉株的表型。研究结果表明，*GhNAC*63 基因负责调控植物生长发育，同时可能参与乙烯和干旱调控通路。构建 35S – GhNAC79 过表达载体，转入拟南芥和棉花，进一步对转基因植株进行表型观察；根据 pYL156 – pYL192 和 pCLCrVA – pCLCr VB 两种病毒体系介导的基因沉默原理，抑制 *GhNAC*79 在棉花中的表达，观察侵染后棉花的表型；利用酵母单杂交技术，挖掘 *GhNAC*79 上游调控因子。干旱能够显著性诱导 *GhNAC*79 基因在叶片中的表达，而过表达 *GhNAC*79 能够提高拟南芥和棉花对干旱的抗性，相反，降低棉花中 *GhNAC*79 的表达水平，导致棉花对干旱的抗性降低。同时在干旱胁迫处理后，过表达 *GhNAC*79 转基因拟南芥和棉花的气孔开度显著性小于对照，气孔数目无明显差异，说明 *GhNAC*79 通过调节气孔开度调控植物对干旱的抗性。酵母单杂交的结果表明 *GhNAC*79 基因的上游存在干旱响应因子，进一步证明 *GhNAC*79 参与干旱调控通路。本研究证明 *GhNAC*79 基因在植物干旱胁迫通路中发挥正调控作用，为棉花抗旱育种奠定分子基础，并提供转基因抗旱材料。

通过农杆菌介导的遗传转化技术将 *ZmABP*9 基因转到棉花中进行抗逆功能分析，同时对通过 CRISPR/Cas9 系统介导的棉花基因定点突变进行了初步研究，过表达 *ABP*9 基因综合提高了转基因棉花的耐盐耐旱性，包括在温室中转基因株系都具有更好的生长表型和更强壮的根系；在培养箱中转基因株系种子的萌发率、幼苗长度也都明显高于 R15，而气孔开度和叶片下表皮气孔密度却低于R15。在盐胁迫下，转基因株系中的几个抗逆相关基因的表达量不仅相较于 R15明显上调，而且其抗氧化酶的活性及酶基因的表达也都高于 R15，增强了活性氧（ROS）的清除能力，提高了抗氧化能力，缓解了对细胞的伤害，组织染色也证明了这一点。以棉花番茄红素脱氢酶（Phytoene desaturase，PDS）基因为靶标基因，选择合适的靶标位点，通过棉花原生质体的瞬时表达及农杆菌介导的遗传转化实现了利用 CRISPR/Cas9 系统对 *PDS* 基因的定点突变。该研究认为 *ABP*9 可能通过参与 ABA - 依赖的信号转导途径和 ROS 的代谢调节从而赋予了棉花耐盐耐旱等多种非生物胁迫耐性；通过 CRISPR/Cas9 技术实现了对棉花基因的定点编辑并获得突变体表型。

直接建立在这种方法之上并可视为对其进一步发展的方法是 in planta 转化方法（Feldmann and Marks 1987）。到今天，运用 in planta 转化方法在拟南芥（*Arabidopsis thaliana*）中利用 T - DNA 插入产生大规模突变群体已经得到十分成功的应用（Krysan et al. ，1999；Speulman et al. ，1999）。相比于前者，in planta 转化方法最大的创新之处是借助农杆菌 Ti 质粒这一天然转化系统而非裸露 DNA 来转化植物的种质系统。费尔德曼（Feldmann，1987）首次报道成功运用这种方法将外源 DNA 片段转移到受体基因组中并可在 T_2 和 T_3 代稳定遗传。具体做法是将外源基因片段与载体整合在一起，在拟南芥种子萌发期间，将农杆菌菌液与拟南芥种子浸泡在一起。Chang（1990）发展了另一种 in planta 转化方法，拟南芥花期，将拟南芥花序从根部剪去，然后用农杆菌菌液感染创伤部位。贝斯特德（Bethtold）等（1993）尝试了另一种转化方法，同样是在拟南芥开花期将整个植株浸泡在一定浓度的农杆菌菌液中，采用真空渗透的方法达到转化目的。以后，克劳夫（Clough，1998）对这种方法做了修改，在农杆菌菌液中加入表面活性剂和蔗糖等有利于农杆菌转化的保湿性物质，即使不用真空渗透的方法，而是直接将植物的地上部分浸到农杆菌菌液中也可达到同等转化频率。到今天，对拟南芥植物运用这种直接的转化方法，在选择最合适的转化时机、最佳的转化部位、最优化的转化条件等方面已经到达相当成熟的地步。

参考文献：

白琳 . 植物抗逆基因资源平台的构建与分析 ［D］. 杭州：浙江大学，2012.

包秋娟 . 干旱胁迫下棉花转录组分析 ［D］. 乌鲁木齐：新疆大学，2018.

陈云 . 棉花（*Gossypium hirsutum*）干旱应答的转录组分析及 *DRPP1* 基因在棉花抗旱中的功能研究 ［D］. 武汉：华中师范大学，2016.

董雪妮 . 耐旱耐盐抗除草剂转基因棉花新材料的鉴定 ［D］. 雅安：四川农

业大学, 2016.

高玉千, 聂以春, 张献龙, 等. 棉花抗黄萎病基因的 QTL 定位 [J]. 棉花学报, 2003, 15 (2): 73 - 78.

郭惠明, 李召春, 张晗, 信月芝, 等. 棉花 CBF 基因的克隆及其转基因烟草的抗寒性分析 [J]. 作物学报, 2011 (2): 286 - 293.

郭纪坤. 陆地棉抗旱耐盐及产量形态性状的 QTL 定位 [D]. 乌鲁木齐: 新疆农业大学, 2007.

郭旺珍, 张天真, 朱协飞, 等. 选择的修饰回交聚合育种方法及其在棉花上的应用 [J]. 作物学报, 2005, 31 (8): 963 - 970.

韩明格, 王晓歌, 杨笑敏, 等. 基于转录组数据对陆地棉 ghhmp1 的克隆及表达分析 [J]. 分子植物育种, 2018 (17): 5534 - 5539.

郭旺珍, 张天真, 朱协飞, 等. 选择的修饰回交聚合育种方法及其在棉花上的应用 [J]. 作物学报, 2005, 31 (8): 963 - 970.

孔静静, 陆许可, 赵小洁, 等. 杜氏盐藻甘油醛 - 3 - 磷酸脱氢酶基因在棉花中的转化及分子检测 [J]. 分子植物育种, 2015, 13 (2): 301 - 309.

孔祥瑞, 王红梅, 陈伟, 等. 陆地棉黄萎病抗性的分子标记辅助选择效果 [J]. 棉花学报, 2010, 22 (6): 527 - 532.

匡猛, 王延琴, 周大云, 等. 基于单拷贝 SNP 标记的棉花杂交种纯度高通量检测技术 [J]. 棉花学报, 2016, 28 (3): 227 - 233.

李永亮, 董雪妮, 雷志, 等. 转 HhERF2 和 PeDREB2a 基因棉花对胁迫的耐受能力分析 [J]. 中国农业科技导报, 2015, 17 (3): 19 - 28.

李志坤, 张艳, 王省芬, 等. 棉花抗黄萎病基因的分子标记辅助选择研究 [J]. 河北农业大学学报, 2011, 34 (6): 1 - 4.

刘光辉. 棉花抗旱性状表型评价及关联分析 [D]. 乌鲁木齐: 新疆农业大学, 2015.

柳李旺, 朱协飞, 郭旺珍, 等. 分子标记辅助选择聚合棉花 Rf1 育性恢复基因和抗虫 Bt 基因 [J]. 分子植物育种, 2003, 1 (1): 48 - 52.

刘雅辉, 王秀萍, 鲁雪林, 等. 棉花耐盐相关序列扩增多态性 (SRAP) 分子标记筛选 [J]. 江苏农业学报, 2015, 31 (3): 484 - 488.

南京农业大学. 棉花全基因组 SNP 芯片及其应用制造技术: CN201680077963.9 [P]. 2016 - 11 - 08.

彭振. 棉花苗期耐盐和耐热的生理机制及其基因转录调控分析 [D]. 雅安: 四川农业大学, 2016.

祁伟彦, 张永军, 张天, 等. 基于人工病圃筛选和分子标记辅助的棉花抗黄萎病育种方法研究与应用 [J]. 分子植物育种, 2012, 10 (5): 607 - 612.

桑晓慧. 陆地棉抗旱性综合评价及抗旱相关的分子标记发掘 [D]. 北京: 中国农业科学院, 2017.

邵冰欣, 王红梅, 赵云雷, 等. 陆地棉耐盐性状与 SSR 分子标记的关联分析 [J]. 棉花学报, 2015, 27 (2): 118 - 125.

沈新莲, 袁有禄, 张天真, 等. 棉花高强纤维主效 QTL 的遗传稳定性及它的分子标记辅助选择效果 [J]. 高技术通讯, 2001, 4 (5): 12 - 16.

石玉真, 刘爱英, 李俊文, 等. 与棉花纤维强度连锁的主效 QTL 应用于棉花分子标记辅助育种 [J]. 分子植物育种, 2007, 5 (4): 521 - 527.

王德龙, 叶武威, 王俊娟, 等. 干旱胁迫下棉花 SSH 文库构建及其抗旱相关基因分析 [J]. 作物学报, 2010, 36 (12): 2035 - 2044.

王刚. 棉花幼苗盐胁迫条件下 Solexa 转录组测序结果的分析及验证 [D]. 泰安: 山东农业大学, 2011.

王颖. 生物芯片技术及其应用研究 [J]. 科学教育, 2010 (1): 91 - 93.

吴巧娟, 刘剑光, 赵君, 等. 棉花耐盐碱性状的 QTL 定位 [J]. 江苏农业学报, 2014, 30 (5): 966 - 971.

徐佳陵. 陆地棉种质耐盐性评价及其与 SNP 关联分析 [D]. 泰安: 山东农业大学, 2017.

许艳超. 复合盐碱胁迫下半野生棉抗性评价与调控机理初步分析 [D]. 北京: 中国农业科学院, 2017

叶武威. 棉花种质的耐盐性及其耐盐基因表达的研究 [D]. 北京: 中国农业科学院, 2007.

叶武威, 赵云雷, 王俊娟, 等. 盐胁迫下陆地棉耐盐品种根系的抑制消减文库构建 [J]. 棉花学报, 2009, 21 (5): 339 - 345.

张安红, 王志安, 肖娟丽, 等. 转 GHABF4 转录因子棉花植株的耐盐性研究 [J]. 华北农学报, 2017, 32 (4): 55 - 59.

张丽娜, 叶武威, 王俊娟, 等. 棉花耐盐性的 SSR 标记研究 [J]. 棉花学报, 2010, 22 (2): 175 - 180.

张璞凡. 毛棉幼苗盐胁迫初期转录组分析 [D]. 开封：河南大学, 2017.

张天豹, 陆许可, 阴祖军, 等. 陆地棉线粒体耐盐基因 *rps12* 的克隆与表达分析 [J]. 分子植物育种, 2015, 13 (12)：2681 – 2687.

张天豹, 阴祖军, 陆许可, 等. 陆地棉线粒体耐盐基因 *ccmC* 的克隆与表达分析 [J]. 分子植物育种, 2015, 13 (7)：1502 – 1508.

张亚楠. 转 *ZmPIS* 基因棉花的耐盐性研究 [D]. 济南：山东大学, 2015.

赵君, 刘剑光, 吴巧娟, 等. 利用染色体片段代换系定位棉花抗黄萎病 QTL [J]. 棉花学报, 2014, 26 (6)：499 – 505.

赵小洁, 穆敏, 陆许可, 等. 棉花耐盐相关基因 *GhVP* 的表达及功能分析 [J]. 棉花学报, 2016, 28 (1)：122 – 128.

郑巨云. 野生种毛棉主要生育期抗旱和花铃期光合作用的 QTL 定位 [D]. 北京：中国农业科学院, 2016.

周晓光, 任鲁风, 李运涛, 等. 下一代测序技术：技术回顾与展望 [J]. 中国科学生命科学, 2010, 40 (1)：23 – 37.

左开井, 孙济中, 张献龙, 等. 利用 RFLP、SSR 和 RAPD 标记构建陆地棉分子标记连锁图 [J]. 华中农业大学学报, 2000, 19 (3)：190 – 193.

ANNE FRARY, T C LINT NESBITT, AMY FRARY, et al. fw2. 2：a quantitative trait locus key to the evolution of tomato fruit size [J]. Science, 2000, 289：85 – 88.

ASAD S, MUKHTAR Z, NAZIR F, et al. Silicon carbide whisker – mediated embryogenic callus transformation of cotton (*Gossypium hirsutum* L.) and regeneration of salt tolerant plants [J]. Molecular Biotechnology, 2008, 40：161 – 169.

AYDIN Y, TALAS – OGRAS T, IPEKCI – ALTAS Z, et al. Effects of brassinosteroid on cotton regeneration via somatic embryogenesis [J]. Biologia, 2006, 61：289 – 293.

BANERJEE A K, AGRAWAL D C, NALAWADE S M, et al. Transient expression of beta – glucuronidase in embryo axes of cotton by Agrobacterium and particle bombardment methods [J]. Biologia Plantarum, 2002, 45：359 – 365.

BOWMAN M J, PARK W, BAUER P J, et al. RNA – seq transcriptome profiling of upland cotton (*Gossypium hirsutum* L.) root tissue under water – deficit stress [J]. Plos One, 2013, 8 (12)：e82634.

BOHNERT R, BEHR J, R TSCH, G. Transcript quantification with rna – seq data [J]. BMC Bioinformatics, 2009, 10 (S13): 1 – 2.

BRAZMA A, HINGAMP P, QUACKENBUSH J, et al. Minimum information about a microarray (MIAME) – toward standards for microarray data [J]. Nature Genetics, 2001, 29: 365 – 371.

CAI C, WU S, NIU E, et al. Identification of genes related to salt stress tolerance using intron – length polymorphic markers, association mapping and virus induced gene silencing in cotton [J]. Scientific Reports, 2017, 7 (1): 528.

CHEN T Z, WU S J, ZHAO J, et al. Pistil drip following pollination: a simple in planta Agrobacterium – mediated transformation in cotton [J]. Biotechnol Lett, 2010, 32: 547 – 555.

CHEN X, LU X, SHU N, et al. Targeted mutagenesis in cotton (*Gossypium hirsutum* L.) using the CRISPR/Cas9 system [J]. Scientific Reports, 2017, 7: 44304.

CHEN X, LU X, SHU N, et al. *GhSOS1*, a plasma membrane Na^+/H^+ antiporter gene from upland cotton, enhances salt tolerance in transgenic *Arabidopsis thaliana* [J]. Plos One, 2017, 12 (7): e0181450.

CHLAN C A, LIN J M, CARY J W, et al. A procedure for biolistic transformation and regeneration of transgenic cotton from meristematic tissue [J]. Plant Molecular Biology Reporter, 1995, 13: 31 – 37.

CHRISTIANSON J A, LLEWELLYN D J, DENNIS E S, et al. Global gene expression responses to waterlogging in roots and leaves of cotton (*Gossypium hirsutum* L.) [J]. Plant and Cell Physiology, 2010, 51 (1): 21 – 37.

COSTA V, ANGELINI C, DE FEIS I, et al. Uncovering the complexity of transcriptomes with RNA – Seq [J]. Journal of Biomedicine & Biotechnology, 2010, 2010 (5757): 853916.

COTTEE N S, WILSON L W, TAN D K Y, et al. Understanding the molecular events underpinning cultivar differences in the physiological performance and heat tolerance of cotton (*Gossypium hirsutum*) [J]. Functional Plant Biology, 2014, 41: 56 – 67.

DANGAT S S, RAJPUT S G, WABLE K J, et al. A biolistic approach for transformation and expression of cry 1Ac gene in shoot tips of cotton (*Gossypium hirsutum*)

[J] . Research Journal of Biotechnology, 2007, 2: 43 – 46.

DING M, CHEN J, JIANG Y, et al. Genome – wide investigation and transcriptome analysis of the WRKY gene family in *Gossypium* [J] . Molecular Genetics & Genomics, 2015, 290 (1): 151.

DIVYA K, ANURADHA T S, JAMI S K, et al. Efficient regeneration from hypocotyl explants in three cotton cultivars [J] . Biologia Plantarum, 2008, 52: 201 – 208.

DOI K, IZAW A T, FUSE T, et al . Ehd1, a B – type response regulator in rice, confers short – day promotion of flowering and controls FT – like gene expression independently of *Hd*1 [J] . Genes & Developmen, 2004, 1: 926 – 936.

DU L, CAI C, WU S, et al. Evaluation and exploration of favorable QTL alleles for salt stress related traits in cotton cultivars (*G. hirsutum* L.) [J] . Plos One, 2016, 11 (3): 1015 – 1076.

FENG H, QIN Z, ZHANG X. Opportunities and methods for studying alternative splicing in cancer with RNA – Seq [J] . Cancer Lett, 2013, 340: 179 – 191.

FIROOZABADY E, DEBOER D L, MERLO D J, et al. Transformation of cotton (*Gossypium hirsutum* L.) by Agrobacterium tumefaciens and regeneration of transgenic plants [J] . Plant Molecular Biology, 1987, 10: 105 – 116.

FRIDMAN E, CARRARI F, LIU Y S, et al. Zooming in on a quantitative trait for tomato yield using interspecific introgressions [J] . Science, 2004, 305: 1786 – 1789.

FRIDMAN E, PLEBAN T, ZAMIR D. A recombination hotspot delimits a wild – species quantitative trait locus for tomato sugar content to 484 bp within an invertase gene [J] . PNAS, 2000, 97 (9): 4718 – 4723.

GELVIN S B. Agobacterium – mediated plant transformation: the biology behind the "gene – Jockeying" tool [J] . Microbiology and Molecular Biology Reviews, 2003, 67: 16 – 37.

GUO J, SHI G, GUO X, et al. Transcriptome analysis reveals that distinct metabolic pathways operate in salt – tolerant and salt – sensitive upland cotton varieties subjected to salinity stress [J] . Plant Science, 2015, 238: 33 – 45.

GUO W Z, CAI C P, WANG C B, et al. A microsatellite – based, gene – rich linkage map reveals genome structure, function, and evolution in *Gossypium* [J] . Genetics, 2007, 176: 527 – 541.

HAN Z G, WANG C B, SONG X L, et al . Characteristics, development and mapping of *Gossypium hirsutum* derived EST – SSRs in allotetraploid cotton [J] . Theoretical and applied genetics, 2006, 112 (3): 430 – 439.

HAO J, NIU Y, YANG B, et al. Transformation of a markerfree and vector – free antisense ACC oxidase gene cassette into melon via the pollen – tube pathway [J] . Biotechnology Letters, 2011, 33: 55 – 61.

HE D H, LIN Z X, ZHANG X L, et al. QTL mapping for economic traits based on a dense genetic map of cotton with PCR – based markers using the inter specific cross of *Gossypium hirsutum* × *Gossypium barbadense* [J] . Euphytica, 2007, 153: 181 – 197.

HE X, ZHU L, XU L, et al. Gh ATAF1, a NAC transcription factor, confers abiotic and biotic stress responses by regulating phytohormonal signaling networks [J] . Plant Cell Reports, 2016, 35 (10): 2167 – 2179.

HEMPHILL J K, MAIER C G A, CHAPMAN K D. Rapid in – vitro plant regeneration of cotton (*Gossypium hirsutum* L.) [J] . Plant Cell Reports, 1998, 17: 273 – 278.

HUANG G C, DONG Y M, SUN J S. Introduction of exogenous DNA into cotton via the pollen – tube pathway with GFP as a reporter [J] . Chinese Science Bulletin, 1999, 44: 698 – 701.

HU C Y, WANG L Z. In planta soybean transformation technologies developed in China: procedure, confirmation and field performance [J] . Vitro Cell Dev Biol Plant, 1999, 35: 417 – 420.

HULSE – KEMP A M, LEMM J, PLIESKE J. Development of a 63K SNP array for cotton and high – density mapping of intraspecific and interspecific populations of *Gossypium* spp. [J] . Genes I Genomes I Genetics, 2015, 5 (6): 1187 – 1209.

HUSSAIN S S, RAO A Q, HUSNAIN T, et al. Cotton somatic embryo morphology affects its conversion to plant [J] . Biologia Plantarum, 2009, 53: 307 – 311.

IKRAM U I H, ZAFAR Y. High frequency of callus induction, its proliferation and somatic embryogenesis in cotton (*Gossypium hirsutum* L.) [J] . Journal of Plant Biotechnology, 2004, 6: 55 – 61.

JIA Y H, SUN J L, WANG X W, et al. Molecular diversity and association analysis of drought and salt tolerance in *Gossypium hirsutum* L. Germplasm [J]. Journal of Integrative Agriculture, 2014, 13 (9): 1845 – 1853.

JIN S X, ZHANG X L, LIANG S G, et al. Factors affecting transformation efficiency of embryogenic callus of upland cotton (*Gossypium hirsutum*) with Agrobacterium tumefaciens [J]. Plant Cell Tissue Organ Cult, 2005, 81: 229 – 237.

JOUBERT P, BEAUPERE D, LELIEVRE P, et al. Effects of phenolic compounds on Agrobacterium vir genes and gene transfer induction – a plausible molecular mechanism of phenol binding protein activation [J]. Plant Science, 2002, 162: 733 – 743.

KIM H J, MURAI N, FANG D D. Triplett BA. Functional analysis of *Gossypium hirsutum* cellulose synthase catalytic subunit 4 promoter in transgenic Arabidopsis and cotton tissues [J]. Plant Science, 2009, 180: 323 – 332.

KOJIMA S, TAKAHASHI Y, KOBAYASHI Y, et al. *Hd3a*, a rice ortholog of Arabidopsis *FT* gene, promotes transition to flowering downstream of Hd1 under short – day conditions [J]. Plant Cell Physiology, 2002, 43 (10): 1096 – 1105.

KONG J J, LU X K, ZHAO X J, et al. Cloning of *SjCA* gene and its expression analysis on upland cottons [J]. Journal of Biomedical Engineering and Informatics, 2016, 2 (2): 150 – 162.

KOUAKOU T H, WAFFO – TEGUO P, KOUADIO Y J, et al. Phenolic compounds and somatic embryogenesis in cotton (*Gossypium hirsutum* L.) [J]. Plant Cell Tissue Organ Cult, 2007, 90: 25 – 29.

KORNYEYEV D, LOGAN B A, PAYTON P, et al. Enhanced photochemical light utilization and decreased chilling – induced photoinhibition of photo system II in cotton overexpressing genes encoding chloroplast – targeted antioxidant enzymes [J]. Physiol Plantarum, 2001, 113 (3): 323 – 331.

Kuang M, Wei S J, Wang Y Q, et al. Development of a core set of SNP markers for the identification of upland cotton cultivars in China [J]. Journal of Integrative Agriculture, 2016 (5): 954 – 962.

KUMRIA R, SUNNICHAN V G, DAS D K, et al. High – frequency somatic embryo production and maturation into normal plants in cotton (*Gossypium hirsutum*) through metabolic stress [J]. Plant Cell Reports, 2003, 21: 635 – 639.

LEELAVATHI S, SUNNICHAN V G, KUMRIA R, et al. A simple and rapid Agrobacterium mediated transformation protocol for cotton (*Gossypium hirsutum* L.): embryogenic calli as a source to generate large numbers of transgenic plants [J]. Plant Cell Reports, 2004, 22: 465 – 470.

LI F, FAN G, WANG K, et al. Genome sequence of the cultivated cotton *Gossypium arboreum* [J]. Nature Genetics, 2014, 46 (6): 567 – 572.

LI F F, WU S J, CHEN T Z, et al. Agrobacterium mediated co – transformation of multiple genes in upland cotton [J]. Plant Cell Tissue Organ Cult, 2009, 97: 225 – 235.

LI F G, FAN G Y, LU C R, et al. Genome sequence of cultivated upland cotton (*Gossypium hirsutum* TM – 1) provides insights into genome evolution [J]. Nature Biotechnology, 2015, 33 (5): 524 – U242.

LIN L F, PIERCE G J, BOWERS J E, et al. A draft physical map of a D – genome cotton species (*Gossypium raimondii*) [J]. BMC Genomics, 2010, 11: 395.

LIU J, ECK J V, CONG B, et al. A new class of regulatory genes underlying the cause of pear – shaped tomato fruit [J]. PNAS, 2002, 99 (20): 13302 – 13306.

LIU J F, WANG X F, LI Q L, et al. Biolistic transformation of cotton (*Gossypium hirsutum* L.) with the *phyA* gene from Aspergillus ficuum [J]. Plant Cell Tissue Organ Cult, 2011, 106: 207 – 214.

LIU J F, ZHAO C Y, MA J, et al. Agrobacterium – mediated transformation of cotton (*Gossypium hirsutum* L.) with a fungal phytase gene improves phosphorus acquisition [J]. Euphytica, 2009, 181: 31 – 40.

LOCKHART D J, WINZELER E A. Genomics, gene expression and DNA arrays [J]. Nature, 2000, 405: 827 – 836.

LU X K, FU X Q, WANG, D L, et al. Resequencing of *cv* CRI – 12 family reveals haplotype block inheritance and recombination of agronomically important genes in artificial selection [J]. Plant Biotechnology Journal, 17: 945 – 955.

LU X K, YIN Z J, WANG J J, et al. Identification and function analysis of drought – specific small RNAs in *Gossypium hirsutum* L. [J]. Plant Science, 2019, 280: 187 – 196.

MAHER C A, KUMAR – SINHA C, CAO X H, et al. Trancriptome sequencing to detect gene fusions in cancer ［J］. Nature, 2009, 458 (7234): 97 – 101.

MARTIN N, FORGEOIS P, PICARD E. Investigations on transforming *Triticum aestivum* via pollen tube pathway ［J］. Agronomie, 1992, 12: 537 – 544.

MCCABE D E, MARTINELL B J. Transformation of elite cotton cultivars via particle bombardment of meristems ［J］. Biotechnology, 1993, 11: 596 – 598.

MU M, KU X K, WANG J J, et al. Genome – wide Identification and analysis of the stress – resistance function of the TPS (Trehalose – 6 – Phosphate Synthase) gene family in cotton ［J］. BMC Genetics, 2016, 17: 54.

NAIR G R, LAI X, WISE A A, et al. The integrity of the periplasmic domain of the VirA sensor kinase is critical for optimal coordination of the virulence signal response in Agrobacterium tumefaciens ［J］. Journal of bacteriology, 2011, 193: 1436 – 1448.

NANDESHWAR S B, MOGHE S, CHAKRABARTY P K, et al. Agrobacterium-mediated transformation of cry1Ac gene into shoot – tip meristem of diploid cotton *Gossypium arboreum* cv. RG8 and regeneration of transgenic plants ［J］. Plant Molecular Biology Reports, 2009, 27: 549 – 557.

NAOUMKINA, M, THYSSEN G N, FANG D D. RNA – seq analysis of short fiber mutants Ligon – lintless – 1 (Li – 1) and – 2 (Li – 2) revealed important role of aquaporins in cotton (*Gossypium hirsutum* L.) fiber elongation ［J］. BMC Plant Biology, 2015, 15: 65.

NIGAM D, KAVITA P, TRIPATHI R K, et al. Transcriptome dynamics during fibre development in contrasting genotypes of *Gossypium hirsutum* L ［J］. Plant Biotechlogy Journal, 2014, 12: 204 – 218.

NI W C, GUO S D, JIA S R. Cotton transformation with the pollen tube pathway ［J］. Review of China Agricultural Science and Technology, 2000, 2: 27 – 32.

NGUYEN T B, GIBAND M, BROTTIER P, et al. Wide coverage of the tetraploid cotton genome using newly developed microsatellite markers ［ J ］. Theoretical and Applied Genetics, 2004, 109: 167 – 175.

PADMALATHA K V, PATIL D P, KUMAR K, et al. Functional genomics of fuzzless – lintless mutant of *Gossypium hirsutum* L. cv. MCUS reveal key genes and pathways involved in cotton fibre initiation and elongation ［J］. BMC Genomics, 2012, 13: 624.

PARK W, SCHEFFLER B E, BAUER P J, et al. Genome – wide identification of differentially expressed genes under water deficit stress in upland cotton (*Gossypium hirsutum* L.) [J] . BMC Plant Biology, 2012, 12: 90.

PATERSON A H, WENDEL J F, GUNDLACH H, et al. Repeated polyploidization of *Gossypium* genomes and the evolution of spinnable cotton fibres [J] . Nature, 2012, 492 (7429): 423 – 427.

PENG Z, HE S, GONG W, et al. Comprehensive analysis of differentially expressed genes and transcriptional regulation induced by salt stress in two contrasting cotton genotypes [J] . BMC Genomics, 2014, 15: 760.

RAJASEGAR G, RANGASAMY S R S, VENKATACHALAM P, et al. Callus induction, somatic embryoid formation and plant regeneration in cotton (*Gossypium hirsutum* L.) [J] . Journal of Phytological Research, 1996, 9: 145 – 147.

RAJASEKARAN K, HUDSPETH R L, CARY J W, et al. High frequency stable transformation of cotton (*Gossypium hirsutum* L.) by particle bombardment of embryogenic cell suspension cultures [J] . Plant Cell Reports, 2000, 19: 539 – 545.

RAO A Q, HUSSAIN S S, SHAHZAD M S, et al. Somatic embryogenesis in wild relatives of cotton (*Gossypium spp.*) [J] . Journal of Zhejiang University Science B, 2006, 7: 291 – 298.

RECH E L, VIANNA G R, ARAGAO F J L. High – efficiency transformation by biolistics of soybean, common bean and cotton transgenic plants [J] . Nature Protocols, 2008, 3: 410 – 418.

REINISCH A J, DONG J M, WENDEL J F, et al. A detailed RFLP map of cotton *Gossypium hirsutum* × *Gossypium barbadense* chromosome organization and evolution in a disomic polyploid genome [J] . Genetics, 1994, 138: 829 – 847.

RODRIGUEZ – URIBE L, ABDELRAHEEM A, TIWARI R, et al. Identification of drought – responsive genes in a drought – tolerant cotton (*Gossypium hirsutum* L.) cultivar under reduced irrigation field conditions and development of candidate gene markers for drought tolerance [J] . Molecular Breeding, 2014, 34: 1777 – 1796.

RUNGI S D, LLEWELLY N D, DENNIS E S, et al. Investigation of the chromosomal location of the bacterial bligh tresistance gene present in an Australian cotton (*Gossypium hirsutum* L.) cultivar [J] . Australian Journal of Agricultural Research,

2002, 53 (5): 551 -560.

SAKHANOKHO H F, OZIAS - AKINS P, MAY O L, et al. Induction of somatic embryogenesis and plant regeneration in select Georgia and peedee cotton lines [J] . Crop Science, 2004, 44: 2199 - 2205.

SAKHANOKHO H F, ZIPF A, RAIASEKARAN K, et al. Induction of highly embryogenic calli and plant regeneration in upland (*Gossypium hirsutum* L.) and pima (*Gossypium barbadense* L.) cottons [J] . Crop Science, 2001, 41: 1235 - 1240.

SATYAVATHI V V, PRASAD V, LAKSHMI B G, et al. High efficiency transformation protocol for three Indian cotton varieties via Agrobacterium tumefaciens [J] . Plant Science, 2002, 162: 215 - 223.

SHAN D P, HUANG J G, YANG Y T, et al. Cotton Gh DREB1 increases plant tolerance to low temperature and is negatively regulated by gibberellic acid [J] . New Phytologist, 2007, 176 (1): 70 - 81.

SHAPPLEY Z W, JENKINS J N, MEREDITH W R, et al. An RFLP linkage map of Upland cotton, *Gossypium hirsutum* [J] . Theoretical Applied Genetics, 1998, 97: 756 - 761.

SHENDURE J, JI H. Next - generation DNA sequencing [J] . Nature Biotechnology, 2008, 26: 1135 - 1145.

SHEN X L, GUO W Z, LU Q X, et al. Genetic mapping o f quantitative trait loci for fiber quality and yield trait by RIL approach in upland cotton [J] . Euphytica, 2007, 155: 371 - 380.

SHI G Y, GUO X Y, GUO J Y, et al. Analyzing serial cDNA libraries revealed reactive oxygen species and gibberellins signaling pathways in the salt response of Upland cotton (*Gossypium hirsutum* L.) [J] . Plant Cell Reports, 2015, 34: 1005 - 1023.

SHOU H X, PALMER R G, WANG K. Irreproducibility of the soybean pollen - tube pathway transformation procedure [J] . Plant Molecular Biology Reports, 2002, 20: 325 - 334.

STURTEVANT A H. A history of genetics [M] . New York: Harper and Row, 1965: 1 - 167.

SUNILKUMAR G, RATHORE K S. Transgenic cotton: factors influencing Agrobacterium mediated transformation and regeneration [J] . Molecular Breeding,

2001, 8: 37 - 52.

SUN Y Q, ZHANG X L, HUANG C, et al. Somatic embryogenesis and plant regeneration from different wild diploid cotton (*Gossypium*) species [J] . Plant Cell Reports, 2006, 25: 289 - 296.

SUN Y Q, ZHANG X L, HUANG C, et al. Factors influencing in vitro regeneration from protoplasts of wild cotton (*G - klotzschianum* A) and RAPD analysis of regenerated plantlets [J] . Plant Growth Regulation, 2005, 46: 79 - 86.

TAKAHASHI Y, SHOMURA A, SASAKI T, et al. Hd6, a rice quantitative trait locus involved in photoperiod sensitivity , encodes the asubunit of protein kinase CK2 [J] . PNAS, 2001, 98 (14): 7922 - 7927.

TOHIDFAR M, MOHAMMADI M, GHAREYAZIE B. Agrobacterium - mediated transformation of cotton (*Gossypium hirsutum*) using a heterologous bean chitinase gene [J] . Plant Cell Tissue Organ Culture, 2005, 83: 83 - 96.

TRAPNELL C, ROBERTS A, GOFF L, et al. Differential gene and transcript expression analysis of RNA - seq experiments with *TopHat and Cufflinks* [J] . Nature Protocols, 2012, 7: 562 - 578.

ULLO A M, MEREDITH W R, SHAPPLEY Z W, et al. RFLP genetic linkage maps from four $F_{2:3}$ populations populations and a joinmap of *Gossypium hirsutum* [J] . Theoretical Applied Genetics, 2002, 104: 200 - 208.

UMBECK P, JOHNSON G, BARTON K, et al. Genetically transformed cotton (*Gossypium hirsutum* L.) plants [J] . Biotechnology, 1987, 5: 263 - 266.

WAGHMARE V N , RONG J K , PATERSON A H , et al. Genetic mapping of a cross between *Gossypium hirsutum* (cotton) and the *Hawaiian endemic*, *Gossypium tomentosum* [J] . Theoretical Applied Genetics , 2005, 111: 665 - 676.

WAN Q, ZHANG Z S, HU M C, et al. T1 locus in cotton is the candidate gene affecting lint percentage, fiber quality and spiny bollworm (*Earias spp.*) resistance [J] . Euphytica, 2007, 158: 241 - 247.

WANG C L, ZHANG S C, QI S D, et al. Delayed germination of Arabidopsis seeds under chilling stress by overexpressing an abiotic stress inducible *GhTPS*11 [J] .Gene, 2016, 575 (2): 206 - 212.

WANG J, SUN Y, YAN S, et al. High frequency plant regeneration from protoplasts in cotton via somatic embryogenesis [J] . Biologia Plantarum, 2008, 52: 616 – 620.

WANG J J, LU X K, YIN Z J, et al. Genome – wide identification and expression analysis of CIPK genes in diploid cottons [J] . Genetics and Molecular Research, 2016, 15 (4): gmr15048852.

WANG K, GUO W Z, YANG Z J, et al. Structure and size variations between 12A and 12D homoeologous chromosomes based on high – resolution cytogenetic map in allotetraploid cotton [J] . Chromosoma, 2010, 119: 255 – 266.

WANG K B, WANG Z W, LI F G, et al. The draft genome of a diploid cotton *Gossypium raimondii* [J] . Nature Genetics, 2012, 44 (10): 1098 – 1103.

WEI J Y, LIU D B, CHEN Y Y, et al. Transformation of PRSV – CP dsRNA gene into papaya by pollen – tube pathway technique [J] . Xibei Zhiwu Xuebao, 2008, 28: 2159 – 2163.

WRIGHT R J , THAXTON P M , ELZIK K M , et al. D – subgenome bias of Xcm resistance genes in tetraploid *Gossypium* (cotton) suggests that polyploid formation has created novel avenues for evolution [J] . Genetics, 1998, 149 (4): 1987 – 1996.

WU J, ZHANG X, NIE Y, et al. Highefficiency transformation of *Gossypium hirsutum* embryogenic calli mediated by Agrobacterium tumefaciens and regeneration of insect – resistant plants [J] . Plant Breeding, 2005, 124: 142 – 146.

WU J H, ZHANG X L, NIE Y C, et al. Factors affecting somatic embryogenesis and plant regeneration from a range of recalcitrant genotypes of Chinese cottons (*Gossypium hirsutum* L.) [J] . In Vitro Cellular Development Biology. Plant, 2004, 40: 371 – 375.

WU S J, WANG H H, LI F F, et al. Enhanced Agrobacterium – mediated transformation of embryogenic calli of upland cotton via efficient selection and timely subculture of somatic embryos [J] . Plant Molecular Biology Reports, 2008, 26: 174 – 185.

XU L, ZHU L F, TU L L, et al. Lgnle metabolism has a central role in the resistance of cotton to the wilt fungus *Verticillium Dahliae* as revealed by RNA – Seq – dependent transcriptional analysis and histochemistry [J] . Journal of Experimantal Botany, 2011, 62: 5607 – 5621.

XU P, LIU Z, FAN X, et al. *De novo* transcriptome sequencing and comparative

analysis of differentially expressed genes in *Gossypium aridum* under salt stress ［J］.
Gene, 2013, 525: 26 – 34.

XU Z Y, KOHEL R J, SONG G L, et al. An integrated genetic and physical map of homoeologous chromosomes 12 and 26 in upland cotton (*G. hirsutum* L.) ［J］. BMC Genomics, 2008, 9: 108.

YANG A, SU Q, AN L, et al. Detection of vector – and selectable marker – free transgenic maize with a linear GFP cassette transformation via the pollentube pathway ［J］. Journal of Biotechnology, 2009, 139: 1 – 5.

YANG S, LI G, LI M, et al. Transgenic soybean with low phytate content constructed by Agrobacterium transformation and pollentube pathway ［J］. Euphytica, 2011, 177: 375 – 382.

YANG X M, LU X K, CHEN X G, et al. Genome – wide identification and expression analysis of DNA demethylase family in cotton ［J］. Journal of Cotton Research, 2019, 2: 16.

YANO M, KATAYOSE Y, ASHIKARI M, et al. Hd1, a major photoperiod sensitivity quantitative trait locus in rice is closely related to the arabidopsis flowering time gene CONSTA NS ［J］. Plant Cell, 2000, 12: 2473 – 2484.

YAO D, ZHANG X, ZHAO X, et al. Transcriptome analysis reveals salt – stress – regulated biological processes and key pathways in roots of cotton (*Gossypium hirsutum* L.) ［J］. Genomics, 2011, 98: 47 – 55.

YIN J, YU G R, REN J P, et al. Transforming anti – TrxS gene into wheat by means of pollen tube pathway and ovary injection ［J］. Xibei Zhiwu Xuebao, 2004, 24: 776 – 780.

YIN Z, WANG J, WANG D, et al. The MAPKKK gene family in *Gossypium raimondii*: genome – wide identification, classification and expression analysis ［J］. International Journal of Molecular Sciences, 2013, 14 (9): 18740 – 18757.

YUAN D, TANG Z, WANG M, et al. The genome sequence of sea – island cotton (*Gossypium barbadense*) provides insights into the allopolyploidization and development of superior spinnable fibres ［J］. Scientific Reports, 2015, 5: 17662.

YUCEER S U, KOC N K. Agrobacterium mediated transformation and regeneration of cotton plants ［J］. Russian Journal of Plant Physiology, 2006, 53:

413 – 417.

ZAPATA C, PARK S H, ELZIK K M, et al. Transformation of a Texas cotton cultivar by using Agrobacterium and the shoot apex [J]. Theoretical Applied Genetics, 1999, 98: 252 – 256.

ZENG J Z, WANG D J, WU Y Q, et al. Transgenic wheat plants obtained with pollen tube pathway method [J]. Science in China, Ser. B, 1994, 37: 319 – 325.

ZHANG B. Transgenic cotton: from biotransformation methods to agricultural application [J]. Methods in Molecular Biology, 2013, 958: 3 – 15.

ZHANG B, WANG Q, LIU F, et al. Highly efficient plant regeneration through somatic embryogenesis in 20 elite commercial cotton (Gossypium hirsutum L.) cultivars [J]. Plant Omics, 2009, 2: 259 – 268.

ZHANG B H, FENG R, LIU F, et al. High frequency somatic embryogenesis and plant regeneration of an elite Chinese cotton variety [J]. Botanical Bulletin of Academia Sinica, 2001, 42: 9 – 16.

ZHANG B H, FENG R, LIU F, et al. Direct somatic embryogenesis and plant regeneration from cotton (Gossypium hirsutum L.) explants [J]. Israel Journal of Plant Science, 2001, 49: 193 – 196.

ZHANG B L, CHEN X G, LU X K, et al. Transcriptome analysis of Gossypium hirsutum L. reveals different mechanisms among NaCl, NaOH and Na_2CO_3 stress tolerance [J]. Scientific Reports, 2018.

ZHANG F, ZHU G Z, DU L, et al. Genetic regulation of salt stress tolerance revealed by RNA – Seq in cotton diploid wild species, Gossypium davidsonii [J]. Scientific Reports, 2016.

ZHANG J, CAI L, CHENG J Q, et al. Transgene integration and organization in cotton (Gossypium hirsutum L.) genome [J]. Transgenic Research, 2008, 17: 293 – 306.

ZHANG J, GUO W Z, ZHANG T Z. Molecular linkage map of allotetraploid cotton (Gossypium hirsutum L × Gossypium barbadense L.) with a haploid population [J]. Theoreticl Applied Genetics, 2002, 105: 1166 – 1173.

ZHANG M P, ZHANG Y, HUANG J J. Genome physical mapping of polyploids: A BIBAC physical map of cultivated tetraploid cotton, Gossypium hirsutum L [J].

PLoS One, 2012, 7: e33644.

ZHANG T, HU Y, JIANG W, et al. Sequencing of allotetraploid cotton (*Gossypium hirsutum* L. acc. TM－1) provides a resource for fiber improvement [J]. Nature Biotechnology, 2015, 33 (5): 531－537.

ZHANG X, ZHEN J B, LI Z H, et al. Expression profile of early responsive genes under salt stress in Upland cotton (*Gossypium hirsutum* L.) [J]. Plant Molecular Biology Reports, 2011, 29: 626－637.

ZHANG Y S, YIN X Y, YANG A F, et al. Stability of inheritance of transgenes in maize (*Zea mays* L.) lines produced using different transformation methods [J]. Euphytica, 2005, 144: 11－22.

ZHANG Z S, XIAO Y H, LUO M, et al. Construction of a genetic linkage map and QTL analysis of fiber－related [J]. Euphytica, 2005, 144: 91－97.

ZHAO X, MENG Z, WANG Y, et al. Pollen magnetofection for genetic modification with magnetic nanoparticles as gene carriers [J]. Nature Plants, 2017, 3 (12): 956－964.

ZHAO X J, LU X K, YIN Z J, et al. Genome－wide identification and structural analysis of pyrophosphatase gene family in cotton [J]. Crop Science, 2016, 56: 1－10.

ZHOU G, WENG J, ZHENG Y, et al. Introduction of exogenous DNA into cotton embryos [J]. Methods in Enzymologyl, 1983, 101: 433－481.

ZHOU X G, REN L F, LI Y T, et al. The next－generation sequencingtechnology: a technology review and future perspective [J]. Scientia Sinica Vitae, 2010, 40 (1): 23－37.

ZHU S W, GAO P, SUN J S, et al. Genetic transformation of green－colored cotton [J]. *In Vitro* Cellular & Developmental Biology－Plant, 2006, 42: 439－444.

ZHU Y N, SHI D Q, RUAN M B, et al. Transcriptome analysis reveals crosstalk of responsive genes to multiple abiotic stresses in cotton (*Gossypium hirsutum* L.) [J]. PLoS One, 2013, 8 (11): e80218.

第五章

棉花抗逆蛋白质组学

　　植物在生存的环境中常常会遇到包括诸如温度、光照、供水、养分、病虫害等生物及非生物逆境胁迫，这些逆境胁迫将对植物的生长和发育产生负面影响并最终会对植物的产量造成限制，这种负面的影响也有可能转化为在农业生产上不可接受的经济损失。在自然界中，植物应对各种逆境胁迫的反应一般是受动态上调和下调的众多基因控制的结果，因此科研工作者应用各种"组学"（Omics）方法来全面了解植物对各种非生物胁迫的响应。"Omics"方法允许对环境胁迫引起的生理生化变化进行高通量分析，以了解植物应对不同逆境胁迫而具有的各自独特且有效的机制，是一种获得有关植物应对逆境胁迫耐受性整体机制的颇为有效的技术策略。基因组学、转录组学、蛋白质组学、蛋白质基因组学和代谢组学等策略已被广泛应用在植物应对逆境胁迫机制的研究中，这些技术手段为较为全面地理解植物应对逆境胁迫和改善在逆境下的生存机制提供了新方法，为作物抗逆育种开辟了新的视野。

　　蛋白质组（Proteomics）是在给定生物的有机体、器官、细胞、组织等在某一特定条件下总表达的蛋白质。蛋白质组是高度动态变化的，会随着有机体、器官、细胞或组织等发育阶段以及（和）不同环境条件而发生变化。蛋白质组学是在特定情况下，诸如特定环境条件或特定的发育时期检测到的差异表达蛋白质的技术。通过对蛋白质的研究，人们可以推断出相应基因的功能和该基因控制的特性。因此，蛋白质组学是一种非常有效的技术手段，可在细胞全蛋白的范围内研究植物响应逆境胁迫和胁迫耐受性的机制，将有助于进一步剖析非生物胁迫耐受性所必需的细胞代谢调控途径及机制，为人们揭示植物应对不同逆境提供宝贵的信息，并为农业上的分子辅助设计育种提供有益的策略。

第一节 棉花抗逆蛋白质组学及研究方法

棉花是世界上重要的纤维作物，为棉纺工业提供原材料。中国、巴西、美国、印度和巴基斯坦五国几乎贡献了全球80%的棉花产量（Riaz et al.，2013）。棉花是一种对生物/非生物胁迫相对比较敏感的作物，高盐和干旱等逆境胁迫是造成棉花减产的重要环境因子，全球气候变暖所引起的多发极端气候正越来越加重高温、干旱、涝害等对农产品生产带来的负面影响（Parida et al.，2007）。因此，目前越来越多的研究致力于揭示棉花抗逆应答的分子机制，为棉花的抗逆育种提供理论支持，从而培育出耐盐抗旱等新种质（品种）以满足生产上对棉花抗逆性的需求。

植物抗逆应答反应涉及激素应答信号转导以及大量的基因表达调控，是复杂的生物学过程。由于翻译后往往对一些蛋白进行了不同的修饰（如乙酰化、磷酸化等），mRNA表达水平有时与蛋白丰度和功能相关性不高，高通量蛋白质组学已被证明是其中一个全面鉴定植物抗逆性蛋白的有效工具，蛋白质组学可从全基因组水平来反映细胞内的基因表达、修饰以及定位等变化情况，可有效地解释植物逆境下的复杂生理过程，因而在植物抗逆的研究中被广泛应用。

蛋白质组学的研究策略是从蛋白质的整体层面上对生物体进行探究。由于蛋白质是细胞执行生命活动实现相关生理功能的最直接载体，对生命体蛋白质组的研究在2001年被期刊 *Science* 列为生命科学领域所关注六个研究热点中的一个（曾嵘和夏其昌，2002）。蛋白质组的概念最初被提出时被认为是"一个基因组所表达出的所有蛋白质"。而考虑到细胞内的蛋白质组动态变化特性，现在被广泛接受的定义为"蛋白质组是一已知细胞在某一特定发育时期包括的所有类型和修饰的蛋白"（王英超等，2010）。根据研究者所期望的目标不同，蛋白质组学可以分为差异表达蛋白质组学、结构蛋白质组学和功能蛋白质组学等。差异表达蛋白质组研究是解析不同样本间的差异表达蛋白质，这种解析获得的数据可以对整个细胞进行，也可以对某个所关注的细胞器进行，而且这些数据还可包括蛋白质相关修饰的信息。结构蛋白质组学研究主要目的是鉴定出蛋白或复合体的结构。功能蛋白质组是利用某个目标蛋白为诱饵去分离蛋白质复合体，鉴定互作蛋白或者蛋白配体等（Graves and Haystead，2002）。

目前蛋白质组研究更多的关注在差异表达蛋白质组研究领域上，其中包括亚细胞蛋白质组和修饰化蛋白质组等。表达蛋白质组研究采用的主要技术是蛋白质鉴定和蛋白质定量分析技术。蛋白质的鉴定主要是通过质谱技术来实现的。被酶解后的肽段根据其分子量大小和所带的电荷在质谱仪中被分离鉴定后得到肽段的质量指纹图谱（Peptide Mass Finger Printing，PMF），将获得的 PMF 与相关数据库中的蛋白理论的酶解肽段的信息进行比较，搜索后得到相关鉴定信息。同时还可以利用串联质谱对特定肽段进行选择后，将该肽段离子与惰性气体进行碰撞产生二级质谱信息后进行鉴定。在二级质谱中，能够区分开相邻肽段单个氨基酸的差别。因此，通过分析邻近峰的相对分子量，可以检测肽段的氨基酸序列，更加准确地对蛋白质进行鉴定（喻娟娟和戴绍军，2009）。蛋白质的定量分析主要通过蛋白质双向凝胶电泳技术（2-DE）和高效液相色谱（HPLC）等分离的方法将复杂的蛋白样品进行分离后进行定量。基于 2-DE 分离方法的蛋白质定量主要通过对蛋白质在凝胶上直接显色完成，常用的显色方法包括考马斯亮蓝染色、银染和荧光染料显色等。基于 HPLC 技术分离后的肽段样品直接进入质谱分析，质谱可以利用肽段的标记定量，也可以进行非标记定量（Label-free）。标记定量包括体内标记定量，如稳定同位素标记氨基酸（SILAC）方法，以及体外标记定量，如同位素相对标记与绝对定量技术（i-TRAQ）。现有的 Label-free 技术主要有基于一级质谱信息定量和基于二级质谱信息定量的两种策略。前者的定量是基于一级质谱相关的肽段的峰强度（peak intensity）信息，后者的定量是基于二级质谱相关的每个蛋白被鉴定肽段的总次数（spectral counts）的信息。

随着蛋白质组学研究相关技术的快速发展以及更多物种的基因组测序及注释工作的结束，植物蛋白质组学研究技术得到越来越广泛的应用。其应用涉及生长发育过程、组织特异性、亚细胞结构、修饰化及胁迫响应等多个方面。蛋白质组研究方法为作物科学研究提供了新的手段。一方面蛋白质组数据可以有效地解释生物学过程是如何发生的，另一方面蛋白质组学技术能够有效发掘控制生物学过程的关键调控因子。

进行蛋白质组学研究的首要前提是获得较好的蛋白质样品以用于质谱分析。蛋白质样品要求尽量将目标组织中的蛋白质全部提取出来，同时要求所提取出的蛋白质样品纯度要高，尽量满足质谱鉴定和数据分析的要求。棉花细胞内含有包括多糖、多酚、果胶、油脂和蜡质等很多干扰蛋白质提取的物质，如何获得满足蛋白质组学研究要求的高质量蛋白质样品，这对于棉花的蛋白质组学研究来讲是一个很大的挑战（Wan and Wilkins，1994）。目前，国内外众多学者对棉花组织特异性蛋白的提取方法中常用的三氯乙酸/丙酮沉淀法、酚抽提法等方法进行了有益的探讨与改进，建立了基于富含酚类物质的棉花蛋白质提取方法，从一定程度上满足了棉花蛋白质组分析的要求。

三氯乙酸/丙酮法是在 10% 三氯乙酸（TCA）的丙酮溶液中含有还原剂二硫苏糖醇（Dithiothreito，DTT）或 β － 巯基乙醇（β － Mercaptoethanol，β － ME）的条件下，对在液氮中研磨后的棉花样品进行蛋白提取的方法。酚抽提法是提取缓冲液（Tris－HC，pH 值为 8.65）中含有还原剂 DTT 或 β － ME 的条件下，对在液氮中研磨后的棉花样品进行蛋白提取后加入 Tris － HCl 饱和酚（pH 值为 8.0），再用乙酸铵甲醇溶液从酚相中沉淀蛋白的提取方法。由于棉花细胞中存在较多的酚类等干扰化合物的存在，不仅影响了所提取蛋白质的质量，还严重影响了 2－DE（two－dimensional）凝胶中蛋白的分离效果。为此，一些学者对棉花不同组织蛋白提取方法进行了优化。韩吉春等（2012）采用了三氯乙酸 －丙酮沉淀并结合甲醇等有机溶剂洗涤样品的方法获得了可满足蛋白质组学电泳要求的棉花叶片蛋白。徐子剑等（2006）比较了水提取法、尿素提取法和酚提取法来获得的棉花纤维蛋白的质量差异，认为酚提取法得到的蛋白杂质少、纯度高，更适宜蛋白组分析。更值得注意的是，Yao 等（2006）对蛋白的酚抽提法进行了优化与改良，建立了高效可行的从棉纤维中提取蛋白方法。在以棉纤维为样品的蛋白质提取过程中添加了聚乙烯吡咯烷酮（PVPP）和十二烷基硫酸钠（SDS），可显著提高棉纤维样品中蛋白质的提取率，改善了获取的蛋白质溶解性能和在 2－D 凝胶上蛋白质点有更好的分辨率。在 Yao 等（2006）的技术方案中，在提取缓冲液 ［50 mM Tris － HCl pH 8.65，2% SDS，30% sucrose，2% 2－mercaptoethanol（2－ME）］ 中加入 10% SiO_2 进行样品研磨，并加入 30% 蔗糖协助将更好地破坏细胞壁。为了更好地去除多酚类、脂类等干扰化合物，在研磨提取液中加入 PVPP 以去除多酚类化合物，并用冷的 80% 丙酮洗涤蛋白以去除脂类和盐分。Yao 等（2006）建立的技术体系也被一些学者用于棉花叶片、根系等组织蛋白的提取，也取得了较好效果。从已有的相关研究文献提供的信息来看，酚抽提法似乎更宜用于棉花样品蛋白的提取，但由于采用酚抽提法和三氯乙酸/丙酮法从棉花组织中提取的蛋白质种类可能存在差异，在实际的科研工作中可以将二者相互配合使用，有望获得更为全面的蛋白质表达信息。的确，Zhao 等（2010）采用 TCA/丙酮和酚提取（TCA/丙酮/苯酚）相结合的方法提取棉花蛋白质，获得了高质量的 2 - DE 图谱，满足了进行蛋白质组学研究的要求。为了满足二维电泳（2 - DE）和液相色谱 - 串联质谱（LC - MS/MS）连用技术对植物蛋白质样品的质量需求，Jin 等（2019）评估了 BPP（borax / PVPP / phenol）、TCA（trichloroaceticacid / acetone）法和 TCA - B（TCA combined with BPP）等三种不同棉花叶片的总蛋白提取方法获得的蛋白质在进行 2 - DE 和 LC - MS/MS 分析的结果差异，结合高通量蛋白质组学分析表明，从 TCA 法、BPP 法和 TCA - B 法提取的棉花的叶片总蛋白中，分别鉴定出 6339、9282 和 9697 个蛋白。GO（Gene Ontology）的分析结果显示，TCA 法鉴定的特异性蛋白主要分布在细胞膜上，而 BPP 法和 TCA - B 法鉴定的特异性蛋白主要分布在胞浆中，表明不同的蛋白提取方法对亚细胞的偏爱程度有所不同，作者还认为改进的 TCA - B 法获取的蛋白基本满足 2 - DE 和 LC - MS/MS 需求，TCA - B 法适用于棉花叶片和类似富含多糖与多酚的植物组织，TCA - B 法可能是 2 - DE 和 LC - MS/MS 法的一个最佳选择。

第二节　耐盐蛋白质组学

土壤中较高的盐分是限制农作物生长和产量的环境限制因素。过量的盐分会抑制植物对矿物营养和水分的吸收，进而可能使植物细胞受到离子伤害与水分胁迫。与其他农作物相比，棉花（*Gossypium hirsutum* L.）具有较高的对氯化钠等盐分胁迫的耐受能力，但其生长、产量以及棉纤维的质量仍会受到盐分胁迫带来的不同程度负面影响（Maas and Hoffman，1977）。萌发初期和苗期的棉花植株对高盐分的胁迫更为敏感，高盐胁迫所造成的伤害更为严重（Ahmad et al.，2002）。不同的棉花品种表现出不同的耐盐特性，研究表明 200mM 氯化钠是区分耐盐和盐敏感棉花的有效浓度。耐盐品种 Acaia1517 - 88 和 Acala1517 - SR2 比盐敏感品种 Deltapine50 和 Stoneville825 具有更高的过氧化氢酶（CAT）及过氧化物酶（POD）活性，且具有更高含量的还原型谷胱甘肽（GSH）和抗坏血酸（Vc），这表明较强的过氧化物清除能力是耐盐棉花具有的重要生理特性之一（Gossett et al.，1994）。使用 iTRAQ 技术的蛋白质组学分析表明，三叶期的棉花幼苗用 200mM 氯化钠处理 24h 后会诱导超氧化物歧化酶（SOD）、过氧化物酶（POD）和谷胱甘肽 S - 转移酶（GST）蛋白的高丰度积累。高盐条件下棉花可以通过提高 SOD、POD 和 GST 等酶活性来清除活性氧（ROS），如抗氧化酶可保护高盐胁迫下的棉花根部免受 ROS 的氧化损伤（Li et al.，2015）。

盐分是常见的非生物胁迫之一，它影响了农作物的生产能力和地理分布。为了应对盐胁迫，植物进化出复杂的信号网络和代谢调节机制，表现在光合作用、活性氧清除、离子稳态、渗透调节、信号转导、转录调控和细胞骨架动力学改变等诸多方面。

光合作用是受盐度影响的主要代谢过程之一，对高盐胁迫敏感，过量的盐分会通过直接和（或）间接的作用迅速而强烈地影响植物的光合作用能力。在植株整体水平上，盐害的次生效应比离子毒性对光合作用的影响更为重要。高盐不仅仅影响了植物叶片对水分的吸收、脱落酸（ABA）的生物合成，高盐胁迫还会破坏植物的渗透、离子和营养平衡等。这些因素影响植物光合作用系统的电子传递能力和暗反应中碳固定相关酶的活性。具体地讲，盐度对光合作用系统中如光合色素合成、电子传递、光合磷酸化和 CO_2 固定等代谢过程有较大影响。盐胁迫下通过对不同棉花品种的蛋白质组学研究发现，在盐胁迫条件下直接/间接参与光合作用过程的一些蛋白质是上调/下调的，从而影响棉花的光合作用。在盐胁迫下，光反应相关蛋白放氧增强蛋白 1（Oxygen - evolving enhancer protein 1）、放氧增强蛋白 2、叶绿体锰稳定蛋白等的丰度存在显著差异。卡尔文循环过程中的相关蛋白，如二磷酸核酮糖羧化酶/加氧酶（RuBisCO）激活酶（RCA）和磷酸甘油酸激酶等被诱导。将电子从光系统 II（PSII）转移到光系统 I（PSI）的细胞色素 b6f 复合物的蛋白丰度也受到盐胁迫的影响（Silveira and Carvalho，2016）。

崔宇鹏等（2012）利用 TCA - 丙酮沉淀法，以中 07（耐盐）和中 S9612（盐敏）0.4% NaCl 胁迫（0h、24h）后的三叶期棉花叶片为材料提取的蛋白进行了差异表达研究（图 5 - 1），经过盐处理，有 22 个蛋白点的表达量在两棉花叶片中发生了显著的改变，其中与光合作用有关的蛋白有 Rubisco 羧化/氧化激酶 α2、Rubisco 羧化/氧化酶大亚基、光合放氧增强蛋白 2（Oxygen - evolving Enhancer Protein 2，OEE2）、Rubisco 酶大亚基结合蛋白 α 亚基、Rubisco 酶大亚基结合蛋白 β 亚基等。许菲菲等（2014）以棉花南丹巴地大花（盐敏）和早熟长绒 7 号（耐盐）为材料，运用 iTRAQ 技术，对采用 TCA - 丙酮沉淀法提取获得的 NaCl 胁迫下棉花叶蛋白的差异表达进行了研究。对差异蛋白进行了功能分类分析表明，棉花主要通过调节光合作用等能量过程、活性氧清除和渗透物质调节等来抵抗盐胁迫的伤害。陈凯等（2015）利用改良的 TCA - 丙酮法提取了中 H177（耐盐碱）在 $NaHCO_3/Na_2CO_3$ 混合碱液胁迫后的棉花四叶期叶片的蛋白，差异蛋白质组学研究表明混合碱液处理 12h 后核酮糖 1，5 - 二磷酸羧化酶大亚基等与光合作用有关蛋白丰度显著改变。李宁等（2015）研究发现，在盐（1% NaCl）胁迫下棉花银山 1 号和中棉所 69 叶蛋白的叶绿体 Rubisco 酶大亚基结合 α 亚基差异表达。Gong 等（2017）研究发现与光合作用相关的放氧增强蛋白 3（Oxygen - evolving enhancer protein 3）、PSIP700 叶绿素 a 载脂蛋白 A2（PSIP700；chlorophyll aapo protein A2）在耐盐品种南丹巴地大花中具有更高的丰度，在盐胁迫下其具有更高的光合效率。Chen 等（2016）以陆地棉（*Gossypium hirsutum*）品种 CCRI - 79 为材料的研究表明，高盐对棉花 CCRI - 79 叶片的净光合速率（Pn）和气孔导度（gs）均有抑制作用。与光合作用相关的包括 PSII 蛋白 PsbA - E、PSI 蛋白 PsaA、PsaB、PsaF、PsaG、PsaL 和 PsaN、Cytb6/f 复合体、F - type H^+ - transporting ATPase β 亚基、PSI 光捕获蛋白 PsaB 和 PSII 光捕获蛋 PsbE 等在叶片细胞中的丰度下降了 40% 以上。叶片中参与"光合固碳"的蛋白诸如磷酸烯醇丙酮酸羧化酶（PEPC）、苹果酸脱氢酶（MDH）、磷酸三磷异构酶（TIM）、果糖 - 1，6 - 双磷酸酶 I（FBP）、转酮酶（TAK）、磷酸甘油激酶（PGK）等蛋白的丰度下降了下降了 30% 以上。这些蛋白丰度的变化提示，高盐胁迫下盐害通过影响参与光合作用光反应和碳固定（暗反应）相关蛋白的活性来抑制叶片的光合能力。因此，蛋白质组学可作为有效的组学研究工具来帮助阐明盐胁迫下棉花光合作用系统相关蛋白丰度的变化，这将有助于了解光合作用相关蛋白在盐胁迫下如何进行调控以应对高盐胁迫的机别。

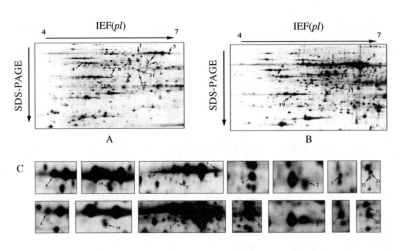

图 5 - 1　盐胁迫下陆地棉叶片差异蛋白表达谱（崔宇鹏等，2012）

注：A. 陆地棉中 07 三叶期叶片的蛋白表达谱（对照组）；B. 陆地棉中 07 三叶期叶片的蛋白表达谱（盐处理组）；C. 10 个差异蛋白质点的放大图。

　　盐胁迫下叶绿体接收了过量的光能，而 CO_2 同化能力的下调等会导致光合作用系统的光反应—暗反应失衡，导致线粒体和叶绿体中的电子传递链被过度还原，与此同时往往伴随着活性氧（ROS）的生成，ROS 包括超氧自由基（O_2^-）、过氧化氢（H_2O_2）和羟基自由基（OH）等，这些自由基会扰乱细胞的氧化还原平衡稳态，给细胞带来膜氧化损伤。细胞为了应对盐胁迫带来的活性氧不利影响，往往需要激活活性氧清除系统来清除产生过多的活性氧以增强应对高盐胁迫的能力。植物细胞中存在多条抗氧化途径来调控 ROS 带来的毒性。比如，水－水循环在叶绿体中起着重要的能量耗散的作用。谷胱甘肽抗坏血酸盐循环（Glutathione Ascorbate Cycle）是清除在胞质、线粒体、叶绿体和过氧化物酶体中产生的 H_2O_2 的一个重要的抗氧化保护系统。H_2O_2 也可以在 CAT 途径（CAT Pathway）中还原为 H_2O。PrxR/Trx 途径（peroxiredoxin / thioredoxin Pathway）也是植物中处于中心地位的抗氧化防御系统，它是基于催化硫醇的机制来减少 H_2O_2。GPX 途径（glutathione peroxidase pathway）通常也被认为是细胞抵抗膜氧化损伤的一个主要酶促防御系统。此外，在细胞中还存在诸如谷胱甘肽过氧化物酶（GPX/GST）途径、过氧化物酶（POD）途径等 ROS 清除系统。盐胁迫下蛋白质组学研究为在棉花细胞中提高活性氧清除系统以应对高盐胁迫提供了更多的证据。许菲菲等（2014）发现盐胁迫下棉花的谷胱甘肽过氧化物酶（glutathione peroxidase）、过氧化氢酶同工酶 2（Catalase isozyme 2）等抗氧化酶

差异表达，棉花可以通过提高细胞的活性氧清除能力来应对高盐胁迫带来的伤害。SOD、POD 和 GSTs 可清除植物体内的活性氧，在盐胁迫下，Li 等（2015）鉴定出了一些抗氧化相关蛋白，其中 POD 同工酶 gi | 357470271、gi | 115345276、gi | 73913500、gi | 255551599、gi | 32351452、gi | 255581003、gi | 25453205 的蛋白丰度在盐胁迫下升高，而 gi | 225447324 蛋白丰度没有升高。在盐胁迫的棉花根中，谷胱甘肽 S - 转移酶（glutathione S - transferase，GST）（gi | 195973264）水平也较高。在盐胁迫条件下，GSTs 在消除过氧化物降解为细胞毒的衍生物方面具有重要功能。因此，抗氧化酶可以保护盐胁迫下的棉花免受 ROS 造成的氧化损伤。单脱氢抗坏血酸还原酶（mono - dehydroascorbate re-ductase，MDAR）催化单脱氢抗坏血酸盐还原为抗坏血酸盐（ASA），是维持细胞中抗坏血酸盐库水平减少的关键。类萌发素蛋白（Germin - like proteins，GLP）具有草酸盐活性和超氧化物歧化酶（SOD）活性。在盐胁迫棉花根中发现 MDAR（gi | 220967704）和 GLP（gi | 225455388）表达降低。这表明，虽然植物需要 MDAR 和 GLP 来消除 ROS，但各种抗氧化剂水平的微调也是在应激反应中应该考虑的一个重要因素。综上可见，为了控制 ROS 的水平和保护细胞免受氧化损伤，在高盐胁迫下，棉花已经发展了复杂的抗氧化防御系统来清除它们使细胞免受其毒害，棉花也正是以通过相关抗氧化酶蛋白丰度的变化策略应对高盐胁迫带来的氧化损伤。

碳代谢和能量代谢对根系的发育和应对高盐胁迫反应也是至为重要的。Zhao 等（2013）综述了近年来盐胁迫下植物的根系蛋白质组学研究相关结果，根系中至少有 197 种碳水化合物和能量代谢相关的酶在高盐胁迫下表现出了丰度的改变，这些蛋白涉及糖酵解（EMP）、三羧酸（TCA）循环、电子传递链（ETC）和 ATP 合成等代谢过程。在 Chen（2016）对暴露于高盐胁迫的棉花叶和根系组织蛋白质学分析后发现碳代谢在响应盐度方面具有重要作用，特别是体现在呼吸作用和光合作用方面。在碳代谢途径中，糖酵解和丙酮酸代谢是能量的重要途径，大多数差异表达蛋白（Differentially expressed proteins，DEPs）富集在"糖酵解/糖异生"途径中，其中 2，3 - 二磷酸甘油酸依赖的磷酸甘油酸变位酶（2，3 - bisphosphoglycerate - dependent phosphoglycerate mutase）、葡萄糖磷酸变位酶（phosphoglucomutase）和果糖二磷酸醛缩酶（bisphosphate aldola-se）的蛋白质表达水平下调了 40% 以上。丙酮酸激酶水平大幅度下调，这似乎表明棉花叶片呼吸作用的下调是为了降低叶片的能量消耗。淀粉和蔗糖的代谢似乎也参与了根系对盐胁迫的反应。许多参与淀粉和蔗糖代谢有关蛋白质的丰度会随着棉花根细胞在盐胁迫下发生改变。在 Chen（2016）研究中发现根细胞中淀粉和蔗糖代谢相关的一些蛋白表达上调，这些蛋白包括β - 呋喃果糖苷酶（β - fructofuranosidase）、葡糖磷酸变位酶（phosphoglucomutase）、果胶酯酶（pectinesterase）、多聚半乳糖醛酸酶（polygalacturonase）、海藻糖 6 - 磷酸合成酶 A（trehalose6 - phosphatesynthase A）、海藻糖 6 - 磷酸合成酶 B（trehalose6 - phosphatesynthase B）、β - 淀粉酶（β - amylase）、α - 淀粉酶（α - amylase）和蔗糖合成酶（sucrosesynthase）等。这些蛋白丰度提高了 0. 2 ~ 0. 7 倍，这些蛋白酶丰度的变化表明碳水化合物的生物合成和代谢的改变可能是棉花为了应对根系在盐胁迫下的能量代谢平衡而采取的应对策略。Li 等（2015）以暴露于高盐胁迫下的中棉所 23（耐盐品种）根尖的 1 ~ 5cm 部分为材料，差异蛋白质组学研究后发现，高盐胁迫改变了许多参与碳代谢和能量代谢的蛋白质的丰度，包括糖酵解途径中的 FBP3（fructose - bisphosphatealdolase3）蛋白上调、烯醇化酶（enolase）下调，三羧酸循环（TCA）途径中的丙酮酸脱氢酶 E2 上调，而苹果酸脱氢酶（MDH）和 ATP - 柠檬酸合成酶 β 链蛋白 2（ATP - citrate synthase be-tachain protein2，ACLB - 2）下调，棉花根中的戊糖磷酸途径（HMP）中磷酸葡萄糖酸脱氢酶（Phosphogluconate dehydrogenase，PGD）蛋白的丰度也发生了明显变化。基于此，作者认为碳代谢和能量代谢的灵活性可能有助于提高棉花在盐胁迫条件下的生存能力。

盐害胁迫对植物体造成的直接危害是盐胁迫下植物细胞获得了过多的有害盐离子 - 钠离子等。因此，限制对钠离子等离子的吸收是植物克服盐害的一个关键手段。植物高盐耐性表现的一个关键就是可以协调调控钠离子运输相关蛋白（Sanadhya et al. , 2015），例如，诱导表达细胞膜定位的钠离子外流转运子 SOS1（Salt - Overly - Sensitive 1），或者诱导表达细胞膜定位与钠离子具有高亲和性的转运子 HKT1（high - affinity K^+ transporter 1），从而保证细胞内钠离子的动态平衡。液泡膜上定位的钠离子/氢离子逆向运转蛋白 NHX1（Na^+/H^+ ex-changer 1）介导 Na^+ 离子从细胞质到液泡的运输，从而降低胞浆中的钠离子水平。盐害造成细胞质中钠离子含量升高，往往伴随着细胞质中的钾离子外流从而造成细胞质中钾离子不足，影响细胞中关键的代谢反应。研究表明，耐盐品种棉花（CZ91）相比盐敏感型品种（Z571）在盐害发生时 CZ91 细胞质中 Na^+ 含量更低，同时能够很好地维持细胞中 K^+ 离子浓度，从而降低盐胁迫造成的胁迫危害。基因表达分析表明，耐盐品种可以更好地诱导盐离子运转子表达，如 HKT1 和 NHX1 等，从而降低钠离子危害（Wang，2017）。转录组学数据也表明，在盐害发生 3h 后激活钠离子转运蛋白 SOS1 的蛋白质激酶 SOS2（salt - o-verly - sensitive 2），并且在棉花幼苗的根和叶片中都被诱导表达，而 NHX1 在棉花根中被显著诱导表达（Wei et al.，2017）。

高盐胁迫下通过质膜的 Na^+ 从胞内流出归因于 SOS1。细胞在利用 SOS1 把胞质中过多的 Na^+ 移出胞外的同时还可以利用区隔化机制将胞浆中的 Na^+ 转运到液泡等细胞器，降低胞浆中的 Na^+ 水平，以减轻高水平 Na^+ 对细胞的伤害。这个过程至少有两个 H^+ 泵参与，分别是以 ATP 或焦磷酸（PPi）为底物的多亚基的 V 型（液泡型）- ATP 酶和 H^+ - 焦磷酸酶（PPase）这两个泵成员。这些质子泵将水解来自 ATP 或 PPi 的能量耦合到 H^+ 运输，在质膜或液泡膜上建立 1.5 ~ 2.0 个 pH 单位的跨膜梯度并且在胞质和质膜或液泡膜间产生一个 0 ~ 40mV 的膜电位。这些电化学电势驱动 Na^+ 穿膜流入液泡腔中或移出至胞外。此外 V - ATP 酶也还可促进 Na^+ 螯合到内体中以降低胞质离子水平（Bassil et al.，2011；Schumacher and Krebs，2010），即液泡 Na^+/H^+ 反向转运蛋白（NHX）和 H^+ - PPase 基因的过表达可增强 Na^+ 转运到液泡中，从而减轻 Na^+ 在胞质中的毒性和提高液泡的渗透调节能力，赋予植物对盐胁迫更高的耐受能力。高盐的条件下陆地棉根系的蛋白质组学的结果分析也为此机制提供了一些依据。比如，棉花 ZMS23 幼苗根系在盐胁迫下一个质膜 H^+ - ATPase（gi | 7105717）和两个液泡 H^+ - ATPases（gi | 1336803 和 gi | 2493146）的丰度增加（Li et al.，2015）。

土壤中的高盐分还会导致植物细胞的生理性水亏缺和渗透胁迫。为了保持细胞的渗透平衡，植物累积了诸如脯氨酸（Pro）、可溶性糖、甘氨酸甜菜碱（GB）等一系列渗透调节物质，以维持细胞具有更好的渗透调节作用，从而保护细胞及生物活性物质的功能正常运行。许菲菲（2014）对盐胁迫下陆地棉叶片差异蛋白研究发现，棉花可通过增加渗透物质调节来抵抗盐胁迫的伤害。谷氨酰胺合酶（GS）在耐盐品系（早熟长绒 7 号）200mM NaCl 胁迫 24h 后表达明显上调。谷氨酰胺合酶可催化铵盐和谷氨酸（Glu）生成谷氨酰胺（Gln），可以为脯氨酸的生物合成提供所必需的含氮化合物，脯氨酸的累积与谷氨酰胺合酶酶活性的高水平有一定关系。因此，耐盐品系中谷氨酰胺合酶丰度的增加可能会相应地提高脯氨酸的含量。S - 腺苷高半胱氨酸水解酶（SAHH）和磷酸乙醇胺 N-甲基转移酶（PEAMT）是蛋氨酸（Met）代谢中的两个重要的酶。S-腺苷高半胱氨酸水解酶将 S-腺-L-高半胱氨酸水解为腺苷和 L-高半胱氨酸。磷酸乙醇胺-N-甲基还原酶参与了磷脂酰胆碱的生物合成过程。在盐处理 24h 的时候耐盐品系（早熟长绒 7 号）的 S-腺苷高半胱氨酸水解酶的提高幅度大于盐敏感品系（南丹巴地大花），蛋氨酸代谢过程中蛋白的上调可以使甜菜碱和谷胱甘肽的合成增加，而这些产物参与了细胞内渗透物质的合成以及清除活性氧等有害物质。

钙离子信号是细胞中的第二信使，在植物的抗逆中起到了重要作用（Ranty et al.，2016）。SOS1 的激活需要 SOS3 和 SOS2 的协同激活，其中 SOS3 编码的钙调蛋白 B 样蛋白 4，利用钙信号调控植物抗盐。细胞内的钙离子浓度变化会引起细胞中的钙离子结合蛋白活性改变，从而调控了下游基因的表达。钙离子依赖蛋白激酶（CPKs）被认为是这样的钙离子感受器。大量证据表明，CPKs 对植物的抗盐反应起着重要作用。拟南芥的钙依赖蛋白激酶 1（CDPK1）可以在玉米的原生质体中激活盐诱导启动子 HVA1 的表达，表明 CPKs 在植物抗旱信号转导中具有重要作用（Sheen，1996）。水稻 CPK7 和 CPK12 是水稻耐盐的两种正向调控因子。其中过表达 CPK7 的水稻具有更好的耐盐表型，并且可以诱导一些抗性基因的表达（Saijo et al.，2001），而 CPK12 的 RNAi 干扰的水稻植株对盐害更加敏感。该基因诱导活性氧清除酶类表达从而抑制盐胁迫造成的活性氧爆发（Asano et al.，2012）。陆地棉基因组中共编码 98 个 CPKs 蛋白，根据其保守性分析将其分为四个亚组。通过对盐胁迫处理后该家族基因表达的聚类分析发现，其中有 19 个 CPKs 的基因在盐处理后 1 小时就被显著诱导。其中 15 个基因也可以被乙烯诱导表达。该类 CPKs 大多定位在细胞膜上。通过病毒瞬时干扰技术（VIGS）降低这类 CPKs 的表达，会使得棉花幼苗对盐害更加敏感并使盐害条件下细胞质中的钠离子含量提高（Gao et al.，2018）。这些实验结果表明，棉花的 CPK 蛋白可被应用于耐盐性的改良，CPK 可作为耐盐性改良的候选基因。

第三节　抗旱蛋白质组学

干旱也是造成棉花减产的一个重要环境因子。全球变暖趋势明显，干旱发生的概率也越来越频繁。工业、农业和居民生活用水需求之间水资源竞争日益激烈更加剧了农业生产用水资源的亏缺。仅在美国，过去50年中约67%的作物损失是由于干旱胁迫所导致的（Comas et al.，2013）。作为纤维植物，棉花对水分胁迫的耐受性虽然高于玉米等其他作物，然而干旱胁迫仍然会影响棉花的生长、生产能力和纤维品质。植物的耐旱机理十分复杂，需要从生理、生化和分子等多个层面予以解释。一般来说，干旱限制了棉花的生长发育，例如，影响株高、叶片干重、茎秆干重、叶面积指数、纤维品质、冠层和根发育等。干旱发生以后，植物可通过控制气孔运动（气孔的开放程度）来减少蒸腾速率，细胞从而保住更多水分。研究发现棉花在干旱条件下主要是通过成熟叶片上的气孔关闭来实现对水分的保持，而发育中的幼嫩叶片虽然积累了更多的脱落酸但是并没有相应的气孔关闭现象。此外，干旱胁迫下，植物还可以通过调控根系的生长从而从周边土壤中获取更多的水分。有研究表明适度的缺水可以诱导棉花的根系伸长，但长时间的水亏缺会造成棉花根的活力降低（Luo et al.，2016）。此外，一些更具有抗旱能力的转基因棉花也是通过改造棉花在干旱条件下根系的生物量来实现抗旱能力的改善（Liu et al.，2014）。在干旱发生后，棉花通过降低光合速率来适应由于气孔关闭造成的二氧化碳浓度降低的生理条件，在棉花的成熟叶片中光合作用能力下降达66%（Chastain et al.，2016）。

干旱胁迫会引起细胞膨压降低和渗透压升高，细胞可通过合成大量的渗透保护类物质来降低细胞渗透压。渗透保护物质包括了诸如脯氨酸、蔗糖、多元醇、海藻糖以及季铵盐类等化合物，季铵盐类化合物又包括丙氨酸甜菜碱（alanine betaine）、甘氨酸甜菜碱（Glycine betaine，GB）、脯氨酸甜菜碱（proline betaine.）、胆碱 – O – 硫酸盐（choline – O – sulfate）、羟丙酸甜菜碱等。渗透保护物质可调节细胞的渗透调节能力，保护细胞免受脱水损伤的同时不干扰细胞水平的正常代谢过程，防止膜损伤并稳定蛋白质和酶的构象，减轻活性氧造成的毒害风险（Singh et al.，2015）。在一些棉花基因的功能研究中也发现，很多抗性基因是通过提高在干旱条件下植物体内的渗透保护物质的含量来实现棉花抗旱性的，如过表达一种棉花膜联蛋白 GhAnn1 基因的转基因植株提高了细胞内的脯氨酸和可溶性糖水平从而提高了抗旱能力（Zhang et al.，2015）。

通过对棉花的转录组数据进行分析发现，脱落酸、乙烯和茉莉酸甲酯等信号通路元件的表达在干旱敏感品种和干旱耐受品种之间具有显著差异。干旱可以诱导植物产生脱落酸从而激活下游相关基因的表达。ABA 诱导棉花表达 GhCBF3（C – repeat binding factor，CBF），在拟南芥中过表达 GhCBF3 提高了胁迫条件下植株中的水含量、叶绿素和脯氨酸水平，从而增强了转基因植株应对干旱和盐害的胁迫能力（Ma et al.，2016）。

与其他非生物胁迫一样，干旱胁迫的同时往往也伴随有活性氧（reactive oxygen species，ROS）的产生，如超氧自由基（O^{2-}）、单线态氧（$^1O_2$）、过氧化氢（H_2O_2）和羟基自由基（OH·）等。在干旱条件下，由于气孔关闭限制了气体交换，减少了 CO_2 的扩散，导致光反应和 Calvin – Benson 循环之间的平衡失衡，因此，叶绿体和线粒体中的电子载体被过度还原而将电子转移到 O_2 从而产生 ROS（Foyer and Noctor，2012）。细胞中 ROS 主要有过氧化氢、羟基自由基、超氧阴离子自由基和单线态氧等形式。其中两种形式即 OH· 和 $^1O_2$ 的反应性特别强，它们可以伤害和氧化细胞的各种成分，如脂质、蛋白质、DNA 和 RNA，如果不控制 ROS 对细胞相关分子的氧化伤害，ROS 最终可能导致细胞死亡。

植物为了及时清除有害的 ROS，可采用抗氧化酶和非酶体系来清除活性氧。抗氧化酶系统中包括诸如超氧化物歧化酶（SOD）、过氧化氢酶（CAT）、过氧化物酶（POD）、谷胱甘肽还原酶（GR）、抗坏血酸过氧化物酶（APX）等抗氧化酶。非酶抗氧化剂有抗坏血酸、谷胱甘肽、胡萝卜素和生育酚等。ROS 除了对细胞具有破坏作用外，还可以在许多生物学过程中发挥信号分子的作用，如气孔关闭、生长、发育和应激信号等。由于 ROS 的这种双重作用，植物已发展出复杂的清除机制和调控途径以监测、调控活性氧的浓度。细胞的抗氧化酶代谢的改变可能会影响棉花的抗旱能力。

迪巴（Deeba）等（2012）以草棉（*Gossypium herbaceum*）RAHS187 为材料分析了干旱胁迫导致的生理生化和蛋白质组的变化。随着干旱胁迫强度的增加，叶片的相对水含量由 75% 降至 35%，植株叶片的净光合速率、气孔导度、蒸腾作用等气体交换参数下降。ΦPSII 和电子传递速率（ETR）等荧光参数也呈下降趋势，随着干旱强度的增加，过氧化氢（H_2O_2）和丙二醛（MDA）水平均显著升高，草棉（*Gossypium herbaceum*）RAHS187 表现出氧化胁迫。在干旱植物中花青素含量提高了 4 倍以上。随着干旱强度的增加，H_2O_2 和 MDA 水平均增加。为了应对氧化胁迫给细胞带来的伤害，棉花细胞通过抗氧化酶活性的提高方式以去除细胞中的活性氧。但 SOD 和 CAT 这两种酶对干旱有不同的反应，当相对含水量（RWC）在 75% 时 SOD 活性显著增加（92%），而 CAT 的活性表现为下降，酶活性只有在相对水含量（RWC）为 35% 时的 52%。

　　轻度干旱处理下在棉花中也有 ROS 的产生，与良好浇灌条件下相比，干旱下棉花的抗坏血酸过氧化物酶（APX）和谷胱甘肽还原酶（GR）活性增加以维持清除 ROS，具体表现在轻度干旱使棉花的 APX 活性增加 40% 以上，且在干旱恢复后棉花的 APX 仍然维持较高活性（Ratnayaka et al.，2003）。PEG6000 模拟干旱胁迫下，补锌显著提高了棉花的光合速率、叶绿素 a、叶绿素 b 和干物质的量，补锌对棉花生长有促进作用。棉花中添加锌有助于减轻氧化损伤，因为它增强了 SOD、CAT、APX 活性和非酶抗氧化剂如类胡萝卜素、抗坏血酸等的含量（Wu et al.，2015）。Zhang 等人（2014）以抗旱（CCRI‑60）和旱敏（CCRI‑27）棉花为材料，在 PEG‑6000 溶液中模拟了干旱试验发现，由于 CCRI‑60 具有较高的谷胱甘肽还原酶（GR）活性而具有较强的自由基清除能力，因此具有较好的抗旱性。海岛棉庄（*G. barbadense*）干旱胁迫下，*GbMYB5* 降低了棉花脯氨酸含量和抗氧化酶 SOD、POD、CAT 和 GST 等酶活性，增加了丙二醛（MDA）含量。干旱胁迫下与野生型对照相比，*GbMYB5* 的过表达增强了转基因烟草中脯氨酸和抗氧化酶 SOD、POD、CAT 和 GST 的积累，降低了 MDA 的产量（Chen et al.，2015）。

　　棉花在干旱胁迫下，蛋白质组学也提示抗氧化蛋白与 ROS 代谢有关。干旱胁迫下，在 KK1543 幼苗中发现过氧化物酶（peroxiredoxin）丰度显著上调。新陆早 26 中乳糖谷胱甘肽裂解酶（Lactoylglutathione lyase）和 NADPH 硫氧还蛋白还原酶（NADPH thioredoxin reductase）表达上调。而新陆早 26 细胞胞质铜/锌超氧化物歧化酶（cytosolic copper/zinc superoxide dismutase）和半胱氨酸合酶（cysteine synthase）显著下调。干旱胁迫下 KK1543 幼苗细胞内抗坏血酸过氧化物酶 1 和抗坏血酸过氧化物酶的两个蛋白点（cytosolic ascorbate peroxidase 1 和 ascorbate peroxidase）在 24h 时显著上调，而在新陆早 26 幼苗中显著下调。抗氧化酶蛋白质的种类与表达丰度不同，表明不同抗性的棉花材料对干旱胁迫下清除活性氧的能力存在差异（Zhang et al.，2016）。类似的工作，以中 H1777（抗旱）和中 S9612（不抗旱）为材料（图 5‑2）研究发现，在干旱胁迫下差异表达的抗氧化相关蛋白有胞浆型抗坏血酸过氧化物酶 1、醌氧化还原酶、抗坏血酸过氧化物酶前体、2‑半胱氨酸过氧化还原酶、交替氧化酶（alternative oxidase，AO）等（陆许可等，2013）。这些研究表明不同抗旱能力的棉花材料在干旱胁迫下具有不同的 ROS 清除能力，这也许是这些棉花材料具有不同抗旱性的原因。

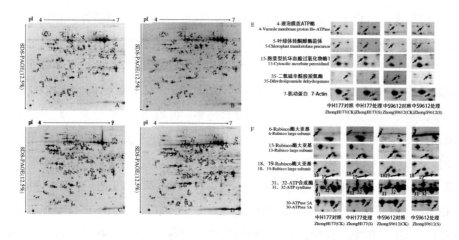

图 5 - 2　棉花三叶期干旱胁迫下叶片蛋白表达谱和部分差异表达蛋白（陆许可等，2013）

注：A. 中 H177 对照组总蛋白的 2 - DE 图；B. 中 H177 处理组总蛋白的 2 - DE 图；C. 中 S9612 对照组总蛋白的 2 - DE 图；D. 中 S9612 处理组总蛋白的 2 - DE 图。E 和 F 为中 H177 和中 S9612 部分差异表达蛋白。

　　水分亏缺时会导致植物叶片的光合效能下降。当植物遇到干旱胁迫时，植物叶片相对水含量和水势降低，保卫细胞水分亏缺，关闭气孔并限制了叶片 CO_2 的摄取，水分便成为影响气孔闭合的重要影响因子并影响叶片的光合速率，从而导致植物生长速率减缓和降低产量（Chaves et al. ，2009）。有研究表明，随着水分亏缺强度的加强，棉花叶片的光合作用受到的影响也愈加严重。在干旱条件下，棉花的光合作用与蒸腾作用也会受到影响。在轻到中度干旱胁迫下，大多数物种的气孔受到限制。一般来说，随着干旱胁迫强度的进一步增强，气孔导度和净光合作用速率也会进一步下调。也就是说，随着水亏缺程度的增加，气孔导度减少，导致较低的叶细胞内部二氧化碳浓度。因此，降低了 RuBP 羧化酶/加氧酶羧化酶活性部位的 CO_2 浓度从而下调净光合作用能力（即碳同化能力）。迪巴等（2012）认为干旱对棉花的危害主要表现在光合作用系统。净光合作用速率（Pn）、气孔导度（Gs）和蒸腾速率（Tr）等气体交换参数随干旱强度的增加而呈下降趋势，叶绿素荧光参数 ΦPSII 和电子传递速率（ETR）也呈现出下降的趋势。也有研究表明大田水分亏缺下生长的陆地棉主要通过降低气孔导度、增强光呼吸和提高暗呼吸与总光合作用的比值来限制净光合速率，进而影响了棉花的生长与产量（Chastain al. ，2014）。

　　植物应对干旱胁迫的策略有很多，其中一个重要的策略就是恢复干旱胁迫下叶片光合作用效能。蛋白质组学提供的信息也显示，在干旱胁迫下棉花叶片光合作用相关蛋白出现表达丰度变化的现象。郭忠军（2012）以 PEG 模拟干旱研究了 KK1543（耐旱品种）棉花叶片蛋白质组的表达差异。发现 ATP 合成酶及 ATP 合成酶亚基的 α 和 β 亚基下调显著。铁氧还原蛋白 – NADP$^+$ 还原酶（FMN）的丰度明显下调；叶绿素 ab 结合蛋白上调、光系统的放氧复合体蛋白和放氧增强蛋白 1 表达上调。核酮糖 1，5 二磷酸羧（suo）化酶加氧酶（Rubisco）下调。转酮酶（TK）、景天庚酮糖 – 1，7 – 二磷酸酶（SBPase）下调。特别值得注意的是谷氨酸乙醛酸转氨酶和甘氨酸甲基转移酶表达丰度上调，由于光呼吸可以保护光合作用系统不受光抑制的损伤，阻止绿色组织中 ROS 的积累。蛋白质组学研究结果提示，光呼吸对调控植物应对耐旱具有重要作用，干旱胁迫下棉花叶片可能通过提高光呼吸能力对逆境做出有益反应，从而减轻干旱逆境对棉花光合作用系统所造成的损伤。迪巴等（2012）也发现在干旱胁迫下磷酸核酮糖激酶（phosphoribulokinase，PRK）的表达丰度提高，PRK 是催化核酮糖 – 5 – 磷酸转化为核酮糖 – 1，5 – 二磷酸（RuBP），是 Calvin 循环中 CO_2 同化的关键步骤。干旱胁迫下 PRK 的丰度提高表明 RuBP 的再生在干旱胁迫下能够得以维持。与棉花幼苗光合作用有关的蛋白质本研究中，在干旱胁迫下，两种参与光合作用的蛋白 Rubisco β 亚基、碳酸酐酶（carbonic anhydrase）在 KK1543 中下调（Zhang et al.，2016）。陆许可等（2013）研究发现，干旱胁迫下抗旱品种与不抗旱品种中差异表达的与光合作用相关的蛋白有 Rubisco、叶绿体转酮醇酶前体、碳酸酐酶亚基 2 和俏体结合蛋白前体和光合放氧增强蛋白 2 等，其中碳酸酐酶在抗旱材料中表达量升高，在中 S9612（不抗旱）中下调，而在中 H177（抗旱）中 Rubisco 酶表达量降低，在中 S9612（不抗旱）中升高。因此，可以推测棉花可通过提高一些光合作用关键酶的丰度，维持干旱胁迫下的叶片光合性能，进而提高棉花的耐旱性。

已有蛋白质组学的数据揭示近 20% 的干旱响应相关蛋白参与了植物叶片碳代谢和能量代谢，如糖酵解途径（EMP）、三羧酸循环（TAC）、电子传递链和 ATP 合成等，以应对干旱胁迫（Wang et al.，2016）。在干旱胁迫下，植株叶片中的 ATP 水平低于正常供水生长条件下的植株叶片。水胁迫下植物会因为 ATP 的合成减少大大降低 CO_2 的固定能力。ATP 合成酶在叶绿体和线粒体的能量传递和减轻胁迫中起着重要的作用。ATP 合成酶 epsilon 链（ATP synthase epsilon chain）被下调，而 ATP 合成酶 β 亚基在干旱的叶片中被高度诱导，这表明它们在水分胁迫耐受性中起着重要的作用（Deeba et al.，2012）。在干旱胁迫下新陆早 26 中甘油磷酸脱氢酶（Phosphoglycerate dehydrogenase）、醇脱氢酶 2a（alcohol dehydrogenase 2a）、磷酸三糖异构酶（triose－phosphateisomerase，TPI）和琥珀酰辅酶 a 连接酶 β 亚基（succinyl－CoAligase beta－subunit）表达上调。在 KK1543 中，2，3－双磷酸甘油酸磷酸甘油酸变位酶（2，3－bisphosphoglycerate－independent phosphoglycerate mutase）和琥珀酸脱氢酶黄素蛋白亚基 1（succinate dehydrogenase flavoprotein subunit 1）表达下调。果糖激酶参与糖代谢和信号转导，在新陆早 26 和 KK1543 中表达上调。UDP－D－葡萄糖焦磷酸化酶（UDP－d－glucose pyrophosphorylase）参与蔗糖代谢，在 KK1543 上调和在新陆早 26 中下调（Zhang et al.，2016）。干旱胁迫下丙酮酸脱氢酶 α 亚基、噻唑合成酶、肉桂酰－COA 还原酶 4、二氢硫辛酰胺脱氢酶、烯醇化酶、S－腺苷甲硫胺酸合成酶、磷酸丙糖异构酶、ATP 合成酶 CF1 亚基、ATP 合成酶 CF1α、ADP，ATP 载体蛋白 1、ADP－核糖基化因子等蛋白在陆地棉抗旱品种中 H177 和不抗旱品种中 S9612 中也差异表达（陆许可等，2013）。因此，干旱胁迫下这些蛋白丰度的变化意味着叶片在水分缺乏时能量代谢发生了不同的变化。在某些情况下，植物可能有能力提高能量生产，以维持主要的生理活动和抑制应激损伤。

此外，干旱对棉花纤维质量有很大的影响，干旱胁迫显著降低棉纤维的长度。通过分析棉纤维细胞中蛋白质组在干旱发生前后的变化情况，科研人员发现棉纤维细胞中细胞壁合成代谢和细胞骨架相关蛋白在干旱发生后蛋白质表达明显降低，这可能是造成棉纤维在干旱条件下发育不健全的一个原因（Zheng，2014）。

基于棉花干旱胁迫下的蛋白质组学研究结果发现，干旱相关蛋白质丰度的改变与信号转导、活性氧清除、渗透调节、基因表达、蛋白质合成/转化、细胞结构调节、碳水化合物和能量代谢、光合作用等诸多方面有关。结合生理学和分子生物学的相关结果，叶片蛋白质组学研究有助于发现一些潜在的抗旱性蛋白质和/或代谢途径。这些发现将为进一步理解植物抗旱性的分子基础提供新的线索。

第四节　其他逆境蛋白质组学

　　棉花是全球可再生自然纤维的重要来源，棉花的纤维是种子表皮上伸长加厚的单细胞毛状体。棉纤维细胞的发育是由众多基因参与调控和复杂互作网络调控的生物学过程。棉纤维细胞发育的过程可分为棉纤维的起始、纤维的伸长、纤维的次生壁合成与增厚、纤维的脱水成熟等阶段。蛋白质是大多数细胞生理活动的直接执行者，蛋白质组学是探究棉花纤维发育的重要组学工具。近年来，这一领域的大量文献体现了这一研究工具在棉花纤维发育方面的重要性。在过去几年中已经发表了许多关于棉纤维的蛋白质组学研究，这些研究通过质谱分析鉴定了许多与纤维发育有关的蛋白，发现和解析了棉纤维发育过程中许多重要的代谢与调控通路，这将为解析棉纤维细胞的发育模式和系统地阐明棉纤维发育和调节的分子机制，并将为提高棉花生产能力、改良纤维的纺纱品质提供理论基础。Zhao 等（2010）以纤维突变体 *Li*1（Ligon lintless）和其野生型对照为材料进行了比较蛋白质组学研究，发现在 *Li*1 中表达下调的蛋白主要涉及蛋白质折叠、核质转运、信号转导和囊泡转运的相关蛋白等，这些发现为进一步认知和解析棉纤维伸长相关机理补充了有益的信息。Zhou 等（2014）总结了有关棉花蛋白质组学的研究进展，包括对病原真菌的反应的组学研究、纤维色素生物合成的组学研究、纤维发育的组学基因、生物/非生物胁迫下的组学研究等，并对目前采用的一些棉花蛋白质的提取方法及效果进行了评价，这些结果为了解包括棉花纤维发育机制在内的研究提供了有益的蛋白质信息。

　　植物在生命活动的代谢过程中会有活性氧的产生（ROS，Reactive oxygen species），ROS 具有有害（过氧化）和有利（信号调节分子）的双重功能。ROS 很长一段时间被认为是有毒的和不需要的分子，现被广泛认为是植物生命中不可缺少的分子。植物细胞中已经进化出一个复杂的抗氧化剂网络来清除活性氧，并根据细胞的需求来调节它们的水平。植物细胞内积累了一些诸如抗坏血酸、还原型谷胱甘肽、生育酚等低分子量具有抗氧化能力的物质；植物细胞内还具有诸如超氧化物歧化酶（SOD）、抗坏血酸过氧化物酶（APX）、过氧化氢酶（CAT）、谷氧还蛋白（glutaredoxins，GRXs）、过氧化物酶（Peroxiredoxins，Prxs）等酶蛋白构成的复杂抗氧化网络。植物细胞利用这些抗氧化剂和/或抗氧化网络系统来灵活控制细胞中 ROS 水平。活性氧也是植物发育的重要调节剂，在细胞生长中发挥作用。活性氧作为激素信号传导中的关键第二信使，ROS 参与调节植物的发育和逆境胁迫的耐受性（Catherine Gapper et al.，2006），许多生物学过程包括但不限于细胞的程序性死亡、生物和非生物胁迫反应以及植物生长和发育也可被 ROS 所调控。

棉纤维的发育是极其复杂的生物学过程。研究表明，纤维发育受 ROS 介导的代谢途径调节（Qin and Hu，2008）。ROS 参与了调节植物细胞膨胀，提示 ROS 可能也参与调节棉纤维发育。野生棉纤维细胞中活性氧浓度高，通过调节次生细胞壁的生物合成来抑制纤维伸长。此外，参与细胞壁松弛的 H_2O_2 是细胞伸长所必需的分子，然而较高的 ROS 水平可能会阻止棉纤维细胞的伸长。ROS 水平的波动，是由 ROS 清除基因和 ROS 产生基因在纤维伸长和次生细胞壁生物合成阶段的不同表达水平引起的，ROS 有关基因在纤维发育中发挥着不可或缺的作用。豪威（Hovav）等（2008）认为 A 基因组纤维中过表达的一些基因与 H_2O_2 和 ROS 调节有关，A 基因组纤维的进化伴随着有助于调节 H_2O_2 和其他 ROS 水平的基因的新表达。转录组深度测序结果也提示活性氧介导的信号网络通路参与了棉纤维的发育过程和提高了棉纤维对非生物胁迫的调控作用（Xu et al.，2019）。已有的蛋白质组学研究结果也提示在棉纤维发育期间产生 H_2O_2 和 H_2O_2 清除系统之间的氧化还原稳态存在着微妙的平衡。对比蛋白质组学的结果表明，在棉纤维的发育中发现了一些维持氧化还原稳态的相关蛋白，包括但不局限于抗坏血酸过氧化物酶（APX）、脱氢抗坏血酸还原酶（DHAR）、NADP - 异柠檬酸脱氢酶（NADP - ICDH）、过氧化氢酶（CAT）和磷脂酶 Dα（PLDα）等。

Yang 等（2008）通过比较蛋白质组学分析，探究了棉纤维细胞伸长的机理，采用 2 - D 电泳技术，研究了 5 个代表性发育阶段（开花后 5～25d）蛋白组的变化。在伸长的棉纤维中发现了一些维持氧化还原稳态的相关蛋白，包括抗坏血酸过氧化物酶（APX）、脱氢抗坏血酸还原酶（DHAR）、NADP - 异柠檬酸脱氢酶（NADP - ICDH）、过氧化氢酶（CAT）和磷脂酶 Dα（PLDα）等。这些蛋白质丰度和 H_2O_2 含量的动态反映了在伸长的棉纤维中发生的氧化还原稳态的部分情况。植物细胞壁的松弛是棉纤维细胞在伸长过程中最重要的一个环节，不仅由扩张蛋白引发，还发现 ROS 的一些种类如超氧自由基、H_2O_2 和羟基自由基等也参与了植物细胞伸长。H_2O_2 可能在棉纤维次生壁分化发育中起到信号分子的作用，抗坏血酸过氧化物酶等蛋白的表达模式提示 H_2O_2 介导的细胞扩增可能是调节棉纤维伸长率的一个重要调节机制。

Liu 等（2012）利用 2 - DE 和 MS/MS 的技术策略对无绒毛突变体（fl）及其野生型亲本徐州 142（G. hirsutum L. cv. Xuzhou142）进行了比较蛋白质组学分析。在 -3 和 - 2 DPA（day spost - anthesis，DPA）的胚珠中检测到强烈的 ROS 爆发，ROS 稳态可能是棉纤维形态形成的中心调控机制。在纤维分化期间，fl 中的氧化还原稳态受到干扰并且改变了应激相关蛋白的表达。在 -3 DPA，参与氧化还原稳态的七种蛋白质在徐州 142 和 fl 胚珠之间差异表达。细胞色素 b -c1 复合物亚基 Rieske -4（Cytochromeb -c1 complex subunit Rieske -4）和 S -甲酰基谷胱甘肽水解酶（S -formylglutathione hydrolase）在 fl 中高丰度表达；而与徐州 142 的胚珠相比，乙醇酸氧化酶（glycolate oxidase）、Mn -超氧化物歧化酶（SOD，Mn -superoxidedismutase）、氧化还原酶家族蛋白（oxidoreductase family protein）、花青素还原酶（anthocyanidin reductase）和 Δ^1 -吡咯啉 -5 -羧酸合酶（Δ^1 -pyrroline -5 -carboxylatesynthase）在 fl 的胚珠中表达水平较低。这些蛋白质的丰度变化表明 fl 细胞内的 ROS 不能有效地清除，这不可避免产生与活性氧积累相关的毒性影响。作者还认为在 -3 DPA 的 fl 细胞中细胞色素 b -c1 复合物亚基的过度表达与 Mn -SOD 的低表达可能是其 ROS 爆发的重要原因。

Hu 等（2013）利用同位素相对标记与绝对定量技术（iTRAQ）研究了 Pima S -7 和 K101 中的 1317 个纤维特异性表达相关蛋白，在发育阶段中有 205 个蛋白差异表达，190 个蛋白在 K101 和 Pima S -7 之间差异表达。比较蛋白组学研究结果提示了一种与氧化还原稳态控制相关蛋白的表达模式，即除了 10 dpa 外，驯化棉花细胞中包括磷脂酶 Dα（PLDα）、NADP -异柠檬酸脱氢酶（NADP -ICDH）和 a 型醇脱氢酶（ADH）等蛋白在所有阶段相对于野生棉花均上调表达，因此推测过氧化物酶的积累在不知不觉中被人类靶向选择是合理的，从而在驯化的棉花细胞中维持较低浓度的 H_2O_2，从而促进了纤维伸长。

Du 等（2013）以野生型二倍体亚洲棉（G. arboretum L.）DPL971 和无短绒突变体（fuzzless mutant）DPL972 为材料。比较了二倍体棉花胚珠与短绒突变体的蛋白质组学特征。通过质谱分析，鉴定了与短绒起始有关的 71 种蛋白。在短绒毛起始（fuzz initiation）过程中检测到 GAs 和 H_2O_2 水平的增加。野生型胚珠中细胞质 Cu / Zn SOD（cytoplasmic Cu/Zn SOD，CSD）的丰度高于突变体胚珠。H_2O_2 对短绒毛纤维的起始确实很重要，并且在短绒毛纤维（fuzz fiber initiation）

起始过程中可能存在 GA 和 H_2O_2 信号之间的相关性。这些酶丰度和 H_2O_2 含量的动态强烈表明氧化还原稳态介导的细胞扩增可能是调节棉纤维伸长的一个重要机制。

Zhou 等（2019）以两个棉花品种新陆早 36 和新海 2 号为材料，探讨了棉纤维发育从细胞伸长期到次生壁沉积的转变期蛋白质组学特征，在转变期间，纤维发育伴随着生理过程和细胞壁蛋白质种类与含量的变化，基于比较蛋白质组学分析，揭示了陆地棉和海岛棉在它们各自的纤维细胞转变期间具有高度相似的发育调节模式，鉴定和分析了可能参与棉纤维发育转变阶段的几种关键的种间差异调节蛋白，其中抗氧化的相关蛋白在这一时期也发挥了其特有的作用。一些特异表达的蛋白（DEPs）参与了棉纤维的发育过程中的氧化还原过程。在棉纤维发育转化过程中，抗坏血酸过氧化物酶（APX）家族成员 APX 和 APX6 以及 NADP 依赖的 D - 山梨醇 - 6 - 磷酸脱氢酶样蛋白（S6PDH）均显著上调。活性氧（ROS）清除酶 APX 和 APX6 的增加可以维持低 H_2O_2 水平并调节细胞内活性氧稳态，从而表明调节 H_2O_2 相关信号通路在棉纤维的发育历程中的重要性。蛋白质组提供的信息还会引起人们注意到陆地棉上调了过氧化酶 3（peroxygenase3）和单脱氢抗坏血酸还原酶样蛋白（monodehydroascorbate reductase - like protein），以及在海岛棉中烯酰 - ［酰基 - 载体 - 蛋白］还原酶（enoyl - ［acyl - carrier - protein］reductase）和苯醌还原酶（benzoquinone reductase）具有上调的表达，这也表明在纤维的快速转变过程中，氧化还原途径的调控还具有物种的特异性。

此外，Ma 等（2016）采用转录组、iTRAQ 蛋白组和遗传作图相结合的方法，对徐州 142（WT）和 *fl* 突变体（fuzzless - lintles，*fl*）在开花后 - 3d 和 0d 的胚珠进行了比较研究。其发现徐州 142 棉花细胞中的过氧化物酶（peroxidase）活性在开花后 - 5 ~ 3d 之间逐渐降低，徐州 142 中过氧化物酶活性明显低于 *fl*。这一结果提示高的过氧化物酶活性降低了 H_2O_2 和 ROS 对纤维起始的影响，H_2O_2 和 ROS 可能参与了棉纤维细胞的伸长。因此，蛋白质组学相关研究结果提示 ROS 在棉花纤维的发育过程中起到至关重要的作用，并有可能发挥着调控作用。

植物与病原菌的互相作用可以从植物和病原菌两个层面进行相关研究，棉花等植物受到病原体的攻击时，研究植物与病原体的相互作用对于改进作物的抗性是至关重要的。受到攻击的植物会有一系列的生物化学过程来应对病原菌，研究这些生化过程可能有助于了解植物抵抗病原体的机制和为应对病原菌提供防治策略。比如,蛋白质组学已被用于解析棉花应对土传病原体黄萎病菌之大丽轮枝菌(*Verticillium dahliae*)感染的机制工具。

瑟伯氏棉(*Gossypium thurberi*)是棉花的野生种,它对棉花黄萎病具有很好的抗性。Zhao 等(2012)利用双向电泳(2-DE)和 MALDI-TOF-MS 技术鉴定了接种大丽轮枝菌(*V. dahliae*)的瑟伯氏棉茎中差异表达的蛋白质。发现瑟伯氏棉的接种组和未接种组差异表达的蛋白质为 57 个,占分析蛋白总数的11%,研究者解释了这些差异表达蛋白在抗病性中的重要性,从差异表达的 57个蛋白中鉴定出 52 种蛋白质,这些蛋白参与了广泛的生理生化过程和代谢途径,包括抗病性、应激反应、转录调节、蛋白质折叠和降解、光合作用、新陈代谢、能量产生和其他生物学过程等,一些 R 基因(resistance gene)可能在抗黄萎病中起着关键作用。

豫无620 的棉苗在接种棉花黄萎病的致病菌大丽轮枝菌(*Verticillium dahlia*)后(24h、48h 和 72h),DEAD/H box RNA helicase 的同源蛋白 DB1、丝氨酸蛋白酶抑制剂的同源蛋白 DB2 和 ODR-3 蛋白的同源蛋白 DB3 在处理的三个时间点均出现蛋白丰度的差异,这 3 个蛋白可能参与了棉花对抗黄萎病的过程,在防治黄萎病中具有一定的作用(王雪等,2007)。冀棉 11(感黄萎病品种)在接种大丽轮枝菌 V991(*Verticillium dahlia*)3d 后发现叶片质体叶绿素 ab 结合蛋白、核酮糖二磷酸羧化酶(ribulose diphosphatecarboxylase)大亚基和小亚基的丰度下调,黄萎病菌可能通过影响与光合作用代谢过程的相关蛋白进而影响植物的光合能力(沈凡瑞等,2015)。

以脱落型的大丽轮枝菌菌株 V59231 感染海 7124(抗黄萎病的海岛棉)为材料进行了比较蛋白质组学研究(Wang et al. 2011)。结果表明,在病原体大丽轮枝菌(*V. dahliae*)感染下的海岛棉根细胞内乙烯信号被显著激活,如乙烯生物合成(ET,1-aminocyclopropane-1-carboxylateoxidase,ACO)和信号相关蛋白(ethyleneresponse factor-Ixa,ERT-IXa)的表达升高,乙烯信号在调节植株防御大丽轮枝菌(*Verticillium dahliae*)的反应中可能具有重要作用。Betv1(Betul averrucosa1)家族蛋白可能在抗黄萎病的防御反应中起重要作用,一些 Betv1 家族蛋白(比如,GhpC-PR10-12、GhpC-PR10-16、MLP、MLP-like 及 GbV-dI2 等)的表达与棉花根中的黄萎病防御反应紧密相关。黄萎病抗性可能与碳水化合物的代谢从糖酵解转向磷酸戊糖途径(pentosephosphate pathway,PPP)有关,其中表现为 PPP 途径中的转酮酶（transketolase）、果糖激酶果糖 - 二磷酸醛缩酶（fructokinase fructose - bisphosphate aldolase）和磷酸葡糖酸脱氢酶（phosphogluconate dehydrogenase）上调，糖酵解途径中的磷酸甘油酸激酶（phosphoglycerate kinase）和磷酸丙糖异构酶（triosephosphate isomerase，TPI）下调。

Gao 等（2013）对接种大丽轮枝菌（*V. dahlia*）的海 7124 根进行了比较蛋白质组学分析后发现，棉酚、油菜素内酯（BR）和茉莉酸（JA）是影响棉花对大丽轮枝菌抗性的重要因素。沉默一种涉及棉酚生物合成的关键酶基因 *GbCAD*1 后，棉花对大丽轮枝菌的抵抗能力下降，提示棉酚含量的高低影响了棉花对大丽轮枝菌的抗性。在接种大丽轮枝菌后，棉花细胞中的 BR 信号被激活，外源施用 BR 后棉花的抗病性增强。结合 VIGS（Virus - Induced Gene Silencing）研究发现，棉酚、BRs 和 JA 是棉花对抗大丽轮枝菌的重要因子，该研究为棉花对大丽轮枝菌的抗性研究提供了有益的信息。

修饰化的蛋白质组学研究也逐渐在棉花相关研究中应用，主要体现在棉纤维的发育过程中。应用 MALDI - TOF/TOF 结合磷酸化位点检索的方法确定了在棉纤维发育过程中的约 40 个蛋白的磷酸化修饰，特别是糖代谢相关酶类的磷酸化修饰对棉纤维的伸长是非常重要的（Zhang et al.，2013）。也有研究报道糖酵解关键酶类和结构蛋白的 N 连接的糖基化修饰对棉纤维的分化起到重要作用（Kumar et al.，2013）。

低温对于农作物而言也是一种常见的且会对植物造成严重伤害的非生物胁迫，低温不仅限制了作物的播种区域，还会影响作物的产量与品质。植物应对低温环境胁迫的适应能力决定了它们的生存范围，解析农作物应对低温胁迫生物这种"能力"对于培育抗低温的作物新品种（系）以提高农产品产量是至关重要的。而蛋白质组学为了解不同植物耐低温特性的分子机制提供了重要的研究平台（Jan et al.，2019）。有研究表明，低温胁迫诱导了植物大量有关基因的表达，这些基因编码的蛋白质将有助于改善植物的耐低温能力，这些应激诱导基因编码的冷响应蛋白包括 LEA 蛋白（Late embryogenesis - abundant proteins）、抗冻蛋白（Antifreeze proteins）、脱水蛋白、冷调节蛋白［Cold regulated（COR）proteins］、热激蛋白（Heat shock proteins，HSPs）、病程相关蛋白（Pathogenesis - related proteins，PR）等，这些蛋白在植物适应冷胁迫中起着重要作用。

棉花是喜温作物，低温会对棉花的生长发育造成影响，也会导致棉纤维产量与品质下降。由于许多种植区受到低温的限制，为拓宽棉花种植区域及减少因低温对棉花生产造成的损失，研究棉花应对低温胁迫的分子和生理生化机制具有重要意义。邰付菊等（2008）以4℃低温处理12h的5d苗龄棉花的叶片提取蛋白进行比较蛋白质组学发现，低温处理下子叶蛋白有27个蛋白点表达上调，有22个蛋白点表达下调，这些表达差异的蛋白可能与棉花应对低温胁迫有关。盖英萍（2008）以中棉所19为材料的比较蛋白质组学研究表明，棉花幼苗在4℃低温处理12h与未低温处理幼苗的蛋白质组相比，低温处理下叶蛋白有29个蛋白点表达上调，有25个蛋白点表达下调，利用 MALDI - TOF - MS 技术鉴定出了差异表达蛋白 β - 球蛋白和 Rubisco 大亚基，并且低温胁迫会加速 β - 球蛋白和 Rubisco 大亚基的降解。苏棉15为对低温敏感的品种，科棉1号为相对耐低温的品种。Zheng 等（2012）以苏棉15和科棉1号为材料的比较蛋白组学研究表明，低温下磷酸烯醇丙酮酸羧化酶（Phosphoenolpyruvate carboxylase）等参与了苹果酸代谢；转醛酶（Transaldolase）、蔗糖合成酶（Sucrose synthase）、β - 半乳糖苷酶（β - galactosidase）等参与了糖代谢。低温胁迫下，磷酸烯醇丙酮酸羧化酶、转醛酶等参与苹果酸代谢和戊糖磷酸途径的酶蛋白水平发生显著变化，说明耐低温能力强的棉花细胞中可产生较多的苹果酸和可溶性糖，以维持纤维细胞的膨压。胞质 Cu/Zn SOD（Cytoplasmic Cu/Zn SOD）、胡萝卜素去饱和酶（Zeta - carotene desaturase）和苯醌还原酶（Benzoquinone reductase）等抗氧化酶的表达上调，这些抗氧化酶的诱导可以降低低温胁迫对棉纤维的损伤程度。此外，在苏棉15和科棉1号细胞中参与可溶性糖、纤维素、半乳糖、脂肪酸、木质素和细胞骨架稳态的一些蛋白丰度也差异显著，如 Endo - xyloglucan transferase、Expansin EXPB4、Phenylcoumaran benzylic ether reductase - like protein、Tubulin beta - 1 等，表明这些蛋白丰度的提高可能会提高棉花的耐低温能力和有利于棉纤维在低温下的生长发育。因此，在蛋白质组水平上了解棉花对低温胁迫的响应有助于更好地了解棉花应对低温胁迫响应的生理机制，为棉花耐低温种质的培育提供有益的信息。

镉（Cd）是一种有毒金属污染物，可能与农药、采矿、化肥等进入环境有关。镉（Cd）能被植物迅速吸收，并以不同的浓度积累在不同的植物组织中。在植物中，它影响着诸如水分吸收、营养同化、光合作用和呼吸作用等一些生理活动。随着土壤环境中镉污染水平的增加，植物已经建立了应对镉（Cd）危害的综合应对策略，这主要涉及响应镉（Cd）的胁迫和耐受镉（Cd）胁迫的机制。诸如与能量产生和代谢相关的蛋白质似乎在针对 Cd 诱导的氧化胁迫的植物防御策略中是必需的。不同作者的发现也表明，植物在镉胁迫下需要高能荷水平来增强植物的防御机制。镉胁迫下不同植物物种的蛋白质组学研究表明，光合作用容易产生镉毒性，不同植物已经建立了不同的应对镉胁迫的策略。

达乌德（Daud）等（2013）以转基因棉花品种（BR001 和 GK30）及其亲本（Coker 312）为材料，其中 BR001 为草甘膦抗性的转基因棉花品种，GK30 为抗虫 Bt 棉花，研究了苗期 Cd 胁迫的影响。研究发现，1000μM Cd 条件下 BR001 和 GK30 的叶片中 SOD 活性更高。在所有镉水平下，BR001 和 Coker 312 根的 POD 活性均较高。转基因棉花品种及其亲本都会对镉胁迫做出反应。在所有品种的所有不同组织中，POD 活性的增加以及 APX 和 CAT 的总体降低表明，POD 应是参与 Cd 解毒的关键酶。在其后研究中，达乌德等（2015）使用 500μM 镉（Cd 处理）和对照研究了中棉所 49 叶片的生理、生化和蛋白质组学变化。生理生化研究表明在 500μM Cd 处理下细胞中的 ROS 水平以及 MDA 含量均显著增加。叶绿素荧光参数（F0、Fm、Fm′、Fv/Fm 等）、总可溶性蛋白含量和 APX 活性在 500μM Cd 胁迫时下降，SOD、CAT、POD 和 GR 活性显著增强。作者从叶子中鉴定出 21 个 Cd 反应蛋白，在细胞对镉胁迫的适应过程中，它们参与了 9 种不同的生物学功能和途径。这些途径和生物功能包括蛋白质合成和调控、光合作用/二氧化碳同化、能量和碳水化合物代谢、氧化还原平衡、细胞拯救/防御、伴侣蛋白和应激相关蛋白以及种子贮藏蛋白。比较蛋白质组学发现，重要的上调蛋白是蛋氨酸合成酶、核糖 1, 5 - 双磷酸羧化酶、质外性阴离子愈创木酚过氧化物酶（apoplastic anionic guaiacol peroxidase）、甘油醛 - 3 - 磷酸脱氢酶（chloroplastic isoform）和 ATP 合酶 D 链（线粒体）等。重要的下调蛋白包括种子贮藏蛋白 vicilin 和 legumin，分子伴侣 hsp70、伴侣蛋白 60α 亚基、推定的蛋白质二硫键异构酶（putative protein disulfide isomerase）、ATP 依赖性 Clp 蛋白酶、核糖 1, 5 - 二磷酸磷酸羧化酶/加氧酶大亚基等。这些研究结果表明，Cd 胁迫条件下一些参与活性氧清除的相关酶和碳水化合物代谢相关蛋白丰度的显著上调，活性氧清除酶和能量代谢相关酶可能在细胞内应对 Cd 胁迫中起着重要作用。

第五节　展望

基因表达的最终产物是蛋白质。蛋白质作为生命活动的直接执行者，一些蛋白参与了植物的逆境胁迫过程，以适应不同的环境。植物处在不同生长发育阶段和不同的逆境条件下会有不同的基因表达模式，蛋白质表达模式也会因其基因表达模式的不同而不同。蛋白质组学是大规模研究蛋白质特性的技术，以期望获得不同过程的蛋白质水平和全局视角的综合代谢网络。因此，利用差异蛋白质组学研究策略可以对不同植物逆境下表达的蛋白质种类、丰度、磷酸化修饰等修饰状况及相关蛋白间互作进行分析，为在蛋白质水平上有效探索不同逆境下相关基因表达调控机制提供重要信息。从棉花蛋白质组学领域近年来积累的研究成果可以清楚地看出，蛋白组学技术正在棉花研究中被广泛应用，并为了解棉花应对胁迫响应提供重要而新颖的信息，促进人们将蛋白质组学研究结果转化为成功的棉花育种农艺学目标。

参考文献：

陈凯．棉花中碱诱导蛋白质组的分析与鉴定［D］．开封：河南大学，2015.

崔宇鹏．棉花盐诱导蛋白的分析与鉴定［D］．北京：中国农业科学院，2012.

盖英萍．棉花、烟草响应低温胁迫的差异蛋白质组学研究［D］．泰安：山东农业大学，2008.

郭忠军．干旱胁迫下棉花蛋白质组双向电泳体系构建与差异表达蛋白功能分析［D］．乌鲁木齐：新疆农业大学，2012.

韩吉春，崔海峰，时鹏涛，等．棉花叶片双向电泳体系的研究［J］．棉花学报，2012，24（1）：27 – 34.

李宁．盐胁迫下棉花幼苗的差异蛋白组学分析［D］．郑州：郑州大学，2015.

陆许可，张德超，阴祖军，等．干旱胁迫下不同抗旱水平陆地棉的叶片蛋白质组学比较研究［J］．西北植物学报，2013，33（12）：2401 – 2409.

沈凡瑞，张文蔚，张华崇，等．黄萎病菌侵染对感病棉花品种叶片蛋白质组的影响［J］．棉花学报，2015，27（2）：159 – 165.

邰付菊，李扬，陈良，等．低温胁迫下棉花子叶蛋白质差异表达的双向电泳分析［J］．华中师范大学学报（自然科学版），2008，2：109 – 113.

王雪，马骏，张桂寅，等．黄萎病菌胁迫条件下棉花叶片的蛋白质组分析

[J]. 棉花学报, 2007, 19 (4): 273 –278.

王英超, 党源, 李晓艳. 蛋白质组学及其技术发展 [J]. 生物技术通讯, 2010, 21: 139 –144.

许菲菲. 棉花苗期叶片盐胁迫差异蛋白质分析 [D]. 北京: 中国农业科学院, 2014.

徐子剑, 舒骁, 杨亦玮, 等. 棉花纤维蛋白质 3 种提取及二维电泳方法的比较 [J]. 中国生物化学与分子生物学报, 2006, 22 (1): 77 –80.

喻娟娟, 戴绍军. 植物蛋白质组学研究若干重要进展 [J]. 植物学报, 2009, 44: 410 –425.

曾嵘, 夏其昌. 蛋白质组学研究进展与趋势 [J]. 中国科学院院刊, 2002, 17: 166 –169.

AHMAD S, KHAN N, IQBAL M Z, et al. Salt tolerance of cotton (*Gossypium hirsutum* L.) [J]. Asian Journal of Plant Sciences, 2002, 1 (6): 715 –719.

ASANO T, HAYASHI N, KOBAYASHI M, et al. A rice calcium dependent protein kinase OsCPK12 oppositely modulates salt stress tolerance and blast disease resistance [J]. The Plant Journal, 2012, 69 (1): 26 –36.

CHASTAIN D R, SNIDER J L, CHOINSKI J S, et al. Leaf ontogeny strongly influences photosynthetic tolerance to drought and high temperature in *Gossypium hirsutum* [J]. Journal of Plant Physiology, 2016, 199: 18 –28.

CHASTAIN D R, SNIDER J L, COLLINS G D, et al. Water deficit in field – grown *Gossypium hirsutum* primarily limits net photosynthesis by decreasing stomatal conductance, increasing photorespiration, and increasing the ratio of dark respiration to gross photosynthesis [J]. Journal of Plant Physiology, 2014, 171: 1576 –1585.

CHAVES M M, FLEXAS J, PINHEIRO C. Photosynthesis under drought and salt stress: regulation mechanisms from whole plant to cell [J]. Annals of Botany, 2009, 103: 551 –560.

CHEN T T, ZHANG L, SHANG H H, et al. iTRAQ – based quantitative proteomic analysis of cotton roots and leaves reveals pathways associated with salt stress [J]. Plos one, 2016, 11 (2).

CHEN T Z, LI W J, HU X H, et al. A cotton MYB transcription factor, Gb-MYB5, is positively involved in plant adaptive response to drought stress [J]. Plant

Cell Physiology, 2015, 56: 917 – 929.

COMAS L, BECKER S, CRUZ V M V, et al. Root traits contributing to plant productivity under drought [J]. Frontiers in Plant Science, 2013, 4: 442.

DAUD M K, ALI S, VARIATH M T, et al. Differential physiological, ultramorphological and metabolic responses of cotton cultivars under cadmium stress [J]. Chemosphere, 2013, 93 (10): 2593 – 2602.

DAUD M K, HE Q L, MEI L, et al. Ultrastructural, metabolic and proteomic changes in leaves of upland cotton in response to cadmium stress [J]. Chemosphere, 2015, 120: 309 – 320.

DEEBA F, PANDEY A K, RANJAN S, et al. Physiological and proteomic responses of cotton (*Gossypium herbaceum* L.) to drought stress [J]. Plant Physiology and Biochemistry, 2012, 53: 6 – 18.

DU S J, DONG C J, ZHANG B, et al. Comparative proteomic analysis reveals differentially expressed proteins correlated with fuzz fiber initiation in diploid cotton (*Gossypium arboreum* L.) [J]. Journal of Proteomics, 2013, 82: 113 – 29.

FOYER C H, NOCTOR G. Managing the cellular redox hub in photosynthetic organisms [J]. Plant Cell & Environment, 2012, 35: 199 – 201.

GAO W, LONG L, ZHU L F, et al. Proteomic and virus – induced gene silencing (VIGS) analyses reveal that gossypol, brassinosteroids and jasmonic acid contribute to the resistance of cotton to *Verticillium dahlia* [J]. Molecular & Cellular Proteomics, 2013, 12: 3690 – 3703.

GAO W, XU F C, GUO D D, et al. Calcium – dependent protein kinases in cotton: insights into early plant responses to salt stress [J]. BMC plant biology, 2018, 18 (1): 15.

GAPPER C, DOLAN L. Control of plant development by reactive oxygen species [J]. Plant Physiology, 2006, 141: 341 – 345.

GONG W F, XU F F, SUN J L, et al. iTRAQ – based comparative proteomic analysis of seedling leaves of two upland cotton genotypes differing in salt tolerance [J]. Frontiers in Plant Science, 2017, 8: 2113.

GOSSETT D R, MILLHOLLON E P, LUCAS M. Antioxidant response to NaCl stress in salt – tolerant and salt – sensitive cultivars of cotton [J]. Crop Science,

1994, 34 (3): 706 - 714.

GRAVES P R, HAYSTEAD T A J. Molecular biologist's guide to proteomics [J].
Microbiology and Molecular Biology Reviews, 2002, 66: 39 - 63.

HOVAV R, UDALL J A, Chaudhary B, et al. The evolution of spinnable cotton
fiber entailed prolonged development and a novel metabolism [J]. Plos Genetics,
2008, 4 (2).

HU G J, KOH J, YOO M J, et al. Proteomic profiling of developing cotton fibers
from wild and domesticated *Gossypium barbadense* [J]. New Phytologist, 2013, 200
(2): 570 - 582.

JAN N, QAZI H A, RAJA V, et al. Proteomics: A tool to decipher cold tolerance
[J]. Theoretical and Experimental Plant Physiology, 2019, 31 (1): 183 - 213.

JIN X, ZHU L P, TAO C C, et al. An improved protein extraction method ap-
plied to cotton leaves is compatible with 2 - DE and LC - MS [J]. BMC Genomics,
2019, 20: 285.

KUMAR S, KUMAR K, PANDEY P, et al. Glycoproteome of elongating cotton
fiber cells [J]. Molecular & Cellular Proteomics, 2013, 12 (12): 3677 - 3689.

LI W, ZHAO F A, FANG W P, et al. Identification of early salt stress responsive
proteins in seedling roots of upland cotton (*Gossypium hirsutum* L.) employing iTRA
Q - based proteomic technique [J]. Frontiers in Plant Science, 2015, 6: 732.

LIU G Z, LI X L, JIN S X, et al. Overexpression of rice NAC gene *SNAC*1 im-
proves drought and salt tolerance by enhancing root development and reducing transpi-
ration rate in transgenic cotton [J]. Plos one, 2014, 9 (1).

LIU K, HAN M L, ZHANG C J, et al. Comparative proteomic analysis reveals
the mechanisms governing cotton fiber differentiation and initiation [J]. Journal of
Proteomics, 2012, 75: 845 - 856.

LUO H H, ZHANG Y L, ZHANG W F. Effects of water stress and rewatering on
photosynthesis, root activity, and yield of cotton with drip irrigation under mulch [J].
Photosynthetica, 2016, 54 (1): 65 - 73.

MA L F, LI Y, CHEN Y, et al. Improved drought and salt tolerance of *Arabidop-
sis thaliana* by ectopic expression of a cotton (*Gossypium hirsutum*) *CBF* gene [J].
Plant Cell, Tissue and Organ Culture (PCTOC), 2016, 124 (3): 583 - 598.

MA Q F, WU C H, WU M, et al. Integrative transcriptome, proteome, phospho-proteome and genetic mapping reveals new aspects in a fiberless mutant of cotton [J]. Scientific Reports, 2016, 6: 24485.

MAAS E V, HOFFMAN G J. Crop salt tolerance – current assessment [J]. Journal of the Irrigation and Drainage Division, 1977, 103 (2): 115 – 134.

PARIDA A K, DAGAONKAR V S, PHALAK M S, et al. Alterations in photosyn-thetic pigments, protein and osmotic components in cotton genotypes subjected to short – term drought stress followed by recovery [J]. Plant Biotechnology Reports, 2007, 1 (1): 37 – 48.

QIN Y M, HU C Y, ZHU Y X. The ascorbate peroxidase regulated by H_2O_2 and eth-ylene is involved in cotton fiber cell elongation by modulating ROS homeostasis [J]. Plant Signaling & Behavior, 2008, 3: 194 – 196.

RANTY B, ALDON D, COTELLE V, et al. Calcium sensors as key hubs in plant responses to biotic and abiotic stresses [J]. Frontiers in Plant Science, 2016, 7.

RATNAYAKA H H, MOLIN W T, STERLING T M. Physiological and antioxi-dant responses of cotton and spurred anoda under interference and mild drought [J]. Journal of Experimental Botany, 2003, 54: 2293 – 2305.

RIAZ M, FAROOQ J, SAKHAWAT G, et al. Genotypic variability for root/shoot parameters under water stress in some advanced lines of cotton (*Gossypium hirsutum* L.) [J]. Genetics and Molecular Research, 2013, 12 (1): 552 – 561.

SAIJO Y, KINOSHITA N, ISHIYAMA K, et al. A Ca^{2+} – dependent protein ki-nase that endows rice plants with cold – and salt – stress tolerance functions in vascular bundles [J]. Plant and Cell Physiology, 2001, 42 (11): 1228 – 1233.

SANADHYA P, AGARWAL P, AGARWAL P K. Ion homeostasis in a salt – se-creting halophytic grass [J]. AoB Plants, 2015, 7.

SHEEN J. Ca^{2+} – dependent protein kinases and stress signal transduction in plants [J]. Science, 1996, 274 (5294): 1900 – 1902.

SILVEIRA J A G, CARVALHO F E L. Proteomics, photosynthesis and salt resist-ance in crops: an integrative view [J]. Journal of Proteomics, 2016, 143: 24 – 35.

SINGH M, KUMAR J, SINGH S, et al. Roles of osmoprotectants in improving sa-linity and drought tolerance in plants: a review [J]. Reviews in Environmental Science and Bio/Technology, 2015, 14 (3): 407 –426.

WAN C Y, WILKINS T A. A modified hot borate method significantly enhances the yield of high – quality RNA from cotton (*Gossypium hirsutum* L.) [J] . Analytical Biochemistry, 1994, 223 (1): 7 –12.

WANG F X, MA Y P, YANG C L, et al. Proteomic analysis of the sea – island cotton roots infected by wilt pathogen *Verticillium dahlia* [J] . Proteomics, 2011, 11: 4296 –4309.

WANG X L, CAI X F, XU C X, et al. Drought – responsive mechanisms in plant leaves revealed by proteomics [J] . International Journal of Molecular Sciences, 2016, 17 (10): 1706.

WEI Y Y, XU Y C, LU P, et al. Salt stress responsiveness of a wild cotton species (*Gossypium klotzschianum*) based on transcriptomic analysis [J] . Plos one, 2017, 12 (5) .

WU S, HU C, TAN Q, et al. Drought stress tolerance mediated by zinc – induced antioxidative defense and osmotic adjustment in cotton (*Gossypium hirsutum*) [J] . Acta Physiologiae Plantarum, 2015, 37 (8): 167.

XU Y C, MAGWANGA R O, CAI X Y, et al. Deep transcriptome analysis reveals reactive oxygen species (ROS) network evolution, response to abiotic stress, and regulation of fiber development in cotton [J] . International Journal of Molecular Sciences, 2019, 20 (8): 1863.

YANG Y W, BIAN S M, YAO Y, et al. Comparative proteomic analysis provides new insights into the fiber elongating process in cotton [J] . Journal of Proteome Research, 2008, 7 (11): 4623 –4637.

YAO Y, YANG Y W, LU J Y. An efficient protein preparation for proteomic analysis of developing cotton fibers by 2 – DE [J] . Electrophoresis, 2006, 27 (22): 4559 – 4569.

ZHANG B, LIU J Y. Mass spectrometric identification of *in vivo* phosphorylation sites of differentially expressed proteins in elongating cotton fiber cells [J] . Plos one, 2013, 8 (3) .

ZHANG F, LI S F, YANG S M, et al. Overexpression of a cotton annexin gene, *GhAnn*1, enhances drought and salt stress tolerance in transgenic cotton [J] . Plant

Molecular Biology, 2015, 87 (1 –2): 47 –67.

ZHANG H Y, NI Z Y, CHEN Q J, et al. Proteomic responses of drought – tolerant and drought – sensitive cotton varieties to drought stress [J]. Molecular Genetics and Genomics, 2016, 291 (3): 1293 – 1303.

ZHANG L, PENG J, CHEN T T, et al. Effect of drought stress on lipid peroxidation and proline content in cotton roots [J]. Journal of Animal & Plant Sciences, 2014, 24: 1729 – 1736.

ZHAO F A, FANG W P, XIE D Y, et al. Proteomic identification of differentially expressed proteins in *Gossypium thurberi* inoculated with cotton *Verticillium dahlia* [J]. Plant Science, 2012, (185 – 186): 176 – 184.

ZHAO P M, WANG L L, HAN L B, et al. Proteomic identification of differentially expressed proteins in the Ligonlintless mutant of upland cotton (*Gossypium hirsutum* L.) [J]. Journal of Proteom e research, 2010, 9: 1076 – 1087.

ZHAO Q, ZHANG H, WANG T, et al. Proteomics – based investigation of salt – responsive mechanisms in plant roots [J]. Journal of Proteomics, 2013, 82: 230 – 253.

ZHENG M, MENG Y L, YANG C Q, et al. Protein expression changes during cotton fiber elongation in response to drought stress and recovery [J]. Proteomics, 2014, 14 (15): 1776 – 1795.

ZHENG M, WANG Y H, LIU K, et al. Protein expression changes during cotton fiber elongation in response to low temperature stress [J]. Journal of Plant Physiology, 2012, 169 (4): 399 – 409.

ZHOU M L, SUN G Q, SUN Z M, et al. Cotton proteomics for deciphering the mechanism of environment stress response and fiber development [J]. Journal of Proteomics, 2014, 105: 74 – 84.

ZHOU X, HU W, LI B, et al. Proteomic profiling of cotton fiber developmental transition from cell elongation to secondary wall deposition [J]. Acta Biochimica et Biophysica Sinica, 2019, 51 (11).

第六章

棉花抗逆代谢组学

代谢组学研究生物体内源代谢物的种类、数量及其在内外因素作用下的变化规律，是系统生物学的重要组成部分，也是继基因组学、转录组学和蛋白质组学之后迅速发展起来的新兴学科。代谢组学定义有 20 世纪 90 年代末尼科尔森（Nicholson）等（1999）提出的"metabonomics"和 21 世纪初菲恩（Fiehn）等（2000）提出的"metabolomics"两种，两者在拼写及侧重点上稍有不同，但本质上都是指从整体上研究生物体的代谢产物。目前，对于代谢组学的定义为"对某一生物、组织或细胞中所有低分子量（通常指分子量 <1000）代谢产物进行定性和定量分析的一门科学"。代谢产物作为生物体在内外因素作用下基因转录和蛋白表达的最终结果，是生物体表型的物质基础。同时代谢产物又能影响或调节基因的转录和蛋白的表达和活性。代谢组与基因组、转录组、蛋白组相比更接近生物体的表型，基因组和蛋白组的微小变化可以在代谢组层面得以体现和放大。因此，代谢组学研究越来越受到广泛关注，代谢组学手段在解析生物系统及基因功能等方面也发挥着越来越重要的作用（刘贤青和罗杰，2015）。

第一节　棉花抗逆代谢组学及研究方法

一、棉花抗逆代谢组学（Metabolomics）

在整个代谢组学的研究中，植物代谢组的研究占有重要的地位。作为一类固着性生物，植物可以产生种类繁多的代谢产物，总数在 20 万 ~ 100 万种之间（Dixon and Strack，2003）。植物代谢物大体可分为初生代谢物和次生代谢物两大类（图 6 - 1）。初生代谢物为维持植物生命活动和生长发育所必需（Koch，

2004），次生代谢物则更多地参与植物抗病、抗逆等环境应答（Mitchell - Olds and Schmitt，2006）。植物代谢物种类繁多，结构各异，含量差异很大，这一方面使植物成了研究代谢物生物合成及其调控的理想材料，同时植物代谢物的复杂性也对植物代谢组学研究提出了严峻的挑战（D'Auria and Gershenzon，2005）。近年来，随着代谢组学分析技术的发展，特别是基于质谱及核磁共振的代谢谱分析的发展，代谢组学研究的内容不断扩展（Saito and Matsuda，2010）。另外，通过代谢组学与其他组学技术（如转录组学、基因组学）的整合（Keurentjes，2009），植物代谢组学在功能基因鉴定、代谢途径解析及自然变异的遗传分析等方面都取得了较大的进展（Chen et al.，2014）。

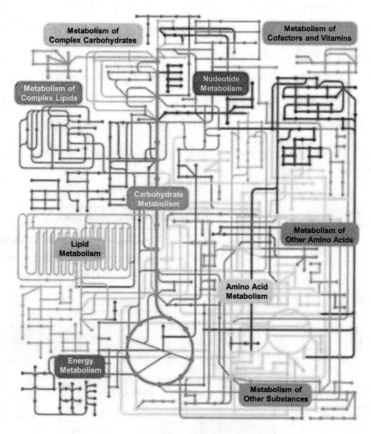

图 6 - 1　代谢途径（Berg et al.，2002）

植物对逆境胁迫的耐受性和敏感性是一个复杂的生理过程，通过调节代谢网络达到对生物、非生物因素胁迫的防御作用，以诱导产生一系列特殊代谢物为应答方式。代谢组学属于系统生物学研究方法，在揭示植物生命活动及规律方面发挥着越来越重要的作用。因此，代谢组学已成为研究植物逆境胁迫下的代谢途径变化和耐受机理的重要手段。

二、棉花抗逆代谢组学研究方法

代谢组数据分析的一般流程是：细胞或组织样品、代谢物提取和鉴定、数据整理、数据分析、代谢网络构建、推断代谢通路（图6-2）。由于代谢组学分析对象的物化性质差异很大，要对它们进行无偏向的全面分析，选择合适的鉴定技术是代谢组学研究的关键。目前，代谢组学常用的分析技术主要有气相色谱（Gas chromatography，GC）、液相色谱（Liquid Chromatography，LC）、质谱（Mass spectrometry，MS）、核磁共振（Nuclear Magnetic Resonance，NMR）、傅里叶变换红外光谱（Fourier transform infrared spectroscopy，FTIR）、库仑分析、紫外吸收、荧光散射、毛细管电泳（Capillary Electrophoresis，CE）等，在实际操作中一般采用多种分离、检测方法并用，以尽可能多地获取代谢物组分。常见的代谢分析仪器在灵敏度等方面各有特点，依靠单个分析平台还不能检测到生物样品中所有的代谢物，需要综合使用多种分析检测方法（表6-1）（张晓磊等，2018）。

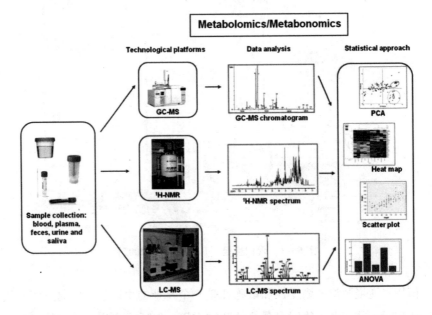

图6-2　代谢组学的实验流程（http：//www.lc-bio.com/news/show-491.html）

（一）气相色谱和质谱联用技术

气相色谱—质谱联用（GC/MS）是主要针对挥发性物质进行分离鉴定的质谱技术，配套有相对完善的美国国家标准技术学院（NIST）数据库，在代谢物鉴定方面具有一定优势，是植物代谢组学研究方面常用的分析技术（图6-3）。

GC-MS 非常适用于检测具有非常复杂基质的生物样品，提供高效的分离和分解。核磁共振检测不仅可以分析许多碳水化合物、氨基酸和有机酸，还可以准确地识别许多的挥发性和热稳定的脂质，或挥发性衍生的代谢物，如 FAs（Angelcheva et al.，2015）。更重要的是，大量精心设计的化合物参考文库，包括 NIST（Kumari et al.，2011）、FiehnLib（Kind et al.，2009）和 Golm 代谢数据库（GMD）（Kopka et al.，2005），可用于不同质谱仪的峰值识别和预测，已被证明在分析代谢组数据方面非常有用。然而，GC-MS 的主要局限在于它不能电离不耐热代谢物，如二磷酸和三磷酸、溶血磷脂酰胆碱（LPC）、溶血磷脂酰乙醇胺（LPE）或更高分子量的磷脂酰胆碱（PC）和磷脂酰乙醇胺（PE）。甚至在衍生化后，它们的非挥发特性也限制了其在植物全面代谢谱分析中的应用。与使用 LC-MS 获得的相比，这种限制在代谢物数量和亚型方面缩小了 GC-MS 衍生的代谢组。与 LC/MS 相比，GC/MS 所检测的化合物主要集中在极性程度低，分子量相对小的代谢物（<300 Da）（图6-3）。

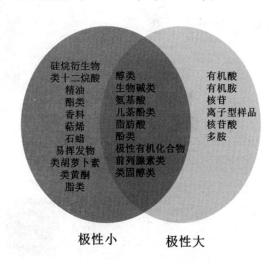

图6-3 LC/MS 和 GC/MS 鉴定代谢物的异同

（http：//www. lc-bio. com/news/show-491. html）

（二）液相色谱和质谱联用技术

液相色谱—质谱联用（LC/MS）是一种分辨率相对较高的分离分析技术，具有灵敏度较高，动态范围较宽，无需衍生化等优点，因而成为代谢组学研究常用的技术。LC/MS 主要分析范围有：不挥发性化合物分析测定；极性化合物的分析测定；热不稳定化合物的分析测定；1000 Da 以内的大分子量化合物包括蛋白、多肽、多聚物等的分析测定（图 6 - 4）。

LC - MS 可用于处理不含衍生物的不耐热，极性代谢物和高分子量化合物，如磷脂酰肌醇（PI）、PE，磷脂酸（PA）、磷脂酰甘油（PG）、磷脂酰丝氨酸（PS）、磺基喹诺酮二酰基甘油（SQDG）、PC、单半乳糖二酰基甘油（MGDG）和二半乳糖二酰基甘油（DGDG）（Nakamura et al., 2009；Nakamura et al., 2014）。更重要的是，随着电离技术的进步，扫描速度的提高以及仪器灵敏度的提高，LC - MS 的代谢物覆盖范围可以扩展到更多的代谢物类别，传统上由GC - MS 主导（Tian et al., 2013）。例如，通常通过 GC - MS 检测的三羧酸循环（TCA）中涉及的挥发性代谢物现在也可以通过 LC - MS 进行分析（Shao et al., 2015）。尽管 GC - MS 对这些挥发性化合物的敏感性高于 LC - MS，这些化合物在 LC - MS 中的可检测性足以用于定量分析植物中的目标代谢物（图 6 - 4）。

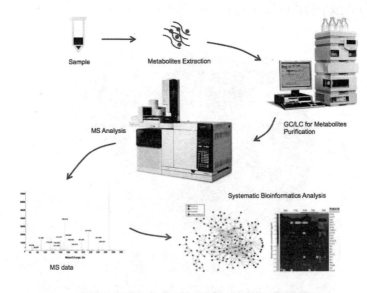

图 6 - 4　基于色谱质谱联用鉴定代谢物

（http：//www.lc - bio.com/news/show - 491.html）

（三）毛细管电泳和质谱联用技术

毛细管电泳技术是基于带电分子在电场中的泳动速度差异而实现代谢物分离分析的技术。毛细管电泳技术与其他色谱技术互补，特别适于利用广泛靶向代谢组学手段对离子型代谢物（如核苷酸、有机酸、氨基酸、磷酸化的寡糖等植物初生代谢物）的分离和分析（Monton and Soga，2007）。毛细管电泳质谱（CE/MS）将毛细管电泳快速、高效、分辨率高、重复性好等特点和质谱分析灵敏度高、速度快等优点相结合，在强极性代谢物，特别是带电代谢物的分离分析中具有广泛的应用前景（刘贤青和罗杰，2015）。

（四）核磁共振技术

核磁共振（NMR）是代谢组研究领域的主要分析技术之一，其特点是其在定量、结构鉴定和代谢物无偏差检测方面的重现性（Van et al.，2016）。NMR可以对大批量样品中的代谢物进行定量，具有更高的重现性和更高的准确度，并且具有比 GC/LC - MS 更宽的时间跨度和动态范围。特别是在非靶向的基于 MS 的代谢组学中，测量是半定量的。NMR 保证了稳定的灵敏度，因为样品和仪器在检测过程中没有接触，消除了可能影响 MS 分析灵敏度的残留代谢物逐渐污染的问题。此外，无论生物基质的复杂程度如何，NMR 都能为所有代谢物提供相同的信号灵敏度，并且不依赖于代谢物的化学性质（Nagana et al.，2015）。核磁共振是一种分析代谢物结构的强大技术，因为它可以区分具有相同质量和二维结构的化合物，这些化合物仅在空间配置上有所不同（Imai et al.，2016；Muhit et al.，2016）。NMR 在代谢组学研究中也是优选的，因为其使用完整的生物样本的简单检测要求而不需要事先分离。在植物代谢组分析方面，NMR 主要包括代谢物、碳水化合物、氨基酸和有机酸（Tian et al.，2016）。

然而，核磁共振技术的一个主要缺点在于其灵敏度（Chen et al.，2016），这限制了其应用于检测植物中低丰度的代谢物。此外，随着分子量增加，例如，对于包含长脂肪链的脂质，由于来自这些化合物中延伸的烃链的复杂和重叠的信号，其识别能力迅速减弱。根据脂肪链的长度、双键的数量，长链碳脂，如脂肪酸（FAs）和携带单个或多个长脂肪链的磷脂，可以进一步分化成数十万种亚型。由于 NMR 仅能够基于位于官能团中的特征信号提供分类，因此长脂肪链中亚甲基的重叠信号在赋予特定化合物鉴定方面不足。核磁所能给出的为结构片段信息，将这些片段进行代谢物的归属往往比较困难。通过 NMR 可以鉴定出数百种代谢物，这落后于 GC/LC - MS。

　　不同的代谢组鉴定技术具有不同的特点。GC/MS 擅长对挥发性、极性低的代谢物进行分析鉴定，对不挥发性代谢物无能为力。而 LC/MS 擅长对非挥发性化合物、极性化合物、热不稳定化合物以及 1000 Da 以内的大分子量化合物进行分析鉴定。NMR 检测代谢物具有无偏向性，无损伤性，前处理简单以及能实时和动态检测的特点，然而它的检测灵敏度较低。因此，更全面的代谢组分析鉴定，应根据研究对象特征和目的，灵活地将一种或多种代谢组鉴定技术有机组合，发挥各自的优势（图6-5）。

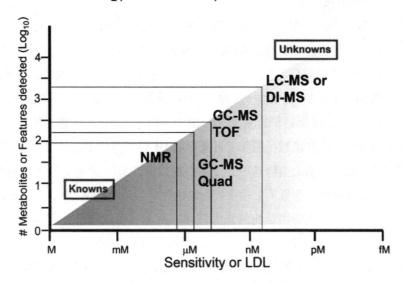

图6-5　LC-MS、GC-MS、NMR 鉴定代谢物的灵敏度和数量级

（http：//www. lc-bio. com/news/show-491. html）

表6-1　核磁共振和质谱仪器在代谢组学研究中的优缺点

仪器方法	选择性[b]	敏感性	定量分析	缺点	其他
NMR	良好	低	良好	鉴定的化合物数量少	缺乏生物信息学分析工具
LC/NMR	高	低	良好	分析成本高，LC 柱分离率低	可以进行绝对结构表征

仪器方法	选择性[b]	敏感性	定量分析	缺点	其他
Direct infusion MS	低	良好	可接受	化合物之间的电离竞争需要衍生化，低分子量范围仅到 500 Da	用高分辨率质量分析仪可能估算质子化分子的元素组成
GC/MS[a] or GC/GC/MS[a]	良好	高	可接受	同上	使用 GC/GC 技术改善了化合物与 GC 色谱柱的良好分离
GC/MS/MS[a]	良好	高	良好	LC 柱的低分离	同上
LC/MS[a]	良好	高	可接受	LC 柱的低分离	用高分辨率质量分析仪可能估算质子化分子的元素组成
LC/MS/MS[a]	良好	高	良好		用高分辨率质量分析仪可能估计质子化分子的元素组成，有可能区分异构和同量异位化合物
CE/MS[a]	良好	极高	可接受	CE 仪器与质谱仪稳定连接困难	用 CE 仪器很好地分离化合物

资料来源：PIASECKA A, KACHLICKI P, STOBJECKI M. Analytical methods for detection of plant metabolomes changes in response to biotic and abiotic stresses ［J］. International Journal of Molecular Sciences, 2019, 20 (2): 379.

　　通过对代谢物的提取和鉴定，得到一系列质谱或核磁共振波谱图，接下来要对这些波谱图数据进行处理。对代谢组数据的处理可分为数据整理和数据分析两个步骤。数据整理的目的是将原始波谱数据转化整理成易于进行分析的数据格式，包括数据过滤、特征检测、比对和数据标准化等几个过程。通过数据整理，将液相—质谱或气相—质谱得出的质谱图的原始数据（raw data）转化为标准数据格式（李连伟等，2017）。目前用于数据整理和分析的软件很多，且各有优势，分别对数据进行整理和分析（表 6 - 2）。用于代谢组研究的数据库见表 6 - 3。

表 6 - 2　代谢组数据整理和分析软件

软件名称	功能及特点
OpenMS	MS 数据整理、特征检测、结构鉴定
Metabonomic Package	用 R 语言编写，是 R 的一个软件包，用于 NMR 数据统计：多元分析、PCA、PLS、神经网络
XCMS	用 R 语言编写，用于整理 LC - MS 数据和 GC - MS 数据，包括特征检测和峰值比对
XCMS 2	用于整理串联质谱法（MS - MS）数据的代谢物鉴定和结构特征描述
MeDDL	是数学软件 Matlab 的一个脚本，用于处理 LC - MS 数据和 GC - MS 数据
MetaboliteDetector	是图形用户界面，用于综合分析、平滑去噪、特征检测、色谱数据分析、化合物鉴定
MetAlign	用于处理 GC - MS 数据和 LC - MS 数据、基线校准、特征检测、数据平滑去噪和比对
MetaboAnalyst	用于数据统计分析、功能解释、数据可视化、数据质量检测
MeltDB	数据可视化、代谢通路分析
MetDAT	在线的 MS 数据整理分析平台，用于统计分析、代谢通路可视化
AMDIS	峰值检测、去卷积、数据识别、数据可视化
TagFinder	数据比对、数据识别
MetIDEA	LC - MS、GC - MS 和 CE - MS 数据的峰值区域计算、相关性分析
MetaScape	是网络分析平台 Cytoscape 的一个插件，用于网络通路可视化、数据统计分析等
MetaboMiner	Java 语言编写，识别代谢物分析的 NMR 数据
MolFind	Java 语言编写，用于分析 HPLC/MS 数据
MAVEN	是图形用户界面，对 LC - MS 数据进行数据整理、数据分析、通路可视化分析等
LIMSA	用于质谱数据峰值数据比对整理
Xalign LC - MS	数据的峰值检测
BlueFuse	MS 和 NMR 数据的数据过滤、峰值检测、一元和多元数据分析

表6-3　代谢组数据库

数据库	网址
KEGG	http：//www. genome. p/kegg/
MetaCycle	http：//metacyc. org/
HumanCyc	http：//humancyc. org/
BioCyc	http：//biocyc. org/
Reactome	http：//www. reactome. org/ReactomeGWT/entrypoint. html
HMDB	http：//www. hmdb. ca/
BIGG	http：//bigg. ucsd. edu/
SetupX	http：//fiehnlab. ucdavis. edu/projects/binbase_ setupx
BinBase	http：//fiehnlab. ucdavis. edu/projects/binbase_ setupx#binbase
SYSTOMONAS	http：//systomonas. tu － bs. de/
PubChem	http：//pubchem. ncbi. nlm. nih. gov/
ChEBI	http：//www. ebi. ac. uk/chebi/
ChemSpider	http：//www. chemspider. com/
KEGG Glycan	http：//www. genome. jp/kegg/glycan/
CSFMetabolome	http：//www. csfmetabolome. ca/
LMSD	http：//www. lipidmaps. org/data/structure/
DrugBank	http：//www. drugbank. ca/
Theapeutic Target Database	http：//xin. cz3. nus. edu. sg/group/ttd/ttd. asp
PharmGKB	http：//www. pharmgkb. org/
STITCH	http：//stitch. embl. de/
SuperTarget	http：//bioinf － apache. charite. de /supertarget_ v2/
HMDB	http：//www. hmdb. ca/
NIST	http：//www. sisweb. com/software /ms /nist. htm
GMD	http：//gmd. mpimp － golm. mpg. de/
BMRB	http：//www. metabolomicssociety. org/databases
MMCD	http：//mmcd. nmrfam. wisc. edu/
MassBank	http：//www. massbank. jp/
MetLin	http：//metlin. scripps. edu /index. php
Fiehn － Lib	http：//fiehnlab. ucdavis. edu/Metabolite － Library － 2007/
BML － NMR	http：//www. bml － nmr. org/

数据库	网址
OMIM	http：//www.ncbi.nlm.nih.gov/omim/
OMMBID	http：//www.ommbid.com/

资料来源：李连伟，张阿梅，马占山．代谢组研究的生物信息学方法［J］．中国生物工程杂志，2017，37（1）：89－96.

第二节　耐盐代谢组学

近年来，基于代谢组学研究方法对盐胁迫条件下植物的耐盐机理研究越来越多。这些研究主要包括以下三个方面（李明霞等，2017）。

1. 耐盐性不同的材料之间植物代谢组学比较研究。耐盐性显著差异的同一种农作物代谢物的研究，将有助于鉴别代谢途径变化的历程，从而制定一个清晰的生理生化调整策略，为高效育种提供重要的理论依据。

2. 盐胁迫下野生和栽培作物之间代谢组学比较研究。合理保护及有效利用野生种质资源是当前植物学研究领域中热点问题之一。盐胁迫下野生和栽培作物之间代谢组学的研究，将有助于清晰展示野生物种代谢物种类、数量以及代谢途径对盐胁迫适应过程中的响应趋势。这将为有目的性利用野生资源奠定理论基础。

3. 盐胁迫下，不同处理浓度、不同处理时间、不同器官中，植物代谢组学动态差异研究。

约翰逊（Johnson）等（2003）采用代谢指纹图谱鉴定番茄盐胁迫下的代谢变化。作者研究了盐分胁迫下的抗盐型和盐敏感型番茄品种的代谢变化。使用FT－IR光谱对全果肉提取物进行指纹识别。使用非监督（PCA）和监督（DFA）算法分析了代谢指纹。研究发现PCA不能区分任何品种的对照组和盐处理组，而DFA可以区分这两个品种的对照组和盐处理组。采用遗传算法来识别FTIR光谱中对于分类很重要的区域。这些区域对应于饱和和不饱和腈化合物，含氰化物的化合物以及NH_2（氨基）和其他含氮化合物的强宽峰。

Gong等（2005）利用GC－MS和生物芯片技术研究了耐盐植物盐芥（Thellungiella halophila）和拟南芥在盐胁迫下代谢物的差别。通常情况下与拟南芥相比，盐芥在无盐和高盐环境中均具有较高的代谢水平。150 mmol /L NaCl 胁迫引起拟南芥中蔗糖、脯氨酸和未知代谢物（推定为复合糖）的增加，而盐芥的代谢响应更为复杂，除了在胁迫之前具有更高水平的许多代谢物之外，还检测到其他糖、糖醇、有机酸和磷酸盐的变化。

吉姆（Kim）等（2007）使用拟南芥 T87 培养的细胞研究了细胞水平的代谢反应，采用 GC - MS 和 LC - MS 对细胞的代谢物进行检测，并利用 PCA 和 SOM 对数据进行分析。结果表明，供应甲基的甲基化循环、木质素生成的苯丙烷途径和甘氨酸甜菜碱生物合成被协同诱导作为抵抗盐胁迫处理的短期响应。糖酵解和蔗糖代谢的共同诱导以及甲基化循环的共同减少作为抵抗盐胁迫的长期响应。

维多多（Widodo）等（2009）采用 GC - MS 方法分析了盐敏感和耐盐大麦在盐处理下的代谢产物变化。研究发现盐敏感性大麦 Clipper 品种的氨基酸水平较高，包括脯氨酸、GABA 和多胺腐胺，这与早期的研究一致，即这种积累可能与较慢的生长和/或叶片坏死有关，而不是对盐分的适应性反应，表明这些代谢物可能是植物中一般细胞损伤的指标。相比之下，耐盐大麦品种 Sahara 中，参与细胞保护的磷酸己糖、TCA 循环中间体和代谢产物的水平随盐的增加而增加。而在盐敏感大麦 Clipper 品种中，这些代谢物保持不变。

为了了解盐分作用对植物代谢的剂量和持续时间依赖性，Zhang 等（2011）使用 NMR 光谱结合多元数据分析来分析烟草植物的代谢组及其对盐处理的动态响应。结果表明，烟草的代谢组主要由 40 种代谢物组成，包括有机酸/碱、氨基酸、碳水化合物和胆碱、嘧啶和嘌呤代谢物。烟草代谢组学对盐度剂量响应的动态轨迹很明显。短期低剂量盐胁迫（50 mM NaCl，1d）引起代谢向糖异生的转变，并耗尽了嘧啶和嘌呤代谢产物。高剂量盐（500 mM NaCl）长时间的盐度会导致渗透液的逐步积累，例如，脯氨酸和肌醇，以及 GABA 分流的变化。这些处理还通过增强芳香族氨基酸的生物合成，促进了莽草酸酯介导的次级代谢。因此，盐度导致广泛的代谢网络发生系统变化，包括转氨作用，TCA 循环，糖异生/糖酵解，谷氨酸介导的脯氨酸生物合成，莽草酸酯介导的次生代谢以及胆碱，嘧啶和嘌呤的代谢。

加瓦安（Gavaghan）等（2011）采用 NMR 的代谢谱分析方法对盐胁迫下玉米植株进行研究。结果发现对于盐水处理的芽和根提取物，观察到明显的剂量依赖性效应，叠加在生长效应上。这与芽中丙氨酸、谷氨酸、天冬酰胺、甘氨酸—甜菜碱和蔗糖水平升高以及苹果酸、反式乌头酸和葡萄糖水平降低相关。根部显示的与盐分含量的相关性包括：丙氨酸，γ–氨基–N–丁酸，苹果酸，琥珀酸和蔗糖水平升高以及乙酰乙酸盐和葡萄糖水平降低。

　　Wu 等（2012）使用基于核磁共振的代谢组学研究了盐胁迫下碱蓬根部暴露于两种与环境相关的盐度下持续 1 周和 1 个月的效应。结果表明，盐胁迫抑制了碱蓬的生长，并诱导了显著的代谢反应，包括碱蓬根组织中氨基酸、乳酸、4–氨基丁酸、苹果酸、胆碱、磷酸胆碱的减少，以及甜菜碱、蔗糖和尿囊素的增加。

　　Wu 等（2013）通过 GC–MS 比较两种耐盐基因型，一个栽培大麦 CM72 和一个野生大麦 XZ16 组织中对盐胁迫响应的代谢变化。与 CM72 相比，在正常条件下，XZ16 的根中半乳糖、葡萄糖和甘露糖含量较低，脯氨酸、亮氨酸、果糖–6–P、葡萄糖–6–P、PEP 和 3–PGA 含量较高。野生大麦 XZ16 具有较高的氨基酸生物合成能力和较高的糖酵解代谢水平，而 CM72 具有较高的糖合成水平。在高盐度下，XZ16 的根和叶中脯氨酸含量较高，而 CM72 在叶片中积累了更多与光合作用和 TCA 循环相关的代谢产物，但氨基酸和有机酸较少，而 XZ16 叶片中果糖 6–P、葡萄糖–6–P 和 PEP 的含量不受盐胁迫的影响。这可能表明，与野生大麦相比，盐胁迫对栽培大麦的光合作用和氨基酸合成的影响更大。在盐胁迫下，野生大麦根部的葡萄糖、棉籽糖、谷氨酸和有机酸含量较高，叶中的丙氨酸、天冬酰胺、甘氨酸、异亮氨酸、丝氨酸和棉籽糖含量较高。这些代谢物通常被认为是相容的溶质，它们参与渗透调节，保护膜和蛋白质免受 ROS 的伤害。

　　Lu 等（2013）使用基于 MS 的代谢组学来分析盐胁迫下栽培大豆 C08（*Glycine max* L. Merr）和野生大豆 W05（*Glycine soja* Sieb. et Zucc.）的代谢变化。结果发现，野生大豆比栽培大豆所含的二糖、糖醇和乙酰化氨基酸含量更高，而单糖、羧酸和不饱和脂肪酸的含量更低。进一步的研究表明，大豆耐受盐的能力主要基于相容性溶质的合成、活性氧清除剂的诱导、细胞膜的修饰以及植物激素的诱导。该研究表明，基于质谱的代谢组学提供了一种快速而有力的区分大豆耐盐性的方法。

　　为了阐明玉米抗性杂种的生理和生化过程，里希特（Richter）等（2015）使用了相色谱质谱法，分析了五个不同的盐胁迫水平。通过比较盐敏感和耐盐玉米杂交种，确定叶片中糖（例如，葡萄糖、果糖和蔗糖）的积累作为盐敏感杂种的耐盐适应性。虽然，这两个杂种都显示出三羧酸循环中代谢物浓度的强烈降低。这些减少导致对盐敏感甚至抗盐玉米杂交种的分解代谢降低。出乎意料的是，盐胁迫下根系代谢的变化可忽略不计。此外，在低盐胁迫下，盐敏感玉米叶片的抗盐机理最有效。

谢尔顿（Shelden）等（2016）采用 GC–MS 分析大麦根的三个不同区域：根冠/细胞分裂区（R1）、延伸区（R2）和成熟区（R3）来确定大麦根响应盐胁迫的初级代谢产物的空间变化。鉴定出 76 种已知代谢物，包括 29 种氨基酸和胺、20 种有机酸和脂肪酸以及 19 种糖和糖磷酸酯。响应短期盐胁迫，盐敏感大麦 Clipper 品种中细胞分裂和根伸长的维持与氨基酸（脯氨酸）、糖（麦芽糖、蔗糖、木糖）和有机酸（葡萄糖酸盐、莽草酸酯）的合成和积累有关，表明这些代谢途径在耐盐性和维持根伸长方面的潜在作用。根生长适应和代谢途径的潜在协调所涉及的过程似乎以区域特定的方式受到控制。

Zhang 等（2016）使用基于气相色谱—质谱（GC–MS）的代谢组学对中性盐和碱性盐胁迫下栽培大豆（Glycine max）和野大豆（Glycine soja）的 68 种代谢产物进行了分析，以揭示其耐盐性的生理和分子差异。在中性盐胁迫下，野生大豆中苯丙氨酸、天冬酰胺、柠康酸、柠檬酸和 α–酮戊二酸的含量明显更高，并且碱性盐胁迫下棕榈酸、木质酸、葡萄糖、柠檬酸和 α–酮戊二酸的含量要比栽培大豆高。进一步的研究表明，野生大豆的耐盐能力主要取决于有机化合物和氨基酸的合成，以及在中性盐胁迫下更活跃的三羧酸循环。此外，代谢物谱分析表明，在碱性盐胁迫下，β–氧化、糖酵解和柠檬酸循环产生的能量起着重要作用。

棉花是耐盐性较强的作物之一，是盐碱地的先锋作物。随着转基因抗虫棉占我国植棉面积比例的迅猛上升以及棉田土壤的盐碱化程度加重，研究转基因抗虫棉对各种盐胁迫的响应机理对于转基因抗虫棉的安全可持续栽培愈显重要。王丽（2012）通过盆栽试验，以转基因抗虫棉 97Bt、507Bt、中棉所 30 及其非转基因对照 97、507、中棉所 16 为材料，研究了其在不同盐浓度（0，50 mM，200 mM）及不同持续时间（7d，15d，21d）处理下光合水气交换参数、反射光谱及其特征参数、光合相关蛋白以及代谢物轮廓等响应特征。核磁共振氢谱的主成分分析结果表明，所有供试棉花品种在无盐与重度盐胁迫处理下的代谢物轮廓在主成分水平上有明显的分类，差异主要体现在细胞膜相关代谢物、糖类、渗透调节物、转氨酶产物及莽草酸途径代谢物上；供试转基因抗虫棉与其非转基因对照对盐胁迫的代谢物轮廓的响应无明显分类。热图分析表明，供试棉花品种浓度最高的代谢物是细胞膜相关代谢物及渗透调节相关代谢物，而氨基酸类代谢物整体水平较低。糖类中，只有果糖浓度较高，其他表现出与品种及盐胁迫程度相关的变化趋势。单因素方差分析表明，转基因抗虫棉 97Bt、507Bt、中棉所 30 在盐胁迫下对主成分分析起主要贡献的蔗糖、果糖、肌醇等代谢物的变化与其非转基因对照 97、507、中棉所 16 有明显不同且响应差异具有品种特性，转基因棉花品种对盐胁迫的代谢响应较非转基因对照更为敏感。

第三节　抗旱代谢组学

干旱胁迫是严重制约农业生产的世界性问题，在所有非生物胁迫中占首位，每年因干旱导致作物减产达 50% 以上，其对农作物的损害仅次于病虫害。轻度干旱会导致植物生长发育速率下降，严重时直接导致植物死亡。我国的干旱、半干旱地区较广，培育耐旱作物新品种是缓解干旱问题的途径之一。目前，随着分子生物学的高速发展，利用遗传学、蛋白质组学、转录组学等相关学科初步揭示了植物抗旱的分子机制，利用代谢组学了解胁迫应答的代谢机制，这对于提高作物抗旱性，确保农业产出和经济稳定至关重要。

黄酮类化合物是植物中特异性/次级代谢产物的主要成分，被认为是抵抗环境胁迫的防御代谢物（Dixon and Paiva，1995），并且先前已经观察到拟南芥中黄酮类化合物在各种胁迫下的积累（Catalá et al.，2011）。据报道，黄酮类化合物的积累参与自由基清除活动，增加植物的氧化和耐旱性，从而防止水分流失（Nakabayashi，2014b）。

在干旱胁迫期间，拟南芥中山萘酚、槲皮素和花青素三种类黄酮化合物浓度增加，表明所有黄酮类化合物都是干旱胁迫反应性代谢物，可用作干旱胁迫的阳性标记物和潜在的缓解剂（Nakabayashi，2014a）。尽管如此，黄酮类化合物的信号传导/调节机制或每种分子在胁迫减轻机制中的个体作用仍不清楚。

次级代谢产物的多样性对其在植物胁迫应答中的作用至关重要（Bari and Jones，2009）。代谢组学可以帮助转录组学阐明对胁迫代谢耐受性的细胞机制。使用综合组学策略对拟南芥中类黄酮通路转录因子 TRANSPARENT TESTA8（TT8）的功能进行了分析，揭示了茉莉酸和油菜素类固醇两种植物激素生物合成途径与胁迫应答有关，直接受 TT8 调控（Rai et al.，2016）。此外，至少 8 种与盐和干旱胁迫耐受性有关的胁迫应答蛋白以 TT8 依赖性方式直接调节，暗示 TT8 在重编程防御反应中的作用。此外，TT8 在增加核心代谢物的多样性方面具有直接作用，特别是通过调节油菜素类固醇和类黄酮的糖基化。

据报道，线粒体代谢在干旱胁迫应答中具有高活性（Pires et al.，2016）。干旱胁迫诱导的代谢重编程导致 TCA 循环中氨基酸和中间体的浓度上调，包括顺－乌头酸、异柠檬酸、柠檬酸、富马酸、2－氧戊二酸、琥珀酸、苹果酸、乙醇酸、腐胺、亚精胺、γ－氨基丁酸（GABA）胍、果糖、半乳糖、葡萄糖、麦芽糖、甘露糖、棉籽糖、核糖、蔗糖、海藻糖、脱氢抗坏血酸、丙氨酸（Ala）、天冬氨酸（Asp）、谷氨酸（Glu）、谷氨酰胺（Gln）、Ile、Leu、赖氨酸（Lys）、蛋氨酸（Met）、鸟氨酸（Orn）、Phe、脯氨酸（Pro）、丝氨酸（Ser）、苏氨酸（Thr）、Try 和 Val，以及蛋白质、淀粉和硝酸盐浓度的降低。BCAA 浓度的增加似乎与它们作为 TCA 循环底物的使用增加有关（Caldana et al.，2011），并且在短期干旱胁迫中起作用，最可能是通过延缓胁迫起始。多种初级代谢产物（渗透物，渗透保护剂）在胁迫条件下积累，可作为大分子稳定膜的结构单元，从而促进细胞渗透压（Angelcheva et al.，2015）。实际上，这可能说明在植物基因工程中仅仅通过单一的相容性溶质化合物的过量产生来培育胁迫耐受性高的品种通常是不可行的。

脂质作为主要的膜组分，在干旱胁迫过程中起到保持膜完整性的作用（Gigon et al.，2004）。据报道，在干旱胁迫下，拟南芥中糖基肌醇磷酰胺（GIPC）、甾基糖苷（SG）、酰化甾基糖苷（ASG）、DGDG 和 PA 发生浓度变化（Pablo et al.，2015）。干旱胁迫应答中，在拟南芥叶中观察到 DGDG 18：3 和 PC 18：3 增加，并且不饱和脂肪酸 16：3 和 18：3 中的水平降低（Gigon et al.，2004）。这些结果表明，拟南芥通过调节膜脂比例在细胞水平上具有很强的耐受干旱胁迫的能力。

脱落酸（abscisic acid，ABA）是一种在高等植物脱水胁迫应答反应中发挥重要作用的植物激素。NCED3 在 ABA 的脱水诱导生物合成中起作用。采用 GC/TOF－MS 和 CE－MS 两种类型的质谱系统分析在脱水胁迫下野生型拟南芥和 *NCED3* 基因的敲除突变体（*nc3 - 2*）的代谢变化，结果发现，在脱水胁迫下野生型拟南芥中有 61 种代谢物上调，*nc3 - 2* 突变体中有 46 种上调。与野生型拟南芥相比，*nc3 - 2* 突变体中一些受 ABA 调控的代谢物增幅较小，如缬氨酸、亮氨酸、异亮氨酸、葡萄糖、果糖及乙醇胺等。然而，一些不依赖 ABA 调控的代谢物增幅较大，如棉籽糖、柠檬酸盐、丙氨酸等。整合代谢组和转录组分析表明，ABA 依赖性转录调节支链氨基酸、糖蛋白、脯氨酸和多胺的生物合成。该代谢组学分析揭示了响应脱水应答的动态代谢网络的新分子机制（Urano et al.，2009）。

福伊托（Foito）等（2009）通过 GC - MS 分析对水胁迫反应明显不同的 2 个黑麦草（ryegrass）材料，发现响应水分胁迫差异的主要原因是，较易感的 Cashel 基因型中的脂肪酸含量降低，以及较耐受的 PI 462336 基因型中的糖和相容性溶质增加。显著增加的糖包括棉籽糖、海藻糖、葡萄糖、果糖和麦芽糖。多年生黑麦草因缺水而积累这些糖的能力增强，可能会导致更多的耐性品种。

德吕克（Deluc）等（2009）通过代谢组学结合转录组学研究发现，葡萄对水分缺乏的代谢反应随品种和果实色素的变化而变化。水分亏缺影响最大的是苯丙烷、ABA、类异戊二烯、类胡萝卜素、氨基酸和脂肪酸代谢途径。在霞多丽（chardonnary）中，缺水会激活苯丙烷、能量、类胡萝卜素和类异戊二烯的代谢途径中的一部分，从而有助于增加花药黄素、黄酮醇和香气挥发物的浓度。缺少任何花色苷含量的霞多丽浆果在缺水条件下都表现出增强的光保护机制。缺水增加了赤霞珠果实中 ABA、脯氨酸、糖和花色苷的浓度，但不增加霞多丽浆果的浓度，这与 ABA 增强这些化合物积累的假设一致。

Dai 等（2010）利用 NMR 和 LC - DAD - MS 技术研究了中药植物丹参在干旱胁迫下的代谢组变化。结果发现，风干和晒干通过增强丹参酮和谷氨酸介导的脯氨酸生物合成并改变碳水化合物和氨基酸代谢，显著影响了 SMB 的一级和二级代谢。风干促进了莽草酸介导的多酚酸的生物合成，但日晒干燥抑制该途径。

桑切斯（Sanchez）等（2012）使用代谢组学的方法研究豆科植物莲花对非致命性干旱的反应。结果发现在模型豆科植物莲花中，增加的水分胁迫导致大多数可溶的小分子逐渐增加，反映了代谢途径的整体和逐步重编程。莲花物种之间的比较代谢组学方法揭示了对干旱胁迫的保守且独特的代谢反应。重要的是，在所有莲花物种中仅保留了少数对干旱敏感的代谢产物。

拉马丹（Ramadan）等（2014）研究了沙漠地区多年生牛角瓜在短期供水处理下的代谢变化，结果表明，浇水 1h 后牛角瓜已经在代谢水平上对突然的水利用做出了响应，例如，大多数氨基酸的水平增加，蔗糖、棉籽糖和麦芽糖醇的减少，储存脂质（三酰基甘油）的减少和膜脂质（包括光合膜）的增加。这些变化在浇水后的 6h 时间点仍然普遍存在，但是浇水后 12h 的代谢组学数据与预浇水状态基本没有区别，因此不仅显示了对可用水量的快速响应，而且还显示了对失水的快速响应。

南（Nam）等（2016）通过质子核磁共振[1]H－NMR 和气相色谱/质谱法研究耐旱的转基因水稻（*Oryza sativa* L.）的代谢产物变化，该水稻过量表达编码细胞色素 P450 蛋白的 *AtCYP*78A7。结果发现，氨基酸和糖水平的变化导致了基因型之间代谢物的区分。特别是与非转基因水稻对照相比，干旱显著提高了转基因水稻中 γ－氨基丁酸（GABA，244.6%）、果糖（155.7%）、葡萄糖（211.0%）、甘油（57.2%）、甘氨酸（65.8%）和氨基乙醇（192.4%）的水平。

张传义（2018）对陆地棉野生种系抗干旱材料玛利加郎特棉 85、干旱敏感阔叶棉 40 以及陆地棉中棉所 12 进行代谢组分析表明，共检测到 762 种代谢产物，其中包括 24 种黄酮类化合物、4 种萜类、70 种氨基酸衍生物。对代谢物表达量分析，干旱胁迫 48h 叶片代谢物表达量上升数量显著高于下降数量，根部下降数量高于上升数量，表明不同组织响应干旱胁迫的差异性。通过对根部谷胱甘肽代谢通路进行转录组和代谢组分析，表明谷胱甘肽过氧化物酶、谷胱甘肽还原酶、γ－谷氨酰半胱氨酸合成酶、谷胱甘肽合成酶、异柠檬酸脱氢酶、谷氨酰转肽酶、抗坏血酸还原酶等相关基因以及还原型谷胱甘肽（GSH）、氧化型谷胱甘肽（GSSG）、L－半胱氨酸、L－谷氨酸、L－抗坏血酸等代谢物在干旱胁迫下起重要作用。对黄酮类合成进行关联分析，表明代谢物质绿原酸、花青素、二氢杨梅素、圣草酚、木犀草素、柚皮素查耳酮、柚皮素、山奈酚、儿茶素、杨梅素、高圣草酚等以及查耳酮合酶、反式肉桂酸酯 4－单加氧酶、查耳酮异构酶、咖啡酰辅酶 A、氧－甲基转移酶、类黄酮 3′－单加氧酶、黄酮醇合酶等相关基因表达在干旱胁迫下起重要作用。材料抗旱性与调控这些抗氧化物质代谢的基因表达有直接的联系。

第四节　其他代谢组学

棉纤维的长度是一个重要的农艺性状特征，直接影响纱线和织物的质量。

棉花（*Gossypium hirsutum* L.）纤维突变 Ligon lintless – 2，由单一显性基因（*Li2*）控制，导致成熟种子上的皮棉纤维极短，对营养生长和发育没有明显的多效性。*Li2* 突变体表型提供了理想的模型系统来研究纤维伸长率。为了解棉纤维伸长所涉及的代谢过程，在发育过程中将 *Li2* 突变纤维中代谢物的变化与野生型纤维进行比较。来自 GC – MS 数据的代谢物主成分分析，表明 *Li2* 突变改变了突变纤维的代谢组。观察到的 *Li2* 代谢组的改变包括检测到的游离糖、糖醇、糖酸和糖磷酸盐水平的显著降低。与碳水化合物生物合成、细胞壁松动和细胞骨架相关的生物过程也在 *Li2* 纤维中下调。γ – 氨基丁酸，在许多生物体中被称为信号因子，在突变体纤维中显著升高。2 – 酮戊二酸、琥珀酸和苹果酸的较高积累表明 *Li2* 系中的硝酸盐同化作用较高（Naoumkina et al.，2013）。

塔特尔（Tuttle）等（2015）比较了两种棉花基因型海岛棉品种 Phytogen 800 和陆地棉品种 Deltapine 90 的代谢组。测定陆地棉和海岛棉纤维在开花后 10 到 28d 之间代谢物浓度的差异。陆地棉纤维具有 105 种代谢物，其浓度高于海岛棉纤维，而 70 种代谢物更集中于海岛棉纤维。两种基因型差异地积累碳水化合物和氨基酸，包括与谷胱甘肽代谢和氧化还原稳态的细胞控制相关的那些代谢物。陆地棉纤维比海岛棉多 32 个二肽。海岛棉纤维具有较高水平的脂质，包括三种额外的氧化脂质，其衍生自亚油酸或亚麻酸的氧化并参与植物应激信号传导。海岛棉还含有较高水平的六种黄酮类化合物（无色花青素、柚皮素 – 7 – O – 葡萄糖苷、儿茶素、表儿茶素、没食子儿茶素和表没食子儿茶素），而陆地棉纤维含有较高水平的其他三种黄酮类化合物（二氢杨梅素、二氢山柰酚和山柰酚 3 – O – β 葡萄糖苷）。这些类黄酮可以作为抗氧化剂或在调节生长素信号传导中起作用。

王娇（2013）以棉花细胞质雄性不育系中棉所 12A（细胞质来自 104 – 7A）和保持系中棉所 12 为研究材料，采用代谢物衍生化程序结合气相色谱质谱联用（GC – MS）和液相色谱质谱联用（LC – MS）两种分析技术对不育系和保持系花药差异积累的代谢物进行分离和鉴定。通过 GC – MS 分析共获得 141 个重复性较好的色谱峰。匹配度达 70% 以上且物质名称已经被准确鉴定的物质有 82 种，其中 43 种在不育系和保持系中有显著性差异，主要包括糖类、有机酸和氨基酸等，这些物质主要参与植物激素生物合成途径、苯丙素等次级代谢物合成途径、ABC 转运和芳香族氨基酸（苯丙氨酸、酪氨酸等）生物合成途径与代谢途径。LC – MS 分析分正离子模式和负离子模式分别进行，分别检测到得分在

70分以上的色谱峰2403和2313个，将其中90分以上、差异倍数大于32的色谱峰进行搜库分析，分别鉴定出255、207种化合物。其中在不育系中相对于保持系中积累上调的组分有31种，下调的组分有431种，主要为苯丙素、黄酮类、萜类等化合物，主要涉及苯丙素生物合成、黄酮类生物合成等次级代谢物生物合成途径。对转录组和代谢组数据进行综合分析，推测苯丙素、黄酮类物质合成受阻、代谢加快导致体内这类物质积累减少，这可能是导致104-7A棉花细胞质雄性不育形成的原因之一。

通过体细胞胚胎发生（Somatic embryogenesis，SE）进行植物再生是基因工程中的关键步骤。Guo等（2019）采用广泛靶向的代谢组学和RNA测序整合分析，研究棉花SE的代谢动态变化和转录模式。数据显示，在非胚胎阶段愈伤组织（Nonembryogenic staged calli，NEC）、初级胚性愈伤组织（Primary embryogenic calli，PEC）和初始阶段球状胚（Globular embryos，GE）中共存在581种代谢物。在差异累积的代谢物（Differentially accumulated metabolites，DAM）中，核苷酸和脂质在胚胎发生分化期间特异性地积累，而黄酮和羟基肉桂酰衍生物在体细胞胚发育期间积累。此外，与嘌呤代谢相关的代谢物在PEC相比NEC中显著富集，而在GE相比PEC中，DAM与类黄酮生物合成显著相关。代谢组和转录组数据的关联分析表明，基于KEGG数据库数据表明嘌呤代谢和类黄酮生物合成是密切相关的。此外，与信号识别、转录、应激和脂质结合相关的嘌呤代谢相关基因显著上调。此外，几种经典的体细胞胚胎发生（SE）基因与其相应的代谢物高度相关，这些代谢物参与嘌呤代谢和类黄酮生物合成。该研究确定了一系列负责SE转分化的潜在代谢物和相应的基因，为在分子和生化水平上更深入地了解细胞全能性调控机制提供了宝贵的基础。

第五节　代谢组学研究展望

随着对代谢组学技术在广泛生物靶标中使用的兴趣日益增加，近年来植物代谢组学得到了显著改善。可用于分析复杂样品的分析平台的功能组合，以及代谢组学与其他"组学"和功能遗传学的整合，能够提供细胞功能和代谢网络调控的遗传和生物化学方面的新见解（Hong et al.，2016）。单独或与功能基因组学结合的植物代谢组学已经应用于许多领域。尽管目前植物代谢组学有一些局限性，但它无疑是一个重要的工具，它正在彻底改变植物生物学和作物育种（Hong et al.，2016）。

完全阐明植物发育和逆境应答生物学的生物化学和遗传机制在很大程度上取决于使用系统组学技术的综合研究，这是代谢组学在植物科学中应用的基础。其中代谢组学特别重要，因为与 DNA、RNA 或蛋白质相比，代谢物与植物表型（生理和病理表型）更相关（Niederbacher et al.，2015）。因此，该领域的未来研究将侧重于两个方向：一个是代谢组学平台的改进，以促进尽可能多的代谢物（主要是次级代谢产物）的准确和有效的鉴定和定量，生成数据的精确解释，以及与其他组学平台的快速整合；另一个是利用非靶向和靶向方法对植物（主要是作物）代谢变异的分子和生化机制进行全面调查，以扩大和丰富对正常和胁迫条件下植物新陈代谢生长和发育的理解，以及代谢组学在植物育种中的应用（图 6 - 6），以提高作物产量和质量（Hong et al.，2016）。

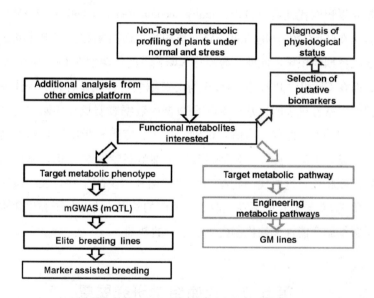

图 6 - 6　植物代谢组学及其在植物改良中的应用示意图（Hong et al.，2016）

目前，尽管代谢组学在棉花响应逆境胁迫的研究中取得一些进展，但人们对于棉花复杂的胁迫应答代谢机理的认识仍非常有限。应用代谢组学开展更多逆境胁迫下的棉花应答相关研究，将提高对棉花耐受环境胁迫的分子机理的认识，能促进对棉花胁迫应答代谢规律的了解，有利于从整体水平上把握棉花胁迫应答机制，从而进行棉花抗逆性的改良，对棉花抗逆生理研究具有重要的理论研究意义和实际应用价值。

随着现代分析技术的快速发展以及数据处理软件的不断完善，代谢组学的发展将会更迅速，应用范围将会更广泛。棉花逆境相关代谢组的研究可以与基因组、转录组和蛋白质组的研究联合进行，从基因水平到蛋白水平以及代谢终产物的研究，构建出棉花响应逆境的基因 – mRNA – 蛋白质 – 代谢物网络（图6 – 7），更为翔实地明确棉花在逆境条件下的分子机理，这些组学的联合运用可以极大地促进科学界对生命现象的理解。

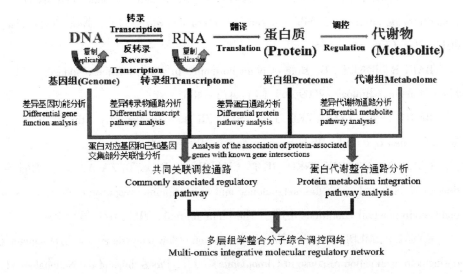

图6 – 7　多层组学分子调控网络（熊强强等，2018）

参考文献：

李连伟，张阿梅，马占山. 代谢组研究的生物信息学方法［J］. 中国生物工程杂志，2017，37（1）：89 – 96.

李明霞，郭瑞，焦阳，等. 代谢组学及其在植物盐胁迫研究中的应用［J］. 分子植物育种，2017，15（5）：1862 – 1867.

刘贤青，罗杰. 植物代谢组学技术研究进展［J］. 科技导报，2015，33（16）：33 – 38.

王娇. 棉花细胞质雄性不育的转录组学与代谢组学研究［D］. 南京：南京农业大学，2013.

王丽. 转基因抗虫棉对盐胁迫的响应特征研究［D］. 沈阳：东北大

学, 2012.

熊强强, 魏雪娇, 施翔, 等. 多层组学在植物逆境及育种中的研究进展 [J]. 江西农业大学学报, 2018, 40 (6): 1197 – 1206.

张传义. 陆地棉野生种系基于转录组与代谢组学抗旱分子机制研究 [D]. 北京: 中国农业科学院, 2018.

张晓磊, 张瑞英. 代谢组学及其在农作物研究中的应用 [J]. 生物技术通讯, 2018, 29 (3): 446 – 450.

ANGELCHEVA L, MISHRA Y, ANTTI H, et al. Metabolomic analysis of extreme freezing tolerance in Siberian spruce (*Picea obovata*) [J]. New Phytologist, 2015, 204 (3): 545 – 555.

BARI R, JONES J D. Role of plant hormones in plant defence responses [J]. Plant Molecular Biology, 2009, 69 (4): 473 – 488.

BERG J M, TYMOCZKO J L, STRYER L. Biochemistry 5th ed [M]. W. h. freeman & co ltd: W. h. freeman & coltd Press, 2002.

CALDANA C1, DEGENKOLBE T, CUADROS – INOSTROZA A, et al. High – density kinetic analysis of the metabolomic and transcriptomic response of *Arabidopsis* to eight environmental conditions [J]. The Plant Journal, 2011, 67: 869 – 884.

CATAL R, MEDINA J, SALINAS J. Integration of low temperature and light signaling during cold acclimation response in (*Arabidopsis*) [J]. Proceedings of the National Academy of Sciences of the United States of America, 2011, 108 (39): 16475 – 16480.

CHEN W, GAO Y, XIE W, et al. Genome – wide association analyses provide genetic and biochemical insights into natural variation in rice metabolism [J]. Nature Genetics, 2014, 46 (7): 714 – 721.

CHEN Y, XU J, ZHANG R, et al. Methods used to increase the comprehensive coverage of urinary and plasma metabolomes by MS [J]. Bioanalysis, 2016, 8 (9): 981 – 997.

DAI H, XIAO C, LIU H, et al. Combined NMR and LC – MS analysis reveals the metabonomic changes in (*Salvia miltiorrhiza*) Bunge induced by water depletion [J]. Journal of Proteome Research, 2010, 9 (3): 1460 – 1475.

D'AURIA J C, GERSHENZON J. The secondary metabolism of *Arabidopsis thaliana*: Growing like a weed [J]. Current Opinion in Plant Biology, 2005, 8 (3):

308 – 316.

DELUC L G, QUILICI D R, DECENDIT A, et al. Water deficit alters differentially metabolic pathways affecting important flavor and quality traits in grape berries of Cabernet Sauvignon and Chardonnay [J]. BMC Genomics, 2009, 10 (1): 212.

DIXON R A, PAIVA N L. Stress – induced phenylpropanoid metabolism [J]. Plant Cell, 1995, 7 (7): 1085 – 1097.

DIXON R A, STRACK D. Phytochemistry meets genome analysis, and beyond [J]. Phytochemistry, 2003, 62 (6): 815 – 816.

FIEHN O, KOPKA J, DRMANN P, et al. Metabolite profiling for plant functional genomics [J]. Nature Biotechnology, 2000, 18 (11): 1157 – 1161.

FOITO A, BYRNE S L, SHEPHERD T, et al. Transcriptional and metabolic profiles of (*Lolium perenne*) L. genotypes in response to a PEG – induced water stress [J]. Plant Biotechnology Journal, 2009, 7 (8): 719 – 732.

GAVAGHAN C L, LI J V, HADFIELD S T, et al. Application of NMR – based metabolomics to the investigation of salt stress in maize (*Zea mays*) [J]. Phytochemical Analysis, 2011, 22 (3): 214 – 224.

GIGON A, MATOS A R, LAFFRAY D, et al. Effect of drought stress on lipid metabolism in the leaves of *Arabidopsis thaliana* (ecotype Columbia) [J]. Annals of Botany, 2004, 94 (3): 345 – 351.

GONG Q, LI P, MA S, et al. Salinity stress adaptation competence in the extremophile (*Thellungiella halophila*) in comparison with its relative *Arabidopsis thaliana* [J]. The Plant Journal, 2005, 44 (5): 826 – 839.

GUO H, GUO H, ZHANG L, et al. Metabolome and transcriptome association analysis reveals dynamic regulation of purine metabolism and flavonoid synthesis in transdifferentiation during somatic embryogenesis in cotton [J]. International Journal of Molecular Sciences, 2019, 20 (9): 2070.

HONG J, YANG L, ZHANG D, et al. Plant metabolomics: an indispensable system biology tool for plant science [J]. International Journal of Molecular Sciences, 2016, 17 (6): 767.

IMAI A, LANKIN D C, NIKOLI D, et al. Cycloartane triterpenes from the aerial parts of actaea racemosa [J]. Journal of Natural Products, 2016, 79 (3): 541 – 554.

JOHNSON H E, BROADHURST D I, GOODACRE R, et al. Metabolic finger-printing of salt – stressed tomatoes [J]. Phytochemistry, 2003, 62 (6): 919 – 928.

KEURENTJES J J. Genetical metabolomics: Closing in on phenotypes [J]. Current Opinion in Plant Biology, 2009, 12 (2): 223 – 230.

KIM J K, BAMBA T, HARADA K, et al. Time – course metabolic profiling in (*Arabidopsis thaliana*) cell cultures after salt stress treatment [J]. Journal of Experimental Botany, 2007, 58: 415 – 424.

KIND T, WOHLGEMUTH G, LEE D Y, et al. FiehnLib – mass spectral and retention index libraries for metabolomics based on quadrupole and time – of – flight gas chromatography/mass spectrometry [J]. Analytical Chemistry, 2009, 81 (24): 10038 – 10048.

KOCH K. Sucrose metabolism: Regulatory mechanisms and pivotal roles in sugar sensing and plant development [J]. Current Opinion in Plant Biology, 2004, 7 (3): 235 – 246.

KOPKA J, SCHAUER N, KRUEGER S, et al. GMD @ CSB. DB: the Golm metabolome database [J]. Bioinformatics, 2005, 21 (8): 1635 – 1638.

KUMARI S, STEVENS D, KIND T, et al. Applying in – silico retention index and mass spectra matching for identification of unknown metabolites in accurate mass GC – TOF mass spectrometry [J]. Analytical Chemistry, 2011, 83 (15): 5895 – 5902.

LU Y, LAM H, PI E, et al. Correction to comparative comparative metabolomics in *Glycine max* and *Glycine soja* under salt stress to reveal the phenotypes of their offspring [J]. Journal of Agricultural and Food Chemistry, 2013, 61 (36): 8711 – 8721.

MITCHELL – OLDS T, SCHMITT J. Genetic mechanisms and evolutionary significance of natural variation in *Arabidopsis* [J]. Nature, 2006, 441 (7096): 947 – 952.

MONTON M R N, SOGA T. Metabolome analysis by capillary electrophoresis – mass spectrometry [J]. Journal of Chromatography A, 2007, 1168 (1 – 2): 237 – 246.

MUHIT M A, UMEHARA K, MORI – YASUMOTO K, et al. Furofuran lignan glucosides with estrogen – inhibitory properties from the bangladeshi medicinal plant terminalia citrina [J]. Journal of Natural Products, 2016, 79 (5): 12988 – 1307.

NAGANA GOWDA G A, RAFTERY D. Can NMR solve some significant challenges in metabolomics [J] Journal of Magnetic Resonance, 2015, 260: 144 – 160.

NAKABAYASHI R, MORI T, SAITO K. Alternation of flavonoid accumulation under drought stress in *Arabidopsis thaliana* [J] . Plant Signaling & Behavior, 2014, 9 (8): e29518.

NAKABAYASHI R, YONEKURA – SAKAKIBARA K, URANO K, et al. Enhancement of oxidative and drought tolerance in *Arabidopsis* by overaccumulation of antioxidant flavonoids [J] . The Plant Journal, 2014, 77 (3): 367 – 379.

NAKAMURA Y, KOIZUMI R, SHUI G, et al. *Arabidopsis* lipins mediate eukaryotic pathway of lipid metabolism and cope critically with phosphate starvation [J] . Proceedings of the National Academy of Sciences of the United States of America, 2009, 106 (49): 20978 – 20983.

NAKAMURA Y, TEO N Z, SHUI G, et al. Transcriptomic and lipidomic profiles of glycerolipids during *Arabidopsis* flower development [J] . New Phytologist, 2014, 203 (1): 310 – 322.

NAM K H, SHIN H J, PACK I S, et al. Metabolomic changes in grains of well – watered and drought – stressed transgenic rice [J] . Journal of the Science of Food and Agriculture, 2016, 96 (3): 807 – 814.

NAOUMKINA M, HINCHLIFFE D J, TURLEY R B, et al. Integrated metabolomics and genomics analysis provides new insights into the fiber elongation process in Ligon lintless – 2 mutant cotton (*Gossypium hirsutum* L.) [J] . BMC Genomics, 2013, 14 (1): 155.

NICHOLSON J K, LINDON J C, HOLMES E. "Metabonomics": understanding the metabolic responses of living systems to pathophysiological stimuli via multivariate statistical analysis of biological NMR spectroscopic data [J] . Xenobiotica, 1999, 29 (11): 1181 – 1189.

NIEDERBACHER B, WINKLER J, SCHNITZLER J. Volatile organic compounds as non – invasive markers for plant phenotyping [J] . Journal of Experimental Botany, 2015, 66 (18): 5403 – 5416.

PABLO T, KIRSTIN F, IVO F. An enhanced plant lipidomics method based on multiplexed liquid chromatography – mass spectrometry reveals additional insights into cold – and drought – induced membrane remodeling [J]. Plant Journal, 2015, 84 (3): 621 – 633.

PIASECKA A, KACHLICKI P, STOBIECKI M. Analytical methods for detection of plant metabolomes changes in response to biotic and abiotic stresses [J]. International Journal of Molecular Sciences, 2019, 20 (2): 379.

PIRES M V, PEREIRA J NIOR A A, Medeiros D B, et al. The influence of alternative pathways of respiration that utilize branched – chain amino acids following water shortage in *Arabidopsis* [J]. Plant Cell & Environment, 2016. 39 (6): 1304 – 1319.

RAI A, UMASHANKAR S, RAI M, et al. Coordinate regulation of metabolite glycosylation and stress hormone biosynthesis by TT8 in *Arabidopsis* [J]. Plant Physiology, 2016, 171 (4): 2499 – 2515.

RAMADAN A, SABIR J S, ALAKILLI S Y, et al. Metabolomic response of *Calotropis procera* growing in the desert to changes in water availability [J]. PLOS One, 2014, 9 (2): e87895.

RICHTER J A, ERBAN A, KOPKA J, et al. Metabolic contribution to salt stress in two maize hybrids with contrasting resistance [J]. Plant Science, 2015, 233: 107 – 115.

SAITO K, MATSUDA F. Metabolomics for functional genomics, systems biology, and biotechnology [J]. Annual Review in Plant Biology, 2010, 61: 463 – 489.

SANCHEZ D H, SCHWABE F, ERBAN A, et al. Comparative metabolomics of drought acclimation in model and forage legumes [J]. Plant, Cell & Environment, 2012, 35 (1): 136 – 149.

SHAO Y, ZHU B, ZHENG R, et al. Development of urinary pseudotargeted LC – MS – based metabolomics method and its application in hepatocellular carcinoma biomarker discovery [J]. Journal of Proteome Research, 2015, 14 (2): 906 – 916.

SHELDEN M C, DIAS D A, JAYASINGHE N S, et al. Root spatial metabolite profiling of two genotypes of barley (*Hordeum vulgare* L.) reveals differences in response to short – term salt stress [J]. Journal of Experimental Botany, 2016, 67 (12): 3731 – 3745.

TIAN H, BAI J, AN Z, et al. Plasma metabolome analysis by integrated ionization rapid – resolution liquid chromatography/tandem mass spectrometry [J]. Rapid

Commun. Mass Spectrom, 2013, 27 (18): 2071 – 2080.

TIAN H, LAM S M, SHUI G. Metabolomics, a powerful tool for agricultural research [J]. International Journal of Molecular Sciences, 2016, 17 (11): 1871.

TUTTLE J R, NAH G, DUKE M V, et al. Metabolomic and transcriptomic insights into how cotton fiber transitions to secondary wall synthesis, represses lignification, and prolongs elongation [J]. BMC Genomics, 2015, 16 (1): 477.

URANO K, MARUYAMA K, OGATA Y, et al. Characterization of the ABA – regulated global responses to dehydration in *Arabidopsis* by metabolomics [J]. The Plant Journal, 2009, 57 (6): 1065 – 1078.

VAN DUYNHOVEN J P, JACOBS D M. Assessment of dietary exposure and effect in humans: The role of NMR [J]. Progress in Nuclear Magnetic Resonance Spectroscopy, 2016, 96: 58 – 72.

WIDODO, PATTERSON J H, NEWBIGIN E, et al. Metabolic responses to salt stress of barley (*Hordeum vulgare* L.) cultivars, Sahara and Clipper, which differ in salinity tolerance [J]. Journal of Experimental Botany, 2009, 60 (14): 4089 – 4103.

WU D, CAI S, CHEN M, et al. Tissue metabolic responses to salt stress in wild and cultivated barley [J]. PLoS ONE, 2013, 8 (1): e55431.

WU H, LIU X, YOU L, et al. Salinity – induced effects in the *Halophyte Suaeda salsa* using NMR – based metabolomics [J]. Plant Molecular Biology Reporter, 2012, 30 (3): 590 – 598.

ZHANG J, YANG D, LI M, et al. Metabolic profiles reveal changes in wild and cultivated soybean seedling leaves under salt stress [J]. PLoS ONE, 2016, 11 (7): e0159622.

ZHANG J, ZHANG Y, DU Y, et al. Dynamic metabonomic responses of tobacco (*Nicotiana tabacum*) plants to salt stress [J]. Journal of Proteome Research, 2011, 10 (4): 1904 – 1914.

第七章

棉花抗逆表观遗传学

棉花作为一种抗逆性较强的作物，被誉为盐碱地的先锋作物，棉花的抗逆性研究已经成为世界研究焦点。在棉花抗逆分子生物学研究方面，表观遗传学是一门遗传学分支学科，在植物遗传、正常生长发育以及抵抗胁迫等过程中发挥着重要作用，而 DNA 甲基化（DNA methylation）是表观遗传学内容的重要组成部分。表观遗传学（Epigenetics）是指 DNA 序列不发生改变，但基因表达却发生了可遗传的改变，换句话说，指基因型未发生变化而表型却发生了改变，是一种 DNA 序列外的遗传方式（Wu et al.，2001）。在棉花复杂的胁迫调控网络中，DNA 甲基化是最早被发现而且极重要的一种表观遗传修饰，可以调节基因的表达，而且具有时空组织特异性（潘雅娇等，2009）。棉花抗逆表观调控机制比较复杂，而 DNA 甲基化仅仅是其中的一个重要方面，此外，表观遗传学还包括组蛋白修饰、microRNA、基因组印记等内容。此外，表观遗传修饰具有可逆性，且比较稳定，一旦形成，可传递至若干个世代（Boyko et al.，2008；Rassoulzadegan et al.，2006；Cullis et al.，2005），连续多代发挥作用。

第一节　表观遗传学及其研究方法

表观遗传学是在 20 世纪 40 年代被提出，作为一个学术热点正在以迅猛之势发展。随着生物研究技术的日益发展，国内外各大数据库涉及表观遗传学方面的研究成果数量正在快速增长，逐渐得到世界研究学者的认可。本节针对表观遗传学的发展及相应的研究方法进行介绍。

一、表观遗传学名称的由来与演化

（一）表观遗传学的由来

研究胚胎发育的英国生物学家沃丁顿（Conrad Waddington）于 1942 年首先提出表观遗传学（epigenetics）这个术语。表观遗传学是遗传学的分支学科，是研究遗传学之外附加的学科，从沃丁顿的原意来说，epigenetics 与 epigenesis（后成论）相关。但从英文单词 epigenetics 的构词上理解来说，"epi"是一个前缀，意思是"在……上面，在……表面"，而 genetics 是遗传学，合起来就是表观遗传学。相类似的组词方法还有 epigenome（表观基因组）、epigenotype（表观基因型）和 epidermis（表皮）等。Epigenetic 还经常与其他一些术语结合构成新的词汇，例如 epigenetic modifiers（表观遗传修饰）、epigenetic code（表观遗传编码）等。

"后成论"是由著名生物学家、比较胚胎学之父冯·贝尔（K. E. vonBaer）在 19 世纪提出的，他认为生物发育是由简单向复杂的方向发展，而不是事先在受精卵中定型的，是随着生长阶段的改变而变化。需要指出的是，epigenesis 与发育学和表型遗传学（phenogenetics）并非完全一致。发育遗传学主要探讨生物体发育遗传机制的遗传学分支学科，而根据沃丁顿本意，表观遗传学主要是探讨细胞如何分化并传递给下一代细胞的因果关系。根据沃丁顿观点，表观遗传学与发育生物学之间的关系可以用圈图表示（图 7 - 1）。

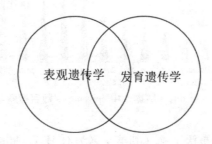

表观遗传学　发育遗传学

图 7 - 1　表观遗传学与发育遗传学之间的关系

表观遗传学在沃丁顿提出以后，被遗忘了很长一段时间，直到 20 世纪 80 年代，英国分子生物学家霍利戴（R. Holliday）重新提出 DNA 甲基化的概念，才逐渐被人们所关注（Robin，2006）。1990 年，霍利戴给出表观遗传学的定义为：研究复杂生物发育过程中基因活动的时间和空间机制的学科。1996 年，美国遗传学家里格斯（Athur Riggs）等将表观遗传学定义为：在不改变遗传序列的情况下，基因在功能上因有丝分裂或减数分裂而发生的遗传变化。2007年，英国遗传学家伯德（S. A. Bird）将表观遗传学定义为：染色体区域结构的调整，导致表达、发出信号或保持改变的活动状态。2008年，在冷泉港学术会议上，公认表观遗传学的特性为：在DNA顺序没有发生改变的情况下，染色体变化所导致稳定遗传的表型。此外，2013年美国国立卫生研究院（NIH）根据表观遗传学研究方面的外延，认为表观遗传学既包括细胞或个体基因活动和表达的遗传变化，也包括在细胞转录潜在水平上稳定、长期且没有遗传的变化。

（二）表观遗传学的发展

随着生物科学技术的不断发展，越来越多的研究学者开始关注表观遗传学，有关表观遗传学的研究报道呈高速上升模式。在国际知名学术网站Science direct数据库中搜索论文标题中涉及表观遗传学概念的论文数量情况发现，数量呈逐年上升趋势（图7-2）。

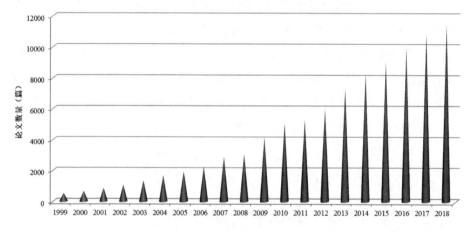

图7-2 Sciences direct 数据库中 epigenetics 数目搜索结果统计图

表观遗传学最初是被沃丁顿（其英文名为 C. H. Waddington，全名为 Conrad Hal Waddington，是一位英格兰生物学家）提出来的，虽然关注度不是很高，但是研究学者对表观遗传学的探索始终未停止，其中几个代表性的表观遗传现象有：

1. 体细胞的分裂和分化（Division and differentiation of somatic cells）

最初的表观遗传现象是在体细胞中发现的，许多体细胞都存在着细胞分裂和分化现象，但是分裂后细胞依然稳定其原有的表型现象，这意味着决定某种表型现象的基因一直处于表达状态，而其他某些基因则处于关闭状态。人类干细胞不断地分化为各种类型的细胞，同时还能持续地分化为干细胞，很显然干细胞没有涉及基因的改变，而是通过基因序列之外的某种机制调控着这种分裂和分化。这与传统遗传学有所不同。

2. X染色体失活（Inactivation of chromosome X）

20世纪60年代，日本科学家大野干（Susumu Ohno）团队发现哺乳动物体内存在2种不同的X染色体形态，一种是与常染色体一样，另一种则是以浓缩化的异染色质形态存在。雌性哺乳动物细胞内的2个X染色体在早期发育过程中会有一个发生随机失活，一旦形成就会永久地遗传下去，并传递给下一代。1961年里昂（Mary Lyon）研究发现，有些异型合子的雌性老鼠之所以体表会呈现出斑驳的毛色，是因为控制该毛色的基因位于失活的X染色体上，这些现象都需要表观遗传学内容来解释。

3. 基因组印记（Genomic imprinting）

又称遗传印记，早在1960年，克洛斯（Helen Crouse）在研究蕈蚊昆虫X染色体上的一对等位基因时，发现只有母系的基因表达活性，而父系基因不表达活性。1984年，麦克格雷斯（Mc Grath）和苏尔（Soher）在小鼠核移植实验中发现，无论是用雄原核还是雌原核移植替代胚胎组织初期的核，其胚胎组织在发育后期都会发生死亡，只有两者同时存在，胚胎才能正常发育。1991年，迪契尔（T. M. Deehiar）通过小鼠胰岛素生长因子2（insulin – like growth factor 2，IGF2）基因的敲除实验首次证实了基因组印记的存在，他发现将父系基因敲除后发育成的动物个体较小，将母系基因敲除后动物个体则没有变化；它们后代个体的大小也没有变化，父系的等位基因被敲除后IGF2不再表达（Anjana et al.，2007）。1993年，雷尼尔（S. Rainier）和小川（O. Ogawa）等发现基因组印记也存在于人类，以后又相继在羊、牛和猪等家畜中发现了这种现象，此外，有袋类动物和种子植物中也发现了此类现象（Xu et al.，1997）。

4. 染色体重塑（Chromatin remodeling）

随着核小体的发现和研究的进一步深入，染色体重塑也成为表观遗传学研究的重点内容。染色体重塑主要涉及2种类型，一是依赖ATP的物理修饰，二是与组蛋白有关的共价键化学修饰，尤其是后者，成为组蛋白修饰的重要内容（梁前进，2007）。据 2013 年英国 *Science* 杂志报道，德国慕尼黑大学的科学家发现一种促进染色质转录因子（Facilitates Chromatin Transcription，简称 FACT），通过与组蛋白亚基结合，使 DNA 从核小体中分离并延伸出来，并使染色质发生局部结构的改变，从而完成转录。染色体重塑对治疗系统性红斑狼疮等自身免疫疾病，以及研究癌细胞的形成都具有重要意义（任衍钢，2015）。

5. 基因沉默（Gene silencing）

基因沉默也称基因沉寂，最早发现于转基因处理过程中。1986 年，皮博尔特（R. Peebolte）发现根瘤农杆菌 T – DNA 上的基因在转入烟草后出现了失去表达活性的现象。随后这种现象在线虫、真菌、水螅、果蝇及哺乳动物中被陆续发现（韦珂等，2003）。基因沉默研究中的重要热点之一涉及大规模基因沉默的核仁显性（nucleolar dominance）。核仁显性现象早在 1934 年就被纳瓦森（M. Navasin）所描述，著名遗传学家麦克林托克（B. Mc Clintock）也对这种现象进行过研究。20 世纪 60 年代核仁显性现象被证实与 rRNA 基因成簇存在于核仁区有关。1973 年，本庄（T. Honjo）和里德（R. Reeder）用先进的分子杂交技术分析了杂交非洲蟾蜍体内存在的这种现象，并引进了核仁显性这一术语（Craig，2003）。近年来，研究人员通过对黑腹果蝇核仁显性的研究，证实核仁显性与部分依赖异染色质沉默基因有关。这在研究癌症等疾病的形成方面具有重要的生物学意义（康静婷等，2013）。

（三）表观遗传学的重要分子机制

尽管早在 1942 年沃丁顿就已提出了表观遗传学，但是直到 20 世纪 70 年代中期，研究人员对表观遗传学的机制仍不清楚。随着分子生物学的发展，研究人员从基因的转录水平对表观遗传学予以解释，主要集中在 DNA 甲基化、组蛋白修饰、RNA 活动和染色质重塑等方面（Supratim，2011）。

1. DNA 甲基化（DNA methylation）

DNA 甲基化是最早被发现的表观遗传学机制之一。DNA 甲基化在 1948 年就被霍奇基斯（R. D. Hotchikiss）在牛胸腺中发现，然而并不知晓其作用（Attwooda et al.，2002）。1969 年，格里菲特（J. S. Griffit）和马勒（H. R. Mahler）首先指出了甲基化在脑长期记忆中的重要作用。1975 年，霍利戴和里格斯等基于对胞嘧啶酶的甲基化研究，分别独立发表了甲基化可以改变基因活性和失活遗传的论文。他们认为，DNA 甲基化能关闭某些基因的活性，是改变基因在发育过程中的开关。此后，他们还将 DNA 甲基化与 X 染色体的失活、癌细胞的形成等相联系。同年，萨格尔（R. Sager）和基钦（R. Kitchin）将 DNA 甲基化与染色体消除和染色体沉默相联系，认为在真核生物中可能存在一种能限制未修饰 DNA 的酶。此时表观遗传学的甲基化模型虽然已被提出，但仍然缺乏实验证据。1978 年，瓦尔维克（C. Waalwijk）和弗拉维尔（R. A. Flavell）偶然发现了 2 种 DNA 限制性内切酶，为解释甲基化带来了新的可能（Walter et al.，1981）。这 2 种酶是同裂酶：Hpa Ⅱ 和 MspI。2 种酶都能切割碱基 CCGG 点，但当 C 被甲基化后，只有 Hpa Ⅱ 能切割，而 Msp Ⅰ 则不能。用这 2 种酶进行实验比较（DNA 印记实验），就能找出碱基 CCGG 上甲基化的点。同时证实，基因中被甲基化的区域是失活的，而未被甲基化的区域则是有活性的，但遗憾的是，利用这种方法也仅仅能探测出约 10% 的甲基化区域。不久以后又发现了一种新方法，该方法是将一种叫 5 - 氮胞苷的核苷类似物混合在 DNA 中，从而激活 DNA 甲基转移酶并活化被甲基化沉默的基因。这种现象在培养有缺陷的哺乳动物细胞中得到证实，起初研究人员认为这种现象是由基因突变引起的，后来发现这是由于基因沉默被 5 - 氮胞苷改变导致的。1983 年，德夫勒（W. Doerfler）和里格斯首次发现癌细胞基因呈现低甲基化状态（虞游等，2013）。同年，DNA 甲基化转移酶也由贝司特（T. H. Bestor）和格雷姆（V. M. Igrame）从小鼠的血液红细胞中提取出。1996 年，赫尔曼（J. G. Herman）和拜林（S. B. Baylin）发明了 MSP 技术（甲基化特异性 PCR 技术），并运用这种技术发现肿瘤细胞抑制癌基因启动子区和 CpG 区呈高甲基化状态（James et al.，1996）。后来发现 X 染色体 CpG 区也呈甲基化状态。现已查明，基因差异与甲基化区域有关，主要发生在启动子和外显子区域。

2. 组蛋白修饰（Histone modification）

组蛋白早在 1884 年就被著名科学家科塞尔（A. Kossel，1910 年诺贝尔生理学或医学奖获得者）发现。20 世纪 60 年代，组蛋白已有 5 种类型被基本探明。20 世纪 70 年代，真核生物 DNA 分子缠绕在组蛋白分子上形成核小体，并证实了其在基因转录中起着重要作用。20 世纪 90 年代，特纳（B. Tume）提出表观遗传信息是在组蛋白的尾部修饰（任衍钢等，2015）。目前已确定组蛋白对基因的调控主要是通过乙酰化、甲基化、磷酸化和泛素化等方式实现。

组蛋白的乙酰化最早由奥尔夫里（V. Allfrey）在 1964 年发现，他发现组蛋白有乙酰化和非乙酰化 2 种形式，前者一般是激活基因转录，后者则抑制基因转录。1996 年，布劳内尔（J. Brownell）和阿利斯（D. Allis）成功地纯化和鉴定了一种酶，它将供体乙酰辅酶 A 转移到核小体的组蛋白上，因此被称作组蛋白乙酰转移酶。组蛋白乙酰化由组蛋白乙酰化酶（HATs）催化介导完成，组蛋白乙酰化酶 HATs 可以将带正电荷的乙酰基转移至组蛋白 N 末端尾区内赖氨酸侧链的 ε – 氨基，形成组蛋白乙酰化。组蛋白乙酰化酶被分成 3 个主要家族：GNAT 超家族、MYST 家族和 P300/CBP 家族。同时组蛋白还可以发生去乙酰化，即将乙酰基从组蛋白氨基集团上移走，这个过程主要由组蛋白去乙酰化酶（HDACs）催化完成。乙酰化酶 HDACs 主要被分成 4 类：Ⅰ 类，锌依赖型 HDACs，Ⅱ 类和Ⅳ类 HDACs，Ⅲ 类 NAD 依赖性 HDACs。进一步研究发现，组蛋白乙酰化可以影响核小体的结构进而调节基因的活性，例如，哺乳动物个体的 X 染色体失活就是如此。研究人员认为，组蛋白乙酰化能削弱它与 DNA 的结合能力，引起核小体解聚，从而使转录因子和 DNA 聚合酶结合到 DNA 上，而去乙酰化则可使基因处于沉默状态。

1964 年，组蛋白甲基化由默里（K. Murray）做了首次描述，而直到 35 年后，发现组蛋白 H3 精氨酸甲基转移酶的作用才真正予以证实。2004 年，哈佛大学医学院的施扬教授发现了第 1 个组蛋白的去甲基化酶——赖氨酸特异去甲基酶 1（LSDl）。组蛋白甲基化的作用可导致异染色质的形成、X 染色体的失活和基因沉默等（康静婷等，2013）。组蛋白的磷酸化由格利（L. R. Gurley）等于 1974 年在组蛋白 H3 上发现，并在 20 世纪 80 年代初被鉴定。随后科学家发现组蛋白磷酸化在有丝分裂、细胞死亡、DNA 损伤修复、DNA 复制和重组中都直接发挥作用。研究表明，甲基化既可发生在组蛋白上，又能发生在 DNA 上，尽管这两种甲基化产生的方式、调节机制和涉及的相关酶类有所差异，但是二者甲基化的结果是一致的，即二者均能影响基因的转录和表达。对于这点，学术界的看法是一致的，没有异议。

组蛋白磷酸化修饰跟乙酰化和甲基化修饰一样，具有调节认知功能的作用，这一修饰发生在组蛋白的 H3、S1 和 S10 丝氨酸残基上，由一组蛋白激酶包括丝裂原和应激激酶（MSKl）和 Aurora 激酶家族催化完成。组蛋白磷酸化可被蛋白磷酸酶 PP1 和 PP2a 所逆转，这两种脱磷酸化酶又可被其他分子级联包括多巴胺和 cAMP 调节的磷酸蛋白 32（DARPP32）所抑制。最具特色的磷酸化标志存在于 H3 第 10 位（H3K10）丝氨酸上，这一修饰招募了含有 HAT 活性的 GCN5，因而能增加邻近组蛋白赖氨酸残基 K9 和 K14 的乙酰化，这解释了为什么组蛋白乙酰化和磷酸化常常同时存在。另外，H3S10 磷酸化通过改变 DNA 和组蛋白尾部间的交互作用增加转录因子的结合。在正常生理和表观遗传学的生化反应中，磷酸化使蛋白质和基因活化，随后的生化和生物学反应才能继续进行，所以在细胞繁殖、分化、细胞存活、DNA 复制、转导和重组、细胞凋亡以及信号转导中发挥重要作用。

组蛋白泛素修饰（ubiquitin）早在 1953 年就被辛普森（M. Simpson）发现，1977 年被歌德堡（A. L. Goldberg）重新发现后正式命名，泛素是一种广泛存在于真核生物中的蛋白质。1980 年，瓦沙伏斯基（A. Varsh‑avsky）使用出芽酵母的逆遗传学技术对泛素进行系统研究，明确了泛素链作为细胞体内实际分解信号的功能。1983 年，亨特（T. Hunt）发现了在细胞分裂期间周期性变动的蛋白质 CyclinB。1984 年，芬利（D. Finley）、切哈诺沃（A. Ciechanover）和瓦沙伏斯基使用 ts85 细胞，在 *Cell* 杂志上发表了"泛素与细胞内蛋白质分解相关"的文章。1991 年，由赫什科（A. Hershko）团队和基施纳（M. Kirschner）各自独立发表了 CyclinB 的周期性分解和泛素依赖性蛋白质分解系统相关的论文，细胞周期的研究从此掀开了新的一页。在细胞周期的研究中，主要仍为泛素与组蛋白的关系。赫什科因此与其他 2 位科学家共享了 2004 年的诺贝尔化学奖（Alexander，2006）。此外，组蛋白修饰还有其他方式，主要指的就是组蛋白泛素修饰。组蛋白泛素修饰涉及三类催化酶：泛素激活酶（Ubiquitin activating Enzyme，E1）、泛素接合酶（Ubiquitin Conjugating enzyme，E2）和泛素连接酶（Ubiquitin Protein Ligase，E3）。依赖这三种酶分三步进行泛素化修饰，第一步 E1 利用 ATP 形式存在的能量与泛素结合成高能硫酯键，构成泛素‑E1 偶联物将泛素激活；第二步，通过转酯作用将活化的泛素转移到泛素结合酶 E2 的活性半胱氨酸残基上；随后，E2 将活化的泛素转移至泛素连接酶 E3 上，形成高能量 E3‑泛素偶联物，最后 E3 可直接或间接地促使泛素转移到特异靶蛋白上，使泛素的羧基末端与靶蛋白的赖氨酸的 ε‑氨基形成肽链或转移到已与靶蛋白相连的泛素形成多聚泛素链，由一个去泛素酶大家族从赖氨酸残基上移去泛素。组蛋白泛素化有广泛的细胞功能，最著名的是控制转录的启动和延长，泛素酶/去泛素酶与其他组蛋白修饰，特别是与组蛋白甲基化有牵连，组蛋白泛素化与神经退性病变之间的关联来自亨廷氏病，Huntington 与泛素连接酶 hPRC12 存在交互作用。鉴于组蛋白修饰表现出多方式、多位点与甲基化、乙酰化、磷酸化和泛素化之间的相互作用，2000 年，阿利斯提出了"组蛋白密码"假说，使得解读这些信息并阐明其功能成为研究表观遗传学的重要内容（张旭等，2014）。

3. 表观遗传学的 RNA 研究（RNA studies of epigenetics）

表观遗传学 RNA 的研究进展主要在非编码 RNA 和 mRNA 甲基化等方面。在非编码 RNA 研究方面，RNA 干涉（RNA interference，RNAi）的成果尤为显著。内源性或外源性双链 RNA（dsRAN）介导细胞内 mRNA 发生特异性降解，导致靶基因表达沉默，产生相应功能表型缺失，RNA 干涉下的基因沉默是表观遗传学的重要内容，人工合成的小 RNA（SiRNA）包括 miRNA 和 SiRNA。小 RNA 序列较短，能指导 Argonaute 蛋白识别靶分子并导致基因沉默。

在 20 世纪 80 年代，科学家就发现大肠杆菌中的小 RNA 分子（约 100 个核苷酸的长度）可以结合到一个互补序列上并抑制其翻译。1992 年，罗马诺（N. Romano）和马里诺（G. Macino）在粗糙链孢霉中发现了外源导入基因可抑制具有同源序列的内源基因的表达。1995 年，S. Guo 和肯普修（K. JKemphue）在线虫中发现双链 RNA（dsRNA）可以引发同源 RNA 的降解。1998 年，法厄（A. Fire）和梅洛（C. Mello）证实这是由于体外转录制备的 RNA 污染了微量 dsRNA 导致，并将这一现象命名为 RNAi。后来发现这种现象在许多真核生物中都存在并表现出一定形式（例如，植物中的转录后基因沉默和共轭制现象）。2001 年，RNA 干涉技术被成功地诱导培养哺乳动物细胞基因沉默现象。RNA 干涉技术被 *Science* 评为"2001 年度十大科技进展之一"。2006 年，法厄和梅洛因该方面杰出的贡献共享了诺贝尔生理学或医学奖（Lele，2009）。

近年来，mRNA 的甲基化研究取得了重大进展。早在 1958 年，邓恩（D. B. Dunn）等就发现在细菌中 mRNA 普遍存在着腺嘌呤上的甲基化修饰（m^6A），且发生频率为 3 ~ 5 个残基/mRNA，但当时对其功能研究并不清楚。1992 年，首次分离了催化这一过程的甲基转移酶（李语丽等，2013）。2011 年，则发现了一种去 mRNA 甲基化的 – FTO 蛋白（英文 fat mass and obesityassociated 的缩写），由此证实 mRNA 甲基化具有可逆性。研究人员发现，减少

mRNA 甲基化酶，会导致剪接模式的大规模改变；还有研究人员发现，去 mR-NA 甲基化的酶可扰乱生物钟，导致细胞周期延长。究竟 mRNA 甲基化扮演何种角色，有待进一步研究（叶予，2014）。2015 年的诺贝尔化学奖获得者林达尔（T. Lindahl）发现的双氧酶催化氧化脱甲基化的反应（DNA 的一种修复）推动了 FTO 等的发现。近几年发现的长链非编码 RNA（long non‑coding RNAs，lncRNAs）可以调控靶基因的表达，也是在不改变靶基因序列的前提下调控基因表达，被列入表观遗传学的范畴。研究表明 lncRNAs 存在组蛋白的富集。在动植物基因组内，许多基因组区域存在组蛋白的甲基化修饰。H3K4me3 是基因转录起始的组蛋白修饰物，常常位于内含子或者基因间 lncR-NAs 区域。此外，lncRNAs 还可以作为 microRNAs 的前体，通过裂解为 mi-croRNAs 来发挥其功能（Lu et al.，2016）。

4. 染色质重塑（Chromatin remodeling）

在真核细胞中，染色质重塑因子可以通过改变染色质上核小体的组装、重排和分解等各种方式来调控染色质结构，从而改变各种转录因子与染色质 DNA 之间的距离，在染色质重塑因子的作用下，染色质结构趋于疏松，增加了 RNA 聚合酶及各种转录因子与染色质 DNA 的可接近性，进而启动基因的转录。真核细胞中的染色质重塑因子类型繁多，多数以蛋白多聚体的形式存在于各种细胞中。不同的染色质重塑因子在特定时间内位于特定核小体上，从而影响基因转录活性，确保细胞内各种生物学过程的正确进行。根据染色质重塑因子所含功能结构域分类，大致可以分为 SWI/SNF、ISWI、CHD 和 INO80 四个大家族，不同染色质重塑因子之间既有蛋白质结构和酶活性的相似性，又有差异性。染色质重塑酶 CHD1 和 CHD2 可以单独发挥其重塑功能，即改变核小体‑DNA 之间的定位关系，其他大多数重塑酶在体内通常可以组成大亚基复合物的形式来行使重塑功能，形成所谓的"染色质重塑复合物"。每一种重塑复合物所包含的亚基数目各不相同，少的有几个，多达几十个，如 Ino80 家族中的 Ino80 和 SWI2 复合物（表 7－1）。染色质重塑因子的功能结构域及其家族分类如图 7－3。

表 7 - 1　染色质重塑复合物的分类、催化亚基以及组成复合物的亚基数（丁健等，2015）

超家族		物种		
		酵母	果蝇	人类
SWI/SNF亚家族	复合物（亚基数）	SWI/SNF (12)　RSC (17)	BAP (11)　PBAP (10)	BAF (10)　PBAF (10)
	催化亚基	Swi2/Snf2　Sth1	Brm/Brahma　HBrm/Brg1	Brg1
ISWI亚家族	复合物（亚基数）	ISWI (2)　ISWIb (3)　ISWI2 (2)	NURF (4)　CHRAC (4)　ACF (2)	NoRC (2)　CHRAC (4)　ACF (2)　RSF (2)　WICH (2)　NURF (3)
	催化亚基	ISWI1　ISWI2	ISWI	Snf2H　Snf2L
CHD亚家族	复合物（亚基数）	CHD1	CHD1 (1)　CHD2 (1)　NuRD (6)	CHD1 (1)　CHD2 (1)　NuRD (7)
	催化亚基	Chd1	Chd2　Mi - 2	Chd1　Chd2　Chd3/Chd4　Mi - 2α/Mi - 2β
INO80亚家族	复合物（亚基数）	YINO8 (15)　SWR1 (16)	DINO80 (7)　Tip60 (16)	INO80 (15)　SRCAP (9)　TRRAP/Tip60 (16)
	催化亚基	Ino80　Swr1	Ino80　Domino	hIno80　SRCAP　P400

注：SWI/SNF，切换缺陷／蔗糖不发酵；RSC，染色质结构重塑复合物；BAP/PBAP，BRM 相关蛋白 /Polybromo 相关蛋白 BAP；BAF/PBAF，BRG1 或 BRM 相关因子 /Polybromo 相关 BAF；ISWI，模仿切换；NURF，核小体重塑因子；ACF，ATP 依赖染色质组装和重塑因子；CH-RAC，染色质可接近性复合物；NoRC，核仁重塑复合物；RSF，重塑和间因子；WICH，Williams 综合征转录因子；CHD，Chromo 结构域、解旋酶、DNA 结合家族；NuRD，染色质重塑和去乙酰化酶复合物；INO80，肌醇蛋白 80；SWR1，悉 RSC/Rat1 复合物；TIP60，HIV 相互作用蛋白（60 ku）；TRRAP，转化／转录域相关蛋白；SRCAP，SNF2 相关 CREB 激活蛋白。

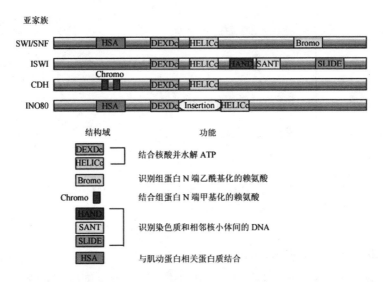

图 7-3 染色质重塑因子的催化结构域决定其家族分类（丁健等，2015）

注：染色质重塑复合物都具有一个共享的 ATPase 结构域和独特的侧翼结构域。DEX-Dc，或称 SNF2-N，类似 DEAD 解旋酶结构域含有 ATP-Mg^{2+} 结合位点；HELICc，或称 helicase-C，解旋酶超家族 C 端结构域含有 ATP 和核苷酸结合位点；Bromo，Bromo 结构域；Chromo，Chromo 结构域；HAND，与 SANT 和 SLIDE 结构域一起形成类似开放手形；SANT，SWI3-ADA2-N-COR-TFIIB；SLIDE，SANT 样 ISWI 结构域；HSA，解旋酶-SANT 相关结构域（Langst et al.，2015）。

染色质重塑因子的分子机制主要是通过介导核小体"滑动"（图 7-4 A）和介导核小体"置换"（图 7-4 B）。至于染色质重塑复合物的亚基蛋白被如何组装，如何调控复合物到染色质特定部位，可能需要从蛋白质三维结构入手，需要更多的实验证据来证实。细胞中的染色质结构处于动态变化过程：当染色质结构致密时，会阻止初始转录因子及 RNA 聚合酶募集到特定 DNA 序列上，使基因处于沉默状态；当染色质结构疏松时，初始转录因子就可以募集到基因的启动子区域，激活相应基因的转录。染色质重塑因子可以参与基因转录调控、染色质结构的稳定性、染色质重塑复合物的翻译后修饰、DNA 甲基化与染色质重塑复合物等介导生物学活动的发生。目前，研究染色质重塑复合物的方法越来越多，手段也越来越先进。随着电镜技术的不断提高，生物学实验技术的不断改进，我们期待着在不久的将来能够揭开染色质重塑复合物的神秘面纱。

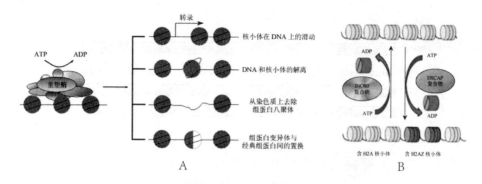

图 7 - 4　染色质重塑因子的主要作用机制（丁健等，2015）

A：核小体"滑动"模式图；B：核小体"置换"示意图。

5. 基因组印记（Genomic imprinting）

基因组印迹是特指源于亲本的等位基因进行不对称修饰后而导致的单等位基因表达的现象。这种在生物进化中形成的有规律而又受控的基因失活是机体中基因表达调节的一种重要方式，又称基因组印记、遗传印迹、亲代印迹（Parental Imprinting）或配子印迹（图 7 - 5）。基因印记被海伦·克洛斯（Helen Crouse，1960）首次在昆虫中提出，已有资料显示，印记基因对动植物生长及谱系发育具有重要意义。母本（父本）等位基因沉默（父本表达）的印记基因称为母系（父系）印记基因。母系印记基因如 $Igf2$、Ins、Ndn 等；父系印记基因如 $Cpa4$、$H19$、$Cd81$。印记基因有如下特征：印记基因常常成簇存在，如印记基因 $Mash2$、Ins、$Igf2$、$H19$ 位于染色体不足 400kb 的位置；印记基因复制的异步性，$Igf2 - H19$ 区域的复制就存在父源等位基因早于母源等位基因的现象；印记基因的发生具有空间位置限制性，即同一条染色体上两个印记基因之间的基因、与印记基因相邻的基因通常不表现印记修饰；印记基因的发生常常与该基因编码区、启动子区以及其上下游区域特定的 CpG 序列有关，这些序列区域的甲基化状态常影响亲本特异性；基因印记修饰的发生具有组织特异性和发育时期特异性；基因组中存在印记维持元件，印记维持元件的存在与缺失会影响印记基因修饰；印记基因在不同物种中具有保守性，在小鼠中发现的印记基因一般在其他哺乳动物中也存在印记特征，但是有少数基因例外，如 $Cd81$、$Igf2r$ 等；基因印记是可以逆转的。可能的印记作用机制主要有 DNA 甲基化、乙酰化、microRNA 等。基因组印记在其去进化的过程中主要形成了"冲突假说"和"适应假说"两种假说。大多数学者采用了基因组扫描技术或把这种技术与甲基化分析方法相结合。这些方法主要有差异显示 PCR（DDPCR）、代表性差异分析（RDA）、termed methylation – sensitive amplicon subtraction（MS – AS）、抑制消减杂交（SSH）和限制性界标基因组扫描技术（RLGS）等。

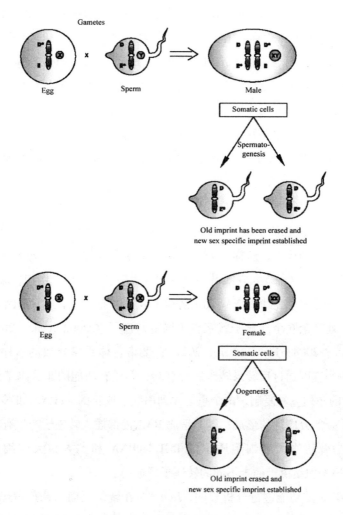

图 7 - 5　基因组印迹示意图（Munshi et al.，2007）

6. 长链非编码 RNA（Long non – coding RNAs，lncRNAs）

长链非编码 RNA（long non – coding RNA，lncRNAs）是指长度在 200nt 以上，没有编码能力，但是具有重要生物学调控功能的一类 RNAs，在动植物的生长发育、基因转录及转录后调控、表观遗传修饰、生殖及抗逆性调控过程中发挥着重要作用（Bhan et al. , 2014；Wang et al. , 2015）。根据长链非编码 RNA 在基因组上的位置，可以将其分为基因间长链非编码 RNA（long intergenic non-coding RNAs，lincRNA）、内含子型长链非编码 RNA（long intronic noncoding RNA）、反义链非编码 RNA（long noncoding natural antisense transcripts，lnc-NAT）、重叠长链非编码 RNA（overlapping lncRNA）（Derrien et al. , 2012）。非编码 RNA 在真核生物中所占比重比较大，如人类基因组中非编码 RNA 占据 98%，拟南芥占据 71%，酿酒酵母占 29%（郑晓飞，2008）。高等生物体内编码基因是相对保守的，而且同源性也相对较高，如人类与小鼠有 99% 的蛋白质编码基因是同源的（Mattick et al. , 2001），但是人和小鼠之间的差异确有天壤之别。人类全基因组测序发现人类不同个体之间的蛋白质编码序列可变性约为整个基因组的 0.3%（Venter et al. , 2001），因此个体之间和物种之间的巨大差异可能与非编码 RNA 有关系（Mattick et al. , 2001）。由于长链非编码 RNA 不同于编码基因，限制因素较少，保守性相对较低，不能像编码基因一样能够形成巨大的家族。研究认为 lncRNAs 的产生方式主要有 5 种：①蛋白质编码基因阅读框内新基因的插入，这样一来，新插入的序列和原来的序列能够形成新的功能性 lncRNAs，这种现象在哺乳动物进化过程中已经发现，例如，雌性动物中与 X 染色体失活有关的 lncRNAs Xist 启动子区和 4 个外显子与前基因 *Lnx3* 基因部分同源，而其余 6 个外显子就来自不同的转座子（Duret et al. , 2006；Elisa-phenko et al. , 2008；Flynn et al. , 2011）；②染色体重排导致的多序列合并形成；③非编码基因通过反转录转座进行复制，形成有功能的非编码基因；④Ln-cRNA 附近的序列重复复制，两个重复序列串联形成新的 lncRNA 如 Kcnq1ot1 的 5′区域和 Xist 部分序列的形成；⑤非编码 RNA 内部插入转座子产生有功能的 ln-cRNA，如啮齿动物大脑细胞质中的 BC1 lncRNA 和类人猿大脑细胞质中的 BC200 lncRNA 均是由于插入不同的转座子形成的。

对 lncRNA 的功能进行分析表明，lncRNA 在转录层面上调控编码基因，很大程度上是由于其在基因组上的转录位点决定的，同时一些 lncRNA 可以和目标基因启动子 DNA 结合，形成 RNA – dsDNA 三联体，阻断转录起始复合物的形成。lncRNAs 可以参与调节 pre – mRNA 的可变剪切、运输、翻译和降解等过程，在转录后层面上对基因进行调控。lncRNA 可以与 mRNA 形成碱基互补，进而形成 dsRNA 复合体，该复合体可以被相应的酶催化，形成 endo – siRNA，促使目标 mRNA 的降解（Golden et al. , 2008）。lncRNA 能够招募染色质重构复合物到特定位点，从而介导相关基因的表达沉默，进而在表观遗传调控机制中发挥重要作用。例如，源于人类基因组中基因座 HOXC 的 HOTAIR 能够招募染色质重构复合物 PRC2 并将其定位到 HOXD 位点，介导 HOXD 位点的表观遗传变化（Zhu et al.，2012）。而植物中的 lncRNA 起步比较晚，研究相对较少，尤其是棉花。根据植物 lncRNA 的预测和鉴定方法及前人研究结果，现在分析用到的数据库主要见表 7－2。

表 7－2　lncRNA 常用数据库

数据库	lncRNA 数量	数据来源	生物体	网址	说明
ChIPBase	848834	ChIP－seq	人、小鼠、狗、鸡、果蝇、线虫	http://deepbase.sysu.edu.cn/chip-base/	包括 lncRNA 表达图谱和转录调控全面鉴定和注释，TFBSs、TF－lncRNA 和 TF－miRNA 间调控关系
lncRNAdb	287	文献	68 种真核生物，包括 16 个植物 lncRNA	http://www.lncrnadb.org/	包括 lncRNA 序列及结构特征、进化保守性、表达、亚细胞定位、功能证据和文献链接等
NRED	13213	Microarray、原位杂交	人、小鼠	http://jsm-research.imb.uq.edu.au/nred/	包括 lncRNA 表达信息，进化保守性，二级结构，基因组和反义关系
NONCODE	210831	RNA－seq、文献、其他数据库	人、小鼠，少数其他生物	http://www.bioinfo.org/noncode/ http://www.noncode.org/	包括 lncRNA 基本信息，如序列、长度等；生物学信息，如功能、细胞定位等；表达模式，如多组织表达模式和潜在功能
LNCipedia	21488	其他数据库、人类 lncRNA 图谱	人	http://www.lncipedia.org	包括 lncRNA 基本信息、蛋白质编码潜力和与 microRNA 结合位点等

续表

数据库	lncRNA 数量	数据来源	生物体	网址	说明
LncRN ABase (starBase)	—	CLIP-seq、其他数据库	人、小鼠、线虫	http://starbase.sysu.edu.cn/	提供最全面的 miRNA 与 lncRNA 互作信息
LncRN ADisease	2044	文献、其他数据库	人	http://cmbi.bjmu.edu.cn/lncrnadisease	提供与疾病相关 lncRNA 注释，开发一种预测与人类疾病相关新 lncRNA 的生物信息学方法
TAIR10	478	文献、其他数据库、注释基因的计算预测、其他研究机构	拟南芥	http://arabidopsis.org	包括拟南芥基因组序列及基因组图谱，基因序列、结构、表达模式和功能注释及详尽的代谢途径，拟南芥种子库存数据等信息
PlantN ATsDB	2138498	特定基因组测序计划、基因索引计划、基因表达综合（GEO）数据库	69 种植物	http://bis.zju.edu.cn/pnatdb/	提供 NAT 资源，包括浏览、检索、查看、下载等分析工具，可用于 NAT 预测和功能研究
PLncDB	16227	Tilling rray、lincRNA array、文献	拟南芥	http://chualab.rockefeller.edu/gbrowse2/homepage.html	提供不同组织、发育阶段、突变体和胁迫处理的 lncRNA 表达特性，编码位点及其侧翼基因组区域表观遗传变化和全基因组 siRNA 信息

随着分子生物学技术的不断发展，越来越多的植物 lncRNAs 被挖掘，功能被鉴定，例如，大豆中的 *GmENOD*40（Yang et al.，1993）、水稻中的 *Os-ENOD*40（Kouchi et al.，1999）和苜蓿中的 *MtENOD*40（113）均与植物根瘤形成有关，番茄中的 *TPSI*1（98）、苜蓿中的 *Mt*4（Burleigh et al.，1998；Burleigh et al.，1999）、拟南芥中的 *AtIPS*1（Martín et al.，2000；Franco et al.，2007）、

水稻中的 *OsPI*1（Wasaki et al.，2003）与根中磷酸盐摄取有关，拟南芥中的 *COOLAIR*（*Swiezewski et al.*，2009）和 *COLDAIR*（Heo et al.，2011）与拟南芥开花时间有关。总之，lncRNA 不编码蛋白质，但是具有相对明确的生理功能，直接或者间接调控着植物的生长与发育。

7. mRNA 甲基化修饰（Methylation modifications of mRNA）

N6 - methyladenosine 也叫 m^6A，是一种广泛存在于 mRNA 上的碱基修饰行为，成为近几年大热的研究方向。但是早在 50 年前，人们已经在 RNA 中发现了多种碱基修饰现象。除了传统的 ACGU 四种碱基外，科恩（Cohn）等人已经在 RNA 上发现了全新的碱基位点修饰。霍利（Holley）等人于 1965 年，首次在酵母的 tRNA 中鉴定了包括假尿苷（pseudouridine）在内的十余种不同的 RNA 修饰。当然最初这些碱基修饰大多发现于非编码 RNA 上如 tRNA、rRNA 等，后来人们发现 mRNA 中也存在大量的碱基修饰行为（图 7 -6）。已知 tRNA 上发生碱基修饰的比例较高，会有各种各样的碱基修饰行为。tRNA 修饰有助于提高翻译效率，维持其三叶草折叠二级结构的稳定性。人类的核糖体 RNA（rRNA）上有超过 200 个碱基修饰位点，而剪切体 RNA（spliceosomal RNA）上也有超过 50 个碱基修饰位点。

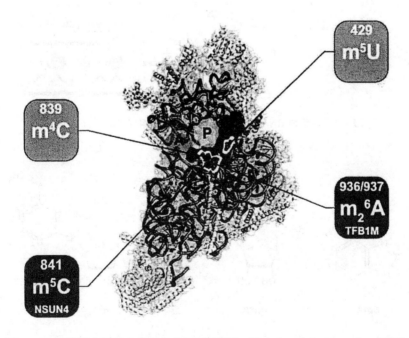

图 7 -6　核糖体小亚基上位于结合界面的修饰（Rebelo - Guiomar et al.，2019）

目前科学家已经在 RNA 中鉴定了超过 100 种不同类型的碱基修饰行为。在真核生物中，5′端的 Cap 以及 3′的 ployA 修饰在转录调控中起到了十分重要的作用，而 mRNA 的内部修饰则用于维持 mRNA 的稳定性（图 7 - 7）。mRNA 最常见的内部修饰包括 N^6 - 腺苷酸甲基化（m^6A）、N1 - 腺苷酸甲基化（m^1A）、胞嘧啶羟基化（m^5C）等。对于研究大热的 m^6A，截至目前，全球的科学家已经鉴定了参与 m^6A 的许多酶，包括去甲基化酶、甲基化酶和甲基化识别酶等。

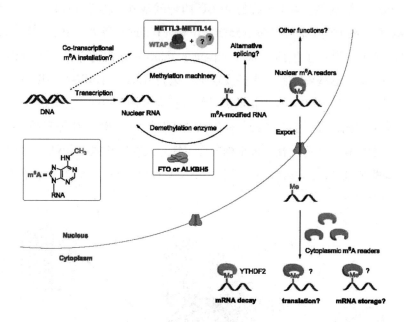

图 7 - 7　细胞核 RNA m^6A 修饰的路径模式图（Yue et al.，2015）

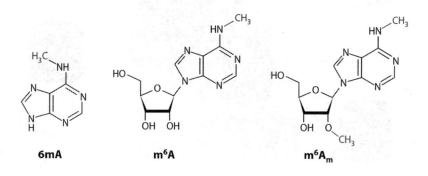

图 7 - 8　m^6A 甲基化修饰和 m^6Am 超甲基化修饰

首先来了解一下什么是 m^{6}A 修饰。从图 7-8 中可以看到，右侧存在 m^{6}A 甲基化修饰和 m^{6}A$_m$ 超甲基化修饰。N^6-methyladenosine 就是 m^{6}A，一共分为 2 个大的结构。左下角的是五碳糖，五碳糖的第二位 C 处的羟基发生脱氧就会变成脱氧核糖核苷酸（从 RNA 变成 DNA），而发生甲基化后就是超甲基。五碳糖第四位的 C 处通常会带有磷酸基，如果此处带有 2 个磷酸基团那么就叫 ADP，如果带有三个磷酸基团那就是大名鼎鼎的 ATP 了。腺苷上的 N^6 位发生甲基化时，就是我们所指的 m^{6}A。早些年 m^{6}A 的研究主要集中在 mRNA 5′ Cap 处的甲基化修饰，作用包括维持 mRNA 稳定性、mRNA 前体剪切、多腺苷酸化、mRNA 运输与翻译起始等。而 3′polyA 发生的修饰有助于出核转运、翻译起始以及与 polyA 结合蛋白一起维持 mRNA 的结构稳定。近几年关于 mRNA 的内部修饰（internal modification）的研究逐渐增多，包括 N^6 甲基腺苷修饰（m^{6}A）、N1 甲基腺苷修饰（m^{1}A）、甲基胞嘧啶修饰（m^{5}C）、假尿苷修饰（Ψ）等。作为 mRNA 中最常见的甲基化修饰，m^{6}A 主要富集在 mRNA 的启动子区、终止密码子区以及 RRACH motif 内。参与 m^{6}A 修饰的酶出现异常会引起一系列疾病，包括肿瘤、神经性疾病、胚胎发育迟缓等。此外，一些非编码 RNA 如 lncRNA、tRNA、rRNA 以及剪切体 RNA，在转录前后，也存在大量的碱基修饰活动。虽然近几年关于 RNA 修饰的研究数量开始增多，一些深入的机制研究仍有大量的工作待全球的科学家去完成。但是无论如何，coding RNAs 和 non-coding RNAs 上发生的动态修饰代表了一种全新的遗传信息调控方式。

催化 m^{6}A 主要是靠 m^{6}A 甲基化酶（methyltransferase）。m^{6}A 这种甲基化修饰被证明是可逆化的，由甲基化转移酶、去甲基化酶和甲基化阅读蛋白等共同参与。其中甲基化转移酶包括 METTL3/14、WTAP 和 KIAA1429 等，主要作用就是催化 mRNA 上腺苷酸发生 m^{6}A 修饰。而去甲基化酶包括 FTO 和 ALKHB5 等，作用是对已发生 m^{6}A 修饰的碱基进行去甲基化修饰。阅读蛋白的主要功能是识别发生 m^{6}A 修饰的碱基，从而激活下游的调控通路，如 RNA 降解、miRNA 加工等。已经发现 RNA 修饰的主要功能及调控蛋白见表 7-3。

表 7 – 3   RNA 修饰的主要功能及调控蛋白（杨莹等，2018）

修饰类型	主要功能	调节蛋白
m^{6}A	鉴定了第一个 m^{6}A 去甲基化酶 FTO	FTO
	FTO 还可以催化 m^{6}Am 和 m^{1}A 的去甲基化	FTO
	去甲基化酶 FTO 介导的 m^{6}A 修饰可以作为新型顺式元件调控 mRNA 剪接，及脂肪前体细胞分化	FTO
	鉴定了第二个 m^{6}A 去甲基化酶 ALKBH5，发现 m^{6}A 去甲基化，参与 mRNA 出核及小鼠精子发育	ALKBH5
	鉴定了 m^{6}A 甲基转移酶复合物的新组分 WTAP 和 METTL14，WTAP 作为调节亚基调控催化亚基 METTL3/METTL14 复合物的定位及底物结合能力	WTAP/METTL3/METTL14
	发现 miRNA 通过序列互补调控 mRNA 甲基化修饰形成机制及 m^{6}A 调控细胞重编程的重要功能	METTL3
	Mettl3 介导的 m^{6}A 调控小鼠精子发生过程	METTL3
	Mettl3 介导的 m^{6}A 调控小鼠小脑发育	METTL3
	m^{6}A 甲基转移酶复合物的组分鉴定，包括 METTL14，WTAP，VIRMA，RBM15，ZC3H13，以及 METTL16 等	METTL14、WTAP、VIRMA、RBM15、ZC3H13、METTL16
	m^{6}A 结合蛋白 YTHDC1 可与 SRSF3 及 SRSF10 直接相互作用，调控 mRNA 选择性剪接	YTHDC1
	m^{6}A 结合蛋白 YTHDC1 可与 SRSF3 及 RNA 出核因子 NXF1 相互作用，调控 mRNA 出核	YTHDC1
	m^{6}A 结合蛋白 YTHDF1 可与翻译起始复合物直接作用，促进 m^{6}A 修饰的 RNA 底物的翻译效率	YTHDF1
	m^{6}A 结合蛋白 YTHDF2 介导 m^{6}A 修饰的 mRNA 的降解	YTHDF2
	m^{6}A 调控造血干细胞定向分化	YTHDF2、METTL3
	m^{6}A 结合蛋白 YTHDF3 可与 YTHDF1 协同作用调控 mRNA 翻译	YTHDF3/YTHDF1
	m^{6}A 结合蛋白 YTHDF3 可与 YTHDF2 协同作用介导 mRNA 降解	YTHDF3/YTHDF2
	m^{6}A 结合蛋白 YTHDC2 调控 mRNA 翻译或降解，以及小鼠精子发生过程	YTHDC2
	m^{6}A 结合蛋白 IGF2BP1/2/3 介导 mRNA 稳定性及翻译	IGF2BP1/2/3
	其他可能的 m^{6}A 结合蛋白	Mrb1、ELAVL1、FMR1、LR-PPRC

修饰类型	主要功能	调节蛋白
m^5C	发现了 mRNA m^5C 的分布规律，鉴定了 mRNA m^5C 的主要甲基转移酶 NSUN2 和第一个结合蛋白 ALYREF，及其调控 mRNA 出核的分子机制	NSUN2、ALYREF
	拟南芥 mRNA m^5C 修饰调控组织发育，甲基转移酶为 TRM4B	TRM4B
m^1A	揭示了全转录组水平的 m^1A 甲基化图谱	
	发展了单碱基分辨率的 m^1A 测序方法，发现核编码及线粒体编码转录本上不同类型的 m^1A 甲基化组	ALKBH3

甲基化转移酶（methyltransferase）也叫 Writers，是一类重要的催化酶，能够让 mRNA 上的碱基发生 m^6A 甲基化修饰。METTL3、METTL14、WTAP 和 KIAA1492 都属于 m^6A 甲基化转移酶的核心蛋白。这些蛋白并不是各自孤立的，而是会形成复合物（complex）共同行使催化功能。由于酵母和线虫等生物缺少这四种核心蛋白中的一种或几种，所以 m^6A 甲基化修饰属于高等真核生物独有的碱基修饰反应。结构生物学研究表明，METTL3 和 METTL14 这两种蛋白有关键的催化结构域，两者之间会形成杂络物（hetero complex）。其中 METTL3 是具有催化活性的亚基，而 METTL14 会在底物识别上起到关键作用。另外 WTAP、Vir 以及其他类型的 factors 也是杂络物的重要组成部分。其中 WTAP 在招募 METTL3 和 METTL14 中起到十分重要的作用。在真核生物中，已发现的 m^6A 去甲基化酶主要包括 FTO 和 ALKBH5 等。FTO 蛋白全称 Fatmass and obesity – associated protein，属于 Alkb 蛋白家族中的一员并且与肥胖相关。1999 年，*FTO* 基因首次在小鼠中被克隆。FTO 蛋白在核心结构域上与 Alkb 蛋白家族相似，但是 C 端独有的长 loop 与 Alkb 家族其他蛋白有所不同。发生 m^6A 修饰的 mRNA 想要行使特定的生物学功能，需要一种特定的 RNA 结合蛋白—甲基化阅读蛋白，也叫 Reader。RNA pull – down 实验已经鉴定了多种阅读蛋白，包括 YTH 结构域蛋白、核不均一核糖蛋白（hnRNP）以及真核起始因子（eIF）等。这些阅读蛋白的功能主要包括特异性结合 m^6A 甲基化区域，削弱与 RNA 结合蛋白同源结合以及改变 RNA 二级结构，从而改变蛋白与 RNA 的互作。

8. 基因组三维结构（Three – dimensional structure of genome）

DNA 和染色体存在于细胞核的三维空间中。虽然基因组在线性序列中存储了遗传信息，但是基因的正确表达、调控以及基因调控元件之间的相互作用都是在染色体折叠成的复杂三维结构中完成的，染色体的三维空间结构对基因的表达和调控具有重要影响。通过分析不同细胞之间基因组三维结构的差异和相似之处，能从中找出基因组三维结构的基本组织规律，及它们对基因转录、复制、调控等细胞功能的作用。细胞在不同的发育时期，或者在不同的处理条件下，或者染色体的序列和结构变异（重复、缺失、倒位、融合）通常会改变相关基因区域的三维空间结构，进而可能改变基因间的互作，使相关基因的表达水平改变，最终影响个体的表型。这些改变在动植物细胞中可能会造成一些功能性状基因的表达抑制或增强，在人类细胞中可能会激活致病基因的表达，这种机制已在人类和小鼠的癌症细胞中被广泛研究。

二、表观遗传学的主要研究方法

从 20 世纪 40 年代表观遗传学概念被提出以后，世界学者一直都在努力探索其研究方法，进而解释各种生物学现象。随着生物科学技术的不断创新和发展，从最初的推测与假说到现在的各种测序手段及 PCR 技术，越来越精细的调控机制被发现，也彰显了表观遗传调控的重要性。

（一）DNA 甲基化的研究策略

DNA 作为最早被发现的表观遗传学内容之一，也是研究最透彻的表观调控机制。DNA 甲基化是在甲基转移酶（DNA methyltransferase，MTase）的介导下将甲基基团从供体 S - 腺苷酰甲硫氨酸（SAM）分子中的甲基化基团添加到 DNA 分子碱基上，常见的是加在胞嘧啶上，形成 5 - 甲基胞嘧啶（m^5C）。随着对 DNA 甲基化认识的逐渐深入，研究手段也越来越多，越来越多样化，目前主要的几种研究方法有以下几种。

1. DNA 甲基化敏感扩增多态性（DNA methylation - sensitive amplified polymorphism，MSAP）

该方法利用一对甲基化敏感程度不同的限制性内切酶对甲基化位点进行切割，然后利用 PCR 原理进行扩增，并对结果进行检测，目前植物基因组 DNA 甲基化研究主要采用该方法。MSAP 是利用甲基化敏感程度不同的一对同裂酶 HpaII 和 MspI，识别 CCGG 位点，是在扩增片段多态性（AFLP）基础上检测 DNA 甲基化位点。前者对内、外侧胞嘧啶甲基化敏感，后者只对外侧胞嘧啶甲基化敏感，而绝大多数基因组甲基化发生在胞嘧啶内侧，因此可以用 MspI 来识别 CCGG，用 HpaII 来鉴别这些序列是否甲基化。这是一种简便的成本较低的检测 DNA 甲基化的方法，实验结果位点明确且容易解释，但也存在一定的缺点：由于甲基化位点不仅仅存在于 CCGG，也可能存在于 CG 中，还有内切酶酶切效率未必达到 100% 完全，故 CG 中的甲基化会出现被忽略及部分甲基化位点被遗漏，造成结果误差。

2. DNA 亚硫酸氢盐测序（DNA bisulfite genomic sequencing，BGS）

亚硫酸盐可将未甲基化的胞嘧啶 C 转化为尿嘧啶 U，发生甲基化的胞嘧啶 C 保持不变，然后进行 PCR 扩增，U 将与 A 配对产生 T，而甲基化的 C 则不会被亚硫酸盐修饰，这样 DNA 包含的甲基化信息就转变为具有差异的 DNA 序列（Prokhortchouk et al.，2002），这种方法由于精确到单个碱基，可靠性高，精确度高，已经被公认为一种"黄金标准"（图 7 - 9）。如今在 Sodium bisulfite 法基础上又产生了许多甲基化检测的方法，如 DNA 甲基化荧光 PCR 检测、结合亚硫酸氢钠处理和酶解分析法、甲基化敏感性高分辨率熔解、甲基化敏感的单核苷酸的扩增、酶的区域性甲基化特异性分析、芯片杂交技术等。

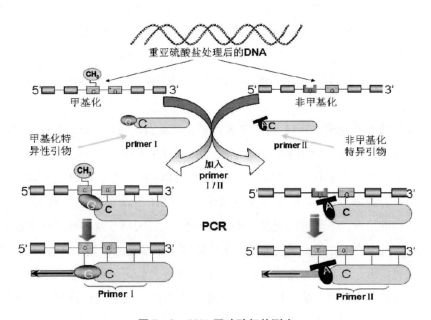

图 7 - 9　DNA 亚硫酸氢盐测序

3. 甲基化特异性 PCR 技术（Methylation - specific PCR，MSP）

甲基化特异性 PCR 技术是针对特定片段、特定区域、特定位点进行甲基化的一种有效手段，也是一种经典的甲基化研究方法。该方法原理是先利用亚硫酸氢盐处理目的 DNA，然后根据靶 DNA 设计甲基化和非甲基化引物，进行 PCR 扩增，将扩增产物在琼脂糖凝胶电泳进行检测，确定 DNA 甲基化状态。其中关键步骤是 MSP 引物设计，主要有两点：（1）设计两对引物，其末端均设计至检测位点结束；（2）两对引物中一对结合处理后的甲基化 DNA 链，另一对结合处理后的非甲基化 DNA 链。如果甲基化引物能扩增出条带，则说明被检测的位点发生甲基化；若非甲基化引物扩增出条带，则说明被检测的位点没有发生甲基化。事实证明该方法灵敏度较高、应用范围较广，被甲基化研究者们所接受。

4. DNA 甲基化荧光 PCR 检测（DNA methylated fluorescent PCR，MFP）

DNA 甲基化荧光 PCR 检测是利用重亚硫酸盐处理目的 DNA 片段后，设计一个能与待测位点区互补的探针，在其 5′末端标记一个荧光报告基团，3′末端标记一个荧光淬灭基团，随后进行实时定量 PCR。如果探针能够与 DNA 杂交，则在 PCR 引物延伸时，Taq 酶发挥其 5′至 3′外切酶活性，将能与模板杂交的探针切碎，报告基团与淬灭基团分离，荧光信号释放，可被检测，测定每个循环报告荧光的强度即可得到该位点的甲基化水平情况（Ballestar et al.，2001）。该方法具有灵敏度高、所需样本量少、不需要电泳分离、可重复等优点。缺点是费用高，测定每个位点都要用两端标有荧光素的探针和一对引物，且受较多因素影响。

5. 结合亚硫酸氢钠处理和酶解分析法（Combined bisulfite restriction analysis，COBRA）

亚硫酸氢钠处理的 DNA 经 PCR 扩增后会产生新的酶切位点。目的片段扩增后用识别序列需包含 CG 的内切酶消化，如 BstUI（识别 CGCG）。若其识别序列中的 C 发生完全甲基化，则 PCR 扩增后保留为 CGCG，此时 BstUI 能够识别并进行切割；若待测序列中，C 未发生甲基化，则 PCR 扩增后转变为 TGTG，BstUI 不可识别此位点，不能进行切割（Ballestar et al.，2001）。这样酶切产物经电泳分离、探针杂交、扫描定量后即可得出原样本中甲基化的比例。该法的优点是：方法相对简单，不需预先知道 CpG 位点及样本序列；可进行甲基化水平的定量研究；需要样本量少。缺点是：只能获得特殊酶切位点甲基化情况，因此检测结果呈阴性也不能排除样品 DNA 中甲基化存在的可能。

6. 甲基化敏感的单核苷酸的扩增（Methylation sensitive single nucleotide primer extension Ms－SnuPE）

甲基化特异的单核苷酸扩增能对不同甲基化特异位点进行快速定量，是一种快速估计特异性 CpG 位点甲基化情况的定量方法。其原理是先用重亚硫酸盐处理基因组 DNA 后 PCR，然后取等量扩增产物置于两管中，分别作为 Ms – SnuPE 单核苷酸引物延伸的模板。设计用于 Ms – SnuPE 延伸的引物，其 3′末端紧靠待测目的碱基。同时在两个反应体系中加入等量的引物、同位素标记的 dCTP 或 dTTP、Taq 酶等。如待测位点被甲基化，则被同位素标记的 dCTP 会在延伸反应中连至引物末端；如果未被甲基化，则标记的 dTTP 可参与反应。末端延伸产物经琼脂糖凝胶电泳分离和放射活性测定后可得出 C/T 值，此值为甲基化与非甲基化的比值，由此分析得到目的片段中 CpG 位点的甲基化情况（Gonzalgo et al.，1997）。

7. 甲基化敏感性高分辨率熔解（DNA methylation – sensitive high resolution melt，MS – HRM）

高分辨率熔解是一种最新的遗传学分析方法，是一种不需要 PCR 产物后续操作的、简单且灵敏的检测基因甲基化水平的方法。采用重亚硫酸盐处理 DNA 模板后在 PCR 反应前，在非 CpG 岛位置设计一对针对经亚硫酸氢钠处理后 DNA 链的引物，这对引物中间包含有意义的甲基化 CpG 岛，一旦这些 CpG 岛发生甲基化，胞嘧啶不发生变化，而未甲基化的胞嘧啶转变成胸腺嘧啶，样品中的 GC 含量发生了变化，最终被转化成了熔解曲线 Tm 值之间的差异。CpG 位点在小的扩增片段内的相对位置也会对熔解峰的形状产生影响，因此，根据 Tm 值和熔解峰的形状可以检测出样本的甲基化位点和甲基化程度（Worm et al.，2001）。

8. 甲基化检测芯片技术（DNA methylation chip，MC）

基因芯片技术的出现为检测 DNA 甲基化的高通量提供了技术平台，各种芯片技术以不同的 DNA 预处理方法为基础，主要有三类：①基于亚硫酸氢盐处理；②基于甲基化敏感性内切酶法；③基于 5 – 甲基胞嘧啶抗体富集甲基化的 DNA 片段。目前应用于科研或者医疗的甲基化芯片类型主要有甲基化特异性寡核苷酸芯片、差异甲基化杂交和甲基化高密度芯片。其中甲基化特异性寡核苷酸芯片是 Gitan 等研究发明出来的检测技术（Gitan et al.，2002），利用寡核苷酸探针，采用直接杂交的原理对亚硫酸氢盐处理后的不同甲基化状态的胞嘧啶或者胸腺嘧啶进行测定，通过检测杂交后产生的荧光强度来判断待测序列的甲基化水平。差异甲基化杂交技术是利用甲基化敏感性内切酶，例如，Mse Ⅰ、MSP、Hap Ⅱ、BstU Ⅰ等，将 DNA 酶切为小片段。其中发生甲基化的片段由于受到甲基化的保护而不被酶切，进而连上接头进行 PCR 扩增。扩增得到的甲基化片段在 CpG 岛基因芯片上杂交，通过荧光密度的比值高低来筛选甲基化差异基因。甲基化高密度芯片则是利用超声波将基因组 DNA 打断成 400～500bp 的 DNA 片段，然后加热变性，再经过进一步的处理后与 DNA 微阵列芯片杂交，用高解析度芯片扫描仪检测杂交信号，对杂交结果进行数据分析。该方法虽然相对简单，但需要 DNA 样本量较大，而且还需要制备响应的抗体，代价略高。

9. 变性高效液相色谱法（Denaturing high performance liquid chromatography, DHPLC）

该方法是目前被认为可靠性极高、极为准确的一种方法，该方法一直被广泛应用于微生物和哺乳动物中，在植物中也有应用，但是应用体系还需要进一步优化（Ramsahoye et al.，2002）。首先提取高质量的基因组 DNA，利用 70% 的高氯酸进行水解，沸水中煮沸，用 KOH 调节至合适 pH 值。用 C 和 m^5C 配制标准溶液，高效液相色谱仪（Agilent LC 1100），用流动相用甲醇 - 磷酸二氢钾，柱温 35℃，进行 m^5C 的测量，最终根据计算公式计算 DNA 总甲基化水平。

总 DNA 甲基化水平 = m^5C 的峰面积／（C 的峰面积 + m^5C 的峰面积）×100%。

（二）组蛋白修饰的研究策略

组蛋白存在着许多翻译后修饰（PTM），即甲基化、乙酰化、泛素化和 SU-MO 化，虽然在覆盖的组蛋白折叠区域内发现了许多修饰位点，但是主要发生在赖氨酸位点。许多组蛋白修饰能够调节染色质结构中重要的功能性变化，并通过直接地改变染色质结构/动态变化或通过招募组蛋白修饰蛋白和/或核小体改构复合体来实现。组蛋白翻译后修饰已经被发现能影响许多基于染色质的反应，包括转录、异染色质的基因沉默和基因组稳定性。由于能影响到整个转录程序，与基因表达相关的修饰尤其具有特殊意义。主要方法有以下几种。

1. 细胞裂解（cell lysis）

通过免疫印迹来检测组蛋白修饰时可以用经 SDS Laemmli 样品缓冲液提取得到的全细胞裂解液。对于动物细胞而言，离心得到的细胞可以直接在样品缓冲液中重悬并煮过后上样。然而需要注意的是，一些实验方案中还会推荐在提取步骤后对样品进行超声处理。除了碱性预处理步骤是可选的以外，真菌蛋白提取物可以用同样的方式来进行准备。然而，如果实验上必须尽量减少样品处理时间的话该步骤是可以省略的。只要注明该步骤的省略以及后续实验样品均以同样方式处理即可。提取之后再通过离心除去样品中的不溶性组分，将可溶性的全细胞提取物留在上清液中。

2. 组蛋白富集（histone enrichment）

在一些实际应用中，有必要检测富集有组蛋白的组分或纯化的组蛋白；富集的样品可以是分离得到的细胞核或者是染色质的粗提取物。从后生动物细胞或者酵母中提取细胞核十分简单，基本上只需要三个步骤：低渗膨胀（酵母要先将细胞壁消化掉以后）、利用机械力剪切进行细胞膜裂解（例如，用杜恩斯匀浆器进行破碎或者在旋涡混合器上温和震荡）和通过离心分离细胞核。染色质粗分离也是很简单的，只要在去垢剂裂解步骤后用离心将染色质沉淀即可。

3. 组蛋白纯化（histone purification）

一些现有的组蛋白纯化实验方案是相当好的，并且易于遵循。在这里介绍的方法中，组蛋白是使用稀硫酸溶液从细胞核中提取的，然后通过柱层析纯化。此方法的优点在于核酸和许多非组蛋白由于在酸性 pH 值下是不溶的，可以很容易地通过离心来去除掉。可溶的含有组蛋白的组分就可以用三氯乙酸（TCA）来沉淀，并且如果需要的话，可以通过一个反相高效液相色谱柱来纯化。这样提取出来的组蛋白，可用于多种分析，包括免疫印迹和质谱。

4. 组蛋白翻译后修饰的检测（detection of post – translational modification of histones）

组蛋白的翻译后修饰一般是通过抗体检测的。抗 PTM 抗体的质量和特异性，应在实验应用之前仔细评估。要考虑的问题包括：其他组蛋白修饰位点的交叉反应、对未修饰（重组）蛋白的识别以及与核中其他物质的交叉反应。这种类型的评价程序也非常简单，涉及对核提取物进行针对于重组组蛋白的免疫印迹或对点在硝化纤维膜上的一组修饰过的和未被修饰过的多肽进行免疫印迹。

5. 组蛋白翻译后修饰结合伴侣的表征—免疫共沉淀（CoIP）/pulldown 实验（Characterizations of post – translational modification of histone binding partners – CoIP/pulldown assay）

当研究一个蛋白质与内源性组蛋白之间的相互作用时，有必要先用微球菌核酸酶（MNase）将染色质消化成单核小体大小的片段。感兴趣的蛋白可以从可溶性的含有染色质的组分中免疫共沉淀下来，然后通过免疫印迹来评价与核心组蛋白的结合以及和不同组蛋白修饰的关联。利用已经在含有核小体的可溶性组分中孵育过并纯化出来的重组诱饵蛋白，该实验同样也可以通过 pulldown 测试来完成。从组织培养细胞中纯化天然组蛋白的一个普遍的方法是用微球菌核酸酶（MNase）限制性消化或者机械打断来产生寡聚核小体大小的染色质片段，然后将片段在羟磷灰石（层析）柱上进行色谱分析并在高盐中洗脱。当重组组蛋白以单体形式过柱制备时是不可溶的，但是可以从包涵体中回收过表达的蛋白。首先，可以从分别过表达每种组蛋白的细菌培养物中得到包涵体。组蛋白再从包涵体中提取出来，经连续离子交换树脂纯化，并采用线性盐梯度进行洗脱。要生成组蛋白八聚体的话，等摩尔的 H3、H4、H2A 和 H2B 要先展开、组合，通过透析复性，再经分级柱纯化。

6. 组蛋白翻译后修饰结合伴侣的表征—多肽微阵列（Characterizations of post-translational modification of histone binding partners – Polypeptide microarray）

这是一种能够同时筛选探针蛋白与多个多肽间相互作用的基于阵列的方法。对于这样的实验，利用感兴趣的蛋白孵育在一个多肽微阵列的表面，该多肽微阵列基本上是一块经抗生蛋白链菌素包被的且带有不同的生物素标记的多肽的载玻片。蛋白质多肽复合物可以用结合有荧光基团的抗体和阵列扫描仪检测，从而实现可视化。利用一个相反的装置来进行研究，例如，用荧光标记的多肽去孵育蛋白质阵列，也同样被研究过。

7. 特异性翻译后修饰的基因组定位 – 染色质免疫沉淀检测 – 染色质免疫沉淀 – 芯片（Genomic localization of specific post-translational modifications – ChIP-chip）

基于微阵列的方法能够对许多位点的组蛋白修饰富集情况同时进行分析。微阵列本身是一种包被的玻璃载玻片，其上附着有不同的寡核苷酸，其数有几万至数千万。蛋白质富集的位点可以通过将荧光标记的来自免疫沉淀产物和投入组分的 DNA 一起共杂交到阵列上并比较阵列上标准化的免疫沉淀/投入荧光强度比来确定。

8. 特异性翻译后修饰的基因组定位 – 染色质免疫沉淀检测 – 染色质免疫沉淀 – 测序（Genomic localization of specific post-translational modifications – ChIP-seq）

大规模富集分析也可以利用大规模并行 DNA 测序方法来进行。这些方法可以对数百万的 DNA 分子进行实时并行测序。迄今公布的 ChIP-seq 研究绝大多数是使用 Illumina "边合成边测序" 的平台来完成的。这个平台的基础是在一个芯片表面对几百万的 DNA 克隆簇进行并行测序。

（三）长链非编码 RNA 的生物信息学预测

根据实验结果如 RNA-seq、构建 cDNA 数据库、微阵列分析和基因组 SELEX 等结果及公开发表的 cDNA 序列、表达序列标签（EST）、各种全长 cDNA、tiling arrays 数据及全基因组序列数据库，可以进行 lncRNA 编码能力预测，进而预测 lncRNA，主要方法如表 7-4。

表 7 - 4　植物 lncRNA 的生物信息学预测

方法名称		物种	lncRNA	参考文献
计算 RNA 组学方法	生物信息学	拟南芥（*Arabidopsis thaliana*）	npc48 和 npc536 等 76 个 lncRNA	Ben et al., 2009
		拟南芥（*Arabidopsis thaliana*）	AtR8	Wu et al., 2012
		拟南芥（*Arabidopsis thaliana*）	6480 个 lincRNA	Liu et al., 2012
		玉米（*Zea mays*）	1011 个 lncRNA	Boerner et al., 2011
		玉米（*Zea mays*）	1704 个 lncRNA	Li et al., 2014
	比较基因组学	拟南芥（*Arabidopsis thaliana*）	21 个 ncRNA（12 个 lncRNA）	Song et al., 2009
实验 RNA 组学方法	RNA 测序	三角叶杨（*Populus trichocarpa*）	2542 个 lincRNA 候选基因	Shuai et al., 2014
		玉米（*Zea mays*）	1704 个 lncRNA	Li et al., 2014
		拟南芥（*Arabidopsis thaliana*）	15 个 lncNAT 和 20 个 lincRNA	Zhu et al., 2014
	cDNA 数据库	玉米（*Zea mays*）	Zm401	Dai et al., 2004
		黄瓜（*Cucumis sativus* L.）	CsM10	Cho et al., 2005
		油菜（*Brassica campestris* L.）	BcMF11	Song et al., 2007
		拟南芥（*Arabidopsis thaliana*）	npc48 和 npc536 等 76 个 lncRNA	Ben et al., 2009
	微阵列	小麦（*Triticum aestivum* L.）	125 个 lncRNA	Cho et al., 2005
		拟南芥（*Arabidopsis thaliana*）	6480 个 lincRNA	Liu et al., 2012
		拟南芥（*Arabidopsis thaliana*）	37 238 个 NAT 正义—反义对	Wang et al., 2014
	基因组 SELEX	-	-	-

（四）m^6A 修饰的研究策略

最早发现的 RNA 甲基化修饰包括假尿苷和 m^5C 等。在 mRNA 中，常见的修饰包括 m^6A、m^1A、m^5C 等。早在 20 世纪 70 年代，人们已经在真核生物的 mRNA 和 lncRNA 中发现了 m^6A 修饰。但是受到技术手段的限制，检测 m^6A 尤其是对 m^6A 进行定量，甚至是从单碱基水平鉴定 m^6A，一直进展缓慢。随着高通量测序技术（next generation sequencing，NGS）的发展以及液相色谱灵敏度的提高，科学家们在此基础上发展了多种 m^6A 检测方法。目前检测 m^6A 所用的技术手段包括高通量测序、比色法以及液相色谱质谱联用（LC - MS），具体方法包括 MeRIP - seq、miCLIP - seq、SCARLET 及 LC - MS/MS 等。下面就来介绍目前较为主流的四种检测 m^6A 的方法，其中 LC - MS/MS 和比色法能够检测 mRNA 整体的 m^6A 水平，而 m^6A - seq 和 miCLIP - seq 属于高通量测序手段。

1. 液相色谱—串联质谱法（LC – MS/MS）

LC – MS/MS 在液相质谱的基础上采用串联质谱，能够获得分子离子峰和碎片离子峰，可对碱基同时进行定性和定量分析。如图 7 – 10 所示，第一步使用 TRIzol 提取完 total RNA 后，既可以用 oligo dT 磁珠对 mRNA 进行富集，也可以使用 rRNA 去除试剂盒获得包括 mRNA、lncRNA 等在内的 RNA。第二步使用核酸酶 P1（Nuclease P1）将 RNA 从单链消化成单个碱基。第三步加入碱性磷酸酶和碳酸氢铵后孵育数小时，将样本注射入液相色谱仪，根据出峰的保留时间面积计算各个碱基的含量。第四步进入质谱串联分析，单个核糖核苷酸会被离子化，同时被打断成五碳糖和嘧啶或嘌呤，再根据出峰的保留时间计算 m^6A 的面积。最后根据 m^6A 和总腺嘌呤的比例就能算出 m^6A 在 mRNA 上整体的甲基化程度。

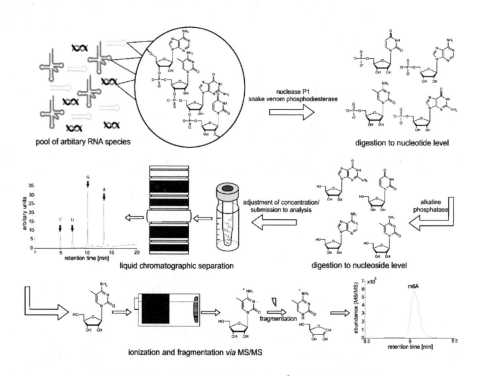

图 7 – 10　LC – MS/MS 检测 RNA 中 m^6A 水平分析流程图

2. 比色法（colorimetry）

比色法与 LC – MS/MS 比较相似，也是从整体水平上检测 RNA 上 m^6A 甲基化水平。相对于 LC – MS/MS 较为烦琐的操作，比色法更为简便，如图 7 – 11。研究人员既可以提取 total RNA，也可以利用 oligo dT 磁珠富集 mRNA。Epigentek

公司推出的这款名为 EpiQuik M⁶A RNA Methylation Quantification Kit 的试剂盒其核心原理与 ELISA 反应类似，经过优化后检测 m⁶A 灵敏度会更高。

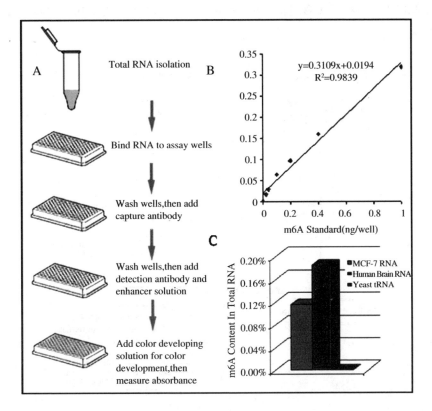

图 7-11　m⁶A 甲基化定量试剂盒流程展示及结果

3.（m⁶A-高通量测序） m⁶A-seq

2012 年之前，几乎没有从全基因组或全转录组水平上鉴定 m⁶A 修饰的文章。之后两篇独立发表的论文第一次从转录水平上，大范围、高通量地鉴定了人和小鼠 m⁶A 的甲基化水平。这种方法被称为 MeRIP-seq 或 m⁶A-seq。如图 7-12 所示，第一步先对 mRNA 进行片段化，接下来使用带有 m⁶A 抗体的免疫磁珠对发生 m⁶A 甲基化的 mRNA 片段进行富集，然后将富集到的 mRNA 片段纯化后构建高通量测序文库进行上机测序。另外需要单独构建一个普通的转录组文库作为对照。最后将 2 个测序文库放在一起进行生物信息学分析，得到 m⁶A 甲基化程度较高的区域，也叫作 m⁶A peak。这种方法的优点是方便快捷、成本低廉，可以对发生高甲基化的 mRNA 区域进行一个定性分析。但是 MeRIP-seq

只能鉴定 m^6A 高甲基化的区域，并不能做到单碱基的分辨率。送样要求建议为肝脏、脑等转录较为活跃的组织，如果是细胞样本建议 1×10^9 的细胞量（为8板细胞以上），总 RNA 含量推荐在 $800\mu g$ 以上，mRNA 富集在 $10 \sim 30\mu g$ 以上才会进入下游实验。

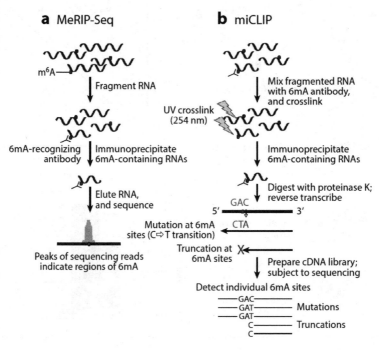

图 7 – 12　MeRIP – seq（m^6A – seq）与 miCLIP – seq 实验流程

4. m^6A 单碱基分辨率紫外交联沉淀结合高通量测序（miCLIP – seq）

已知 miCLIP – seq 等方法能够对 m^6A 做到单碱基的分辨率。这种方法也会用到 m^6A 抗体，但是会使用紫外交联的方法进行免疫共沉淀。如图 7 – 12 所示，第一步依旧是对富集完的 mRNA 进行片段化。第二步，使用带有 m^6A 抗体的免疫磁珠与带有 m^6A 的 mRNA 片段进行结合。第三步，使用紫外交联进行免疫共沉淀后，在 mRNA 片段的 3′ 端连上接头序列，在 5′ 端加上 ^{32}P 放射性标记后进行移膜。第四步，根据放射性标记进行切膜回收后，对 mRNA 片段进行反转录和纯化回收。第五步，对反转录的 cDNA 进行环化。第六步，对环化的 cDNA 进行复线性化，然后构建测序文库上机测序。在这里采用 ^{32}P 放射性标记属于非必选项。

（五）其他表观遗传学机制的研究方法

1. Hi－C（High－through chromosome conformation capture）研究

Hi－C技术源于3C技术，是以整个细胞为研究对象，利用染色质构象捕获技术结合高通量测序衍生的一种技术。将线性距离较远、空间结构相对较近的DNA片段进行交联，然后富集，进行Pair－end测序，再通过对测序数据分析即可揭示染色质的各DNA区段的交互作用，从而推导出基因组的三维空间结构和基因之间的可能调控关系。基于3C实验原理开发的Hi－C技术，可用来研究全基因组范围内染色质全局的互作。在3C文库的基础上，Hi－C技术在黏性末端引入了生物素标记的脱氧核苷酸（Biotin－dCTP）进行末端补平，使得嵌合DNA片段均携带生物素，从而通过生物素与链亲和素的特异性结合将嵌合DNA片段进行特异性富集，再通过高通量测序技术和生物信息学的方法，获得基因组染色质全局的互作。通过对细胞核内染色体构象进行固定、酶切、连接、捕获等步骤，对捕获的含有染色质互作信息的片段进行高通量测序，通过生物信息学分析，能够在全基因组范围内获得不同基因座之间的空间相互作用，发现三维空间中的远程调控元件，揭示空间结构调控基因功能发挥的机制。实验技术原理如下：

（1）使用多聚甲醛处理细胞，固定DNA的构象；

（2）裂解细胞后，使用限制性内切酶处理交联的DNA，产生黏性末端；

（3）DNA末端补平修复，并同时引入生物素，标记寡核苷酸末端；

（4）使用DNA连接酶连接DNA片段；

（5）蛋白酶消化解除与DNA的交联状态，纯化DNA并随机打断至长度为300~500bp的片段；

（6）使用亲和素磁珠捕获标记的DNA进行二代建库测序。

采用高通量测序获得的互作数据具有两个规律，一是染色体内的互作强度大于染色体间的互作；二是同一染色体内互作强度随线性距离的增加而减弱。Hi－C技术可研究基因组空间调控机制，还可以将Hi－C数据应用到基因组组装中，对PacBio组装获得的contig序列进行scaffolding，聚类达到染色体水平。染色质交互作用的形成对于细胞功能至关重要，Hi－C测序可以得到全基因组有交互关系的染色质位点，再结合GWAS、RNA－seq、CHIP－seq和蛋白质等数据联合分析，从基因调控网络和表观遗传调控网络等不同维度来阐述生物性状形成的相关机制。

2. 染色质重塑（Chromatin remodeling）

染色质是重要的表观遗传调控机制之一，但是其研究方法相对复杂困难。染色质主要是通过介导核小体的"滑动"或者"置换"来调控基因转录调控、染色质结构稳定和染色质重塑复合物的翻译后修饰，针对每一种调控机制都有对应的研究策略。对于染色质结构的变化可以在电镜下观察，染色质是细胞核中紧密缠绕的 DNA－蛋白复合体。染色质重塑剂（chromatin remodeler）是被用来让染色质压缩和解压缩的蛋白，它们是至关重要的细胞过程（如 DNA 复制、重组、基因转录和抑制）的不可或缺的强大的调节物。在邓恩新的研究中，揭示出关于一类被称作 ISWI 的 ATP 依赖性染色质重塑剂如何参与遗传信息的调控。在今后的研究中，更需要研究技术的不断突破和不断创新，才能为今后的染色质研究提供思路。

第二节　棉花抗逆表观遗传学研究进展

高等植物在生长过程中，不能像动物一样在面对各种逆境中自由移动来躲避不利环境，只能依靠自身的一些防御机制来响应外界胁迫，表观遗传学在这个过程中就发挥着重要作用。其主要表现在 DNA 甲基化、组蛋白修饰、染色质重塑以及非编码 RNA 等。植物在遭受盐胁迫、干旱、高温、低温、重金属、病毒及激素胁迫后，通过表观遗传学机制来调控抗逆相关基因的表达来响应外界危害。植物在长期进化过程中可以通过基因重组获得对外界环境的适应能力，但是 DNA 序列改变的速度是相对缓慢的，有好的方向，也有坏的方向，而且是不可逆的。面对突然发生的环境变化，DNA 甲基化等表观遗传学修饰就显得迅速而且多样化。研究表明，组蛋白构象及非编码 RNA 在转录及转录后对抗逆基因的调控方面发挥着重要的调控作用（Angers et al.，2010；Madlung et al.，2004；Borsani et al.，2005；Kumar et al.，2010）。大多数表观遗传修饰在胁迫因素消失后会恢复原来的状态，但是部分表观遗传修饰是稳定存在而且可遗传给后代的，这使得植物在亲代获得的一些抗逆表观修饰被保留下来，使后代植株具备一定的抗逆能力。

棉花是我国乃至世界最主要的经济作物之一，也是纺织工业的一种主要原料，在我国及世界经济中占有举足轻重的地位。非生物逆境（如干旱和盐胁迫等）严重影响着棉花的生长发育和产量品质。表观遗传修饰的改变可以在一定程度上提高或者降低棉花的抗逆性能力。

一、盐（碱）胁迫下棉花表观遗传修饰研究

棉花作为盐碱地的先锋作物，研究其耐盐性，提高其耐盐能力，培育棉花耐盐新品种，具有重要意义。针对棉花的盐碱胁迫，研究学者已经从耐盐生理指标的测定、耐盐基因的克隆与转化、耐盐分子标记、盐胁迫蛋白的鉴定分析以及植物细胞器与耐盐之间的关系等方面做了许多研究，而表观遗传学方面的研究相对较少。

1. 盐（碱）胁迫可以诱导 DNA 甲基化水平及位点改变

李雪林等（2009 年）以陆地棉为材料调查不同 NaCl 浓度对棉花幼苗生长及根基因组 DNA 甲基化水平和变化模式，结果发现，盐胁迫会诱导根基因组 DNA 甲基化水平降低，而且棉花幼苗根 DNA 甲基化水平与 NaCl 处理浓度呈显著负相关（r = - 0.986）（李雪林等，2009）。该研究中采用 100、150 和 200 mmol · L^{-1}NaCl 处理，利用 DNA 甲基化敏感扩增多态性（Methylation – Sensitive Amplification Polymorphism，MSAP）方法（图 7 – 13、7 – 14）分析，结果发现，经不同浓度 NaCl 处理后根基因组 DNA 甲基化比率分别为 38.1%、35.2% 和 34.5%，均低于对照（41.2%），同时对甲基化条带和去甲基化条带进一步分析发现，盐胁迫处理后基因组 DNA 甲基化和去甲基化比率分别为 6.4%、7.6%、11.3% 和 12.7%、11.1%、8.2%。这些结果显示，盐胁迫可以诱导棉花基因组 DNA 甲基化水平、模式和位点改变，进而调控相关抗逆基因的表达。汪保华等（2015）利用改良的 MSAP 技术对耐盐材料和盐敏感材料进行了全基因组甲基化分析，结果显示盐胁迫诱导耐盐材料 CCRI 35 和中 9807 甲基化水平升高，而盐敏感材料甲基化水平变化不是非常明显。该团队人员进一步对甲基化类型分析发现，耐盐材料中超甲基化类型高于低甲基化类型，而盐敏感材料则相反，推测超甲基化类型可能是棉花的耐盐机制之一。汪保华等（2016）继续利用改良的 MSAP 法（毛细管电泳）对杂交种 CCRI 29 及其亲本的耐盐性进行深入分析发现，盐胁迫诱导棉花基因组甲基化水平、位点和类型改变，而且去甲基化可能与杂种优势有关系。

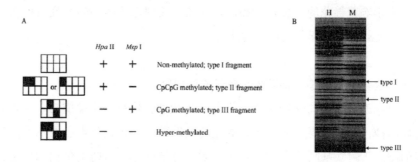

图 7 – 13　Msp I 和 Hpa II 对 5′ – CCGG 甲基化

状态的敏感性及 PAGE 胶带型（李雪林等，2009）

注：A. 不同内切酶对 CCGG 位点的敏感性不同；B. MSAP 扩增出的不同胶带型。方块，双链的 Hpa II – Msp I 识别位点 CCGG；黑色方块，甲基化的胞嘧啶；+，有酶切；–，无酶切。类型 I，无甲基化；类型 II，半甲基化（一条链甲基化）；类型 III，全甲基化（双链甲基化）。

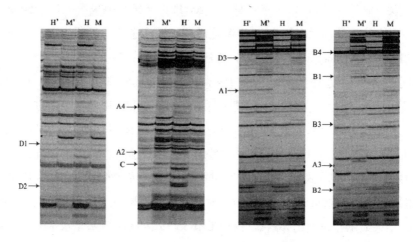

图 7 – 14　NaCl 处理与对照之间植株根基因组的

甲基化敏感性扩增结果（李雪林等，2009）

注：H′ 和 H 为 Hpa II/EcoR I 酶切，M′ 和 M 为 Msp I/EcoR I 酶切。H′ 和 M′ 泳道为对照组的 MSAP 型，而 H 和 M 泳道为处理组的 MSAP 带型。

全球盐碱地不仅包括以 NaCl 为主的中性盐，而且还包括以 Na_2CO_3 为主的碱性盐。陆许可等（2014）以耐盐性不同的棉花品种为实验材料，采用 MSAP 技术，对 NaCl、$NaHCO_3$ 和 Na_2CO_3 处理后的基因组甲基化情况进行分析，结果发现，中性盐 NaCl 和弱碱性盐 NaHCO₃ 对棉花幼苗影响相对较小，而碱性盐 Na₂CO₃ 危害幼苗使其茎基部和根部明显变黑。MSAP（甲基化敏感扩增多态性）分析表明，NaCl、NaHCO₃、Na₂CO₃ 处理后，叶片和根部基因组 DNA 甲基化水平都是呈现先降低后升高的现象，叶片和根部甲基化水平不同，存在组织特异性（图 7−15）。对目标序列分析，结果发现了 27 个片段（表 7−5），对这些片段进行切胶回收、测序发现，盐胁迫诱导的 DNA 甲基化变化涉及多种代谢途径，通过多种代谢途径的协同作用来应对盐胁迫。结果表明，盐胁迫诱导植物发生多条代谢途径的变化，而且碱性盐 Na₂CO₃ 对植物的影响更大。Cao 等（2011）利用甲基化敏感扩增多态性（MSAP）分别对盐胁迫（NaCl：Na₂SO₄ = 9 : 1，pH = 6.96）和碱胁迫（NaHCO₃：Na₂CO₃ = 9 : 1）下的棉花叶片和根部组织甲基化变化进行分析，发现甲基化存在组织差异性，而且碱胁迫对甲基化的诱导要大于盐胁迫（Cao et al.，2011）。

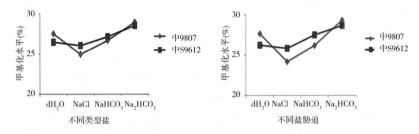

图 7−15 不同类型盐对棉花幼苗叶片（左）和根组织（右）的甲基化水平影响（陆许可，2014）

表 7−5 MSAP 多态性片段的序列分析（陆许可等，2014）

编号 Spot No.	同源序列 Homologous sequence	长度 Length	登录号 Accession No.	引物组合 Combination E/HM	模式 Pattern
M1	S − adenosylmethionine synthetase（SAMS），mRNA	756bp	HM370495.1	H02 − E10	II → III
M2	heat shock protein 70, mRNA	948bp	X73961.1	H02 − E10	I → III
M3	oxygen evolving protein of photosystem II	637bp	X99320.1	H02 − E10	II → III
M4	5 − similar to PIN1 − like auxin transport protein	352bp	CD486631.1	H02 − E11	I → III
M5	putative tricarboxylate transport protein protein	405bp	AI731741.1	H02 − E11	I → II
M6	putative transport protein subunit	287bp	CD486002.1	H02 − E11	I → II

编号 Spot No.	同源序列 Homologous sequence	长度 Length	登录号 Accession No.	引物组合 Combination E/HM	模式 Pattern
M7	transport protein SEC61	254bp	AA336816. 1	H02 – E11	I → III
M8	transport protein SEC61 gamma subunit	239bp	DT046749. 1	H04 – E13	I → II
M9	peroxisomal targeting signal 2 receptor mRNA	659bp	AF430070. 1	H04 – E13	II → III
M10	WD – repeat protein GhTTG1, mRNA	782bp	AF530907	H04 – E10	I → III
M11	calcineurin B – like protein2（CBL2）, mRNA	813bp	AY887897. 1	H03 – E10	II → I
M12	chloroplast inner envelope protein	273bp	FE896854. 1	H03 – E10	II → III
M13	cotton fiber, mRNA	573bp	AM412562. 1	H04 – E04	I → III
M14	cembMN06 differential display of cotton geno-type	252bp	JG294134. 1	H04 – E04	II → I
M15	CRNS461, cotton root NaCl treated suppression subtractive hybridization	676bp	GW691497. 1	H04 – E11	II → III
M16	CRNS454, cotton root NaCl treated suppression subtractive hybridization	479bp	GW691490. 1	H04 – E11	III → I
M17	ATP synthase subunit alpha（atpA）gene, par-tial cds	867bp	HQ620729. 1	H04 – E11	II → III
M18	putative growth regulator	598aa	AAT64033. 1	H04 – E3	I → II
M19	binding protein, mRNA	783bp	BT002392. 1	H04 – E3	II → III
M20	alternative oxidase, mRNA	869bp	NM_ 113135. 3	H16 – E02	I → II

编号 Spot No.	同源序列 Homologous sequence	长度 Length	登录号 Accession No.	引物组合 Combination E/HM	模式 Pattern
M21	ribulose－1，5－bisphosphate carboxylase/oxygenase large subunit（rbcL）gene，partial cds；chloroplast	759bp	GU981720.1	H16－E11	Ⅱ→Ⅲ
M22	Gossypium raimondii clone GR－Ba0156A02－hvm	279bp	AC243125.1	AAC/TAG	Ⅱ→Ⅰ
M23	Gossypium herbaceum，simple sequence	1410bp	HQ527536.1	ACG/TAT	Ⅱ→Ⅰ
M24	Gossypium hirsutum serine/threonine protein kinase	1809bp	GU207868.1	ACT/TGC	Ⅰ→Ⅲ
M25	Gossypium hirsutum，microsatellite sequence	708bp	JX577170.1	AGA/TAC	Ⅱ→Ⅲ
M26	Gossypium hirsutum，microsatellite sequence	450bp	JX616792.1	ACG/TGC	Ⅰ→Ⅱ
M27	Gossypium hirsutum deoxyhemigossypol－6－O－methyltransferase	1080bp	GQ303569.1	AAC/TAC	Ⅲ→Ⅰ

陆许可等（2017）继续利用棉花耐盐材料中 9807 进行 DNA 甲基化免疫共沉淀（Me－DIP）测序，该方法利用 m^5C 抗体将 m^5C 富集，然后对富集片段进行测序，结果发现，绝大多数的 reads 所含有的 CpG 数量都较少，绝大部分的 reads 中所含有的 CpG 数量一般都在 10~50 个。CpG－riched reads 主要分布在 LTR－Gyps 和 LTR－copia 两种还原转座子之中，其中落在还原转座子 LTR－Gypsy 中的 reads 数量大约是 LTR－copia 中的 4 倍，其他转座子中含有很少或者基本上没有，这些数据暗示着这两类转座子在盐胁迫中具有重要作用。植物基因组中含有许多转座子，其中陆地棉基因组 66.0% 是由转座子组成（Li et al.，2015），而水稻基因组是 40%（Cui et al.，2013），文献表明逆境胁迫下转座子的活性发生改变，发挥着重要作用。转座子的表观遗传修饰如 DNA 甲基化、RNA 干涉及 H3K9 甲基化均能在转录水平和转录后水平影响转座子的活性（Cui et al.，2013）。

将获得的 reads 在 8 种基因组功能元件上的分布进行比较分析（CpG－rich islands，Repeat，Upstream 2k，5′－UTR，CDS，Intron，3′－UTR，Downstream

2k）发现，位于 Upstream 2k 和 Downstream 2k 的 peaks 最多，位于 CDS 区的 peaks 次之，位于 5′-UTR 和 3′-UTR 的 peaks 最少。差异基因数量分析，基因元件 Upstream 2k、Intron 和 CDS 中差异基因数量较多，其余则较少。对 reads 所含基因进行 GO 富集分析可知，与盐胁迫相关的基因显著富集在生物学途径中的 cellular process 和 metabolic process，细胞组件中的 organelle 和 cell part，分子功能中的 binding 和 catalytic activity，结果表明与这些代谢相关的基因在盐胁迫过程中发挥着重要作用。差异基因在各个生物学途径中均有分布，也就是说在逆境胁迫下，植物抵抗胁迫不只是单靠一种途径，而是通过基因组范围内多个生物学途径的协同作用来共同完成的。

很多实验研究表明，盐胁迫和碱胁迫是两种性质截然不同的胁迫，对植物的伤害及表观遗传调控也略有不同。盐胁迫对植物伤害主要包括离子毒害和渗透胁迫，而碱胁迫除了这两种胁迫以外还有高 pH 胁迫。曹东慧等利用混合盐（摩尔比，$NaCl : Na_2SO_4 = 9 : 1$，pH = 6.96）和碱性盐（摩尔比，$NaHCO_3 : Na_2CO_3 = 9 : 1$，pH = 9.21）对棉花 DNA 甲基化的影响（图 7-16），结果发现大部分胞嘧啶位点是非甲基化的，叶的甲基化水平高于根的甲基化水平（曹东慧等，2012）。此外，曹东慧等还指出无论是棉花的叶还是根，混合碱对甲基化变异（升高和降低）的影响更为显著，而且两种组织中根的甲基化变异更为敏感（图 7-17）。现实盐碱地中盐碱类型更复杂，不仅是中性盐、碱性盐的混合，而且是中性盐和碱性盐之间的混合。无论是单盐单独胁迫、中性盐混合胁迫或者碱性盐胁迫，棉花 DNA 甲基化变异在根中发生得更为频繁，对外界胁迫的响应更为直接和迅速，这也说明 DNA 甲基化在棉花根响应胁迫的过程中发挥着重要作用。

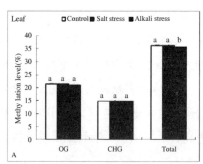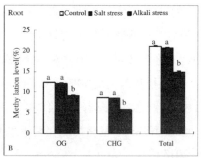

图 7-16　混合盐和混合碱对棉花叶片（A）和
根（B）DNA 甲基化的影响（曹东慧等，2012）

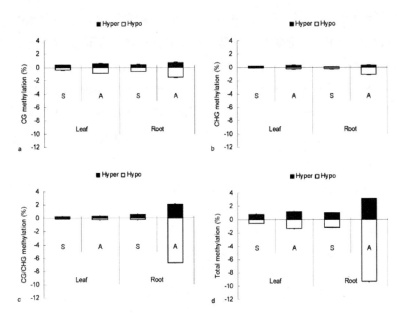

图 7 - 17 混合盐和混合碱对棉花叶片和根 CG（a）、CHG（b）和 CHH（c）位点和总甲基化变异（d）的影响（曹东慧等，2012）

2. 表观遗传变异的遗传与传递

DNA 甲基化在真核生物生长发育过程中发挥着重要作用，通过一系列精细调控可以迅速地对外界环境的改变做出回应。但是部分 DNA 甲基化修饰不仅仅可以对外界环境做出回应，还会具有记忆模式，在后代之间发生遗传与传递。朱新霞等（2009）利用中棉所 12 及利用中棉所 12 配制的 2 个杂交棉为材料，分析不同发育时期基因组 5 - 甲基胞嘧啶（m^5C）位点甲基化水平及其遗传传递模式。结果发现，杂交棉及其亲本不同发育时期的胞嘧啶甲基化水平存在差异，随着生长发育时期的向前推进，出现两头低中间高的现象。此外，研究还发现，绝大多数 m^5C 甲基化位点是由亲本稳定遗传给后代的，但后代仍有 1.14% ~ 3.39% 的位点发生了变异，变异频率与材料组合有关系。赵云雷等利用甲基化敏感扩增多态性（MSAP）技术对杂交组合石远 345 × CRI41 及其杂交种后代进行甲基化分析，结果发现，甲基化修饰在杂交种后代之间是可以遗传的，包括超甲基化和去甲基化类型，同时还存在着甲基化类型之间的潜在转变。表观遗传变异的遗传与变异可能也是杂种优势机理的一个方面。汪保华等（2016）利用毛细管电泳（DNA 甲基化敏感扩增多态性，MSAP）对棉花耐盐性及杂种优势机理进行研究，结果发现杂交种 CCRI 29 的耐盐性明显高于两个亲本。盐胁迫诱导杂交种 CCRI 29 全基因组甲基化水平升高，超甲基化位点升高比率明显大于去甲基化比率，这可能与研究中采用的盐处理浓度不同有关。进一步研究发现，不论是对照或者盐处理，杂交种 CCRI 29 中大部分胞嘧啶甲基化状态都与亲本保持一致，至少与一个亲本保持一致，进一步分析这些甲基化条带发现去甲基化条带数目都明显高于超甲基化条带数目，这表明杂种优势可能与去甲基化调控相关。

植物在盐胁迫时，可以诱导体内的各种表观遗传修饰发生变化，进而诱导盐胁迫相关基因的表达来抵抗盐胁迫。表观遗传修饰具有记忆功能，当代受胁迫诱导产生的部分甲基化变异，可以通过遗传传递到下一代，但是能稳定遗传的甲基化变异比率有多少，主要涉及哪些位点还需要进一步研究。有的表观遗传修饰是暂时和可逆的，另外一些是不可逆的，可遗传的。表观遗传修饰的这些特点也为棉花的抗逆遗传改良提供了参考。

二、干旱胁迫对棉花表观遗传修饰的影响

相对耐盐来讲，棉花抗旱的表观遗传修饰研究相对较少。干旱胁迫响应过程是一个复杂的调控机制，涉及许多基因和多条代谢网络，而 DNA 甲基化就是其中一个重要方面。中国农业科学院棉花研究所抗逆鉴定课题率先绘制了棉花干旱胁迫下全基因组高分辨率 DNA 甲基化图谱，揭示了棉花干旱胁迫下的 DNA 甲基化变异。

1. 干旱胁迫下棉花全基因组 DNA 甲基化图谱构建

陆许可等（2017）利用全基因组亚硫酸氢盐测序法（Whole – Genome Bisulfite Sequencing，WGBS）对陆地棉抗旱材料中 H177 进行干旱胁迫下的全基因组 DNA 甲基化变异分析，构建了棉花第一个高分辨率全基因组 DNA 甲基化图谱（图 7 – 18）。结果发现，干旱胁迫诱导棉花甲基化水平呈现一种升高的模式，而且胞嘧啶甲基化比率随着胞嘧啶序列环境（C、CG、CHG 和 CHH）和外界胁迫环境而变化，总体情况如表 7 – 6。在所有发生甲基化的胞嘧啶中，超过 50% 的胞嘧啶 C 位于 CHH 序列环境。有趣的是，无论 ^mCpG、^mCHG 和 ^mCHH，与对照相比，在干旱胁迫过程中均呈现一种超甲基化模式，但是 ^mCHH 变化更明显。这种情况表明，非对称的 CHH 序列甲基化可能更容易受到外界环境影响，与环境变化最为密切。一旦胁迫条件移除，该种甲基化又会很快恢复到原来状态。

对^mC序列环境分析发现，^mC的发生不是随机的，具有一定的序列偏好性，结果如图7-19。

表7-6 不同序列环境下的胞嘧啶甲基化统计分析（Lu et al.，2017）

处理	复制率（%）	^mC（%）	^mCpG（%）	^mCHG（%）	^mCHH（%）
对照	10.70	27.99	58.42	53.77	19.50
干旱	12.48	32.34	61.71	56.78	24.21
复水	12.24	29.95	60.22	55.48	21.52

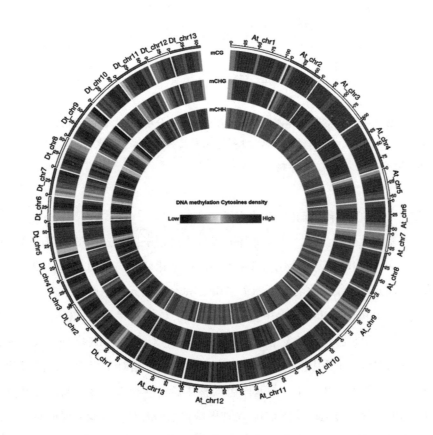

图7-18 棉花全基因组 m^5C 图谱构建（Lu et al.，2017）

注：^mC代表胞嘧啶甲基化，^mCG、^mCHG和^mCHH代表不同的序列环境，其中H代表A，（或T），从外环到内依次代表^mCG、^mCHG和^mCHH。

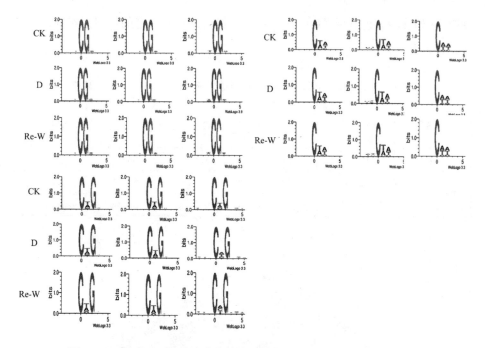

图 7 - 19　棉花 5 - 甲基胞嘧啶的序列偏好性分析（Lu et al.，2017）

注：C、D、Re - w 分别代表对照、干旱胁迫和复水处理。左上代表 CG 序列，左下代表 CHG 序列，右上代表 CHH 序列。

2. 干旱胁迫诱导的棉花甲基化变异

根据基因元件的注释，可以将基因组分为启动子区、外显子区和内含子区（Bedre et al.，2015），分析不同基因元件的甲基化变化与基因表达量变化，可以了解不同元件的甲基化功能（图 7 - 20）。每个基因元件中都包含着三种不同序列环境的甲基化，其中发生甲基化的胞嘧啶 ^{m}C 主要发生在 CG 序列，占据 50.0% 以上，但是胁迫前后发生变化最大的是在非对称的 CHH 序列，这意味着非对称的 CHH 序列甲基化是一个动态变化过程，是相对不保守的，而对称的 CG 和 CHG 序列变化幅度小，与基因组的整体稳定性和基因表达调控具有重要作用。研究表明，胁迫条件下 CHH 序列甲基化水平升高，可能会促进侧翼非编码序列的甲基化重新甲基化，通常是位于基因启动子区部分（Gent et al.，2013），这种调控机制在棉花抗旱响应的过程中也存在。研究表明，DNA 甲基化水平和位点的改变与基因的表达量变化密切相关（Yang et al.，2015）。对 DNA 甲基化变异与基因表达变化之间的关系，陆许可等（2017）进一步分析了基因区和启动子区的甲基化变异对基因表达量的影响，结果如图 7 - 21 所示，表明启动子区甲基化变异范围相对较小，但是启动子区较小的甲基化变异范围却可以引起基因表达量较大的变化，但是随着不同基因组区域甲基化水平的增加，对基因的表达量都会产生抑制作用。差异甲基化区域（Differential Methylated Regions，DMRs）是指基因组内甲基化水平和位点在胁迫前后发生变异的区域，研究发现陆地棉抗旱材料中 H177 在干旱胁迫前后共发现 31223 个 DMRs，但是在复水处理以后 DMRs 数量下降了 226 个，这些区域可能在干旱胁迫过程中发挥着重要作用。在对 DMR 相关基因进行功能富集发现，主要与 ribosomes、RNA degradation、protein processing in the endoplasmic reticulum 和 plant hormone signal transduction 等途径有关。为探索 DNA 甲基化是否与植物激素调控有关系，对激素相关基因进行特异性甲基化 PCR 分析（Methylation - specific PCR，MSP）和表达量分析（Real - time PCR，qRT - PCR），结果发现，激素相关基因表达量变化与甲基化变异结果相一致。

甲基化变异或者去甲基化的产生需要相应甲基化转移酶的调控，Lu 等（2017）利用甲基化转移酶抑制剂对棉花子叶进行注射，发现干旱胁迫以后，对照叶片正常变黄，脱落，而注射甲基化转移酶抑制剂的子叶变黄、脱落的速度明显延时。对注射抑制剂的植株进行甲基化分析发现，部分甲基化基因的甲基化水平有所降低，表明甲基化转移酶参与了棉花叶片对干旱的响应过程。

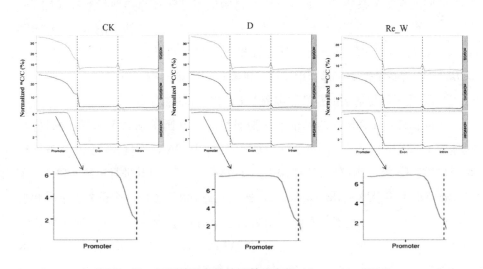

图 7 - 20　不同基因元件的甲基化变化（Lu et al.，2017）

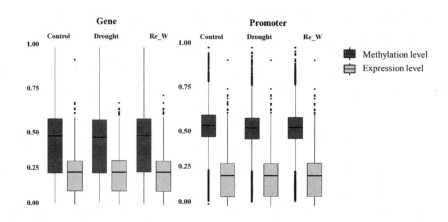

图 7 - 21　棉花不同元件区域甲基化水平与基因表达水平分析（Lu et al.，2017）

DNA 甲基化是一种重要的表观遗传修饰，涉及多个生物学的过程，但是甲基化的变异离不开 DNA 甲基转移酶的催化，为了深入探讨棉花 DNA 甲基化的调控机制，叶武威研究员团队从二倍体和四倍体棉花的基因组出发，共鉴定出 51 个 DNA 甲基转移酶家族基因，并对其进行结构、进化及表达分析，发现该家族成员基因表达量在干旱和盐胁迫下发生明显变化，表明该家族基因在逆境胁迫过程中发挥着重要调控作用（杨笑敏，2019）。利用棉花 DNA 甲基转移酶基因与其他作物中的甲基转移酶基因一起构建进化树分析发现，棉花与可可两种作物之间的亲缘关系较近，而且不同作物中的甲基转移酶类型有差异（图 7 - 22）。叶武威研究员团队还进一步克隆得到两个 DNA 甲基转移酶基因 *GhDMT*6 和 *GhDMT*9，构建敲除载体转入棉花发现植株抗性明显改变，表明 *GhDMT*6 和 *GhDMT*9 在棉花抗逆响应过程中发挥着重要作用（杨笑敏，2019）。

3. 棉花干旱胁迫下的长链非编码 RNA 鉴定和功能分析

长链非编码 lncNRAs 的发现及功能研究大大开阔了基因表达调控的局限，也增加了基因组基因研究的复杂性。研究报道，lncRNAs 在抗逆过程中也发挥着重要作用。Lu 等（2017）利用棉花抗旱材料中 H177，对其进行对照（CK）、干旱（drought）和复水（Re - watering）处理，每个处理设置三个重复。干旱胁迫后，棉花幼苗子叶开始发生萎蔫，变黄，甚至有脱落趋势，然而对照子叶依然表现正常；复水处理以后，子叶萎蔫症状得到缓解，慢慢恢复到正常。分别取不同处理时期的叶片样品进行测序分析，最终得到了 10820 个高可信度的 lncR-NAs，包括 9989 个 lincRNAs（基因间 lncRNAs）、153 个 inronic lncRNAs（内

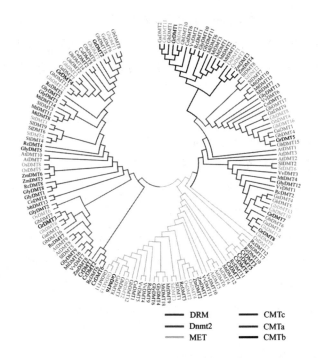

图7-22　棉花与其他物种中 DNA 甲基转移酶进化分析（杨笑敏，2019）

注：M1：蓖麻（Rc），葡萄（Vv），水稻（Os），大豆（Gly），玉米（Zm），可可（Co），莱茵衣藻（Cr），苜蓿（Mt），拟南芥（At），番茄（S1），马铃薯（St）。

含子 lncRNAs）、678 个 anti-sense lncRNAs（反义链 lncRNAs）。对鉴定得到的 lncRNAs 进行特征和功能分析发现，不同长度、结构和位置的 lncRNAs 具有不同的表达量和功能。无蛋白编码能力是判断 ncRNAs 是否为 lncRNAs 的关键条件之一。但是利用生物信息学分析技术对 lncRNAs 进行分析发现，部分 lncRNAs 具有开放 ORF，具有蛋白编码的潜能。同时利用 lncRNAs 与小 RNA 前体进行比较，发现有 196 个 lncRNAs 是小 RNAs 的前体，其中 35.70% 是 miRNAs 的前体，9.70% 是 tRNAs 的前体。根据结果推测，lncRNAs 可以通过裂解为小 RNA 来发挥调控作用，从而响应干旱胁迫。据报道，植物基因组被大量的转座子元件（TEs）入侵，而且棉花基因组中有 60% 之多（Li et al.，2015）。通过对干旱 lncRNAs 的生物信息学分析发现，53.29% 的 lncRNAs 包含微卫星序列（mini-satellites），其中 42.38% 的 lncRNAs 位于 A 亚组，39.72% 的 lncRNAs 位于 D 亚组，17.90% 位于 scaffolds。lncRNAs 中包含最多的转座子是 LTR/Gypsy 和 Copia，而且含有 LTR/Gypsy 的数目远远大于 Copia。

干旱胁迫下，63%的 inronic lncRNAs 都呈现了一种表达量上调模式，然而对于 anti－sense lncRNAs 而言，21%的 anti－sense lncRNAs 呈现上调。同时干旱胁迫也能够诱导 lncRNAs 表达量下调，研究发现，分别有44%、57%和20%的 lincRNAs、anti－sense lncRNAs 和 intronic lncRNAs 表达量呈现下调模式。比较 lncRNAs 与其附近的编码基因（我们称为 lncRNAs－PC gene 对）发现，两者具有相一致的表达模式，同升高或同降低，这可能与基因转录相关。此外，在复水处理后还发现有1492个 lncRNAs 的表达量上调，这可能是 lncRNAs 参与调控的一种模式，即相对延迟的模式。根据靶基因注释信息，进行功能富集发现 organic cyclic compound metabolic process，cellular aromatic compound metabolic process，heterocycle metabolic process，anion binding，metal ion binding，cat ion binding 等条目富集基因最多。基因调控网络富集发现有机代谢物途径、初级代谢物途径、植物激素传导与调控、无机化合物代谢途径富集基因最多，通过这些基因的调控改变植物细胞内的渗透势、激素含量等相关途径来达到响应干旱胁迫的目的。

4. 染色体3D构象的改变与植物基因表达

植物基因组中成千上万的基因都在特定时空条件下有序转录和表达（Wang et al.，2017）。然而存在于染色体三维结构中的构象特征也是基因表达的重要影响因素，染色体构象发生改变可以使得本身线性距离比较远的两个基因相距较近，发生互作，引起相应基因表达改变（Felsenfeld and Groudine，2003）。染色体构象捕获技术（Hi－C）的发现就开始不断揭开染色体构象的神秘面纱。该技术最早被应用于动物，而在植物当中，模式植物拟南芥由于其基因组的优越性，率先被选为研究对象。拓扑学相关结构域（Topologically associated domains，TAD）在三维基因组中是被分割成相互独立的结构域，具有相对独立的调控作用，在拟南芥的早期研究中没有发现该现象，随着研究深入，在后来水稻三维基因组中才发现了 TAD。研究发现，拟南芥的野生型与突变体之间，染色质组装、表观基因组与三维结构之间都存在着很密切的关系（Feng et al.，2014；Grob et al.，2014；Liu et al.，2017）。而棉花中的基因组 Hi－C 技术研究起步较晚，截至目前仅有几篇文献报道棉花基因组折叠情况。2017年，张献龙教授率先带领自己的科研团队构建了棉花长距离转录调控图谱（Wang et al.，2017），共发现了121522个具有互作关系的额度元件，其中52496个是基因外的互作（图7－23），44808个是不同基因之间的互作，剩下的24218个是增强子之间的互作。此外还发现，大多数基因的转录调控受到相距较远的染色质互作调控，同时基因涉及的染色质互作调控越多，表达量也就越高（相比涉及染色质互作较少的基因）。同时利用二倍体和四倍体材料发现，棉花由二倍体加倍过程中涉及染色质的折叠变化和基因转录变化（图7-24），不是简单地叠加（Wang et al., 2018）。

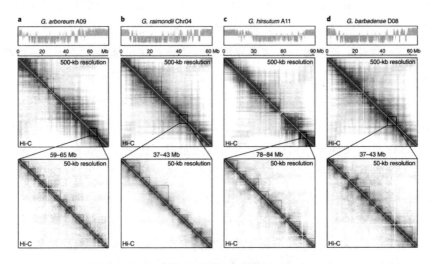

图7-23　不同棉花品种全基因组的染色质互作模式（Wang et al., 2017）

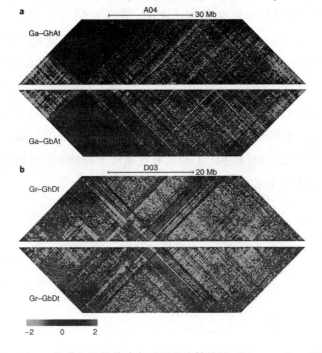

图7-24　二倍体和四倍体染色质互作比较结果（Wang et al., 2018）

三、其他逆境胁迫对棉花表观遗传修饰的影响

DNA 甲基化是一个受外界胁迫影响而动态变化的，除了干旱和盐胁迫以外，其他逆境（高温、低温、涝害、重金属和 pH 等）也会对棉花基因组 DNA 甲基化水平和状态造成影响。任茂等（2017）利用耐高温品种苏棉 16 号和高温敏感品种石 185 为实验材料，结合甲基化敏感扩增多态性技术（MSAP）研究花铃期高温胁迫对棉花生长的影响，结果发现高温诱导棉花甲基化水平升高，耐高温材料和感高温材料的甲基化模式不同，而且甲基化和去甲基化同时发生，参与调控，与耐旱机制相似。棉花是喜温作物，低温就成了限制棉花苗期生长的重要影响因子。卫珺等（2012）利用棕彩选 1 号为实验材料，4℃低温处理棉苗，结合 MSAP 技术发现甲基化特异基因与假定蛋白、转座子、线粒体、过氧化物酶体增殖物激活受体和逆境胁迫响应基因存在高度同源性，为棕色棉的抗寒育种理论基础。Zhang 等（2019）利用全基因组甲基化测序技术（WGBS）对两个细胞质雄性不育系的棉花品系进行分析，绘制了棉花花药的单碱基分辨率甲基化图谱（图 7 - 25），并全面分析了棉花花药发育过程中响应高温胁迫的 DNA 甲基化变异与基因表达变化之间的潜在联系。研究发现，花药中不同序列位点 CG、CHG 和 CHH 的甲基化水平差异较大，分别为 68.7%、61.8% 和 21.8%。甲基化差异分析发现，花药基因组中的转座子受高温胁迫诱导而发生去甲基化。此外，高温胁迫可以诱导线粒体呼吸链相关基因 *GhNDUS7*、*GhCOX6A*、*GhCX5* 和 *GhATPBM* 的启动子发生去甲基化，通过上调线粒体呼吸链中相关基因的表达来维持三磷酸腺苷合成和活性氧产生的动态平衡，从而保证高温胁迫下棉花花药的正常发育，该研究结果为深入揭示棉花细胞质雄性不育以及育性恢复的分子机理奠定了基础，同时对生产上利用表观遗传工程技术选育耐高温恢复系和"三系"杂交种具有重要的实践意义。

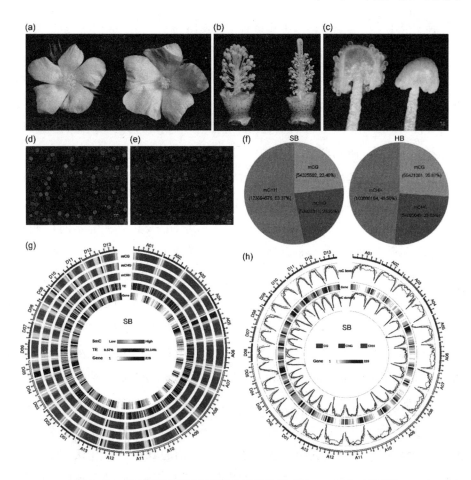

图 7 – 25　棉花花药表型及甲基化图谱构建（Zhang et al.，2019）

四、其他植物的研究进展

在对模式植物的表观遗传学研究中，发现表观遗传在植物适应和进化过程中发挥着重要作用，进而扩展到非模式植物，也就出现了最初的群体表观遗传学研究（Bossdorf et al.，2011）。群体表观遗传学是从生态学的角度出发，研究自然群体的表观遗传现象，是一个比较年轻的研究领域。植物群体表观遗传多样性是植物表型多样性的重要来源，弥补了群体遗传学对不符合孟德尔遗传定律的认识，也是对现代进化论的重要补充。对农作物而言，众所周知，多倍体和杂种被广泛用于植物育种和农作物改良，而表观遗传学在育种方面发挥着重要作用。在水稻亚种间的杂种中，父母印记基因可以优化种子发育、促进亲子代的共适应，对育种有利，研究发现，父母本印记基因与籽粒性状的 QTL 有关，能使种子变小。在异源多倍体进化过程中，DNA 序列与其序列上的表观遗传修饰是协同进化的，杂交育种可以引起 DNA 甲基化的改变，并稳定遗传下来。含有稳定遗传的具有表观修饰的基因统称为表观基因。研究表明，很多的表观基因都与作物的驯化和农艺性状有关系，比如，种子休眠、光周期、春化作用等。小麦（Triticum aestivum L.）目前是我国重要的栽培农作物之一，在国民经济中发挥着重要作用。研究表明，盐胁迫会引起小麦基因组发生 DNA 去甲基化，而耐盐品种发生去甲基化的程度高于盐敏感品种，大部分去甲基化位点发生在特定序列，而不是随机序列（Zhong et al., 2009）。何平等（2017）利用甲基化敏感扩增多态性技术（MSAP）对辽粳 944、药用野生稻及其杂种 F_1 不同时期的甲基化水平和模式变化进行分析发现，随着生长发育的进行，DNA 甲基化水平呈下降趋势，而且各组织的全甲基化比率均大于半甲基化比率。周立少等（2017）研究发现，组氨酸修饰和 DNA 甲基化共同参与水稻叶原基和冠根分化相关功能基因的表达，进而调控其分化。于媛媛等（2018）对菊花根系 DNA 甲基化水平和根系硝态氮吸收之间的关系研究发现，菊花基因组 DNA 甲基化水平的降低导致 NO_3^- 转运蛋白基因 CmNRT1.1、CmNRT2.1、CmNAR2.1 的相对表达量的上调，从而促进菊花根系对 NO_3^- 的吸收与利用。刘健等（2018）对植物种子发育和活力研究发现，种子经历逆境胁迫的时候，DNA 甲基化状态会发生改变，种子活力也会降低，这可能是由于逆境胁迫相关基因的 DNA 甲基化状态发生变化引起的。斯图尔德（Steward）等（2002）研究发现，玉米幼苗受到低温胁迫后基因组甲基化程度降低，表明去甲基化有利于玉米幼苗抵抗低温胁迫。高温胁迫会对植物造成热胁迫，影响植物正常生长发育，甚至导致植物死亡。曾子入等（2018）以萝卜耐热材料 WSS－1 和热敏感材料 WSD－14 为研究对象，分析高温胁迫前后基因组 DNA 甲基化变异情况。研究发现，高温胁迫后耐热材料和热敏感材料表现出不一致的甲基化变异模式，耐热材料以去甲基化为主，热敏感材料以超甲基化为主，说明 DNA 甲基化变异是植物抵御高温胁迫、维持基因组稳定的一种重要方式。

总之，在植物基因表达调控过程中，表观遗传调控机制发挥着重要作用，随着生物学研究技术的不断革新，表观遗传学研究所揭示的生物学现象越来越多。棉花的基因组相对复杂，而且表观遗传学研究起步相对较晚，现在已经受到越来越多的关注，成为研究热点。

第三节　棉花抗逆表观遗传学的交叉研究

植物的遗传调控因素极其错综复杂，包括基因转录表达、启动子和增强子的调控、DNA 甲基化、长链非编码 RNA 调控及基因组三维结构折叠等。但是现实情况中往往不是某一种调控单独发挥作用，而是多种调控共同作用，调控植物的各种生理反应。而就棉花表观遗传调控来说，经常就是多种表观遗传学机制交叉发挥作用来响应逆境胁迫。

一、棉花非编码 RNA 与 DNA 甲基化调控

2015 年，张献龙教授团队对棉花纤维发育过程的长链非编码 RNA（lncRNAs）进行全基因组鉴定和功能预测分析，最终获得了 30550 个 lncRNAs 和 4718 个 lncNATs（Wang et al.，2015）。结果发现，与蛋白编码基因相比，lncRNAs 在对称的 CG 和 CHG 序列环境的甲基化水平更高，而在非对称的 CHH 序列的甲基化水平二者却相当。对于 *CHG* 和 *CHH* 甲基化来说，lncRNAs 上游、外显子和下游区域没有明显差异。为了研究 DNA 甲基化与 lncRNA 表达量之间的关系，张献龙课题组又利用相同处理的材料进行 RNA 测序，结果发现 lncRNAs 同编码基因一样，与甲基化水平呈负相关，即高甲基化水平低表达量。进一步对甲基化水平与基因表达量关系分析表明，DNA 甲基化对编码基因的影响要比对 lncRNAs 的影响要大得多。利用甲基化抑制剂对棉花样品处理后发现，编码基因和 lncRNAs 的表达量都发生了明显变化，表达量上升的比例大于表达量下降的比例，这都表明 DNA 甲基化对基因的转录表达具有抑制作用。陆许可等（2017）利用 lncRNAs 和 DNA 甲基化联合分析发现，干旱胁迫下部分 lncRNAs 是小 RNA 的前体，可以通过裂解为小 RNA 来发挥调控作用。长链非编码 RNA（lncRNAs）参与 DNA 甲基化调控的案例在其他作物中已经越来越多地被报道。

2017 年在 *New Phytologist* 期刊上发表了一项研究，该研究利用 Iso－seq 测序技术，联合 miRNA 测序数据和 DNA 甲基化数据深入研究异源四倍体海岛棉纤维发育过程中可变剪切的调控机制。研究发现了 miRNA 可以与可变剪切一起在转录水平上调控基因表达，而且还发现 DNA 甲基化可能与外显子决定有关系。

二、棉花基因组三维结构与表观遗传学调控相结合

Wang 利用 Hi－C 技术与 ChIP－seq 相结合揭示染色体三维结构变化与基因互作模型，该项研究中对同源基因的相互作用进行了解析，在陆地棉中确定了22738 个染色体相互作用，在海岛棉中确定了 21749 个染色体相互作用，其中亚基因组间的相互作用占据了大约所有相互作用的 50.0%（陆地棉 45.5%，海岛棉 47.1%）。A 亚组中染色体间相互作用的比例高于 D 亚组，这可能与 A 亚组大于 D 亚组有关。结合同源基因表达分析发现，在陆地棉和海岛棉中分别发现了 21.6% 和 18.0% 的相互作用对基因表达有影响，而且基因表达量高低与染色质相互作用有偏好，而这些偏好可能揭示了多倍体同源基因协同表达的一个新机制。基因组染色质三维结构的改变及互作模式影响着基因组进化、基因表达和生长发育，这也为棉花逆境胁迫调控机制的研究提供了重要参考。随着分子生物学技术的不断发展，Hi－C 技术与其他组学，包括甲基化组，非编码 RNA数据和磷酸化数据等多种组学相结合，共同揭示棉花的生物学调控。

三、基因编辑技术与表观遗传学研究

目前，由于分子生物学研究技术的限制，在植物中靶向操控表观基因组的方法很少。2019 年 2 月，美国加州大学洛杉矶分校雅各布森（Steven E. Jacobsen）发表 "Site－specific manipulation of Arabidopsis loci using CRISPR－Cas9 SunTag systems"，率先利用 dCas9－SunTag 系统在拟南芥中成功实现了高效率的靶基因激活和 DNA 甲基化，实现了基因编辑技术与表观遗传学研究的完美结合。在该研究中，研究人员利用 dCas9－SunTag 系统转录激活因子 VP64，利用烟草DNA 甲基转移酶 DRM 的催化结构域，可在不同的染色质环境中实现靶向基因激活和 DNA 甲基化，成功将基因编辑技术引入表观遗传学研究。

四、展望

植物生长发育、分布和进化过程中会不间断地受到逆境胁迫的影响，包括干旱、高盐、高温、低温等，针对逆境胁迫植物自身已经从生理层面和分子层面形成一套相对完整而且最大限度减轻胁迫影响的调节机制，表观遗传调控就是其中重要方面之一。从最早发现的 DNA 甲基化开始，表观遗传学内容不断被丰富，从单个位点的表观修饰发展到现在基因组三维折叠结构等，无一不彰显

着表观遗传调控的强大及复杂。DNA 甲基化作为最早被揭示的表观遗传调控内容，一直都是科研人员的热点。DNA 甲基化的调控离不开 DNA 甲基转移酶的介导催化，而不同的 DNA 甲基转移酶所调控的 DNA 甲基化位点（CG、CHG 和 CHH）不同。DNA 甲基化是动态变化的，依据位点不同，同时又具有稳定遗传性。DNA 去甲基化和 DNA 甲基化一样重要，在植物不同的时期，同时参与植物生长发育调控。随着分子生物学技术的发展，交叉调控网络逐渐被揭示，发现 DNA 甲基化与其他表观遗传学内容并不是独立存在、单独发挥作用的，而是相互交叉调控，例如，组氨酸修饰与 DNA 甲基化、长链非编码 RNA 与 DNA 甲基化、基因组三维结构与组氨酸修饰等，两项或者更多项之间的交叉调控，这些都彰显着生命科学领域的高度复杂性。

植物进化需要群体的参与，个体的表观遗传研究仅仅是一个案例。群体表观遗传学是从生态学的角度下对植物群体的表观遗传现象，该领域相对年轻。在对模式植物生态适应和进化等过程的研究发现，经典遗传分化已经不能解释普通生境下的种群差异和分化，开始把表观遗传变异的分子标记等内容引入生态研究中，形成了群体表观遗传学。随着分子生物学研究的发展，群体表观遗传变异在植物适应和进化过程中的作用越来越受到重视，并成为重要研究内容，也是对现有进化理论体系的有力补充和完善（Foust et al.，2016；Verhoeven et al.，2016）。群体表观遗传学，不仅要建立相应长期观测的模式系统，还需要分子实验数据的支持，因为很多研究结果都是观测得到的，需要进一步的研究结果验证。

参考文献：

曹东慧. 抗碱盐生植物虎尾草和甜土植物棉花应对各种盐碱胁迫时 DNA 甲基化调节的研究 [D]. 长春：东北师范大学，2012.

崔魏平，何伦志，张岩岗. 世界棉花生产、进出口和消费对中国棉花生产的实证分析 [J]. 世界农业，2014，5：106－110.

丁健，王飞，金景姬，等. 表观遗传之染色质重塑 [J]. 生物化学与生物物理进展，2015，42（11）：994－1002.

樊自立，马英杰，马映军. 我国西部地区的盐渍土及其改良利用 [J]. 干旱区研究，2001，18（3）：1－5.

何平，疏冕，蔡晓丹，等. 栽培稻×药用野生稻种间杂种基因组 DNA 甲基化的遗传与变异研究 [J]. 湖北农学报, 2017, 32 (4): 19-31.

李雪林, 林忠旭, 聂以春, 等. 盐胁迫下棉花基因组 DNA 表观遗传变化的 MSAP 分析 [J]. 作物学报, 2009, 5 (4): 588-596.

刘健, 姚丹青, 顾芹芹, 等. 种子活力和 DNA 甲基化关系的研究进展 [J]. 植物生理学报, 2018, 54 (2): 213-220.

陆许可, 王德龙, 阴祖军, 等. NaCl 和 Na_2CO_3 对不同棉花基因组的 DNA 甲基化影响 [J]. 中国农业科学, 2014, 47 (16): 3132-3142.

潘雅娇, 傅彬英, 王迪, 等. 水稻干旱胁迫诱导 DNA 甲基化时空变化特征分析 [J]. 中国农业科学, 2009, 42 (9): 3009-3018.

任茂. 不同棉花品种对高温响应差异及甲基化变化分析 [D]. 荆州: 长江大学, 2017.

卫珺. 棕色棉响应低温胁迫差异表达基因的 MSAP 及 cDNA-AFLP 分析 [D]. 合肥: 安徽农业大学, 2012.

肖鹏, 杨乐, Zhang C, 等. G 蛋白偶联受体家族的发现和结构机理研究——2012 年诺贝尔化学奖解读 [J]. 生物化学与生物物理进展, 2012, 39 (11): 1050-1060.

杨笃晓, 孙金鹏. 现代药靶的核心分子 G 蛋白偶联受体——2012 年诺贝尔化学奖评述 [M] //2013 科学发展报告. 北京: 科学出版社, 1998, 88-96.

杨笑敏. 棉花 DNA 甲基转移酶基因家族鉴定及抗逆功能分析 [D]. 北京: 中国农业科学院, 2019.

杨莹, 陈宇晟, 孙宝发, 等. RNA 甲基化修饰调控和规律 [J]. 遗传, 2018, 40 (11): 964-976.

喻树迅, 张雷, 冯文娟. 快乐植棉——中国棉花生产的发展方向 [J]. 棉花学报, 2015. 27 (3): 283-290.

于媛媛, 郭芸珲, 温立柱, 等. 菊花基因组 DNA 甲基化水平对根系硝态氮吸收的影响 [J]. 植物生理学报, 2018, 54 (5): 886-894.

郑晓飞. 非编码 RNA [M]. 北京: 化学工业出版社, 2008: 2-3.

曾子入, 贺从安, 张小康, 等. 高温胁迫诱导萝卜基因组甲基化变异分析 [J]. 分子植物育种, 2018, 16 (7): 2094-2098.

周立少. 组蛋白修饰和 DNA 甲基化调控水稻发育的表观遗传机制研究 [D]. 武汉: 华中农业大学, 2017.

朱新霞，汪保华，郭旺珍，等. 中棉所12配制的2个杂交棉DNA甲基化遗传与传递 [J]. 作物学报，2009，35（12）：2150-2158.

AHN K H, MAHMOUD M M, KENDALL D A. Allosteric modulator ORG27569 induces CB1 cannabinoid receptor high affinity agonist binding state, receptor internalization, and Gi protein – independent ERK1/2 kinase activation [J]. Journal of Biological Chemisty, 2012, 287 (15): 12070-12082.

BALLESTAR E, WOLFFE A P. Methyl – CpG – binding proteins: targeting specific gene repression [J]. European Journal Biochemisty, 2001, 268: 1-6.

BEDRE R, RAJASEKARAN K, MANGU V R, et al. Genome – wide transcriptome analysis of cotton (*Gossypium hirsutum* L.) identifies candidate gene signatures in response to aflatoxin producing Fungus Aspergillus flavus [J]. PLoS One, 2015, 10.

BEN AMOR B, WIRTH S, MERCHAN F, et al. Novellong non – protein coding RNAs involved in Arabidopsis differentiation and stress responses [J]. Genome Research, 2009, 19 (1): 57-69.

BHAN A, MANDAL S S. Long noncoding RNAs: emerging stars in gene regulation, epigenetics and human disease [J]. Chemmedchem, 2014, 9 (9): 1932-1956.

BOERNER S, MCGINNIS K M. Computational identification and functional predictions of long noncoding RNA in *Zea mays* [J]. PLoS One, 2012, 7 (8).

BOYKO A, KOVALCHUK I. Epigenetic control of plant stress response [J]. Environmental and Molecular Mutagenesis, 2008, 49: 61-72.

BURLEIGH S H, HARRISON M J. The down – regulation of *Mt*4 – like genes by phosphate fertilization occurs systemically and involves phosphate translocation to the shoots [J]. Plant Physiol, 1999, 119 (1): 241-248.

BURLEIGH S M, HARRISON M J. Characterization of the *Mt*4 gene from *Medicago truncatula* [J]. Gene, 1998, 216 (1): 47-53.

CAO DH, GAO X, LIU J, et al. Methylation sensitive amplified polymorphism (MSAP) reveals that alkali stress triggers more DNA hypomethylation levels in cotton (*Gossypium hirsutum* L.) roots than salt stress [J]. African Journal of Biotechnology, 2011, 10: 18971-18980.

CHO J, KOO D H, NAM Y W, et al. Isolation and characterization of cDNA clones expressed under male sex expression conditions in a monoecious cucumber plant

(*Cucumis sativus* L. cv. Winter Long) [J]. Euphytica, 2005, 146 (3): 271 –281.

CUI X, JIN P, CUI X, et al. Control of transposon activity by a histone H3K4 demethylase in rice [J]. Proceedings of the National Academy of Sciences of the U- nited States of America, 2013, 110: 1953 – 1958.

CULLIS C A. Mechanisms and control of rapid genomic changes in flax [J]. Annals of Botany, 2005, 95: 201 –206.

DAI X Y, YU J J, ZHAO Q. Non – coding RNA for zm401, a pollen – specific gene of *Zea mays* [J]. Acta Bot Sin, 2004, 46 (4): 497 –504.

DERRIEN T, JOHNSON R, BUSSOTTI G, et al. The GENCODE v7 catalog of human long noncoding RNAs: analysis of their gene structure, evolution, and expres- sion [J]. Genome Research, 2012, 22 (9): 1775 –1789.

DURET L, CHUREAU C, SAMAIN S, et al. The *Xist* RNA gene evolved in eu- therians by pseudogenization of a protein – coding gene [J]. Science, 2006, 312 (5780): 1653 – 1655.

ELISAPHENKO E A, KOLESNIKOV N N, SHEVCHENKO A I, et al. Adual ori- gin of the *Xist* gene from a protein – coding gene and a set of transposable elements [J]. PLoS One, 2008, 3 (6): e2521.

FELSENFELD G, GROUDINE M. Controlling the double helix [J]. Nature, 2003, 421: 448 –453.

FENG S, COKUS S J, SCHUBERT V, et al. Genome – wide Hi – C analyses in wild – type and mutants reveal high – resolution chromatin interactions in Arabidopsis [J]. Molecular Cell, 2014, 55: 694 –707.

FLYNN M, SAHA O, YOUNG P. Molecular evolution of the *LNX* gene family [J]. BMC Evolutionary Biology, 2011, 11: 235.

FOUST C M, PREITE V, SCHREY A W, et al. Genetic and epigenetic differ- ences associated with environmental gradients in replicate populations of two salt marsh perennials [J]. Molecular Ecology, 2016, 25: 1639 –1652.

FRANCO – ZORRILLA J M, VALLI A, TODESCO M, et al. Target mimicry pro- vides a new mechanism for regulation of microRNA activity [J]. Nature Genetics, 2007, 39 (8): 1033 –1037.

GENT J I, ELLIS N A, GUO L, et al. CHH islands: *de novo* DNA methylation in near – gene chromatin regulation in maize [J]. Genome Research, 2013, 23: 628 – 637.

GITAN R S, SHI H, CHEN C M, et al. Methylation specific oligonucleotide microarray: a new potential for high – throughput methylation analysis [J]. Genome Research, 2002, 12 (1): 158 – 164.

GOLDEN D E, GERBASI V R, SONTHEIMER E J. An inside job for siRNAs [J]. Molecular Cell, 2008, 31 (3): 309 – 312.

GONZALGO M L, JONES P A. Rapid quantitation of methylation differences at specific sites using methylation – sensitive single nucleotide primer extension (Ms – SnuPE) [J]. Nucleic Acids Research, 1997, 25: 2529 – 2531.

GROB S, SCHMID M W, GROSSNIKLAUS U. Hi – C analysis in *Arabidopsis* identifies the KNOT, a structure with similarities to the flamenco locus of *Drosophila* [J]. Molecular Cell, 2014, 55: 678 – 693.

HEO J, SUNG S. Vernalization – mediated epigenetic silencing by a long intronic noncoding RNA [J]. Science, 2011, 331 (6013): 76 – 79.

KOUCHI H, TAKANE K, SO R B, et al. RiceENOD40: isolation and expression analysis in rice and transgenic soybean root nodules [J]. The Plant Journal, 1999, 18 (2): 121 – 129.

LANGST G, MANELYTE L. Chromatin remodelers: from function to dysfunction [J]. Genes, 2015, 6 (2): 299 – 324.

LI F G, FAN G Y, LU C R, et al. Genome sequence of cultivated upland cotton (*Gossypium hirsutum* TM – 1) provides insights into genome evolution [J]. Nature Biotechnology, 2015, 33: 524 – U242.

LI L, EICHTEN S R, SHIMIZU R, et al. Genome – wide discovery and characterization of maize long non – coding RNAs [J]. Genome Biology, 2014, 15 (2).

LIU C, CHENG Y J, WANG J W, et al. Prominent topologically associated domains differentiate global chromatin packing in rice from *Arabidopsis* [J]. Nature Plants, 2017, 3: 742 – 748.

LIU J, JUNG C, XU J, et al. Genome – wide analysis uncovers regulation of long intergenic noncoding RNAs in *Arabidopsis* [J]. Plant Cell, 2012, 24 (11): 4333 – 4345.

LU X K, CHEN X G, MU M, et al. Genome – wide analysis of long noncoding RNAs and their responses to drought stress in cotton (*Gossypium hirsutum* L.) [J]. Plos One, 2016, 11.

LU X K, SHU N, WANG J J, et al. Genome – wide analysis of salinity – stress induced DNA methylation alterations in cotton (*Gossypium hirsutum* L.) using the Me – DIP sequencing technology [J]. Genetics and Molecular Research, 2017, 16.

LU X K, WANG X G, CHEN X G, et al. Single – base resolution methylomes of upland cotton (*Gossypium hirsutum* L.) reveal epigenome modifications in response to drought stress [J]. BMC Genomics, 2017, 18.

LU X K, YIN Z J, WANG J J, et al. Identification and function analysis of drought – specific small RNAs in *Gossypium hirsutum* L. [J]. Plant Science, 2019, 280: 187 – 196.

LU X K, ZHAO X J, WANG D L, et al. Whole – genome DNA methylation analysis in cotton (*Gossypium hirsutum* L.) under different salt stresses [J]. Turkish Journal of Biology, 2015, 39: 396 – 406.

MART N A C, DEL POZO J C, IGLESIAS J, et al. Influence of cytokinins on the expression of phosphate starvation responsive genes in *Arabidopsis* [J]. The Plant Journal, 2000, 24 (5): 559 – 567.

MATTICK J S. Non – coding RNAs: the architects of eukaryotic complexity [J]. EMBO Reports, 2001, 2 (11): 986 – 991.

M LLER I S, TESTER M. Salinity tolerance of *Arabidopsis*: a good model for cereals [J]. Trends in Plant Science, 2007, 12 (12): 534 – 540.

MUNSHI A, DUVVURI S. Genomic imprinting – the story of the other half and the conflicts of silencing [J]. Journal of Genetics & Genomics, 2007, 34 (2): 93 – 103.

PROKHORTCHOUK E, HENDRICH B. Methyl – CpG binding proteins and cancer: are MeCpGs more important than MBDs [J] Oncogene, 2002, 21 (35): 5394 – 5349.

RAMSAHOYE B H. Measurement of genome – wide DNA cy tosine – 5 methylation by reversed – phase high – performance liquid chromatography [J]. Methods, 2002, 200: 17 – 27.

RASSOULZADEGAN M, GRANDJEAN V, GOUNON P, et al. RNA – m – ediated non – mendelian inheritance of an epigenetic change in the mouse ［J］. Nature, 2006, 441: 469 – 474.

REBELO – GUIOMAR P, POWELL C A, VAN HAUTE L, et al. The mammalian mitochondrial epitranscriptome ［J］. Biochim Biophys Acta Gene Regulation Mechansim. 2019, 1862（3）: 429 – 446.

RENGASAMY P. World salinization with emphasis on Australia ［J］. Journal of Experimental Botany, 2006, 57（5）: 1017 – 1023.

SHUAI P, LIANG D, TANG S, et al. Genome – wide identification and functional prediction of novel and drought – responsive lincRNAs in *Populus trichocarpa* ［J］. Journal of Experimental Botany, 2014, 65（17）: 4975 – 4983.

SONG D, YANG Y, YU B, et al. Computational prediction of novel non – coding RNAs in *Arabidopsis thaliana* ［J］. BMC Bioinformatics, 2009, 10（Suppl 1）: S36.

SONG J H, CAO J S, YU X L, et al. A putative pollen – specific non – coding RNA from *Brassica campestris* ssp. Chinensis ［J］. Journal of Plant Physiology, 2007, 164（8）: 1097 – 1100.

STEWARD N, ITO M, YAMAGUCHI Y, et al. Periodic DNA methylation in maize nucleosomes and demethylation by environmental stress ［J］. Journal of Biological Chemistry, 2002, 277: 37741 – 37746.

SWIEZEWSKI S, LIU F, MAGUSIN A, et al. Cold – induced silencing by long antisense transcripts of an *Arabidopsis* Polycomb target ［J］. Nature, 2009, 462（7274）: 799 – 802.

VENTER J C, ADAMS M D, MYERS E W, et al. The sequence of the human genome ［J］. Science, 2001, 291（5507）: 1304 – 1351.

VERHOEVEN K J F, VONHOLDT B M, SORK V L. Epigenetics in ecology and evolution: What we know and what we need to know ［J］. Molecular Ecology, 2016, 25: 1631 – 1638.

WANG B H, FU R, ZHANG M, et al. Analysis of methylation – sensitive amplified polymorphism in different cotton accessions under salt stress based on capillary electrophoresis ［J］. Genes & Genomics, 2015, 37: 713 – 724.

WANG B H, ZHANG M, FU R, et al. Epigenetic mechanisms of salt tolerance and heterosis in Upland cotton（*Gossypium hirsutum* L.）revealed by methylation – sensitive amplified polymorphism analysis [J]. Euphytica, 2016, 208: 477 –491.

WANG H, CHUNG P J, LIU J, et al. Genome – wide identification of long non-coding natural antisense transcripts and their responses to light in *Arabidopsis* [J]. Genome Research, 2014, 24 (3): 444 –453.

WANG M, TU L, LIN M, et al. Asymmetric subgenome selection and *cis* – regulatory divergence during cotton domestication [J]. Nature Genetics, 2017, 49: 579 –587.

WANG M, WANG P, LIN M, et al. Evolutionary dynamics of 3D genome archi-tecture following polyploidization in cotton [J]. Nature Plants, 2018, 4: 90 –97.

WANG M J, YUAN D J, TU L L, et al. Long noncoding RNAs and their pro-posed functions in fibre development of cotton (*Gossypium* spp.) [J]. New Phytolo-gist, 2015, 207 (4): 1181 –1197.

WASAKI J, YONETANI R, SHINANO T, et al. Expression of the *OsPI*1 gene, cloned from rice roots using cDNA microarray, rapidly responds to phosphorus status [J]. New Phytologist, 2003, 158 (2): 239 –248.

WORM J, AGGERHOLM A, GULDBERG P. In – tube DNA methylation profi-ling by fluorescence melting curve analysis [J]. Clinical Chemistry, 2001, 47 (7): 1183 –1189.

WU C T, MORRIS J R. Genes, genetics and epigenetics: a correspondence [J]. Science, 2001, 293: 1103 –1105.

WU J, OKADA T, FUKUSHIMA T, et al. A novel hypoxic stress – responsive long non – coding RNA transcribed by RNA polymerase III in *Arabidopsis* [J]. RNA Biology, 2012, 9 (3): 302 –313.

YANG H X, CHANG F, YOU C J, et al. Whole – genome DNA methylation pat-terns and complex associations with gene structure and expression during flower devel-opment in Arabidopsis [J]. The Plant Journal, 2015, 81: 268 –281.

YANG W C, KATINAKIS P, HENDRIKS P, et al. Characterization of *Gm-ENOD*40, a gene showing novel patterns of cell – specific expression during soybean nodule development [J]. The Plant Jouranl, 1993, 3 (4): 573 –585.

YANG X M, LU X K, CHEN X G, et al. Genome – wide identification and ex-pression analysis of DNA demethylase family in cotton [J]. Journal of Cotton Research, 2019, 2: 16.

YIN Z J, LI Y, ZHU W D, et al. Identification, characterization, and expression patterns of TCP genes and microRNA319 in cotton [J]. International Journal of Molecular Sciences, 2018, 19: 3655.

YUE Y, LIU J, HE C. RNA N^6 – methyladenosine methylation in post – transcriptional gene expression regulation [J]. Genes & Development, 2015, 29 (13): 1343 – 1355.

ZHANG M, ZHANG X Y, GUO L P, et al. Single – base resolution methylomes of cotton CMS system reveal epigenomic changes in response to high – temperature stress during anther development [J]. Journal of Experimental Botany, 2019.

ZHONG L, XU Y H, WANG J B. DNA – methylation changes induced by salt stress in wheat *Triticum aestivum* [J]. African Journal of Biotechnology, 2009, 8: 6201 – 6207.

ZHU Q H, STEPHEN S, TAYLOR J, et al. Long noncoding RNAs responsive to *Fusarium oxysporum* infection in *Arabidopsis thaliana* [J]. New Phytologist, 2014, 201 (2): 574 – 584.

ZHU Q H, WANG M B. Molecular functions of long non – coding RNAs in plants [J]. Genes (Basel), 2012, 3 (1): 176 – 190.

第八章

棉花抗逆基因编辑及修饰

宏观上来说，植物基因组测序工作的完成只是人类研究植物进展的一小步，而更为艰巨的任务和挑战则是研究植物基因组中每个基因的功能以及这些基因是如何协作使植物显示出相应的性状。各种新生物技术工具的发明和完善，为完成这些工作提供了强有力的保证。

第一节　植物基因编辑技术 CRISPR/Cas9 研究进展

研究基因功能的黄金准则是干扰基因的正常表达而观察其表型变化。在过去，科学家主要利用化学试剂、辐射和病毒 DNA 的随意插入等方法去突变基因并研究其功能，而随着 RNAi 技术的出现，人们发现只要知道目标基因的 DNA 序列就可以干扰植物任意基因的表达从而研究其功能。因为该技术费用低、简单易用，所以很多科学家已开始使用该技术进行基因功能的研究。但是，RNAi 产生的表型并不能完全反映遗传突变造成的功能缺失，而且这种基因功能的缺失是暂时的，也存在不可预测的脱靶影响。这些缺点导致不能有效地将表型和基因型联系起来，也限制了 RNAi 技术的实际应用。因此，需要发明新的反向遗传学工具去解决这些问题。

最近几年中，出现了一种被称为"基因组编辑"（Genome editing）的技术，这类技术利用一种含有融合了序列特异性 DNA 结合结构域的非特异性 DNA 切割模块的工程核酸酶，去特异性地切割基因组 DNA 的靶标位点，造成双链 DNA 的断裂而激活生物体自身的修复机制去修复，这种修复会造成该位点碱基序列的变化，从而导致基因功能的改变。这类技术促使科学家可以在多种细胞和物种中对基因组 DNA 的任意序列进行编辑。生物自身的 DNA 修复机制主要有两种：非同源重组介导的末端连接（NHEJ）和同源重组介导的连接（HR）。目前，最常用的基因组编辑技术核酸酶主要有四种：巨型核酸酶（Meganuclease）、锌指核酸酶（ZFN）、类转录激活因子核酸酶（TALEN）和成簇规律间隔短回文重复序列（Clustered Regularly Interspaced Short Palindromic Repeats，CRISPR）及相关蛋白 Cas9 系统（CRISPR/Cas9），而 CRISPR/Cas9 系统作为一种最新的基因组编辑技术，由于具有简单、高效、灵活、低廉的优点，自从出现以来就被广泛应用于多种物种的基因和基因组编辑研究。这些功能强大的生物技术工具的发明和完善为科学家插上了腾飞的翅膀，使他们可以在研究基因和基因组功能的天空中自由地翱翔。

一、CRISPR/Cas9 系统的发现及作用原理

CRISPR 重复序列（Clustered Regularly Interspaced Short Palindromic Repeats）的首次发现源于对大肠杆菌 K12 的一个染色体片段的序列分析（Ishino et al.，1987），随后又在很多细菌和古生菌中发现了这种重复序列（Mojica et al.，2000）。2005 年，有研究发现很多 CRISPR 的间隔序列起源于质粒和病毒（Bolotin et al.，2005），这一发现为理解 CRISPR 的作用机制（图 8 – 1）提供了关键证据。还有研究发现，与 CRISPR 相关的 Cas 基因编码的蛋白具有核酸酶和解旋酶结构域（Pourcel et al.，2005），而 CRISPR 序列是可以转录的（Tang et al.，2002）。综合这两点，有科学家指出，CRISPR/Cas 是一种利用反义 RNA 去记忆识别侵入体内外源核酸的选择性防御系统（Makarova et al.，2006）。2007 年，用溶菌酶感染乳酸菌（Streptococcus thermophiles）的实验首次证明了 CRISPR/Cas 系统介导的自我免疫功能（Barrangou et al.，2007）。2011 年，研究发现由位于链球菌（Streptococcus pyogenes）CRISPR/Cas 位点上游的小 RNA 编码的反式激活 crRNA（tracrRNA）对于 crRNA 的成熟起着非常重要的作用，而且 tracrRNA 介导的 crRNA 成熟的激活赋予其对外源 DNA 的特异性切割功能（Deltcheva et al.，2011）。2012 年，研究证明链球菌的 CRISPR/Cas 蛋白是一种由 tracrRNA：crRNA 复合体介导对 DNA 进行切割的核酸内切酶（Jinek et al.，2012）。2013 年，两项研究分别从链球菌中开发出 CRISPR/Cas 系统并成功对哺乳动物细胞进行了基因组编辑（Cho et al.，2013；Cong et al.，2013）。

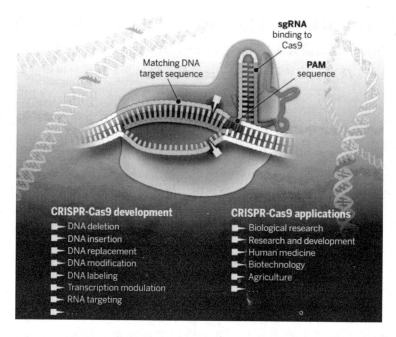

图 8 −1　基因编辑技术原理（Doudna et al.，2014）

目前发现的 CRISPR/Cas 系统有三种不同类型，即 I 型、II 型和 III 型，而研究最彻底、应用最广泛的是 II 型的 CRISPR/Cas9 系统（Jinek et al.，2012）。当细菌抵御噬菌体等外源 DNA 入侵时，在前导区的调控下，CRISPR 被转录为长的 RNA 前体（pre – crRNA），在 pre – crRNA 转录的同时，与其重复序列互补的反式激活 crRNA 也转录出来，并且激发 Cas9 蛋白和双链 RNA 特异性 RNase III 核酸酶对 pre – crRNA 进行加工。加工成熟后，crRNA、tracrRNA 和 Cas9 蛋白组成复合体，识别并结合与 crRNA 互补的序列，然后解开 DNA 双链，形成 R – loop，使 crRNA 与互补链杂交，另一条链保持游离的单链状态，然后由 Cas9 蛋白的 HNH 活性位点剪切 crRNA 的互补 DNA 链，RuvC 活性位点剪切非互补链，最终引入 DNA 双链断裂（DSB）（Doudna and Charpentier，2014）。这种 DNA 双链断裂通常由生物体内存在的易产生错误的 NHEJ 进行修复，从而在靶定位点发生若干碱基的删除或插入造成基因功能的改变。如果提供带有与侧翼序列同源的外源 DNA 片段，那么就会通过 HR 进行修复，从而将外源 DNA 片段插入特定的基因组位点。

二、CRISPR/Cas9 系统的优缺点

理论上，应用 CRISPR/Cas9 技术达成的目标均可以由 ZFN 和 TALEN 技术达成，但是为什么会在如此短的时间内有那么多应用 CRISPR/Cas9 技术进行基因组编辑的报道呢？这说明 CRISPR/Cas9 技术具有其他两种技术所不具备的优点，可分为以下几点：

第一，操作简单，费用低廉。相比 ZFN 和 TALEN 技术，CRISPR/Cas9 技术减少了对蛋白的操作步骤，而且可以直接对基因的多个 sgRNA（small guide RNA）进行验证。仅仅需要改变 sgRNA 中 20nt 的序列，没有克隆步骤，可以直接在体外将合成的两条互补的单链核苷酸引物进行退火连接即可。由于引物的合成快捷便宜，所以利用此技术进行大规模构建 sgRNA 库的费用将大大降低，而且适用于高通量功能基因组研究。该优点也使得大多数分子生物学实验室都可以应用此技术。

第二，靶位点的识别更为广泛。相比 ZFN 和 TALEN 技术，CRISPR/Cas9 系统对 DNA 的甲基化敏感度更低（Hsu et al.，2014），可以识别切割甲基化的 DNA 位点，这大大扩展了它的应用范围。在植物基因组中大概 70% 的 CpG/CpNpG 位点是甲基化的，而且有研究发现 CpG 岛大多位于启动子和邻近外显子上（Vanyushin and Ashapkin，2011）。因此，CRISPR/Cas9 技术更适用于在植物中进行基因组编辑，而且特别适用于基因组中 GC 含量特别高的单子叶植物，如水稻等。

第三，可以同时对多个靶位点进行编辑。相比 ZFN 和 TALEN 技术，CRISPR/Cas9 技术更为实际的应用是可以非常灵活地同时对多个基因进行编辑。多基因同时编辑的首要条件是基因组中多个靶标位点必须同时产生双链断裂（DSB），从而可以敲除多个冗余基因或改变代谢途径。同样，利用这种策略在染色体距离较远的两个地方同时产生双链断裂还可以实现染色体片段的删除或染色体片段的倒位（Upadhyay et al.，2013；Zhou et al.，2014）。ZFN 和 TALEN 技术均需要对每个靶标位点设计特异的二聚体蛋白，而 CRISPR/Cas9 技术仅需要一个 Cas9 蛋白和多个靶标位点序列特异的 sgRNA 即可，并且 sgRNA 序列很短，可以很容易地将多个 sgRNA 构建到同一载体上，从而实现多基因的同时敲除或修饰。

虽然 CRISPR/Cas9 技术有无可比拟的优点，但是任何科学技术自身都存在

缺点，CRISPR/Cas9 技术也不例外。与 ZFN 和 TALEN 技术相似，CRISPR/Cas9 系统也可能会引入不需要的突变造成脱靶现象。

第一，如果 Cas9 与 sgRNA 的浓度比例不当就会造成脱靶现象，而且 Cas9：sgRNA 的比例越大，脱靶现象越严重（Hsu et al.，2013；Pattanayak et al.，2013）。当利用 CRISPR/Cas9 系统编辑拟南芥的 *AtPDS3* 和 *AtFLS2* 基因研究 Cas9：sgRNA 的最佳比例时，发现 Cas9：sgRNA 为 1：1 时编辑效果最好（Li et al.，2013）。

第二，数目众多的 PAM 位点可能导致对基因组 DNA 的非特异性识别切割（Sternberg et al.，2014）。为了避免这种非特异性的识别切割，可以利用整个基因组的序列信息设计特异性强的 sgRNA。

第三，Cas9 基因的密码子优化不当的话也会影响 Cas9 蛋白在该物种基因组中的转录。因此，当用一种植物的密码子对 *Cas9* 基因进行优化时，也要考虑将其应用到其他作物中的可能。

第四，大多数 CRISPR/Cas9 系统中 *Cas9* 基因和 sgRNA 是由外源启动子启动的，而 *Cas9* 基因最佳的启动子应该是内源的。在双子叶植物中，35S 启动子用来启动 *Cas9* 基因，U6 启动子用来启动 sgRNA；在单子叶植物中，35S 和 Ubi 启动子均可有效启动 *Cas9* 基因，但是在不同的植物中使用了不同的启动子启动 sgRNA，比如，水稻中使用了 OsU3 启动子，而小麦中使用了 TaU6 启动子（Shan et al.，2013）。

第五，同源基因或基因家族的存在增加了靶标基因编辑的复杂程度。

第六，表观遗传因子（比如，甲基化或组蛋白修饰）也是必须考虑的影响因素之一。

三、CRISPR/Cas9 系统的作用

自从发明 CRISPR/Cas9 系统以来，对其应用研究就不断扩展，除了最基本的基因组编辑功能，科学家还开发了很多其他的功能。我们简单将 CRISPR/Cas9 系统在植物研究中的作用总结如下：

第一，定点敲除目标基因。通过敲除代谢或发育途径中的特定基因从而研究基因功能也许是 CRISPR/Cas9 系统起初在植物中最为成功的应用方式。例如，光合作用过程中两个非常关键的蛋白，分别由高度同源的镁离子螯合酶亚基 I（CHLI）基因 *CHLI*1（At4g18480）和 *CHLI*2（At5g45930）编码，利用 CRISPR/

Cas9 系统将两个基因同时敲除，结果植株产生了白化症状，说明这两个基因在叶绿素的生成过程中起着非常重要的作用（Mao et al.，2013）。还有研究利用 CRISPR/Cas9 系统将拟南芥的生长素结合蛋白（ABP1）基因敲除，结果发现该基因既不是生长素信号途径所必需的，也不是发育过程所必需的（Gao et al.，2015b）。这两个例子很好地说明了 CRISPR/Cas9 系统在研究单个或多个基因功能中的作用，可以使我们从理论和实际上充分了解关键基因对植物生长发育过程的影响。

第二，同时编辑多个目标基因。由于 sgRNA 较小，因此可以将多个 sgRNA 重组到同一个载体上而同时编辑多个目标基因。Ma 等（2015）将多个 sgRNA 重组到同一个载体上，将相应载体转入拟南芥和水稻后成功使多个基因失去活性。Xie 等（2015）利用 tRNA 前体的精确加工过程开发了一种带有多个精确起始位点的 sgRNA 的 CRISPR/Cas9 系统，这个系统可以利用细胞自身的 tRNA 加工机制产生单一的转录本而发挥作用。

第三，CRISPR/Cas9 系统介导的基因插入或替换。基因组的位点特异性突变和位点特异性基因插入对作物精准育种具有非常重要的价值。在育种过程中，利用 CRISPR/Cas9 系统将外源 DNA 模板携带的目标序列通过 HR 修复机制插入到基因组的特定区域，比如，将抗除草剂基因插入基因组中。最近，有研究利用 CRISPR/Cas9 系统替换了水稻乙酰乳酸合酶基因的两个碱基，成功获得了抗除草剂双草醚的水稻植株（Yongwei et al.，2016）。

第四，染色体片段的删除。一般来说，当利用 CRISPR/Cas9 系统造成两个相邻的双链断裂切口时，由 NHEJ 机制介导的修复过程会造成两个位点间染色体片段的删除。目前，已有报道在烟草（Gao et al.，2015a）和水稻（Xie et al.，2015）中利用 CRISPR/Cas9 系统造成了小片段的删除，还有报道在水稻基因组中删除了高达 170 ~ 245 kb 的染色体片段（Zhou et al.，2014）。

第五，激活或抑制基因的表达。利用 CRISPR/Cas9 系统将特定基因敲除或替换影响基因的表达从而影响植物的生长和发育，而调节特定基因的表达时间和表达水平也会影响植物的生长和发育。可以将缺少核酸酶活性的 Cas9 蛋白与基因激活子或抑制子结构域结合后精准插入特定基因的启动子区域从而影响基因的表达水平。皮亚特克（Piatek）等（2014）将 EDLL 和 TAL 效应子的激活结构域与 dCas9 的 C 端结合创造出转录激活子，或将 SRDX 抑制结构域与 dCas9 的 C 端结合创造出转录抑制子，然后用它们选择性地激活或抑制了人工构建的报告基因和内源的植物基因。

四、CRISPR/Cas9 系统的研究进展

虽然 CRISPR/Cas9 系统仅仅出现十几年，但是科学家已经发明了很多新的 CRISPR/Cas9 系统，进一步扩展了它的应用范围。下面，我们将从以下几个方面简单介绍一下 CRISPR/Cas9 系统的最新发展。

第一，Cas9 核酸酶活性的修饰。首先，有研究利用含有修饰过的 Cas9 蛋白切割结构域的 Cas9 – D10A 和 Cas9 – H840A 与成对的 sgRNA 定点切割靶标 DNA 区域的反义链，发现识别特异性提高了 100~1500 倍（Shen et al., 2014）。其次，可以将 Cas9 突变成 dCas9（dead Cas9），或将 RuvC 和 HNH 核酸酶结构域点突变后生成 CRISPRi，这些方法均使 CRISPR/Cas9 系统失去原有的催化活性不能识别切割靶标 DNA 而获得了其他新功能。比如，将 dCas9 和在基因编码区内设计的特异 sgRNA 共同表达可以阻断该基因的转录延长过程而导致不完全转录的蛋白失去功能。还有研究利用该方法通过结合基因的操纵子或启动子的关键位点（例如，转录因子结合位点或 RNA 聚合酶结合位点）来阻断基因的转录起始，结果证明这些位点的结合可以明显降低基因的表达（Qi et al., 2013）。

第二，Cas9 相关的融合蛋白。dCas9 可以与转录激活或抑制因子形成融合蛋白而发挥不同的功能。dCas9 可以与不同因子（抑制子或激活子）的结构域融合调配功能蛋白结合基因组的特异位点去抑制或激活基因的表达。例如，dCas9 – VP64（VP64 是一个转录激活因子）和 dCas9 – p65AD（p65AD 是 p65 激活结构域的单拷贝）可有效激活报告基因的表达，这表明 CRISPR/dCas9 系统可以作为一种模块化工具对基因进行不同类型的转录调控（Gilbert et al., 2014）。dCas9 也可以与表观遗传因子（组蛋白修饰因子、DNA 甲基化因子）结合调控基因的表观遗传修饰（Rusk, 2014）。Cas9 还可以与荧光蛋白结合对特殊区域的 DNA 进行标记，用来显示活细胞中染色体构象的动态变化过程，也可以用来研究复杂染色体的构架等（Chen et al., 2013）。有研究分别将光诱导异源二聚体蛋白 CRY2 和 CIB1 融合到一个转录激活结构域和失活的 dCas9 获得了光激活的 CRISPR/Cas9 系统，利用这一系统可以非常简单地指导新的 DNA 序列对内源基因的动态光调节（Polstein and Gersbach, 2015）。

第三，Cas9 启动子的优化。可以利用组织特异性启动子启动 *Cas*9 或 *dCas*9 基因，从而在植物的不同生长阶段或不同的外界环境下获得目标基因的突变、

激活或抑制。例如，在拟南芥中，利用卵细胞特异性启动子 EC1.2 和生殖细胞系特异性启动子 SPL 去驱动 Cas9 基因的表达会产生可遗传数代的基因突变（Mao et al.，2015；Wang et al.，2015）。

第四，Cas9 蛋白突变体的发掘。科学家已经发现了多种可以识别不同 PAM 序列的 Cas9 蛋白。例如，St1Cas9 识别的 PAM 序列为 NNAGAA，而 SaCas9 可以识别三种 PAM 序列 NNGGGT、NNGAAT 和 NNGAGT，而且这种识别在哺乳动物细胞效率更高（Ran et al.，2015）。科学家发明了两种类型的点突变 Cas9 蛋白 D1135V/R1335Q/T1337R（VQR）和 D1135E/R1335Q/T1337R（EQR），在哺乳动物细胞和斑马鱼基因组中，VQR - Cas9 可以非常好地识别序列为 NGAN 的 PAM 位点，而 EQR - Cas9 更倾向于识别序列为 NGAG、NGAN 和 NGNG 的 PAM 位点（Kleinstiver et al.，2015b）。这些优化了的 PAM 位点特异性 Cas9 蛋白突变体比野生型的 SpCas9 蛋白对内源基因的编辑更为有效。最近，一种新的核酸酶 Cpf1（CRISPR 来自 Prevotella 和 Francisella 1）被发现可以识别靶标 DNA 序列 5′ 端富含 T 碱基的 PAM 位点（5′TTN），它在不依赖 tracrRNA 的情况下，在离 PAM 位点较远的区域通过一种错配的 DNA 双链断裂来切割靶标 DNA，这一系统被广泛应用于哺乳动物细胞的基因组编辑（Zetsche et al.，2015）。

第五，sgRNA 长度的优化。虽然改变 sgRNA 的长度可能会影响 Cas9 核酸酶的活性，但是却可以用来同时对基因组的多个位点进行编辑或调节转录活性（Kiani et al.，2015）。通过利用细胞自身的 tRNA 加工系统开发了一种可用来同时编辑多个靶标位点的新型 CRISPR/Cas9 系统，这个系统里面的 sgRNA 的长度均比原系统的短，这些用串联的 tRNA - sgRNA 架构合成的基因可以在生物体内非常有效精确地加工成带有靶标 5′端序列的 sgRNA（Xie et al.，2015）。

五、CRISPR/Cas9 系统基因编辑的分析

（一）CRISPR/Cas9 系统导入植物细胞的方法

为了在植物体内进行基因组编辑，必须首先将含有 Cas9 基因和 sgRNA 的表达片段转入植物细胞中。在实验初期，为了验证 CRISPR/Cas9 系统的可行性和效率，研究者一般使用瞬时表达系统直接将带有 Cas9 基因和 sgRNA 的质粒或农杆菌转入原生质体或通过真空渗入的方法转入烟草或拟南芥的叶片中（Jiang et al.，2013）。这些实验过程中，Cas9 基因和 sgRNA 可以构建在同一个载体上，也可以构建在不同的载体上。但是，将带有遗传突变的原生质体再生为转基因

植株在很多植物物种中非常困难，因此限制了原生质体转化方法的应用。最近有研究将纯化好的 Cas9 蛋白和 sgRNA 预先装配成复合体然后转入植物原生质体中获得了不含外源 DNA 片段的基因编辑植株（Liang et al. , 2017；Woo et al. , 2015；Zhang et al. , 2016）。这种策略非常适用于无性繁殖的植物去产生非转基因的基因组编辑后代。

为了获得带有目标基因突变的转基因植株，可以通过基因枪法转化愈伤组织或未成熟的胚从而将 Cas9 基因和 sgRNA 转入植物基因组获得可遗传的基因突变（Shan et al. , 2013）。基因枪转化法还可以直接将体外合成的 sgRNA 转入含 Cas9 基因的植株细胞中从而获得目标基因突变（Svitashev et al. , 2016），还可以直接将 Cas9 蛋白和 sgRNA 预先装配的复合体转入愈伤组织细胞中（Zhang et al. , 2016）。

对很多植物来说，获得稳定遗传的转基因植株的最有效方法是农杆菌介导的遗传转化方法，因此，植物中大多数 CRISPR/Cas9 系统的应用是将带有 Cas9 基因和 sgRNA 的 T - DNA 片段通过农杆菌介导转入植物基因组中。拟南芥一般是通过农杆菌介导的花序侵染法将 CRISPR/Cas9 系统转入基因组，而对其他单子叶植物和双子叶植物（例如，水稻、玉米、烟草、番茄、土豆、棉花和白杨等）来说，一般是通过农杆菌介导的对愈伤组织、未成熟的胚或其他组织进行转化而将 CRISPR/Cas9 系统导入基因组中。另外，还有研究利用农杆菌渗入法将带有 sgRNA 的烟草皱曲病毒 DNA 转入含有 Cas9 基因的烟草基因组中（Ali et al. , 2015；Yin et al. , 2015）。

（二）基因编辑结果的分析方法

确认新构建的 CRISPR/Cas9 系统载体是否有效，或在植物中应用 CRISPR/Cas9 系统载体之前，第一步需要做的就是确定所构建载体的编辑效率。另外，在对获得的突变体植株进行深入研究之前也必须确认基因的突变情况。这就需要对 CRISPR/Cas9 系统介导的基因编辑情况进行检测。下面，简要介绍几种检测基因编辑的方法。

使用报告基因研究基因编辑的情况。为了尽快确认新构建的 CRISPR/Cas9 系统载体的功能，报告基因（比如，编码 β - 葡萄糖醛酸酶的基因，编码荧光蛋白 GFP、YFP 和 RFP 的基因等）可以用来作为基因编辑事件发生的指示因子。比如，可以将报告基因酶切产生一个包含移码突变的靶标位点，然后用 CRISPR/Cas9 系统编辑这个位点去修正这个突变而恢复报告基因的功能（Janga et al.，2017；Jiang et al.，2013）。此外，还可以将报告基因设计成含有相同复制区域的基因，利用 Cas9 蛋白诱导的 DSB 可以通过单链退火的 DNA 修复在复制区域内发生 DNA 重组反应而恢复报告基因的功能（Mao et al.，2013）。

使用相关核酸内切酶研究基因编辑。如果在选择 Cas9/sgRNA 的切割靶标时使其 PAM 位点附近存在一个限制性内切酶位点，那么靶标位点的碱基突变就会造成限制性内切酶位点的丧失，因此可以通过在 PCR 扩增前对基因组 DNA 酶切或 PCR 扩增后对 PCR 产物进行酶切而富集获得碱基变化了的序列。已有很多报道利用这一方法确认靶标序列的突变情况和基因编辑的效率（Ma et al.，2016）。这种方法虽然应用比较广泛，但是它的缺点也很明显，就是靶标序列的特定位点必须存在限制性内切酶位点。T7 核酸酶 I 可以切割存在碱基错配的 DNA 杂交分子，因此有研究将可能发生突变的靶标序列的 PCR 产物与野生型靶标序列的 PCR 产物杂交后，用该酶酶切从而确定靶标序列的突变情况及编辑效率（Guschin et al.，2010）。这个方法适用于任意靶标序列，但是它的检测灵敏度要低于使用限制性内切酶的方法（Voytas，2013）。

使用聚丙烯酰胺凝胶电泳（PAGE）确认基因编辑。核苷酸发生变化的单链 DNA 会发生构象改变，从而在非变性 PAGE 胶上的迁移率不同，所以称为单链构象多态性（SSCP）。这种 SSCP 方法可以用来检测由 CRISPR/Cas9 系统造成的突变（Zheng et al.，2016）。带有靶标突变的异源双链 DNA 也可以基于 PAGE 的方法来检测（Zhu et al.，2014）。

使用高分辨熔解技术（High – Resolution Melting）确认基因编辑。带有突变和不带突变的 PCR 产物的解链温度不同，高分辨熔解技术可以根据这个原理检测不同的 PCR 产物。因此，这种技术就可以用来检测基因编辑情况（Fauser et al.，2014），但是这种方法的检测灵敏度非常低。总的来说，这种方法只能检测到突变的存在，并不能确定突变核苷酸的序列。

使用高通量测序确认基因编辑。全基因组或单/多倍 PCR 扩增产物高通量测序（深度测序）可以用来检测稀有（频率低）突变和复杂的非纯合突变，而且特别适用于在全基因组水平上对可能的脱靶突变进行检测（Fauser et al.，2014；Feng et al.，2014）。但是这种方法费用比较昂贵而且需要的时间也较长。

使用 Sanger 测序法确定基因编辑。含有靶标位点的 PCR 产物可以克隆后利用多重克隆 Sanger 测序方法分析，这里的多重克隆是指如果整个植物细胞的突变都相同的话就测 5 个克隆，而如果植物细胞含有嵌合突变的话就至少测 10 个克隆。如果靶标位点存在一个限制性内切酶位点的话，就可以用限制性内切酶法富集突变的 DNA 片段。这个方法对确定简单突变和复杂的嵌合突变都非常有用，但是存在周期长、费用贵的缺点。

在一些植物（比如，水稻）中，基于 CRISPR/Cas9 系统的基因组编辑效率非常高，在第一代（T_0）转基因植株中就可以产生很大比例的单一突变（Ma et al.，2015b；Zhang et al.，2014；Zhou et al.，2014）。其如此高的编辑效率，就不需要对 PCR 产物进行预处理连入载体进行测序这样的过程，直接对 PCR 产物进行测序即可获知转基因植株中靶标位点的核苷酸变化情况。这种方法虽然避免了 PCR 片段克隆到载体的过程，但是如果 PCR 产物中同时包含纯合突变和杂合突变的话，直接测序就会产生套峰。为了解决这一问题，科学家发明了一种称为退火序列解码（DSB）的方法（Ma et al.，2015a），并发明了相关的网页工具（Liu et al.，2015），可以快速地从含套峰的测序结果文件中找出突变的等位基因序列，从而避免了冗长的克隆及多克隆测序工作。这个工具极大地加快了对基因编辑的分析工作。

（三）靶标序列突变的特点

报道表明大约一半的靶标序列突变是单个碱基（大多数是 A 和 T）的插入，剩余的是小片段（1～50bp）的删除，两个或多个基因的替换和插入非常少见（Feng et al.，2014；Ma et al.，2015b；Zhang et al.，2014）。因此，如果靶标位点位于基因的编码区，大多数的基因编辑将会导致基因的移码突变和功能丧失；如果两个或多个靶标切割位点位于同一个基因或染色体上，结果将会导致靶标位点间 DNA 片段的删除（最长可达上百 kb）（Li et al.，2013；Ma et al.，2015b；Mao et al.，2013；Xie and Yang，2013；Zhao et al.，2016b；Zhou et al.，2014）。这一特点可以用来将整个基因删除或将含有多个基因的染色体片段删除。

（四）影响基因编辑效率和遗传的因素

虽然 CRISPR/Cas9 系统已经被广泛应用于多种植物的基因组编辑，但是基因编辑的效率却千差万别（Boettcher and McManus，2015）。*Cas*9 基因密码子的优化、*Cas*9 基因启动子的不同、T－DNA 插入的位置效应都会直接影响 *Cas*9 基因的表达水平和对靶标基因的编辑效率（Ma et al.，2015b；Mao et al.，2015；Wang et al.，2015；Yan et al.，2015）。已有多篇报道证明 CRISPR/Cas9 系统诱导的基因突变可以稳定遗传给后代（Feng et al.，2014；Ma et al.，2015b；

Zhang et al.，2014；Zhou et al.，2014）。

有报道利用瞬时表达的方法进行基因组编辑时，发现 sgRNA 的表达水平会影响基因编辑的效率（Jinek et al.，2013；Li et al.，2013）。但是，在水稻中，利用农杆菌介导的转化法进行稳定遗传转化时，发现即使由 U3 和 U6 启动子启动的 sgRNA 表达水平不同，其基因编辑的效率也基本一致（Ma et al.，2015b），这表明多数情况下，水稻中 sgRNA 的表达水平对 CRISPR/Cas9 系统正常发挥功能已经足够了。

在水稻中，很大比例（平均高达86%）的基因突变可以在 T_0 代转基因植株中检测到，其中大约一半是双等位基因突变（两个距离较远的等位基因均发生突变），其余的是纯合子突变和杂合子突变，很少有嵌合体突变（Ma et al.，2015b；Zhang et al.，2014）。值得注意的是，在 T0 代转基因水稻植株中纯合子突变出现的比例要高于预期。这种纯合子突变的出现可能是两种机制共同作用的结果。首先，NHEJ 的修复可能在两个同源染色体相应位点处诱导产生两个完全相同的突变，特别是高频率的 A 和 T 碱基的插入；其次，由 NHEJ 修复产生的第一个突变的等位基因可能会作为其他同源位点进行 HR 修复的模板进而产生相同的突变，经过这两步形成最终的纯合子突变（Ma et al.，2015b）。

第二节　CRISPR/Cas9 技术在作物中的应用

概括起来，CRISPR/Cas9 系统在作物中的应用主要分三类：第一类是通过 NHEJ 机制修复断裂的双链切口增加或减少若干碱基从而导致移码突变，这类突变和育种过程中的自然突变、物理突变和化学突变等类似；第二类是在外源 DNA 修复模板存在的情况下通过 HR 机制在特定的位点造成点突变或基因的插入、替换和聚合等，这种情况避免了普通转基因过程中外源基因插入基因组造成的位置效应等影响；第三类是通过多个 sgRNA 同时在基因组的多个位点对多个基因进行编辑，这个可以用来研究基因家族各成员的功能或分析遗传途径中各个基因的遗传顺序和功能等。下面，简要介绍一下 CRISPR/Cas9 系统在主要农作物中的应用情况。

一、水稻

由于水稻具有愈伤组织易制备、易转化（基因枪或农杆菌介导等转化方法）和可以快速再生为植株等优点，所以水稻成为一种研究非常广泛的模式单子叶植物和农业生产性状改进中最具吸引力的作物。水稻是第一种成功应用CRISPR/Cas9 系统的作物之一（Feng et al.，2013；Shan et al.，2013）。利用CRISPR/Cas9 系统在水稻的第一代中就可以完成双等位基因修饰（Feng et al.，2013；Xu et al.，2014；Zhou et al.，2014）、染色体大片段的删除（Zhou et al.，2014）、同源重组介导的基因替换（Feng et al.，2013）等，这些优点使水稻成为理解单子叶植物生长发育原理的最佳作物。另外，同时对多个基因进行敲除或修饰（Endo et al.，2014；Xie et al.，2015）可以大大加快对水稻的研究和水稻新品种的培育。

利用 CRISPR/Cas9 系统完全敲除水稻基因的双等位基因或通过删除染色体的大片段去敲除整个代谢途径的所有基因可以导致水稻重要性状的改变。例如，Miao 等（2013）通过敲除 *CAO*1 基因明显改变了水稻的株型。Zhou 等（2015）将水稻的感病基因 *OsSWEET*13 敲除得到了抗枯萎病的水稻新品种。

二、玉米

玉米是一种非常重要的研究遗传现象和基因功能的模式作物。CRISPR/Cas9 系统在玉米中已经有了较多的应用，例如，应用该系统在玉米的原生质体中定点突变了 *ZmIPK* 基因，且发现突变效率与 TALEN 技术类似（Liang et al.，2014）。玉米的 *ARGOS*8 基因是乙烯响应的负调节子，已有研究证明组成型地过表达该基因可以增加玉米在干旱胁迫下的产量，利用 CRISPR/Cas9 系统将玉米的 GOS2 启动子插入 *ARGOS*8 基因启动子 5′端或直接将该基因自身的启动子替换为 GOS2 启动子，结果获得了在干旱胁迫下产量增加的玉米突变体（Shi et al.，2016）。

三、大豆

大豆是一种重要的油料和蛋白作物，含有多种对人体有益的生物活性物质。虽然大豆具有重要的经济价值，但是对其遗传和基因组编辑的研究与其他作物相比还存在一定的差距。CRISPR/Cas9 系统为大豆的基因功能研究和应用研究提供了很好的技术工具。针对转入大豆的外源基因 *GFP* 和九个内源基因，利用农杆菌介导法和基因枪转化法分别将 CRISPR/Cas9 系统转入大豆毛胚轴和愈伤组织，均检测到了靶标位点的突变，并且发现基因枪法转化愈伤组织中靶标位点会随着时间的延长发生更多的突变（Jacobs et al.，2015）。Tang 等（2016）利用 CRISPR/Cas9 系统证明大豆的 *Rj4* 基因并不是以前报道的那样存在一个等位基因，而是发现其在大豆基因组中只存在一个拷贝去控制共生的特异性。

四、小麦

小麦也是首先成功应用 CRISPR/Cas9 系统的作物之一（Shan et al.，2013）。随后有研究利用该系统将小麦的己糖加氧酶基因（*inox*）和番茄红素脱氢酶基因（*PDS*）进行了敲除，而且还发现利用两个 sgRNA 同时靶定两个相邻的位点对染色体片段的删除更为有效（Upadhyay et al.，2013）。基因组的多倍体性是小麦应用 CRISPR/Cas9 系统进行基因组编辑的重要影响因素。有研究利用 TALEN 技术成功将小麦的三个同源 MLO 位点进行了编辑，获得了抗白粉病的小麦植株。这是一个非常关键性的突破，因为自然界中并不存在广谱抗白粉病的基因，同时，利用 CRISPR/Cas9 系统获得了小麦 TaMLO‐A1 位点的突变体，说明 CRISPR/Cas9 系统同样可以用来获得抗白粉病的小麦植株（Wang et al.，2014）。

五、高粱

目前，关于 CRISPR/Cas9 系统在高粱基因组编辑中的应用只有一篇报道，研究者利用该系统将转入高粱基因组发生移码突变的报告基因 *YFP* 编辑成了有活性的 *YFP* 基因（Jiang et al.，2013）。

六、番茄

番茄果实营养丰富，具特殊风味。可以生食、煮食，加工制成番茄酱、汁或整果罐藏。番茄含有丰富的胡萝卜素、维生素 C 和 B 族维生素，而且在国民经济中占很重要的比例。番茄高质量基因组测序的完成使其成为研究双子叶植物基因组功能的模式植物（Tomato Genome Consortium，2012）。布鲁克斯（Brooks）等（2014）首次应用 CRISPR/Cas9 系统在番茄植株中获得目的基因突变体并发现突变可以稳定遗传。还有研究更进一步，利用 CRISPR/Cas9 系统的同源重组作用，将一个强启动子插入控制花青素生物合成基因的上游，导致花青素的过表达和异位积累（图 8 - 2），同时还发现获得的突变体性状可以以孟德尔遗传定律的形式遗传到下一代（Cermak T et al.，2015）。

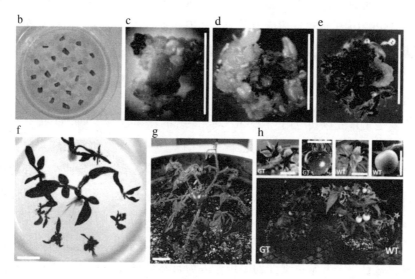

图 8 - 2　CRISPR/Cas9 基因编辑技术在番茄中的应用（Cermak T et al.，2015）

第三节　棉花基因编辑与抗逆研究

CRISPR/Cas9 基因编辑技术将对植物研究和作物育种产生革命性的影响。与医学研究和临床研究相比，植物基因组编辑并不涉及伦理问题，因此更适用于应用研究。理论上，CRISPR/Cas9 系统诱导产生的突变和随机造成的突变一样，但特异性更强、效率更高。另外，转入植物基因组的 *Cas9* 基因和耐抗生素标记基因可以通过后代的生殖隔离分离出去，从而产生非转基因的基因编辑植株（Lawrenson et al.，2015；Zhou et al.，2014）。

虽然已经建立了许多 CRISPR/Cas9 系统载体平台，也检测了它们在基因组编辑中的作用和效率，但是 CRISPR/Cas9 系统的应用潜力尚待全面开发。目前，对 CRISPR/Cas9 系统的研究主要集中在提升它的有效性和特异性、扩大识别靶标位点的范围等方面。一些研究表明 Cas9 蛋白的 PAM 识别结构域可以经过修饰后去识别其他的 PAM 结构（Hu et al.，2016；Kleinstiver et al.，2015a；Kleinstiver et al.，2015b)。另外，对 sgRNA 的修饰（比如，将 sgRNA 延长的同时将多 T 序列的第四位的 T 变成 C 或 G）也能提高 CRISPR/Cas9 系统的编辑效率（Ying et al.，2015)。然而，要想进一步提高在植物中对任意基因进行基于敲入或替换的精确编辑仍是一个巨大的挑战。

此外，SpCas9 的一些同源体，比如，StCas9（Cong et al.，2013）和更小的 SaCas9（Ran et al.，2015)，被鉴定出来并发现它们在植物中也能发挥功能（Steinert et al.，2015)。最新发现的新型核酸酶 Cpf1，也可产生带有黏性末端的 DSB（Zetsche et al.，2015)。另外，将 Cas9 蛋白与相应基因的激活或抑制结构域融合后可以用来调节基因的表达（Gilbert et al.，2014)。未来，在植物中，源于 CRISPR/Cas9 的新工具也会有一些新的应用，比如，切割 RNA（Oconnell et al.，2014)、表观遗传调控（Hilton et al.，2015；Kearns et al.，2015）和染色质成像（Chen et al.，2013）等。

一、利用 CRISPR/Cas9 系统研究棉花基因功能

现在广泛种植的棉花品种是异源四倍体，其基因组结构比较大而复杂，非常不利于基因组功能的研究。以前主要通过 RNAi 和过表达的方式研究棉花的基因功能，随着棉花基因组测序工作的完成，我们可以选择更多的生物学工具去研究棉花的基因组功能。

（一）利用外源报告基因研究 CRISPR/Cas9 系统在棉花基因编辑中的功能

由于商业化种植的棉花品种是异源四倍体，同时编辑两组同源等位基因比较困难，而为了研究 CRISPR/Cas9 系统对棉花基因组编辑的有效性，研究人员选择了转入外源报告基因 *GFP* 的棉花材料进行基因编辑研究（Janga et al.，2017)。如果基因被编辑的话，*GFP* 基因的表达会受到抑制，基因编辑材料在荧光显微镜下就不会产生绿色荧光。他们针对 *GFP* 基因设计了三个 sgRNA 作为研究位点，实验结果发现 sgRNA3 的编辑效率最高为 49.8%，sgRNA2 为 43.4%，sgRNA1 为 25.1%，而且靶标位点碱基序列不仅会发生单个碱基的插入或删除，还会发生大片段的删除（图 8 - 3)。

```
T1_WT    AATTAGATGGTGATGTTAATGGGCACAAATTTTCTGT CAGTGGAGAGGGTGAAGGTGATG  0
T1_12A   AATTAGATGGTGA-------------------------------------AGGTGATG -39
T1_12B   AATTAGATGGTGATGTTAATCAGC--------------------GGAGAGGGTGAAGGTGATG -17
T1_13A   AATTAGATGGTGATGTTAATGGGCA-----------GTGGAGAGGGTGAAGGTGATG -14
T1_13B   AATTAGATGGTGATGTTAATGGGCACAAATTTTCTGTtCAGTGGAGAGGGTGAAGGTGATG  +1
T1_15A   AATTAGATGGTGATGTTAATGGGCACAAATTTTCTGTtCAGTGGAGAGGGTGAAGGTGATG  +1
T1_15B   AATTAGATGGTGATGTTAATGGCACAAATTTTCTGT-----GGAGAGGGTGAAGGTGATG  -4
T1_18A   AATTAGATGGTGA----------------GTGGAGAGGGTGAAGGTGATG -26
T1_18B   AATTAGATGGTGATGTTAATGGGCACAAATTTTCTGT AGTGGAGAGGGTGAAGGTGATG  -1
T1_19A   AATTAGA-------------------------------------AGGTGATG -45
T1_19B   AATTAGATGGTGATGTTAATGGGCACAAATTTTCTGTtCAGTGGAGAGGGTGAAGGTGATG  +1
```

图 8-3　CRISPR/Cas9 系统介导的棉花外源

***GFP* 基因编辑的测序结果（Janga et al.，2017）**

还有研究利用转入外源红色荧光蛋白基因 *DsRed2* 的棉花为材料，该材料的所有组织在 530~550 nm 激发光下都显现出红色荧光。针对基因 *DsRed2*，研究者设计了三个 sgRNA，通过农杆菌介导的愈伤组织转化，实验结果发现，在所有的三个靶标位点都检测到了碱基的删除和插入，通过测序发现，碱基的变化发生在 *DsRed2* 基因的编码区，从而导致 T_0 代植株表现出红色荧光的消失（图8-4），而且这种基因编辑结果还可以遗传给 T_1 代（Wang et al.，2018）。

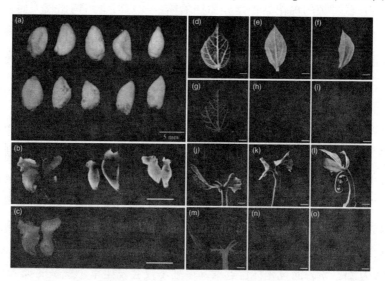

图 8-4　CRISPR/Cas9 系统介导的棉花外源 *DsRed2* 基因的敲除（Wang et al.，2018）

a. 野生型棉花和转 *DsRed2* 基因棉花的种子；b、c. 野生型棉花和转 *DsRed2* 基因棉花再生体细胞胚在白光和 530~550 nm 激发光下的发光情况；d-o. 野生型棉花和转 *DsRed2* 基因棉花的叶子和幼苗在白光和 530~550 nm 激发光下的发光情况。

（二）CRISPR/Cas9 系统对棉花内源基因编辑的研究

基因敲除是研究基因功能最简单的方法之一。利用 CRISPR/Cas9 系统诱导基因组 DNA 产生双链断裂，生物自身的 NHEJ 修复途径会造成若干碱基的删除或插入，从而会造成基因的移码突变，起到敲除基因的功能。为了验证 CRISPR/Cas9 系统对棉花内源基因的编辑效果，研究者选择 *GhCLA*1 基因作为靶标基因，因为该基因在叶绿体发育过程中起着关键作用，如果 *GhCLA*1 基因发生突变，棉花植株就会产生白化表型（Mandel et al.，1996），非常便于实验结果的确认。在我们的研究中，针对 *GhCLA*1 基因设计了相应的 sgRNA，首先在棉花子叶原生质体中进行了瞬时转化，结果发现多数基因编辑结果为碱基的替换，而经过农杆菌介导的棉花茎尖遗传转化法将其转入棉花植株，T_0 代植株中检测到靶标位点发生了碱基的缺失或插入（图 8-5）。同时，我们也对棉花耐盐抗旱相关的 *GhVP* 基因进行了基因编辑实验，结果同 *GhCLA*1 基因类似（Chen et al.，2017）。

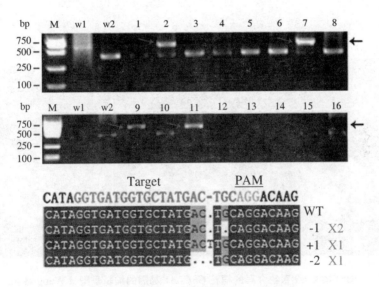

图 8-5　CRISPR/Cas9 系统介导的棉花 *GhCLA*1
基因的编辑结果检测（Chen et al.，2017）

有研究通过农杆菌介导的棉花愈伤组织转化将 CRISPR/Cas9 系统转入棉花，对 *GhCLA*1 基因进行了基因编辑实验，结果发现在分化阶段，与对照组相比，体胚/植株表现为白化症状（图 8-6），通过对靶标位点的测序发现，对每个靶标位点来说，碱基的删除都是随机的，从 1 到 73bp 不等，而且发现了大片段的删除（sgRNA7 和 sgRNA8 靶标位点分别发生了 408bp 和 409bp 的删除），在 sgRNA7 位点还检测到了一个 20bp 碱基的插入（Wang et al.，2018）。

还有报道利用 CRISPR/Cas9 系统敲除了陆地棉的 *MYB25* 基因，研究者将两个 sgRNA 构建到同一个表达载体上，通过农杆菌介导法转化愈伤组织，结果发现，两个靶标位点均发生了碱基的缺失，而且还发现两个靶标位点间的染色体片段也发生了删除（Li et al.，2017）。*GhALARP* 基因编码一个丙氨酸富集蛋白，该蛋白在棉花纤维发育过程中发挥重要作用，有研究利用 CRISPR/Cas9 系统去编辑 *GhALARP* 基因，发现对选定的两个靶标位点的编辑效率分别为 71.4% ~ 100% 和 92.9% ~ 100%，并且发现多数编辑结果为碱基的删除，也有伴随碱基删除的同时发生碱基插入的现象（Zhu et al.，2018）。

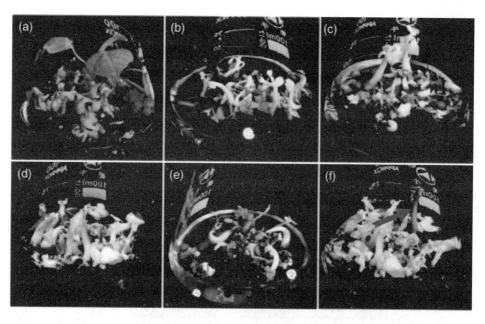

图 8-6　CRISPR/Cas9 系统介导的棉花 *GhCLA1* 基因的编辑表型（Wang et al.，2018）

a. 野生型对照棉花株系；b ~ f. *GhCLA1* 基因被编辑的突变棉花株系。

（三）适用于棉花的 CRISPR/Cas9 系统的开发

叶武威研究员团队利用 CRISPR/Cas9 系统定向突变棉花的 *GhCLA1* 和 *GhVP* 基因，均获得了基因发生定向突变的转基因植株，但是并没有获得基因编辑的纯合体（Chen et al.，2017），由此可以发现，并不是所有的 sgRNA 都具有高效的基因编辑效率，而 sgRNA 的编辑效率是很难通过生物信息学分析确定的。如果使用农杆菌介导的方法进行棉花的稳定转化，需要 8 到 12 个月的时间来产生 T_0 植株，因此，为了节省转化的时间，在为棉花开发 CRISPR/Cas9 系统时，首先需要确定其在棉花基因组的编辑效率。此外，棉花是一种异源四倍体，许多基因在复杂的基因组中有好几个拷贝，定向突变比较困难。所以，为了减少低效或无效 sgRNA 的转化工作，节省转化时间和提高 CRISPR/Cas9 系统的编辑效率，非常有必要开发棉花专用的 CRISPR/Cas9 系统。

有报道开发了一种 sgRNA 在棉花中瞬时高效的验证系统（Gao et al.，2017），他们通过在棉花子叶中瞬时表达 sgRNA 验证了棉花 *GhPDS*、*GhCLA*1 和 *GhEF*1 基因的编辑效率，而且发现可以同时多位点编辑多个基因，也获得了 *Gh-CLA*1 基因完全敲除的棉花植株（图 8 - 7）。

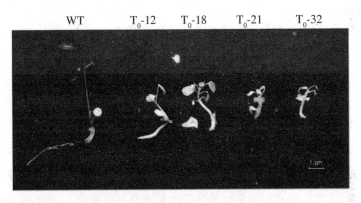

WT　　　　T_0-12　　　T_0-18　　　T_0-21　　　T_0-32

图 8 - 7　CRISPR/Cas9 系统介导的棉花 *GhCLA*1 基因的敲除（Gao et al.，2017）

WT. 野生型棉花对照株系；T_0 - 12、T_0 - 18、T_0 - 21 和 T_0 - 32. *GhCLA*1 基因的敲除棉花株系。

双子叶植物的 CRISPR/Cas9 基因编辑系统中 sgRNA 的启动子一般是源于拟南芥的 *AtU*6 启动子，而棉花的 *GhU*6 基因的启动子理论上也可以驱动 sgRNA 的表达。有报道利用棉花的 *GhU*6 启动子启动 sgRNA 的表达，克隆了棉花的 300 bp *GhU*6.3 启动子，经实验验证发现，棉花 *GhU*6.3 启动子驱动 sgRNA 表达的效率比拟南芥 *AtU*6 - 29 启动子高 6 ~ 7 倍，而且 Cas9 蛋白的对靶标基因的编辑效率提高了 4 ~ 6 倍（Long et al.，2018）。

使用 CRISPR/nCas9 或 dCas9（失活 Cas9）的碱基编辑技术融合胞苷脱氨酶可以开发出一个创造点突变的强大工具。有研究者开发了一种陆地棉碱基编辑器 3（GhBE3）的基因编辑系统，可以用来创建单碱基突变的棉花异源四倍体株系，他们选择了 *GhCLA* 和 *GhPEBP* 两个基因的三个靶位点，以测试 GhBE3 的效率和准确性，发现该系统的编辑效率为 26.67% ~ 57.78%。通过对靶位点的深度测序发现 C 与 T 替换效率大概是 18.63%（Qin et al.，2020）。

（四）CRISPR/Cas9 系统编辑棉花基因脱靶情况的检测

虽然 CRISPR/Cas9 技术有无可比拟的优点，但是任何科学技术自身都存在缺点，CRISPR/Cas9 技术也不例外。与 ZFN 和 TALEN 技术相似，CRISPR/Cas9 系统也可能会引入不需要的突变造成脱靶现象。因此，有必要对 CRISPR/Cas9 系统在棉花基因编辑过程中检测其脱靶现象。

虽然 CRISPR/Cas9 系统已广泛应用于作物改良，但是我们对基因编辑植株中 Cas9 特异性的了解非常有限。有研究选择了 14 个 Cas9 编辑后的棉花植株和 3 个野生型植株以 3 个基因为靶点进行全基因组测序分析（WGS），结果发现了 4188 ~ 6404 个独特的单核苷酸多态性（SNPs）位点，在 14 个 Cas9 编辑的植株中检测到插入/缺失 312 ~ 745 个。因为大多数的突变位置都没有 PAM 位点，所以认为没有脱靶效应。在 4413 个潜在的脱靶位点中只有 4 个是真正的脱靶突变，通过 Sanger 测序证实了这一点。这些结果表明，CRISPR/Cas9 系统对棉花植株具有高度特异性（Li et al.，2019）。

还有研究针对开发的陆地棉碱基编辑器 3（*GhBE3*）的基因编辑系统，检测了该系统的脱靶现象，他们利用 CRISPR - P 和 Cas - OFFinder 工具预测了可能的脱靶位点 27 个，并进行有针对性的深度测序分析，发现 C 与 T 的互换率非常低（平均 < 0.1%）。此外，全基因组深度测序分析了两个 *GhCLA* 基因编辑的植株和一个野生型植株，发现 1500 个预测的潜在脱靶位点没有发生突变（图 8 - 8）。通过 T_1 代基因编辑结果检测，发现编辑后的碱基可以遗传。这些结果表明，在异源四倍体棉花中 *GhBE3* 在产生靶向点突变方面具有较高的特异性和准确性。

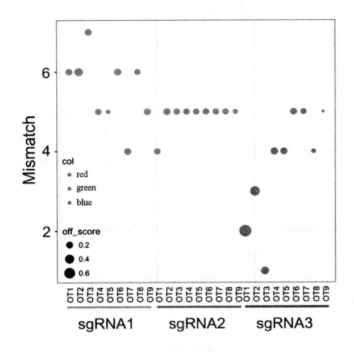

图 8 - 8 全基因组测序分析潜在的脱靶位点（Qin et al.，2020）

（五）利用 CRISPR/Cas9 系统解析 Bt 蛋白的抗棉铃虫机理

钙粘蛋白（Cadherins）已被确定为苏云金芽孢杆菌（Bt）Cry1A 毒素在几种鳞翅目昆虫中的受体，包括棉铃虫。钙粘蛋白基因 *HaCad* 在遗传上与棉铃虫对 Bt 毒素 Cry1Ac 的抗性有关。有研究使用 CRISPR/Cas9 基因组编辑系统将 Cry1Ac 易感的棉铃虫的 *HaCad* 基因敲除，获得了一个单独的阳性 CRISPR 事件，基因 *HaCad* 的靶标位点删除了 4 个碱基并使之纯合形成一个基因敲除棉铃虫系，Western blotting 证实 *HaCad* 基因不再表达产生蛋白。用杀虫剂生物测定表明，与对照相比，基因敲除棉铃虫对 Cry1Ac 抗性提高了 549 倍。这个研究不仅为 HaCad 作为 Cry1Ac 的功能受体提供了强有力的反向遗传学证据，也证明了 CRISPR/Cas9 技术可以作为一种强大而高效的基因组编辑工具研究一种全球性的农业害虫——棉铃虫的基因功能（Wang et al.，2016）。

此外，通过改变基因的若干个碱基进行基因敲除研究只是利用 CRISPR/Cas9 系统研究基因功能的应用之一，我们还可以利用该系统进行染色体片段的删除，从而将不需要或有害的基因甚至整个代谢途径的所有基因都删除。最近，有研究利用 CRISPR/Cas9 系统将水稻的包含二萜类基因簇的染色体片段进行了有效删除（Zhou et al.，2014）。我们可以利用此方法在棉花中删除不利的基因或染色体片段，从而获得具有优良性状的棉花新品种。

二、利用 CRISPR/Cas9 系统改良棉花

棉花是自然纺织纤维的最大来源，而棉籽也是植物油和植物蛋白的重要来源之一，因此，培育具有优良性状的棉花新品种具有非常重要的经济价值和社会价值。CRISPR/Cas9 系统的出现为我们培育具有优良性状的棉花新品种提供了新方法和新思路。

随着我国耕地面积的减少、粮棉争地情况的加重，棉花的种植区域越来越多地集中到干旱盐碱地区，这就要求我们培育耐盐抗旱棉花新品种。传统棉花转基因的研究大多是通过农杆菌介导的方法将重组到 T‒DNA 上的基因表达框转入棉花基因组中，通过基因的过表达提高棉花的耐盐抗旱性，但是由于 T‒DNA 在基因组上的插入具有位置效应，而且无法控制转入基因在基因组上的拷贝数，因此，获得耐盐抗旱转基因植株的难度较大。利用 CRISPR/Cas9 系统的 HR 修复机制可以将目标基因的完整表达框插入棉花基因组的特定位置，不仅减少了外源 DNA 的插入位置效应，而且可以将外源 DNA 片段插入更有利于基因表达的基因组位点，同时还可以很好地控制插入片段的拷贝数，使其能更好地发挥功能。比如，棉花的 *GhVP* 基因对棉花的耐盐抗旱具有非常重要的作用（Zhao et al.，2016a），我们可以利用 CRISPR/Cas9 系统将棉花 *GhVP* 基因的内源启动子替换为过表达启动子（比如，CaMV 35S 启动子），从而在棉花中过表达 *GhVP* 基因提高棉花的耐盐抗旱性。

棉花纤维是与棉花经济价值直接相关的农艺性状之一，而黄萎病是田间严重影响棉花纤维发育和品质的疾病，在我国每年造成 2.5 亿 ~ 3.1 亿美元的损失（Wang et al.，2016）。已有研究利用 CRISPR/Cas9 系统获得了抗番茄黄卷叶病毒（TYLCV）的烟草（Ali et al.，2015）、抗甜菜严重曲顶病毒（BSCTV）的拟南芥（Ji et al.，2015）和抗菜豆黄矮病毒（BeYDV）的烟草（Baltes et al.，2015）。还有报道，提供了一种利用 CRISPR/Cas9 系统获得抗棉花曲叶病毒（CLCuD）转基因棉花的新思路（Iqbal et al.，2016）。同样，我们也可以利用此系统获得抗黄萎病的棉花新品种，当然首先我们需要深入研究棉花黄萎病的机制，从而有针对性地设计实验。

棉酚的生物合成也是影响棉籽油品质的关键因素，我们可以通过构建不同

的 sgRNA 或将多个 sgRNA 构建到同一个 CRISPR/Cas9 系统植物表达载体上，特异性地编辑与这些性状相关的基因，调控这些基因的表达，从而获得性状更为优良的棉花新品种（图 8 - 9）。

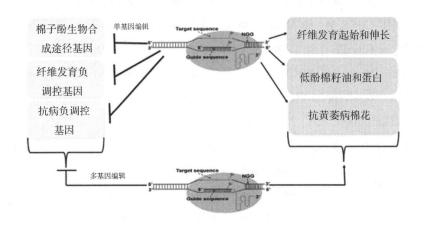

图 8 - 9　CRISPR/Cas9 系统在棉花研究中的应用潜力（陈修贵，2017）

三、CRISPR/Cas9 系统介导的棉花表观遗传学研究

最近，有报道通过融合不同的工程酶至 CRISPR/Cas9 系统中，获得了具有多种功能的新型 CRISPR/Cas9 系统，比如，对目标基因进行特异位点的转录激活或抑制，DNA 的甲基化或去甲基化等（Lowder et al.，2015；Vojta et al.，2016；Xu et al.，2016）。这些新型 CRISPR/Cas9 系统也非常有潜力被应用于棉花基因组功能和表观遗传学的研究，可以对棉花的基因进行特异位点的转录激活或抑制，还可以用来研究棉花特异位点 DNA 的甲基化或去甲基化等，这将进一步加速对棉花基因功能和分子育种的研究和应用。

CRISPR/Cas9 基因编辑系统具有简单、灵活、高效和低廉的特点，这些特点使其有了非常广泛的应用，未来必将对生物学研究和作物分子育种的进程产生革命性的影响。

参考文献：

ALI Z, ABULFARAJ A, IDRIS A, et al. CRISPR/Cas9 – mediated viral interference in plants ［J］. Genome Biology, 2015, 16：238.

BALTES N J, HUMMEL A W, KONECNA E, et al. Conferring resistance to geminiviruses with the CRISPR – Cas prokaryotic immune system ［J］. Nature Plants, 2015, 1: 15145.

BARRANGOU R, FREMAUX C, DEVEAU H, et al. CRISPR provides acquired resistance against viruses in prokaryotes ［J］. Science, 2007, 315: 1709.

BOETTCHER M, MCMANUS M T. Choosing the right tool for the job: RNAi, TALEN, or CRISPR ［J］. Molecular Cell, 2015, 58: 575 – 585.

BOLOTIN A, QUINQUIS B, SOROKIN A, et al. Clustered regularly interspaced short palindrome repeats (CRISPRs) have spacers of extrachromosomal origin ［J］. Microbiology, 2005, 151: 2551 – 2561.

BORTESI L, FISCHER R. The CRISPR/Cas9 system for plant genome editing and beyond ［J］. Biotechnology Advances, 2015, 33: 41 – 52.

BROOKS C, NEKRASOV V, LIPPMAN Z B, et al. Efficient gene editing in tomato in the first generation using the clustered regularly interspaced short palindromic repeats/ CRISPR – associated9 system ［J］. Plant Physiology, 2014, 166 (3): 1292 – 1297.

CERMAK T, BALTES N J, CEGAN R, et al. High – frequency, precise modification of the tomato genome ［J］. Genome Biology, 2015, 16 (1): 232.

CHEN B, GILBERT L A, CIMINI B A, et al. Dynamic imaging of genomic loci in living human cells by an optimized CRISPR/Cas system ［J］. Cell, 2013, 155: 1479 – 1491.

CHO S W, KIM S, KIM J M, et al. Targeted genome engineering in human cells with the Cas9 RNA – guided endonuclease ［J］. Nature Biotechnology, 2013, 31: 230 – 232.

CONG L, RAN F A, COX D, et al. Multiplex genome engineering using CRISPR/Cas systems ［J］. Science, 2013, 339 (6213): 819 – 823.

DELTCHEVA E, CHYLINSKI K, SHARMA C M, et al. CRISPR RNA maturation by trans – encoded small RNA and host factor RNase III ［J］. Nature, 2011, 471: 602 – 607.

DOUDNA J A, CHARPENTIER E. The new frontier of genome engineering with CRISPR – Cas9 ［J］. Science, 2014, 346: 1258096.

EECKHAUT T, LAKSHMANAN P S, DERYCKERE D, et al. Progress in plant protoplast research ［J］. Planta, 2013, 238: 991 – 1003.

ENDO M, MIKAMI M, TOKI S. Multigene knockout utilizing off – target mutations of the CRISPR/Cas9 system in rice ［J］. Plant and Cell Physiology, 2014, 56: 41 – 47.

EST VEZ J M, CANTERO A, ROMERO C, et al. Analysis of the expression of *CLA*1, a gene that encodes the 1 – deoxyxylulose 5 – phosphate synthase of the 2 – C – methyl – D – erythritol – 4 – phosphate pathway in *Arabidopsis* ［J］. Plant Physiology, 2000, 124: 95 – 104.

FAN D, LIU T, LI C, et al. Efficient CRISPR/Cas9 – mediated targeted mutagenesis in Populus in the first generation ［J］. Scientific Reports, 2015, 5: 12217.

FAUSER F, SCHIML S, PUCHTA H. Both CRISPR/Cas – based nucleases and nickases can be used efficiently for genome engineering in *Arabidopsis thaliana* ［J］. The Plant Journal : for cell and molecular biology, 2014, 79: 348 – 359.

FENG Z, MAO Y, XU N, et al. Multigeneration analysis reveals the inheritance, specificity, and patterns of CRISPR/Cas – induced gene modifications in *Arabidopsis* ［J］. Proceedings of the National Academy of Sciences, 2014, 111: 4632 – 4637.

FENG Z, ZHANG B, DING W, et al. Efficient genome editing in plants using a CRISPR/Cas system ［J］. Cell Research, 2013, 23: 1229 – 1232.

FIROOZABADY E, DEBOER D L, MERLO D J, et al. Transformation of cotton (*Gossypium hirsutum* L.) by Agrobacterium tumefaciens and regeneration of transgenic plants ［J］. Plant Molecular Biology, 1987, 10: 105 – 116.

FU Y, FODEN J A, KHAYTER C, et al. High – frequency off – target mutagenesis induced by CRISPR – Cas nucleases in human cells ［J］. Nature Biotechnology, 2013, 31: 822 – 826.

GAO J, WANG G, MA S, et al. CRISPR/Cas9 – mediated targeted mutagenesis in Nicotiana tabacum ［J］. Plant molecular biology, 2015a, 87: 99 – 110.

GAO W, LONG L, TIAN X, et al. Genome Editing in Cotton with the CRISPR/Cas9 System ［J］. Frontiers in Plant Science, 2017, 8: 1364.

GAO X, WHEELER T, LI Z, et al. Silencing *GhNDR*1 and *GhMKK*2 compromises cotton resistance to *Verticillium* wilt ［J］. Plant Journal, 2011, 66: 293.

GAO Y, ZHANG Y, ZHANG D, et al. Auxin binding protein 1 (ABP1) is not required for either auxin signaling or *Arabidopsis* development ［J］. Proceedings of the

National Academy of Sciences of the United States of America, 2015b.

GAXIOLA R A, LI J, UNDURRAGA S, et al. Drought - and salt - tolerant plants result from overexpression of the AVP1 H$^+$ - pump [J]. Proceedings of the National Academy of Sciences of the United States of America, 2001, 98: 11444 - 11449.

GELVIN SB. Agrobacterium - mediated plant transformation: the biology behind the "Gene - Jockeying" tool [J]. Microbiology & Molecular Biology Reviews, 2003, 67: 16 - 37.

GILBERT L A, HORLBECK M A, ADAMSON B, et al. Genome - scale CRISPR - mediated control of gene repression and activation [J]. Cell, 2014, 159: 647 - 661.

GUSCHIN D Y, WAITE A J, KATIBAH G E, et al. A rapid and general assay for monitoring endogenous gene modification [J]. Methods in Molecular Biology, 2010, 649: 247 - 256.

HILTON I B, D'IPPOLITO A M, VOCKLEY C M, et al. Epigenome editing by a CRISPR - Cas9 - based acetyltransferase activates genes from promoters and enhancers [J]. Nature Biotechnology, 2015, 33: 510 - 517.

HSU P D, LANDER E S, ZHANG F. Development and applications of CRISPR - Cas9 for genome engineering [J]. Cell, 2014, 157: 1262 - 1278.

HSU P D, SCOTT D A, WEINSTEIN J A, et al. DNA targeting specificity of RNA - guided Cas9 nucleases [J]. Nature Biotechnology, 2013, 31: 827 - 832.

HU X, WANG C, FU Y, et al. Expanding the range of CRISPR/Cas9 genome editing in rice [J]. Molecular Plant, 2016, 9: 943 - 945.

IQBAL Z, SATTAR M N, SHAFIQ M. CRISPR/Cas9: A tool to circumscribe cotton leaf curl disease [J]. Frontiers in plant science, 2016, 7: 475.

ISHINO Y, SHINAGAWA H, MAKINO K, et al. Nucleotide sequence of the iap gene, responsible for alkaline phosphatase isozyme conversion in Escherichia coli, and identification of the gene product [J]. Journal of Bacteriology, 1987, 169: 5429 - 5433.

JACOBS T B, LAFAYETTE P R, SCHMITZ R J, et al. Targeted genome modifications in soybean with CRISPR/Cas9 [J]. BMC Biotechnology, 2015, 15: 16.

JANGA M R, CAMPBELL L M, RATHORE K S. CRISPR/Cas9 - mediated targeted mutagenesis in upland cotton (*Gossypium hirsutum* L.) [J]. Plant Molecular Biology, 2017: 1 - 12.

JI X, ZHANG H, ZHANG Y, et al. Establishing a CRISPR – Cas – like immune system conferring DNA virus resistance in plants [J]. Nature Plants, 2015, 1: 15144.

JIANG W, YANG B, WEEKS D P. Efficient CRISPR/Cas9 – mediated gene editing in *Arabidopsis thaliana* and inheritance of modified genes in the T_2 and T_3 generations [J]. PloS one, 2014.

JIANG W, ZHOU H, BI H, et al. Demonstration of CRISPR/Cas9/sgRNA – mediated targeted gene modification in Arabidopsis, tobacco, sorghum and rice [J]. Nucleic Acids Research, 2013, 41: e188.

JINEK M, CHYLINSKI K, FONFARA I, et al. A programmable dual – RNA – guided DNA endonuclease in adaptive bacterial immunity [J]. Science, 2012, 337: 816 – 821.

JINEK M, EAST A, CHENG A, et al. RNA – programmed genome editing in human cells [J]. Elife, 2013, 2: e00471.

KEARNS NA, PHAM H, TABAK B, et al. Functional annotation of native enhancers with a Cas9 – histone demethylase fusion [J]. Nature Methods, 2015, 12: 401.

KIANI S, CHAVEZ A, TUTTLE M, et al. Cas9 gRNA engineering for genome editing, activation and repression [J]. Nature Methods, 2015, 12: 1051.

KLEINSTIVER B P, PREW M S, TSAI S Q, et al. Broadening the targeting range of *Staphylococcus* aureus CRISPR – Cas9 by modifying PAM recognition [J]. Nature biotechnology, 2015a, 33: 1293.

KLEINSTIVER B P, PREW M S, TSAI S Q, et al. Engineered CRISPR – Cas9 nucleases with altered PAM specificities [J]. Nature, 2015b, 523: 481.

LAWRENSON T, SHORINOLA O, STACEY N, et al. Induction of targeted, heritable mutations in barley and Brassica oleracea using RNA – guided Cas9 nuclease [J]. Genome Biology, 2015, 16: 258.

LEI Y, LU L, LIU H Y, et al. CRISPR – P: a web tool for synthetic single – guide RNA design of CRISPR – system in plants [J]. Molecular Plant, 2014, 7: 1494 – 1496.

LI C, UNVER T, ZHANG B. A high – efficiency CRISPR/Cas9 system for targeted mutagenesis in cotton (*Gossypium hirsutum* L.) [J]. Scientific Reports, 2017, 7: 43902.

LI J F, NORVILLE J E, AACH J, et al. Multiplex and homologous recombination – mediated genome editing in *Arabidopsis* and *Nicotiana benthamiana* using guide RNA and Cas9 [J]. Nature Biotechnology, 2013, 31: 688 – 691.

LI J, MANGHWAR H, SUN L, et al. Whole genome sequencing reveals rare off – target mutations and considerable inherent genetic or/and somaclonal variations in CRISPR/Cas9 – edited cotton plants [J]. Plant Biotechnology Journal, 2019, 17 (5): 858 – 868.

LIANG G, ZHANG H, LOU D, et al. Selection of highly efficient sgRNAs for CRISPR/Cas9 – based plant genome editing [J]. Scientific Reports, 2016, 6: 21451.

LIANG Z, CHEN K, LI T, et al. Efficient DNA – free genome editing of bread wheat using CRISPR/Cas9 ribonucleoprotein complexes [J]. Nature Communications, 2017, 8: 14261.

LIANG Z, ZHANG K, CHEN K, et al. Targeted mutagenesis in *Zea mays* using TALENs and the CRISPR/Cas system [J]. Journal of Genetics and Genomics = Yi chuan xue bao, 2014, 41: 63 – 68.

LIU W, XIE X, MA X, et al. DSDecode: A web – based tool for decoding of sequencing chromatograms for genotyping of targeted mutations [J]. Molecular Plant, 2015, 8: 1431 – 1433.

LONG L, GUO DD, GAO W, et al. Optimization of CRISPR/Cas9 genome editing in cotton by improved sgRNA expression [J]. Plant Methods, 2018, 14: 85.

LOWDER L G, ZHANG D, BALTES N J, et al. A CRISPR/Cas9 toolbox for multiplexed plant genome editing and transcriptional regulation [J]. Plant Physiology, 2015, 169: 971 – 985.

LV S, ZHANG K, GAO Q, et al. Overexpression of an H^+ – PPase gene from *Thellungiella halophila* in cotton enhances salt tolerance and improves growth and photosynthetic performance [J]. Plant and Cell Physiology, 2008, 49: 1150 – 1164.

MA X, CHEN L, ZHU Q, et al. Rapid decoding of sequence – specific nuclease – induced heterozygous and biallelic mutations by direct sequencing of PCR products [J].

Molecular Plant, 2015a, 8: 1285 – 1287.

MA X, ZHANG Q, ZHU Q, et al. A robust CRISPR/Cas9 system for convenient, high – efficiency multiplex genome editing in monocot and dicot Plants [J]. Molecular Plant, 2015b, 8: 1274 – 1284.

MA X, ZHU Q, CHEN Y, et al. CRISPR/Cas9 platforms for genome editing in plants: developments and applications [J]. Molecular Plant, 2016, 9: 961 – 974.

MAKAROVA K S, GRISHIN N V, SHABALINA S A, et al. A putative RNA – interference – based immune system in prokaryotes: computational analysis of the predicted enzymatic machinery, functional analogies with eukaryotic RNAi, and hypothetical mechanisms of action [J]. Biology Direct, 2006, 1: 7.

MANDEL M A, FELDMANN K A, HERRERAESTRELLA L, et al. *CLA*1, a novel gene required for chloroplast development, is highly conserved in evolution [J]. Plant Journal, 1996, 9: 649 – 658.

MAO Y, ZHANG H, XU N, et al. Application of the CRISPR – Cas system for efficient genome engineering in plants [J]. Molecular Plant, 2013, 6: 2008 – 2011.

MAO Y, ZHANG Z, FENG Z, et al. Development of germ – line – specific CRISPR – Cas9 systems to improve the production of heritable gene modifications in Arabidopsis [J]. Plant Biotechnology Journal, 2015.

MIAO J, GUO D, ZHANG J, et al. Targeted mutagenesis in rice using CRISPR – Cas system [J]. Cell research, 2013, 23: 1233 – 1236.

MIKAMI M, TOKI S, ENDO M. Comparison of CRISPR/Cas9 expression constructs for efficient targeted mutagenesis in rice [J]. Plant Molecular Biology, 2015, 88: 561 – 572.

MOJICA F J M, SORIA E, JUEZ G. Biological significance of a family of regularly spaced repeats in the genomes of *Archaea*, *Bacteria* and mitochondria [J]. Molecular Microbiology, 2000, 36: 244 – 246.

NAIR G R, LAI X, WISE A A, et al. The integrity of the periplasmic domain of the VirA sensor kinase is critical for optimal coordination of the virulence signal response in Agrobacterium tumefaciens [J]. Journal of Bacteriology, 2011, 193: 1436 – 1448.

NEKRASOV V, STASKAWICZ B, WEIGEL D, et al. Targeted mutagenesis in the model plant *Nicotiana benthamiana* using Cas9 RNA – guided endonuclease [J].

Nature Biotechnology, 2013, 31: 691 – 693.

OCONNELL M R, OAKES B L, STERNBERG S H, et al. Programmable RNA recognition and cleavage by CRISPR/Cas9 [J]. Nature, 2014, 516: 263 – 266.

PATTANAYAK V, LIN S, GUILINGER J P, et al. High – throughput profiling of off – target DNA cleavage reveals RNA – programmed Cas9 nuclease specificity [J]. Nature Biotechnology, 2013, 31: 839 – 843.

PIATEK A, ALI Z, BAAZIM H, et al. RNA – guided transcriptional regulation in planta via synthetic dCas9 – based transcription factors [J]. Plant Biotechnology Journal, 2014, 13: 578 – 589.

POLSTEIN L R, GERSBACH C A. A light – inducible CRISPR/Cas9 system for control of endogenous gene activation [J]. Nature Chemical Biology, 2015, 11: 198.

POURCEL C, SALVIGNOL G, VERGNAUD G. CRISPR elements in *Yersinia pestis* acquire new repeats by preferential uptake of bacteriophage DNA, and provide additional tools for evolutionary studies [J]. Microbiology, 2005, 151: 653.

QI L S, LARSON M H, GILBERT L A, et al. Repurposing CRISPR as an RNA – guided platform for sequence – specific control of gene expression [J]. Cell, 2013, 152: 1173.

QIN L, LI J, WANG Q, et al. High – efficient and precise base editing of C * G to T * A in the allotetraploid cotton (*Gossypium hirsutum*) genome using a modified CRISPR/Cas9 system [J]. Plant Biotechnology Journal, 2020, 18 (1): 45 – 56.

RAN F A, CONG L, YAN W X, et al. *In vivo* genome editing using *Staphylococcus aureus* Cas9 [J]. Nature, 2015, 520: 186 – 191.

REN C, LIU X, ZHANG Z, et al. CRISPR/Cas9 – mediated efficient targeted mutagenesis in Chardonnay (*Vitis vinifera* L.) [J]. Scientific Reports, 2016, 6: 32289.

RUSK N. CRISPRs and epigenome editing [J]. Nature Methods, 2014, 11 (1): 28 – 28.

SARAFIAN V, KIM Y, POOLE R J, et al. Molecular cloning and sequence of cDNA encoding the pyrophosphate – energized vacuolar membrane proton pump of *Arabidopsis thaliana* [J]. Proceedings of the National Academy of Sciences of the United

States of America, 1992, 89: 1775 – 1779.

SHAN Q, WANG Y, LI J, et al. Targeted genome modification of crop plants using a CRISPR – Cas system [J]. Nature Biotechnology, 2013, 31: 686 –688.

SHEN B, ZHANG W, ZHANG J, et al. Efficient genome modification by CRISPR – Cas9 nickase with minimal off – target effects [J]. Nature Methods, 2014, 11: 399.

SHI J, GAO H, WANG H, et al. ARGOS8 variants generated by CRISPR – Cas9 improve maize grain yield under field drought stress conditions [J]. Plant biotechnology Journal, 2016.

STEINERT J, SCHIML S, FAUSER F, et al. Highly efficient heritable plant genome engineering using Cas9 orthologues from *Streptococcus thermophilus* and *Staphylococcus* aureus [J]. Plant Journal, 2015, 84: 1295 – 1305.

STERNBERG S H, REDDING S, JINEK M, et al. DNA interrogation by the CRISPR RNA – guided endonuclease Cas9 [J]. Nature, 2014, 507: 62.

SUN X, HU Z, CHEN R, et al. Targeted mutagenesis in soybean using the CRISPR – Cas9 system [J]. Scientific Reports, 2015, 5: 10342.

SUN Y W, ZHANG X, WU C Y, et al. Engineering herbicide – resistant rice plants through CRISPR/Cas9 – mediated homologous recombination of acetolactate synthase [J]. Molecular Plant, 2016, 9: 628 –631.

SUNILKUMAR G, RATHORE K S. Transgenic cotton: factors influencing Agrobacterium – mediated transformation and regeneration [J]. Molecular Breeding, 2001, 8: 37 –52.

SVITASHEV S, SCHWARTZ C, LENDERTS B, et al. Genome editing in maize directed by CRISPR – Cas9 ribonucleo protein complexes [J]. Nature Communications, 2016, 7: 13274.

TANG F, YANG S, LIU J, et al. *Rj4*, a gene controlling nodulation specificity in soybeans, encodes a thaumatin – like protein but not the one previously reported [J]. Plant physiology, 2016, 170: 26 –32.

TANG T H, BACHELLERIE J P, ROZHDESTVENSKY T, et al. Identification of 86 candidates for small non – messenger RNAs from the archaeon *Archaeoglobus fulgidus* [J]. Proceedings of the National Academy of Sciences of the United States of America, 2002, 99: 7536 – 7541.

TOMATO GENOME CONSORTIUM. The tomato genome sequence provides insights into fleshy fruit evolution [J]. Nature, 2012, 485: 635 – 641.

UMBECK P, JOHNSON G, BARTON K, et al. Genetically transformed cotton (*Gossypium hirsutum* L.) plants [J]. Nature Biotechnology, 1987, 5: 263 – 266.

UPADHYAY S K, KUMAR J, ALOK A, et al. RNA – guided genome editing for target gene mutations in wheat [J]. G3: Genes | Genomes | Genetics, 2013, 3: 2233 – 2238.

VANYUSHIN B F, ASHAPKIN V V. DNA methylation in higher plants: past, present and future [J]. Biochimica et Biophysica Acta, 2011, 1809: 360 – 368.

VOJTA A, DOBRINIC P, TADIC V, et al. Repurposing the CRISPR – Cas9 system for targeted DNA methylation [J]. Nucleic Acids Research, 2016, 44: 5615 – 5628.

VOYTAS D F. Plant genome engineering with sequence – specific nucleases [J]. Annual Review of Plant Biology, 2013, 64: 327.

WANG P, ZHANG J, SUN L, et al. High efficient multisites genome editing in allotetraploid cotton (*Gossypium hirsutum*) using CRISPR/Cas9 system [J]. Plant Biotechnology Journal, 2018, 16 (1): 137 – 150.

WANG Y, CHENG X, SHAN Q, et al. Simultaneous editing of three homoeoalleles in hexaploid bread wheat confers heritable resistance to powdery mildew [J]. Nature Biotechnology, 2014, 32: 947 – 951.

WANG Y, LIANG C, WU S, et al. Significant improvement of cotton *Verticillium* wilt resistance by manipulating the expression of gastrodia antifungal proteins [J]. Molecular Plant, 2016, 9: 1436 – 1439.

WANG Z P, XING H L, DONG L, et al. Egg cell – specific promoter – controlled CRISPR/Cas9 efficiently generates homozygous mutants for multiple target genes in *Arabidopsis* in a single generation [J]. Genome biology, 2015, 16: 144.

WOO J W, KIM J, KWON S I, et al. DNA – free genome editing in plants with preassembled CRISPR – Cas9 ribonucleo proteins [J]. Nature Biotechnology, 2015, 33: 1162 – 1164.

XIE K, MINKENBERG B, YANG Y. Boosting CRISPR/Cas9 multiplex editing capability with the endogenous tRNA – processing system [J]. Proceedings of the

National Academy of Science, 2015, 112: 3570.

XIE K, YANG Y. RNA – guided genome editing in plants using a CRISPR – Cas system [J]. Molecular Plant, 2013, 6: 1975 – 1983.

XU R, LI H, QIN R, et al. Gene targeting using the Agrobacterium tumefaciens – mediated CRISPR – Cas system in rice [J]. Rice, 2014, 7: 5.

XU X, TAO Y, GAO X, et al. A CRISPR – based approach for targeted DNA demethylation [J]. Cell Discov, 2016, 2: 16009.

YAN L, WEI S, WU Y, et al. High – efficiency genome editing in *Arabidopsis* using YAO promoter – driven CRISPR/Cas9 system [J]. Molecular Plant, 2015, 8: 1820 – 1823.

YIN K, HAN T, LIU G, et al. A geminivirus – based guide RNA delivery system for CRISPR/Cas9 mediated plant genome editing [J]. Scientific Reports, 2015, 5.

YING D, JIA G, CHOI J, et al. Optimizing sgRNA structure to improve CRISPR – Cas9 knockout efficiency [J]. Genome Biology, 2015, 16: 280.

ZETSCHE B, GOOTENBERG J S, ABUDAYYEH O O, et al. Cpf1 is a single RNA – guided endonuclease of a Class 2 CRISPR – Cas system [J]. Cell, 2015, 163: 759 – 771.

ZHANG B. Transgenic cotton_ from biotransformation methods to agricultural application. 2013.

ZHANG H, ZHANG J, WEI P, et al. The CRISPR/Cas9 system produces specific and homozygous targeted gene editing in rice in one generation [J]. Plant Biotechnology Journal, 2014, 12: 797 – 807.

ZHANG Y, LIANG Z, ZONG Y, et al. Efficient and transgene – free genome editing in wheat through transient expression of CRISPR/Cas9 DNA or RNA [J]. Nature Communications, 2016, 7: 12617.

ZHAO X, LU X, YIN Z, et al. Genome – wide identification and structural analysis of pyrophosphatase gene family in cotton [J]. Crop Science, 2016a, 56: 4.

ZHAO X, MENG Z, WANG Y, et al. Pollen magnetofection for genetic modification with magnetic nanoparticles as gene carriers [J]. Nature Plants, 2017, 3 (12): 956 – 964.

ZHAO Y, ZHANG C, LIU W, et al. An alternative strategy for targeted gene replacement in plants using a dual – sgRNA/Cas9 design [J] . Scientific Reports, 2016b, 6: 23890.

ZHENG X, YANG S, ZHANG D, et al. Effective screen of CRISPR/Cas9 – induced mutants in rice by single – strand conformation polymorphism [J] . Plant Cell reports, 2016, 35: 1545 – 1554.

ZHOU H, LIU B, WEEKS D P, et al. Large chromosomal deletions and heritable small genetic changes induced by CRISPR/Cas9 in rice [J] . Nucleic Acids Research, 2014, 42: 10903 – 10914.

ZHOU J, PENG Z, LONG J, et al. Gene targeting by the TAL effector PthXo2 reveals cryptic resistance gene for bacterial blight of rice [J] . Plant Journal for Cell & Molecular Biology, 2015, 82: 632.

ZHU X, XU Y, YU S, et al. An efficient genotyping method for genome – modified animals and human cells generated with CRISPR/Cas9 system [J] . Scientific Reports, 2014, 4: 6420.

第九章

棉花抗逆性鉴定与种质创新

棉花生育周期长，抗逆性状复杂，资源鉴定数量多、规模大，且材料源于不同生态区，变异类型丰富，针对以上特点，研究人员提出了不同的抗逆鉴定方法，这些鉴定方法的应用有利于对棉花材料大批量的抗逆能力的综合评价，大大促进了优异棉花抗逆种质资源的筛选，加快了棉花抗逆育种的进程。

第一节　棉花耐盐性鉴定及评价

棉花种质资源是棉花育种和生产发展的物质基础。棉花种质资源所有的遗传物质均存在于各个品种品系、材料之中。我国现有棉花种质资源 13000 余份，包括棉花的栽培种、陆地棉半野生种系、野生种及棉属的近缘植物等。我国早期选育的棉花品种，大多是由美国引进的岱字棉、斯字棉、德字棉、福字棉、金字棉以及分别从乌干达、苏联引进的乌干达棉、苏联棉等，经系统选种或杂交育种育成，这些原始育种材料现在称为基础种质。

棉属种间的耐盐性差异比较大，刘国强等（1993）对棉花 4 个栽培种 4078 份品种资源的耐盐性（0.3% NaCl）苗期鉴定的结果表明，栽培种之间的耐盐性差异很大，其中非洲棉、海岛棉、陆地棉、亚洲棉处于耐以上水平的材料占参试材料的比例分别为 58.33%、37.98%、7.78%、5.88%，可看出非洲棉和海岛棉的耐盐性比较突出，而陆地棉和亚洲棉则相对较差。

棉花耐盐性鉴定方法可分为间接鉴定法和直接鉴定法两类。

间接鉴定法是指用生理生化分析技术，利用棉花在盐胁迫下生理代谢过程中的物质变化如脯氨酸、甘氨酸、甜菜碱、山梨醇、清蛋白、自由水、束缚水等指标进行鉴定，但这方面研究尚存在不同结论。利用组织培养法鉴定棉花耐盐性，还能进行耐盐细胞的筛选研究，采用电导法鉴定棉花的耐盐性，种仁吸收 NaCl 后在水溶液中的电导率和棉花的耐盐性呈高度相关。

直接鉴定法包括发芽比较法、形态比较法和产量比较法。在棉花上采用的主要是形态比较法和产量比较法。产量比较法比较准确，但周期长，成本高，且受年份和气候的变化影响较大，只能在材料较少时采用。目前普遍采用形态比较法，开始时以目测模糊的形态指标做分级标准，只能定性不能定量，误差较大。张国伟等（2011）采用不同浓度的 NaCl 水溶液模拟盐胁迫，以多项指标盐害系数隶属函数值和总隶属函数值为依据，比较了 13 个棉花品种萌发期和苗期的耐盐性，并进行聚类分析，提出发芽率、发芽势、发芽指数、活力指数和鲜质量的盐害系数可以作为棉花萌发期耐盐鉴定指标，株高、叶片伸展速率、地上部干质量、根系干质量、根系活力和净光合速率的盐害系数可以作为棉花苗期耐盐鉴定指标。沈法富等（1997）利用水培的方法对其整体植株进行了耐盐性鉴定，利用液滴培养技术对其花粉的耐盐性进行了鉴定，并分析了棉花整体植株和花粉耐盐性的相关性，结果表明，在水培盐胁迫条件下，棉花叶片总面积和叶片鲜重减少的百分数是反映棉花整体植株耐盐性的指标。在液滴培养盐胁迫条件下，棉花花粉粒萌发的百分率是反映其耐盐性的可靠指标，而花粉管的长度不能反映棉花的耐盐性。

叶武威等（1998）通过对棉花耐盐性的生理遗传研究，确立了 0.4% 盐量胁迫法作为棉花种质耐盐性鉴定的最佳方法。主要有两个方面的依据：一方面是盐胁迫对棉花萌发特性的影响，多数研究表明，棉花在盐浓度为 0.4% ~ 0.6% 时萌发对盐的反应特别敏感，有利于耐盐性的鉴定与筛选。另一方面是根据棉花某些对盐胁迫反应较敏感的生理生化指标，如 SOD、POD，研究表明，无论是耐盐材料中 9807 还是盐敏感材料中 S9612，SOD、POD 活性和比活都随着 NaCl 浓度的增加而提高，且耐盐材料中 9807 的 SOD 活性和比活的提高速度都显著高于盐敏感材料中 S9612。根据以上两方面原因，确立了棉花耐盐性鉴定行业标准。

该鉴定方法的主要过程如下：在 25cm 土厚的盐鉴定池中，以行距 15cm、株距 6cm 随机种植，设 3 次重复，待棉花幼苗长至三片真叶时，采用电导率法测定土壤含盐量（有效总苗数不低于 10 株），按照土壤含盐量 0.4% 为上限计算所需盐量，逐行均匀施盐，然后均匀喷洒浇水，使盐分逐渐渗透溶解至土壤中，使土壤盐浓度为 0.4%。一周后，计算成活苗率（以生长点能够恢复生长为活苗），以相对成活苗率评价棉花种质的耐盐性（表9-1）：

成活苗率（%）=成活苗数×100/总苗数；

相对成活苗率（%）=成活苗率×0.5×100/对照成活苗率。

表9-1 棉花种质耐盐鉴定评价标准（国家行业标准：NY/T2323-2013）

耐盐类型	相对成活苗率/%
高抗	>90
抗	75~90
耐	50~75
不耐	<50

将棉花种质耐盐性分为四级，即高抗、抗、耐、不耐，确立了棉花耐盐性鉴定行业标准。目前采用该法鉴定了棉花种质12000余份次，筛选优异种质100余份，结果准确可靠，与实际应用接近。大量种质资源的鉴定结果显示，含盐量在0.4%的条件下，不同耐盐材料比较接近正态分布情况。我们在国际上首先提出了0.4%盐量胁迫法（叶武威等，1994），获得了国家行业标准（NY/T2323-2013）。目前拥有盐池1200多平方米，每年可以开展4000余份棉花种质资源的鉴定，该技术已成为我国"国家十三五重点研发计划"和"国家转基因重大专项"棉花耐盐碱鉴定的标准方法。

第二节　棉花耐旱性鉴定及评价

棉花抗旱性是通过抗旱鉴定指标来评价的，一般来说，生长发育和产量指标是鉴定棉花抗旱性的可靠指标，为加速抗旱鉴定和抗旱遗传育种进程，一些简单、可靠而又快速的形态学解剖和生理生化指标在棉花抗旱性鉴定方面发挥了重要的作用。

棉花耐旱性评价指标包括形态学指标、生理生化指标。费希尔（Fisher）等（1999）根据潜在产量对干旱胁迫下产量的表现影响等提出敏感指数概念来评估一个品种对干旱胁迫的相对敏感性。胡萍（1991）对棉花抗旱性的一些指标进行探讨，研究了几个抗旱鉴定的方法，包括种子的吸水率、根尖平衡石淀粉含量等一系列指标。张裕繁等（1994）根据生长点与顶部四片真叶的表现，棉株受旱、棉叶下垂、恢复时间的快慢以及叶片受旱程度等来评价棉花耐旱性。刘金定等（1987）提出用苗期反复干旱法鉴定棉花品种耐旱性。兰巨生等（1990）提出耐旱指数的概念，随后有学者提出了根据抗旱性与产量之间的关系，以干旱条件下棉花品种的成铃多少作为鉴定棉花种质抗旱性的评价指标。张雪妍等（2007）在实验室采用 PEG 干旱胁迫法鉴定棉花萌发期抗旱性，棉花幼苗的成活率与田间旱棚鉴定结果有较高的一致性。此方法简单、快速、易操作，基本可用于棉花品种的耐旱性评价与鉴定工作，并将为棉花耐旱研究奠定基础。徐建伟等（2019）以北疆棉区 2 类不同耐旱基因型的 4 个棉花品种为材料，在大田条件下研究了棉花幼苗主要光合特性和叶绿素荧光参数对不同干旱胁迫的响应，建立了大田棉花耐旱性叶绿素荧光和光合特性的辅助鉴定方法。

叶武威（2007）在形态学研究和大量棉花种质材料抗旱性鉴定的基础上，提出了3%水分含量反复干旱法。该方法作为棉花抗旱性鉴定的分级评价的行业标准，简单易行，适用于大量种质资源的抗旱性评价。

该方法的主要操作如下：在旱棚内 15cm 土厚的旱鉴定池中，播种前灌溉达到棉花种子出苗所需的水分，泡种，并在播种时拌多菌灵药剂。行距 10cm，株距 6cm，行长 1.2m，出齐苗后定苗，每行 10～15 株，设置 3 次重复并设置对照，随机排列。待苗至两叶时调查总苗数，然后不浇水进行干旱处理。当土壤含水量降至3%时，浇足量水使苗恢复，再次干旱处理至土壤含水量为 3%，如此反复 3 次，计算各处理成活苗率，以相对成活评价棉花种质苗期抗旱性（表9－2）：

成活苗率（%）＝成活苗数×100/总苗数；

相对成活苗率（%）＝成活苗率×0.5×100/对照成活苗率。

表9－2　棉花种质抗旱鉴定评价标准（国家行业标准：NY－T 2323－2013）

抗旱类型	相对成活苗率%
高抗	>90
抗	75～90
耐	50～75
不抗	<50

目前，采用该方法鉴定棉花种质材料12000余份，结果与实际应用基本符合，该方法已经成为我国棉花种质资源抗旱鉴定的标准。

另外，某些形态、生理生化指标与抗旱性相关，可以作为抗旱鉴定指标，但也存在着设备投资大、费用高、操作困难、误差较大等问题，需要进一步完善和研究。

第三节　棉花抗逆性的分子鉴定技术研究

棉花的抗逆性鉴定工作对棉花抗逆品种的选育起着至关重要的作用，目前生产上常用的形态学的鉴定方法费时费力，且易受外界环境变化影响和季节限制。因此，展开棉花抗逆相关的分子鉴定技术研究具有重要意义。

一、棉花耐盐性的 SSR 鉴定及其研究

张丽娜（2010）采用 SSR 分子标记对 48 份棉花耐盐相关种质（25 份耐盐和 23 份盐敏感）的遗传多样性进行分析，研究结果表明，大多数种质之间的亲缘关系较近。棉花种内遗传基础狭窄，种间遗传差异较大。利用类平均法（UP-GMA）聚类将 48 份棉花种质分成 3 个类群，聚类分析表明类群的划分和材料的地域来源关系不大。从 5053 对 SSR 引物中筛选了 26 对清晰度高、稳定性好的 SSR 核心引物，构建了 48 份棉花耐盐相关种质的 DNA 指纹图谱，为棉花遗传多样性研究、纯度检测、种质鉴定和评价等奠定了基础。研究最终确定 Y190、Y159 和 Y258 三标记组合鉴定棉花耐盐性最为经济有效（图 9 - 1），提出用多标记组合法鉴定棉花耐盐性，并用 11 份材料对该方法进行了验证，结果表明和盐池鉴定结果的相符率达 90.91%。该技术已经获得国家发明专利（专利号：ZL 2011 1 0163907.6），表明多标记组合鉴定法可用于棉花耐盐分子标记辅助鉴定。

叶武威团队建立的棉花耐盐性的 SSR 鉴定方法——多引物组合耐盐鉴定法，为实现棉花耐盐性分子鉴定奠定了基础，为棉花耐盐育种提供了理论依据。但是本方法目前仅能将耐盐和盐敏感材料进行初步区分，关于棉花耐盐性详细的分级标准还有待于进一步研究。

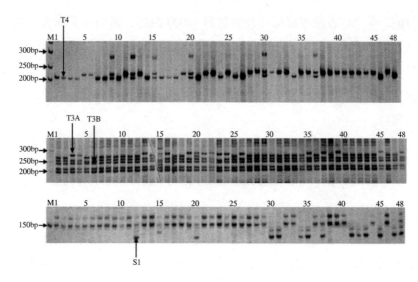

图 9 – 1　Y190、Y159 和 Y258 对 48 份种质资源的扩增图谱（张丽娜，2010）

二、棉花耐盐性的 SNP 发掘与鉴定研究

有文献表明，单核苷酸多态性（Single nucleotide polymorphism，SNP）与植物的抗逆性存在关联。植物的多种抗逆性在生理响应、抗性机理等方面有相同之处，因此也可能存在一些对植物耐盐性有重要作用的 SNP。王晓歌（2016）用 0.4% NaCl 处理四个典型的耐盐材料（中 9835、抗黄萎 164、中 9807、中棉所 44）和四个典型的盐敏感材料（衡棉 3 号、GK50、新研 96 – 48、中 S9612），使用 Illumina 棉花 70K SNP 芯片检测对照和处理样品。通过盐胁迫前后比较，获得了盐胁迫诱导的 SNP 变异（SNPv）；通过不同材料间的 SNP 分型比较获得了多态性 SNP 和耐盐相关候选 SNP（图 9 – 2）。结合实验室已有的甲基化免疫共沉淀测序（MeDIP – seq）数据和转录组数据，对 SNPv 和耐盐相关候选 SNP 进行分析。研究结果发现，盐胁迫诱导产生了 SNP 变异（SNPv），获得多态性 SNP 4971 个，其中耐盐相关候选 SNP 1282 个，结合盐胁迫诱导的差异表达基因，筛选耐盐相关 SNP 105 个，位于 88 个差异表达基因附近（基因上或基因上游 2000bp 内）。本研究通过对盐胁迫诱导的 SNP 和耐盐相关 SNP 的挖掘和分析，为棉花耐盐 SNP 标记的筛选和功能 SNP 的研究提供了一定的理论依据。本研究需要与生产实践进行有机结合，才能应用到生产中去，实现棉花材料耐盐性的快速、精准鉴定。

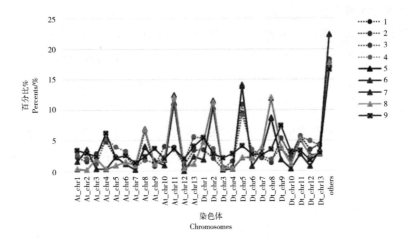

图 9 - 2　不同材料 SNPv 及芯片 SNP 在染色体上的分布（王晓歌，2016）

注：1～4. 盐敏感材料，依次为衡棉 3 号、GK50、新研 96 - 48 和中 S9612；5～8. 耐盐材料，依次为中 9835、中 9807、中棉所 44、抗黄萎 164；9. 芯片。

第四节　棉花耐其他逆境的鉴定研究

一、棉花耐低温鉴定方法研究

低温冷害（low temperature and cold damage）是影响我国农业生产的主要灾害之一，简称冷害，指农作物遭受低于其生长适温的连续或短期低温的影响，使作物生长发育受到抑制或伤害，生育期延迟，或使其生理机能或生殖器官受到损害，造成最终减产，品质降低，是限制我国农业生产的主要农业气象灾害之一，显著限制作物的空间分布和农业生产活动。据统计，世界上每年因冷害造成的农业损失高达数千亿美元。棉花品种一般适合在温暖的地区生长，在合适的温度条件下能发育良好，温度低于 15℃ 就会严重影响棉花的生长发育，棉株容易感染真菌及诱发多种病症，大田缺苗断垄，最终导致减产（Kargiotidou et al.，2008）。棉花在整个生育期均容易遇到低温胁迫，特别是在萌发期和苗期，它的生长更容易受到低温的抑制（Ashraf M，2002）。棉花在生长季节早期的低温会对棉花幼苗造成严重的伤害，在温度恢复正常后植株也可能无法完全恢复（Bange M P et al.，2004）。Zhao J 等（2012）研究表明棉花早衰后叶片衰老，往往伴随着意想不到的短期低温，已经越来越多地频繁出现在许多棉花种植区，导致棉花产量和质量严重下降。

王俊娟（2016）通过对棉花不同时期，包括萌发期、芽期和子叶期进行不同低温胁迫条件的筛选，初步建立了适合棉花不同时期的抗冷性鉴定方法。0℃处理4h，恢复正常生长7d的相对子叶平展率可以作为萌发期的抗冷鉴定指标；4℃处理5h，恢复正常生长的7d的子叶平展率可以作为芽期的抗冷鉴定指标；4℃处理24h，恢复正常生长的7d的抗冷指数可以作为子叶期的抗冷鉴定指标。抗冷材料豫2067芽的SOD酶活和POD酶活均在低温处理前期呈上调趋势，之后下降至趋于平稳，而冷敏感材料衡棉3号芽的两种酶在低温处理前期迅速下降，然后上调后趋于平稳；2个材料芽的CAT酶活性在低温处理早期均先上升后下降，在冷处理后期抗冷材料豫2067的CAT酶活一直高于冷敏感材料衡棉3号；2个材料的可溶性蛋白含量在冷处理早期比较接近，在冷处理后期抗冷材料豫2067的可溶性蛋白含量一直高于冷敏感材料衡棉3号。4℃低温处理子叶期棉苗24h后，抗冷材料豫2067子叶的SOD酶活力、POD酶活力、CAT酶活力均下降，而冷敏感材料衡棉3号的3种酶活力均上升，抗冷材料子叶中可溶性蛋白上升，冷敏感材料中的可溶性蛋白下降。

（一）陆地棉萌发期抗冷性研究

1. 萌发期抗冷性鉴定温度的确定

表9-3 萌发期不同温度处理后子叶平展率的方差分析（王俊娟，2016）

处理温度	子叶平展率平均值/%	5%差异	1%差异
28℃	75.16	a	A
15℃	43.73	b	B
10℃	40.22	bc	B
4℃	35.92	c	B
0℃	15.62	d	C

由表9-3可知，15℃及其以下的低温处理7d，正常温度（28℃）恢复生长7d后的子叶平展率平均值均低于对照（28℃）处理，且随着温度的降低子叶平展率呈下降趋势，说明15℃及其以下的低温处理对棉花的萌发出苗均造成了伤害，温度越低，造成的伤害越严重。0℃、4℃、10℃、15℃低温处理与对照相比均达差异极显著。4℃、10℃、15℃低温处理7d后，4个材料间的子叶平展率

达差异显著或不显著，而 0℃ 低温处理 7d 后，4 个材料间的子叶平展率达差异极显著，且 0℃ 的冰箱条件容易获得，温度变幅稳定，所以 0℃ 低温处理可以作为棉花萌发期抗冷性鉴定的合适温度条件。

2. 0℃ 低温处理天数的确定

0℃ 低温处理 7d 条件下，4 个棉花品种虽然达差异极显著，但最高的出苗率也只达约 28.00%，最低的不足 10.00%，平均子叶平展率为 15.62%，说明 0℃ 低温处理 7d 的时间太长，在这样的条件处理下，一些耐低温中等的材料不容易被鉴定出来，所以应找到 0℃ 低温处理合适的天数。具体方法：将放于培养皿中的吸胀 12 小时后的种子置于双层滤纸中，然后直接放入 0℃ 冰箱中分别进行 0d、1d、2d、3d、4d、5d、6d、7d 低温处理，然后在 28℃、光照/黑暗为 14h/10h 条件下恒温灭菌沙土中培养发芽 7d，调查其出苗情况，计算其子叶平展率（%）。随着 0℃ 低温处理的天数的增加，4 个棉花材料恢复正常生长 7d 后的子叶展率呈下降趋势，说明低温处理的时间越长，对棉花萌发的危害越大。处理 4d 时，4 个材料的子叶平展率差异达极显著，所以 0℃ 处理 4d 可以作为陆地棉萌发期抗冷性鉴定的方法。

（二）陆地棉子叶期抗冷性研究

1. 陆地棉子叶期低温处理后叶片冷害级别划分

由图 9 - 3 可以看出，4℃ 低温处理 24h 后，不同材料间及同一材料的不同个体间冷害差异显著。由子叶受伤害的面积可将子叶期冷害划分为 8 个级别（0～7 级），先调查茎的状态，分为茎烂断和茎完好，再针对茎完好的单株调查子叶脱落情况，调查未脱落子叶的受伤害面积，记录烂斑面积占该叶片面积比例为 X，记录总烂斑面积占总叶面积比例为 Y（当只有一片子叶未脱落时，Y = X；当子叶完好时视为 X = 0），具体划分方法见表 9 - 4，划分直观、详细、可操作性强。根据冷害级别调查出每一个品种（系）的冷害指数，冷害指数和抗冷指数计算方法如下：

冷害指数/% = $\sum$（级别 × 该级个数）/（8 × 总个数）× 100；

抗冷指数/% = 100 - 冷害指数。

根据抗冷指数，将棉花子叶期的抗冷性划分为 5 个级别（见表 9 - 5）。

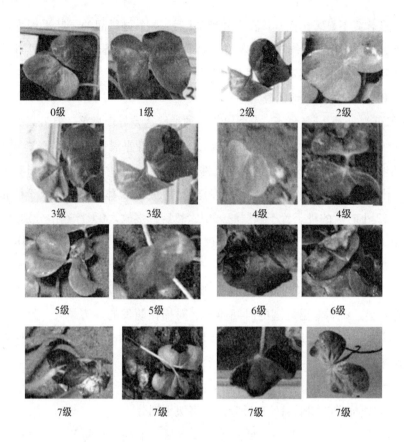

0级　　　　1级　　　　2级　　　　2级

3级　　　　3级　　　　4级　　　　4级

5级　　　　5级　　　　6级　　　　6级

7级　　　　7级　　　　7级　　　　7级

图9-3　陆地棉子叶期低温处理后叶片冷害级别图示（王俊娟，2016）

表9-4　陆地棉子叶期叶片冷害级别（王俊娟，2016）

级别	茎的状态和子叶受伤害情况
0	茎完好，两片子叶均完好
1	a茎完好，一片子叶完好，另一片子叶 X≤1/4； 或b茎完好，两片子叶均有烂斑且 Y≤1/8
2	茎完好，两片子叶均有烂斑且 1/8 < Y≤1/4
3	c茎完好，两片子叶均有烂斑且 1/4 < Y < 1/2； 或d茎完好，一片子叶完好，另一片子叶 X > 1/4
4	e茎完好，一片子叶脱落，另一片子叶 X≤1/4；或f茎完好， 两片子叶均有烂斑且 1/2≤Y < 3/4
5	茎完好，一片子叶脱落，另一片子叶 1/4 < X≤1/2
6	茎完好，一片子叶脱落，另一片子叶 X > 1/2
7	g两片子叶均有烂斑且 Y≥3/4；或h茎烂断；

表 9 – 5　子叶期抗冷鉴定级别和评价指标（王俊娟，2016）

抗冷指数/%	抗冷级别
0.00 ~ 29.90	冷敏感
30.00 ~ 49.90	不抗冷
50.00 ~ 74.90	耐冷
75.00 ~ 89.90	抗冷
≥90.00	高抗冷

二、棉花耐高温鉴定方法研究

我国棉花主栽品种为陆地棉，其耐高温能力差异明显，有高有低。在我国棉花种植地区中，尤其是长江流域棉区，7 至 8 月期间会周期性地出现高温逆境，会造成盛花期和结铃期的棉花蕾铃大量脱落，造成伏桃和早秋桃大量减少，从而使得皮棉产量和纤维品质下降。因此，筛选和选育耐高温的棉花品种已经成为研究重点。

叶发林（2015）以 260 余份棉花品种为材料，通过田间观察和调查，结合单铃重、不孕籽率、单株成铃数、花粉活力、花粉形态、最长花粉管长度和花粉萌发率等多项指标，进而建立棉花快速高效的耐热鉴定方法，为棉花耐热研究提供了研究基础。研究发现单株成铃数、不孕籽率、花粉活力、花粉形态、35℃花粉离体培养的萌发率和 40℃花粉离体培养的萌发率可以作为棉花耐热性鉴定的参考指标。通过主成分分析最后将棉花种质资源分为四类：耐高温型、较耐高温型、高温较敏感型和高温敏感型。其中 W181、GA141、W970 和 D18 为耐高温型种质。

任茂等（2018）为比较不同棉花品种花铃期耐热性，筛选耐热鉴定指标，构建棉花耐热性数学评价模型，以 13 个陆地棉品种为试验材料，在花铃期模拟高温热害，调查花柱长度、衣分、不孕籽率、单铃重、成铃率和花药散粉率，构建耐热系数，运用主成分、聚类和逐步回归等分析方法进行耐热性综合评价。结果表明，通过主成分分析将 6 个单项农艺指标转化为 4 个相互独立的综合指标，通过聚类分析将 13 个棉花品种按照耐热性强弱划分为 3 类，通过逐步回归构建棉花花铃期耐热性评价模型：$D = 0.145 + 0.180 \times 1 + 0.400 \times 3 + 0.229 \times 4$

+0.125×5+0.095×6，筛选出散粉率、衣分、不孕籽率、单铃重、成铃率这5个耐热性鉴定指标。该结果为棉花耐热种质资源鉴定及新品种选育提供了参考依据。

刘少卿（2011、2013）在新疆调查了200份不同耐热性种质的脱落率、不孕籽率、叶片萎蔫程度、花粉形态、花粉活力和花粉不同温度离体培养的萌发率等指标。初步筛选出29份耐热性不同的棉花种质资源，用于室内耐热性鉴定。29份不同耐热性种质在河南安阳种植，调查30℃、35℃、40℃、45℃和50℃离体培养下条件下的花粉萌发率。不同耐热性种质在自然高温条件下和室内离体培养花粉萌发率存在着极显著的差异，而且不同鉴定指标间也存在着不同的相关性。结合田间调查结果和花粉离体培养萌发率，将29份种质划分为耐高温型、较耐高温型、高温较敏感型和高温敏感型种质，并初步确定了耐热性的鉴定指标。

刘少卿等（2013）将不同棉花种质资源田间高温表现和幼苗高温条件下的生理生化变化相结合，建立苗期快速鉴定不同棉花种质资源耐热性的方法。首先鉴定了南丹巴地大花、常抗棉、早熟长绒、岱字棉55田间蕾铃脱落率、不孕籽率、三叶期48℃处理8h的幼苗萎蔫率、花粉相对萌发率（40℃），以确定种质的耐热性。然后测定不同苗龄期不同温度处理下这4份种质的超氧化物歧化酶、过氧化物酶、过氧化氢酶、抗坏血酸、抗坏血酸过氧化物酶、还原型谷胱甘肽、谷胱甘肽还原酶、丙二醛、相对电导率和叶绿素含量。发现这10种指标在不同耐热性种质中存在着极显著的差异。并初步筛选出三叶期，40℃处理下的抗坏血酸过氧化物酶、相对电导率、过氧化物酶、丙二醛和过氧化氢酶为苗期鉴定指标，同时用15份不同的棉花种质资源来验证这5个指标。最后结合三叶期的幼苗萎蔫率，建立了以三叶期40℃处理抗坏血酸过氧化物酶、相对电导率和萎蔫率为指标的棉花耐热性苗期鉴定方法。

三、棉花耐涝鉴定方法研究

涝渍是植物易遭受的主要非生物胁迫之一，它与干旱、盐碱和极端气温等共同决定着物种的组成和分布（Van Bodegom et al.，2008）。在我国南方地区，由于受亚热带季风气候的影响，春夏季节通常会出现强降雨过程，夏秋作物（如棉花）易受涝渍胁迫影响。特别是近年来，随着全球环境恶化和气候异常变化加剧，棉花生育期内出现强降水事件概率增大，棉田涝渍灾害频发已成为长江流域棉区棉花产量和品质形成的重要限制因子（朱建强等，2003）。因此，选育耐涝能力较强的棉花品种已成为长江流域棉区的重要任务之一。

杨富强等（2015）以 27 个基因型不同的棉花品种/系为试验材料，经设置没顶水淹处理，并对不同基因型棉花苗期耐涝性与养分吸收利用差异分析，研究棉花苗期耐涝性的基因型差异。结果表明，棉花苗期耐涝性存在明显的基因型差异。苏棉 13 号等 8 个品种（系）对水淹处理高度敏感，死苗率均为 100%，为敏感型品种（系）；苏棉 12 号等 10 个品种（系）对水淹处理表现出不同程度的耐性，死苗率在 10%～80% 之间，为中间型品种（系）；徐州 184 等 9 个品种（系）对水淹处理表现出较强的耐性，死苗率均为 0，为耐涝型品种（系）。进一步分析发现，耐涝型和中间型品种（系）在正常和水淹条件下干物质积累量、矿质养分吸收量和养分利用指数等方面均高于敏感型品种（系）。

四、棉花耐镉鉴定方法研究

镉（cadmium, Cd）是一种非必需的重金属元素，是二价离子，对植物及动物都有很高的毒性。土壤 Cd^{2+} 污染全球都很严重，已经成为世界性的污染问题之一。Cd^{2+} 在植物体内积累到一定程度，植物就会出现受毒害症状。植物是否耐 Cd^{2+} 与植物的遗传性、发育阶段、品种密切相关。种子萌发期是植物生长发育的一个重要且敏感阶段，对 Cd^{2+} 毒害尤其敏感，因此常用种子萌发期和苗期的生长状况来评价植物对重金属是否具有耐受性。

韩明格（2018）对 86 份棉花材料进行了 Cd^{2+} 胁迫下的萌发率比较分析，采用竖直双夹层滤纸法，按照不同 Cd^{2+} 胁迫浓度，三次重复，胁迫 5 d，观察种子的受害症状和萌发情况（图 9-4），初步鉴定了棉花耐 Cd^{2+} 材料。在棉种受到 2mM、4mM、6mM、8mM、10mM、20mM、40mM、60 mM Cd^{2+} 浓度胁迫的时候，萌发 5 d 之后观察它们的萌发情况和表型。随着胁迫浓度的增大，种子萌发的根长随浓度的增大越来越短，并且根部有变粗的现象，到 60 mM 时种子萌发很少或者几乎不萌发，即使是在 60 mM 这么大的 Cd^{2+} 胁迫浓度下，有的品种的出芽率仍很高，这说明 Cd^{2+} 抗性与品种有关。在 60 mM Cd^{2+} 浓度的胁迫下，种子的萌发有明显的差异，所以选用此浓度作为筛选耐 Cd^{2+} 品种的指标。

依据耐 Cd^{2+} 性评价结果，选择 86 份材料中耐 Cd^{2+} 性较强的邯 242 作为耐 Cd^{2+} 性鉴定的对照材料，计算各材料的相对萌发率，根据公式：

萌发率（%）＝ Cd^{2+} 胁迫处理组萌发率/清水组萌发率 ×100%；

相对萌发率（%）＝待测材料萌发率×50%/对照材料的萌发率。

最终将棉花的耐镉性进行分级评价如表9－6。

表9－6　棉花耐 Cd^{2+} 级别划分（韩明格，2018）

耐 Cd^{2+} 级别	相对萌发率/%
不耐	≤49.99
耐	50.0～74.9
抗	75.0～89.9
高抗	≥90.00

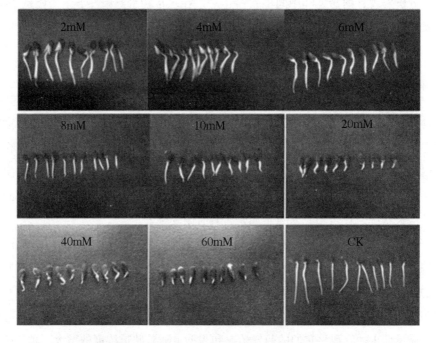

图9－4　棉花品种在不同 Cd^{2+} 浓度胁迫下的萌发表型图（韩明格，2018）

五、棉花耐碱性鉴定方法研究

盐碱胁迫是制约棉花产量和品质的重要环境因子之一，因此，筛选棉花耐盐碱胁迫材料，提高棉花耐盐碱性，对提高棉花生产具有重要意义。张冰蕾（2018）对不同品种的棉花种质材料在萌发期进行碱处理，初步对棉花萌发期进行了耐碱性鉴定（图9－5）。25 mM Na_2CO_3，萌发处理5d，计算种子相对胚根成活率作为耐碱性的鉴定指标，将种质耐碱性分为四个等级，即抗、耐、不耐、敏，并对31份材料进行了耐碱性评价。对萌发期鉴定的8份材料进行了三叶期含水量和叶绿素含量的测定，结果显示品种耐碱性与萌发期结果基本一致。棉花种质耐碱鉴定的方法，包括下述步骤：

（1）将棉花种子进行脱绒处理，依次用质量浓度20%~30%的双氧水浸泡、无菌水冲洗对脱绒后的棉花种子进行消毒处理，再用无菌水浸泡12h进行催芽，得到"露白"种子；

（2）对"露白"种子进行碱胁迫处理，25 mM Na_2CO_3 的碱性条件下处理5d。清水做对照，考察两种处理下的胚根成活率，进行耐碱性综合评价。其中，以中9807作为鉴定对照材料，计算胚根相对成活率，得到棉花种质耐碱评价标准；

（3）采用步骤（1）中的方法对待鉴定棉花种质进行预处理，对预处理后的种子进行碱胁迫处理，清水做对照，考察其胚根成活率，以中9807作为鉴定对照材料，计算胚根相对成活率，根据步骤（2）中的棉花种质耐碱评价标准，鉴定待鉴定棉花种质的耐碱级别。

胚根成活率（%）=碱胁迫处理组成活率/清水组成活率×100%；

胚根相对成活率（%）=待测材料胚根成活率×50%/对照材料胚根成活率。

所述棉花种质耐碱评价标准为：当胚根相对成活率>90.0%时，该棉花种质为"高抗"耐碱级别；当胚根相对成活率在75.0%~89.9%之间时，该棉花种质为"抗"耐碱级别；当胚根相对成活率在50.0%~74.9%之间时，该棉花种质为"耐"耐碱级别；当胚根相对成活率在0.0%~49.9%时，该棉花种质为"不耐"耐碱级别。

本方法采用胁迫发芽法对棉花种质进行室内耐碱性鉴定，试验鉴定周期为5天，试验周期短，并且不受外界气候条件限制，不需花费大量试验费用，是一种较为经济、方便、快速的棉花耐碱鉴定方法。

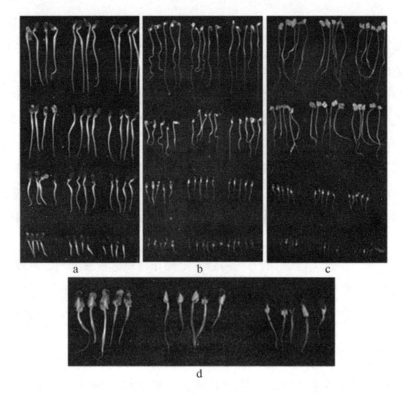

图 9 – 5　不同处理时间下的胚根表型

注：a ~ c. 处理 3d、5d、7d；d. 5d 胚根表型。

第五节　棉花抗逆新种质创造与利用

随着全球水资源短缺、土壤盐渍化、频繁的极端天气等威胁，以及粮棉争地矛盾的日益突出，对棉花抗逆能力的要求越来越高。世界各棉花育种的挑战很大程度上取决于独特的生物和非生物胁迫所造成的生产限制。棉花抗逆新种质创造与利用是培育抗逆新品种（系）的基础。

一、棉花抗逆新材料的筛选

叶武威（2007）分析了陆地棉种质耐盐性较低的主要原因，是由于耐盐骨干品种主要来自岱字棉、金字棉、苏联棉、乌干达棉系四个基础种质，基础种质耐盐性差和耐盐种质的血缘过于狭窄，为棉花耐盐品种培育的突破提供了遗传基础。王俊娟等（2010）利用盐土浓度为 0.3% 的出苗率鉴定出萌发期耐盐性较强的 3 个品种，分别为豫棉 21、中棉所 35、鲁棉研 16，为棉花耐盐材料的创制提供了种质资源；严根土等（2002）通过 -5℃ 低温处理 4 h 筛选出其中三个抗冻性较好的材料 8036、中 1341 和中 1347，可以作为培育抗冻性新品种的理想资源材料；石有太等（2020）采用直接抗旱鉴定评价法与综合抗旱鉴定法对 102 份棉花品种进行抗旱性评价，筛选出抗旱丰产品种金垦 1 号和金垦 108；刘光辉等（2016）以 90 份国内棉花为材料，在大田采用花铃期胁迫，按系统聚类中的最近距离法在欧氏距离 10 处将这些材料的抗旱性分为 5 类，即类群Ⅰ包括新陆早 38、中 R773 - 3、中 R2067 等 21 份材料，属中抗旱型，类群Ⅱ包括 2 份材料，新陆早 11、新陆中 36，属高抗旱型。彼得·施密特和奎森贝里（Peterschmidt and Quisenberry，1982）在缺乏水分的田间评价 T25 和 T169 两个棉花品系的水分保持能力和叶片气孔控制情况，发现 T25 品系在蒸腾中比 T169 拥有更强的气孔控制能力和广泛的根部生长能力；叶春秀等（2019）从乌兹别克斯坦引进棉花种质资源中筛选出抗旱性较强的棉花种质，分别为引 4、引 20、引 23。

二、杂交创造棉花抗逆新材料

严根土等（2004）通过杂交选择试验和多年的盐碱筛选，创制出抗盐新品种中棉所 44，适合在盐碱地种植；自 1991 年山西省设立旱地棉花新品种试验至 2009 年，先后培育指标达国家要求的新品系 3 个，即 84s - 14、85A - 266、86s - 23，这些品系主要表现为耐旱性强，主根入土深，各级侧根发达，总根长度长，根冠比大，单株结铃性强，皮棉产量水平稳步提高，在 1991—1995 年的山西省棉花耐旱品种（系）联试中，参试新品种（系）的平均产量较对照平均增产 5% ~ 10%（杨淑巧等，2012）；坎特雷尔（Cantrell）等（2000）在美国西南干旱地区培育出棉花新材料 Acala 1517 - 99，该品系拥有比其他棉花品种更强的适应干旱胁迫的机制；洛根伯格（Logenberger）等（2006）还发现 Acala 1517 - 99 在苗期比其他品系在干旱条件下表现出更高的幼苗存活率。

三、棉花抗逆新材料创造与基因转化

传统的棉花育种方法需要时间长且受到种间亲和性和种内基因资源的限制。DNA 重组技术使物种间的基因交流成为可能，并使之稳定遗传给下一代（张亚旭，2012）。发掘棉花优异抗逆种质资源，分离并标定抗/耐等不同逆境目标性

状基因/QTL，克隆并明确抗逆相关候选基因功能，开展棉花与不同逆境互作机制研究，分子设计创制抗逆棉花新材料，为棉花抗逆育种奠定基础。

游朝等（2015）通过对花粉管通道法获得的 T_7 代转 $MvNHX1$ 基因的 10 个棉花株系，这 10 个株系分别为 10Z032、10Z061、10Z093、10Z095 - 2、10Z098、10Z098 - 1、10Z098 - 2、10Z098 - 3、10Z098 - 4、10Z098 - 6，其受体材料为非转基因棉花 D5，在温室内盐分胁迫条件下比较转基因株系和其受体材料的发芽率、生理生化指标，结果表明，转基因棉花叶片叶绿素含量、脯氨酸含量均高于对照，而丙二醛含量低于受体材料，转基因株系的耐盐性明显优于其受体材料，可能由于 NHX1 是 Na^+/H^+ 逆向转运蛋白，转 $MvNHX1$ 基因棉花种子增加了 Na^+/H^+ 逆向转运蛋白，将 Na^+ 外排或区隔化在液泡中，以降低细胞质内 Na^+ 含量；同时转基因植株比非转基因棉花 D5 的叶绿素、脯氨酸含量高，丙二醛含量低，因此光合作用更强、逆境环境下植株各器官所受的伤害更少，更有利于调控植株的渗透压，种植转 $MvNHX1$ 基因可以实现在逆境胁迫下提高棉花产量的目的。

朱超等（2016）利用花粉管通道法，将 $MvP5CS$（Pyrroline - 5 - carboxylate synthetase， $MvP5CS$）基因转到受体棉花材料 D5 中，共获得 3 个转基因棉花株系，这 3 个株系分别为 10Z050、10Z082 和 10Z116，转基因棉花在单铃重、籽棉产量、皮棉产量、棉花衣分等性状明显优于非转基因棉花，同时转基因棉花比非转基因棉花植株更有利于在干旱胁迫条件下生长。转 $MvP5CS$ 基因棉花不但提高了棉花的抗旱性，同时提高了棉花的纤维长度和强度，改善了棉花品质。因此，转 $MvP5CS$ 基因株系 10Z050、10Z082 和 10Z116 可以作为棉花抗旱育种中重要的亲本材料。郭琪（2013）通过农杆菌介导转化法将 $GhZFP2$ 和 $GhRCHY1$ 两个逆境相关锌指蛋白基因转入陆地棉中，为棉花抗逆育种研究提供了转基因抗性资源材料；孔静静等（2015）利用基因枪活体技术将杜氏盐藻耐盐基因甘油醛 - 3 - 磷酸脱氢酶基因（$DsGAPDH$）转化棉花花粉，成功获得两株阳性转基因植株代，同时利用 0.8% NaCl 溶液的双夹层滤纸法，证明了转基因后代耐盐性比受体提高了；穆敏（2016）利用基因枪活体技术将酵母耐盐相关基因 $HAL1$ 转化棉花，获得阳性转基因植株 9 棵，对转基因植株进行叶盘耐盐性分析发现，在 600mmol · L^{-1} NaCl 和 400mmol · L^{-1} NaCl 盐胁迫下转基因植株叶绿素含量均高于对照植株，可作为棉花耐盐育种的亲本材料；参与细胞信号传导和基因调控和渗透保护剂积累的基因已经被用于基因工程来提高作物的抗逆性（Valliyodan and Nguyen et al.，2006）。Zhu 等（2010）在棉花中过表达液泡焦磷酸酶基因，该基因在拟南芥、番茄、水稻和棉花等液泡膜上起质子泵的作用，可以使棉花拥有更强大的根系，有效提高棉花在大田条件下的耐盐性、抗旱性和皮棉产量；麦克白等（Maqbool et al.，2010）研究发现，在陆地棉中表达海岛棉蛋白 HSP26，转基因植株的抗旱性提高，而在更早时候伯基特（Burkeet）等（1985）和芬达和康奈尔（Fender and O'Connell，1989）分别在棉花面临热激胁迫时鉴定出 HSPs 蛋白。在澳大利亚，Coker315 作为遗传转化材料，比其他品种如 Coker312 具有更容易转化、获得的转化材料在逆境条件下更具有优良的农艺性状（Cousins et al.，1991）。

四、多基因聚合创造棉花抗逆新材料

张可炜（2017）将来自盐芥的 *TsVP* 基因（编码 H^+ – PPase）、来自拟南芥的 *AtNHX*1 基因（编码 Na^+/H^+ Antiporter）和来自玉米的 *ZmPLC*1 基因（编码 PI – PLC）分别导入棉花，采用室内选择结合大田测试的方法，对转 *TsVP*、转 *TsVP* – *AtNHX*1、转 *ZmPLC*1 基因棉花的耐盐性或抗旱性进行了室内和大田测试，选育了耐盐耐旱性提高的转 *TsVP*、转 *TsVP* – *AtNHX*1、转 *ZmPLC*1 基因棉花，培育出一批棉花耐盐抗旱新材料。盐胁迫下 *TsVP* 基因的表达提高了转基因棉花的出苗率和在盐碱地中的产量。陈修贵（2017）采用农杆菌介导的棉花茎尖遗传转化方法将 CRISPR/Cas9 系统转入棉花，通过 PCR 检测 *Cas*9 基因确定转基因阳性植株，分别获得了耐盐性强的转 *GhCLA*1 – *sgRNA*5 阳性苗 22 株和 18 株转 *Gh-VP* – *sgRNA*4 植株。

棉花抗逆对照材料部分抗逆新材料如表 9 – 7。

表 9 – 7　棉花抗逆对照材料和部分棉花抗逆新材料

品种（系）名称	抗逆性	来源
中 9807	耐盐对照	中国农业科学院棉花研究所
中 J1910	耐盐	中国农业科学院棉花研究所
中 J7516	耐盐	中国农业科学院棉花研究所
中 J0228	耐盐	中国农业科学院棉花研究所
中 15J914D	不耐盐	中国农业科学院棉花研究所
中 8036	抗冷	中国农业科学院棉花研究所
中 1341	抗冷	中国农业科学院棉花研究所

续表

品种（系）名称	抗逆性	来源
中 1347	抗冷	中国农业科学院棉花研究所
豫 2067	抗冷	河南省农业科学院经济作物研究所
衡棉 3 号	冷敏感	河北省农林科学院旱作农业研究所
旱农棉早 1 号	耐旱	国家半干旱农业工程技术研究中心
中 H177	耐旱对照	中国农业科学院棉花研究所
冀棉 668	耐旱	河北省农科院棉花研究所
9409 选系	耐旱	中国农业科学院棉花研究所
中 CM022	抗旱	中国农业科学院棉花研究所
中 JH242	耐铬	中国农业科学院棉花研究所
中 J4025	铬敏感	中国农业科学院棉花研究所

参考文献：

郭琪．两个棉花逆境相关锌指蛋白基因的转基因材料创制 ［D］．南京：南京农业大学，2013.

韩明格．棉花种质耐 Cd^{2+} 鉴定及 *GhHMP*1 的克隆 ［D］．乌鲁木齐：新疆农业大学，2018.

胡萍．棉花耐旱性生理指标探讨 ［J］．中国棉花，1991，4：13 - 14.

孔静静，陆许可，赵小洁，等．杜氏盐藻甘油醛 - 3 - 磷酸脱氢酶基因在棉花中的转化及分子检测 ［J］．分子植物育种，2015，13（2）：301 - 309.

兰巨生，胡福顺，张景瑞．作物抗旱指数的概念和统计方法 ［J］．华中农学报，1990，2：20 - 25.

刘光辉，陈全家，吴鹏昊，等．棉花花铃期抗旱性综合评价及指标筛选 ［J］．植物遗传资源学报，2016（1）：53 - 62，69.

刘国强，刘金定，鲁黎明．棉花品种资源耐盐性鉴定研究 ［J］．作物品种资源，1993（2）：21 - 22.

刘金定，项显林，冯世禄．棉花资源材料抗旱鉴定方法 ［J］．中国棉花，1987，3：16 - 17.

刘少卿. 不同棉花种质资源耐热性鉴定及热激效应分析 [D]. 北京: 中国农业科学院, 2011.

刘少卿, 何守朴, 米拉吉古丽, 等. 不同棉花种质资源耐热性鉴定 [J]. 植物遗传资源学报, 2013, 14 (2): 214 - 221.

刘少卿, 孙君灵, 何守朴, 等. 不同棉花种质资源耐热性苗期鉴定 [J]. 核农学报, 2013, 27 (7): 1029 - 1040.

穆敏, 舒娜, 王帅, 等. 酵母耐盐相关基因 *HAL*1 在棉花中的功能表达 [J]. 中国农业科学, 2016, 49 (14): 2651 - 2661.

任茂, 张文英. 棉花品种耐热性分析及鉴定指标筛选 [J]. 核农学报, 2018, 4: 170 - 176.

沈法富, 尹承俏. 棉花植株和花粉耐盐性的鉴定 [J]. 作物学报, 1997, 000 (005): 620.

石有太, 李忠旺, 陈玉梁, 等. 不同陆地棉基因型抗旱性评价与抗旱丰产种质筛选 [J]. 植物遗传资源学报, 2020, 21 (3): 625 - 636.

王俊娟, 王德龙, 阴祖军, 等. 陆地棉萌发至幼苗期抗冷性的鉴定 [J]. 中国农业科学, 2016, 49 (17): 3332 - 3346.

王俊娟, 叶武威, 王德龙, 等. 几个陆地棉品种萌发出苗期耐盐性差异比较 [J]. 中国棉花, 2010, 37 (1): 7 - 9.

王晓歌. 棉花盐胁迫响应 SNP 发掘和分析 [D]. 北京: 中国农业科学院, 2016.

王晓歌, 阴祖军, 王俊娟, 等. 陆地棉转录组耐盐相关 SNP 挖掘及分析 [J]. 分子植物育种, 2016, 14 (6): 1524 - 1532.

徐建伟, 张小均, 李志博, 等. 幼苗期大田棉花耐旱性的叶绿素荧光和光合特性辅助鉴定 [J]. 江苏农业学报, 2019, 35 (1): 6 - 13.

严根土, 刘全义, 张裕繁, 等. 耐盐棉花新品种中棉所 44 [J]. 中国棉花, 2004, 31 (10): 21.

严根土, 王仁杯, 殷泰和, 等. 棉花苗期抗冻性研究及新材料筛选 [J]. 中国棉花, 2002, 29 (5): 21 - 22.

杨富强, 杨长琴, 刘瑞显, 等. 不同基因型棉花苗期耐涝性与养分吸收利用差异分析 [J]. 西南农业学报, 2015, 28 (3): 991 - 996.

杨淑巧, 刘巷禄, 潘转霞, 等. 山西棉花耐旱育种研究进展 [J]. 中国棉花，2012，39（10）：1－3.

叶发林．棉花耐热种质资源的筛选与鉴定［D］．合肥：安徽农业大学，2015.

叶武威．棉花种质的耐盐性及其耐盐基因表达的研究［D］．北京：中国农业科学院，2007.

叶武威，刘金定．棉花种质资源耐盐性鉴定技术与应用［J］．中国棉花，1998，25（9）：34－38.

游朝，晁朝霞，姚正培，等．转 *MvNHX*1 和 *MvP5CS* 基因棉花耐盐抗旱性比较与育种价值分析［J］．棉花学报，2015，27（3）：198－207.

张冰蕾．棉花种质耐碱性鉴定及 *GhMGL*11 耐碱基因功能验证［D］．北京：中国农科院，2018.

张国伟，路海玲，张雷，等．棉花萌发期和苗期耐盐性评价及耐盐指标筛选［J］．应用生态学报，2011，22（08）：2045－2053.

张可炜．低磷胁迫下玉米突变体 Qi319－96 高光效机制的解析及转基因耐盐耐旱棉花新种质的创制［D］．济南：山东大学，2017.

张丽娜．棉花耐盐性的 SSR 鉴定及其研究［D］．北京：中国农业科学院，2010.

张雪妍，刘传亮，王俊娟，等．PEG 胁迫方法评价棉花幼苗耐旱性研究［J］．棉花学报，2007，19（3）：205－209.

张亚旭．DNA 重组技术的研究综述［J］．生物技术进展，2012，2（1）：57－63.

张裕繁．谈国外棉花抗旱育种［J］．中国棉花，1994，1：29.

朱超，杨云尧，游朝，等．转 *MvP5CS* 基因棉花抗旱性及其育种价值评价［J］．干旱区研究，2016（1）：131－137.

朱建强，欧光华，张文英，等．涝渍相随对棉花产量与品质的影响［J］．中国农业科学，2003，36（9）：1050－1056.

ASHRAF M. Salt tolerance of cotton: Some new advances［J］. Critical Reviews in Plant Sciences, 2002, 21: 1－32.

BANGE M P, MILROY S P. Impact of short－term exposure to cold night temperatures on early development of cotton (*Gossipium hirsutum* L.)［J］Australian Journal of Agricultural Research, 2004, 55: 655－664.

CANTRELL R G, ROBERTS C L, WADDELL C. Registration of 'Acala 1517－

99' cotton [J]. Crop Sci, 2000, 40: 1200 – 1201.

CHEN X, LU X, SHU N, et al. Targeted mutagenesis in cotton (*Gossypium hirsutum* L.) using the CRISPR/Cas9 system [J]. Scientific Reports, 2017, 7: 44304.

COUSINS Y L, LYON B R, LLEWELLYN D J. Transformation of an Australian cotton cultivar: prospects for cotton improvement through genetic engineering [J]. Australian Journal of Plant Physiology, 1991, 18 (5): 481 – 494.

FENDER S E, O' CONNELL M A. Heat shock protein expression in thermotolerant and thermosensitive lines of cotton [J]. Plant Cell Rep, 1989, 8: 37 – 40.

FISCHER R, VAQUERO – MARTIN C, SACK M, et al. Towards molecular farming in the future: transient protein expression in the plant [J]. Biotechnol Appl Biochem, 1999, 30: 113 – 116.

KARGIOTIDOU A, DELI D, GALANOPOULOU D, et al. Low temperature and light regulate delta 12 fatty acid desaturases (FAD2) at a transcriptional level in cotton (*Gossypium hirsutum*) [J]. Journal of Experimental Botany, 2008, 59: 2043 – 2056.

LOGENBERGER P S, SMITH C W, THAXTON P S, Michael B L Development of a screening method for drought tolerance in cotton seedlings [J]. Crop Sci, 2006, 46: 2104 – 2110.

MAQBOOL A, ABBAS W, RAO A Q, et al. *Gossypium arboretum GHSP*26 enhances drought tolerance in *Gossypium hirsutum* [J]. Biotechnol Prog, 2010, 26: 21 – 25.

PETERSCHMIDT N A, QUISENBERRY J E. Plant water status among cotton genotypes [M]. In: Proc. Beltwide Cotton Prod. Res. Conf. , National Cotton Council, Memphis, TN, 1982: 108 – 111.

VALLIYODAN B, NGUYEN H T. Understanding regulatory networks and engineering for enhanced drought tolerance in plants [J]. Curr Opin Plant Biol, 2006, 9: 1 – 7.

VAN BODEGOM P M, SORRELL B K, OOSTHOEK A, et al. Separating the effects of partial submergence and soil oxygen demand on plant physiology [J]. Ecology, 2008, 89 (1): 193 – 204.

ZHAO J, LI S, JIANG T, et al. Chilling stress – the key predisposing factor for causing alternaria alternata infection and leading to cotton (*Gossypium hirsutum* L.) leaf Senescence ［J］. PLoS ONE, 2012, 7 (4): 36126.

ZHU L, ZHANG X, AULD D, et al. Expression of an Arabidopsis vacuolar H (+) – pyrophosphatase gene (*AVP1*) in cotton improves drought – and salt tolerance and increases fibre yield in the field conditions ［J］. Plant Biotechnol J, 2010, 9: 88 – 99.

第十章

棉花抗逆育种及品种改良

棉花是我国重要的经济作物和油料作物,但是我国棉花的种植地区大都位于干旱和半干旱的地区,各种自然灾害,比如,干旱、盐碱、低温、高温都严重制约着棉花产量和品质的提高。因此,当前棉花品种改良的方向,除了高产、优质外,还必须具备耐盐碱、抗旱、耐低温、耐高温、耐涝等特性。

第一节　棉花抗逆育种目标

育种目标是育种工作的蓝图,育种程序中的一系列具体操作,如有目的地搜集种质资源、有计划地选择亲本和配置组合、杂种后代的选择鉴定等,都是围绕明确的育种目标开展的。可以说,育种目标制定的正确与否是决定育种工作成败的关键。长期的育种实践表明,棉花育种目标多关注于产量、品质性状和抗病虫性,而对非生物逆境的抗性和对土壤营养利用效率等性状遗传及育种利用研究较少。近年来,全球水资源短缺、土壤盐渍化、频繁的极端天气严重影响着作物的生长环境。我国耕地有限,同时保证粮棉油安全供给的矛盾日益突出。充分、有效利用大面积的滩涂和盐碱地,拓展土地可利用资源,提高土地利用率,发掘棉花抗胁迫能力和提高单产潜力的需求越来越迫切。因此,培育高产、多抗广适、优质的棉花品种,有效应对棉花生长发育进程中的各种逆境,充分发挥其高产、优质潜力,是当前棉花育种新的发展趋势。

一、高产（High yield）

随着人口不断增长,提高产量是棉花育种的永恒主题。棉花生产中,棉花产量一般指经济产量,经济产量指能够满足人类需求的作物的各种形态部分如根、茎、叶、花和果实等，或者是其化学组分如蛋白质、淀粉、油脂和矿物质等。棉花产量是指一定面积、一定时间内皮棉、籽棉等农产品的生产量。

（一）棉花产量形成的生物学基础

从生物学角度来看，棉花经济产量是其生物产量的一部分，籽棉经济系数为 0.34 ~ 0.4，皮棉经济系数为 0.13 ~ 0.16。棉花经济产量与生物产量之比称为经济系数，又称收获指数。生物产量可以定义为一个单株或单位面积上作物积累的所有干物质的总量。其形成基础是作物生长发育过程中一系列生理生化过程的互作。这些生理生化过程由作物自身的基因型控制并受环境条件的影响。主要生理过程包括光合作用、呼吸作用、运输作用和蒸腾作用等。棉花积累的干物质中 90% ~ 95% 是由光合作用通过碳素同化过程生产的，其余 5% ~ 10% 是通过吸收土壤中各种养分生产的。因此，从光合作用角度，棉花的产量可分解为：

经济产量 = 生物产量 × 收获指数 = 净光合产物 × 收获指数 = （光合强度 × 光合面积 × 光合时间 - 光呼吸消耗） × 收获指数。

由此可见，高产品种应该具有较高的光合能力、较低的呼吸消耗、光合机能保持时间长、叶面积指数大和光合产物转运率高等生理特点。目前作物的光能利用率还很低，一般只有 1% ~ 2% 或以下，因此，通过提高光能利用率来提高作物产量的潜力巨大。

从运输作用角度，棉花产量是光合同化产物的转化和贮藏的结果。因此，改善干物质的转运效率是品种高产的重要基础。在这一方面，"源、流、库"学说，或称"源、流、库协调"学说对于理解影响作物产量高低的某些规律是有帮助的。源是指供给源或代谢源，也就是制造或提供养料的器官，如茎、叶等。流是指控制养料运输的器官，如根、茎等。库是贮藏库或代谢库，即接纳或最后贮藏养料的器官，棉花的铃及籽棉。

根据这一学说，当库的潜力大于源时，源是限制产量的因素，通过改良源，可以提高产量；当库的潜力小于源时，则产量受库潜力所限制。所以，源、库是互相限制、互相促进的。当源充足时，可使库发展得更大些；当库大时，可提高源的能力；当源、库能协调发展时，便可获得较高的产量。

（二）高产目标的育种策略

产量是一个极为复杂的数量性状。目前还没有一个简单、成熟的遗传学理论指导棉花高产育种。在实践中，育种家主要依据与作物生理生化过程相关的一些间接指标开展高产育种工作。

1. 产量构成因素的合理组合

在高产棉花品种选育过程中，育种家能进行数据统计的棉花产量性状主要包括单位面积株数、单株铃数、铃重、衣分等。国内外学者关于棉花产量构成提出了不同的结构模式。克尔（Kerr，1966）认为单位面积皮棉产量＝单位面积铃数×每铃种子数×每粒种子上的纤维重，沃雷（Worley，1976）在克尔研究的基础上，提出一个更为基础的棉花产量结构模式：单位面积皮棉产量＝单位面积总铃数×单铃种子数×每粒种子上的纤维数×纤维平均长度×单位长度纤维重。而根据中国的育种实践，中国常用的棉花产量结构模式一般为：单位面积皮棉产量＝单位面积株数×单株铃数×单铃重×衣分（陈仲方等，1981）。各个产量性状有其本身的遗传方式，但是各性状之间又相互关联、相互制约。在其他产量因素不变的条件下，提高其中的1个或2个因素，或3个因素同时提高，均可提高单位面积的产量水平。但是实际上，产量因素之间常呈负相关，即一个因素的提高会导致另一因素的下降。因此棉花高产的关键是各产量因素的合理组合，从而得到产量因素的最大乘积。

单位面积株数（number of plants per unit area）更多属于栽培技术的范畴，可以根据产量目标、不同品种和棉区生态条件确定棉田种植株数。新疆产区作为中国最大的棉花主产区，北疆以种植早熟紧凑的棉花品种为主，矮、密、早是北疆植棉的关键技术。黄河流域棉区棉花种植密度相对新疆棉区较小，而在长江流域棉区，长期实行稀植大棵的棉花种植方式。

单株铃数（boll number per plant）是棉花重要的产量性状，其组成较为复杂，受到单株果节数和结铃率的影响，经过多个试验数据统计分析，大多数育种家认为单株铃数对棉花产量影响最大。尤其在中国棉花产量快速增长的20世纪70年代至90年代初期，通过提高单株铃数，极大地提高了中国棉花单位面积产量（姜保功等，2000）。新疆一般7～9个铃，黄河流域一般15～20个铃，长江流域一般20～40个铃。

铃重（ball weight）也是一个相对复杂的性状，它与铃壳重、每铃室数、种子重、种子数、长纤维重、短纤维重等性状相关，单铃重与各个组成性状均表现为正相关关系。单铃重对于产量的影响，在常规棉中表现并不明显，在杂交棉中影响相对较大。铃重对皮棉产量的增加效应较小，单株铃重与单株铃数和衣分呈负相关关系（杨伯祥等，1998；李成奇等，2009）。同时棉铃过大，往往铃壳较厚、生长期较长，不利于吐絮，导致棉花结铃率下降。因此，单纯增加单铃重对产量的提高意义不大，适中的铃重有利于产量的提高及其相关组分的改良，通常情况下中国棉花品种选育过程中适宜的单铃重在 5.0 ~ 6.5 g。

衣分（lint percentage）是一个相对性状，它是指单位皮棉重和籽棉重的百分比。棉花产量在依靠增加单株铃数提高到一定水平以后，再增加单株铃数，对产量的增加则帮助不大，需要通过衣分的增加来提高棉花产量（杨伯祥等，1998）。在生产中，衣分达到38% ~43%常常作为育种家选育品种的标准。衣分的高低和种子大小相关，过高追求衣分的提高会导致种子变小，种子发芽率差，生长势变弱，影响产量。目前，在品种选育中，多数育种家会通过提高衣指来增加衣分。

综上所述，单株铃数和衣分的增加在中国棉花高产育种过程中起到了重要作用，但是产量的提高是一个相互协调的过程，在加强重点性状改良的同时，也要注重其他性状及因素的相互配合，才能取得最好的效果（喻树迅等，2016）。

2. 株型改良

株型（plant architecture）是指棉花的茎、叶、枝和果等器官的尺寸以及在植株上的着生态势。品种的株型会显著影响棉花群体的光能利用率和光合产物转运效率。育种家很早就注意到株型与产量的关系。1968 年，唐纳德（C. M. Donald）提出了作物理想株型的概念，用于描述有利于干物质向经济器官分配的作物品种的最优表型。前面讲单位面积株数对产量影响时提到了不同地区、不同栽培方式对棉花株型的基本要求，种植密度大的地区要求棉株分枝少，种植密度大的地区要求棉株分枝多。随着化学封顶的应用和普及，化学封顶剂能有效控制棉花株高，使株宽变窄，株型变得更紧凑，而高产的棉田调控效果更为明显；在主茎长度方面，化学封顶棉花倒三至倒五主茎节间容易变长，而化学封顶的高产田棉株主茎节间长度明显要短，与人工打顶的处理基本相当，说明减少倒三至倒五节间长度，利于高产株型的形成；在果枝长度方面，化学封顶使上部果枝缩短，易形成塔型株型，且利于结铃（娄善伟等，2015）。李付广等（2013）指出棉花要有一个理想的株型，以提高棉田光能利用率，并减少不良天气下田间郁闭而引起的蕾铃脱落和烂铃。如泗棉 3 号和中棉所 12 均具有较低的烂铃率，这些都与其具有良好的株型有直接关系。棉花株型好，受光条件和通透性能好，可以提高结铃性，使生物学产量与经济产量同步增长，进而达到提高产量的效果。

二、多抗广适（Multi – tolerance）

优良的棉花品种除了具备较高的产量潜力外，还应具备保持年际间产量相对稳定的能力，即应具备一定的稳产性。产量高而不稳的品种是没有推广前景的。棉花生产过程中常常会受到各种不利环境条件的影响，导致产量降低。这些不利环境条件大体可分为不良气候条件和不良土壤条件引起的非生物逆境和病虫危害导致的生物逆境。针对各种逆境，选育耐盐碱、抗旱、耐极端温度、耐涝、抗倒伏、抗病虫等品种是保持棉花稳产性的最经济、有效的农艺措施。

（一）抗非生物逆境（resistance to abiotic adversity）

据统计，地球上比较适宜于栽种作物的土地还不到10%，其余为干旱、半干旱和盐碱土。在农业生产上，非生物逆境主要包括耐盐碱、干旱、极端温度、涝渍、抗倒伏等，尤其是盐碱和干旱，成为造成全球棉花减产最重要的非生物因素，并且这些因素极易诱发生物性灾害，比如，干旱过后往往是蝗灾，而各种病害往往与湿涝密切相关。

1. 耐盐碱（salt tolerance）

我国是受土壤盐碱化影响最大的国家之一，主要分布在沿海滩涂地、黄淮海棉区及西北内陆棉区，长江以南多数红壤表土一般呈酸性或强酸性。沿海滩涂地以氯化物盐类为主，黄淮海棉区氯化物和硫酸盐均有分布，南疆产区则以硫酸盐类为主。土壤盐渍化大约占到全球盐渍化面积的1/10，据统计，次生盐渍地超过六百万公顷，占全国耕地面积的25%。根据中国环境状况公报，全国草地退化、沙化、盐渍化的面积每年以200万公顷的速度增加。同时，盐碱地是我国重要的后备土地资源，改造治理及合理开发利用这些资源，是中国农业可持续发展的重要途径之一，具有重大的经济、社会和生态效益，对改善生态环境，推动经济、社会和生态可持续发展具有特别重要意义。

棉花是公认的耐盐、抗旱作物，是滩涂土壤脱盐的"先锋作物"。随着粮棉争地矛盾的日益突出，不适宜粮食作物种植的旱地、盐碱地、沿海滩涂成了棉花种植的另一个选择。据初步估算，如果我国盐碱地面积的1/3能得到有效利用，那么我国棉花的年均产量可以相应地增加20%～50%，创造的经济价值、社会价值难以估量。因此，发掘具有优异抗逆性的棉花种质材料，培育具有高产潜力、功能齐全、抗多种非生物因素逆境条件的棉花新品种，充分有效利用大面积的滩涂盐碱地，是当前棉花育种的重要内容（黄云等，2015）。

2. 抗旱 (drought tolerance)

我国最主要的产棉区——西北内陆棉区，水资源非常紧张。据专家测算，2020 年，农业缺水达 1000 亿 m^3，我国每年因干旱造成的皮棉损失高达 15 万～20 万吨。根据我国旱地棉区的地理分布及光、热、水资源，我国棉花旱地生态区可以划分为华北平原半湿润易旱区、黄土高原半干旱地区及长江中游丘陵岗地旱地生态区、新疆旱区。根据各生态区的自然特点和棉花生态反应，提出相应的育种目标。

3. 耐极端温度 (extreme temperature tolerance)

棉花原产于热带的低纬度地区，但长期以来人工选择和驯化的结果，导致其耐受高温的能力并不强。近年来，极端高温事件频繁发生，高温热害已成为影响棉花生产的又一个限制性环境因子。高温胁迫会影响棉花种子萌发，使根系生长以及植株的生长受抑制。棉花种子萌发和生长的最适温度范围为 28～30℃，根系生长白天和夜间的最适温度范围分别为 30～35℃ 和 22～27℃。一般棉花在气温达到 38℃ 以上时，便会造成花粉生活力迅速下降，蕾铃大量脱落；气温达到 40 ℃ 以上时，就会抑制生长。当温度高于棉花要求的最适温度时，棉花的生长会受到抑制：生长速度随温度的升高而急剧下降。高温影响的时间越长，在温度正常后恢复生长需要的时间也越长。高温能加速棉花的发育，缩短生育期，促进棉花早熟。温度太高时能促使棉花叶片衰老，缩短干物质生产的生长期，导致严重减产。如果高温影响的时间延长到一定的长度，就可导致棉花细胞受伤害而死亡。

长期生产实践表明，在众多气象灾害中，对新疆棉花的品质和产量影响较大的是棉花生长发育期间所遭受的低温冷害，在新疆棉区出现的几个低温冷害年，棉花减产达 20%～60%（孙忠富，2001）。新疆棉花低温冷害是在棉花生育期间大于 0℃ 的低温，引起棉花生理、生化机能受到损害以及生育期延迟带来的灾害（杨廷奎，2001）。棉花播种后经历吸胀期、露白期、弯钩期、子叶期和子叶展平期等几个发育阶段，这几个阶段中，露白期对低温最为敏感（李彦斌等，2012）。在苗期，最低气温 3℃ 以下，棉花开始受冻，若持续时间长棉花会冻死；若气温在 -1℃，只需持续 10 min，棉花全部冻死。若在吐絮成熟期，最低气温在 1～3℃ 时，部分叶片受轻微冻害，个别棉铃有受冻现象；在 -1℃ 时，叶全都受冻，枯干脱落，大部分棉桃受害严重，有的棉株甚至死亡（傅玮东等，2007）。

4. 耐涝（waterlogging resistance）

亚热带湿润区具有雨热充足、气候适宜、土壤环境好等优点，棉花长久以来是长江流域的优势经济作物。但是受季风气候的影响，长江流域在每年的 4～10 月都有可能发生洪涝灾害，特别是 6、7、8 月这三个月是洪涝灾害的高发期，而这个时期恰恰是棉花生长的关键时期，持续的涝渍环境不仅会使棉花的产量减少，而且会使棉花的纤维品质降低（杨云，2011）。另外，秋季的花铃期若连续降雨、急剧降温之后几天，在降雨区内，会出现大面积红叶早衰。红叶早衰一般发生在连续降雨之后 2～3 天。首先是棉株上部叶片变灰绿色或出现水渍状斑块；4 天左右，叶片正面出现不规则的片状浅红色斑块，但叶片背面仍为绿色；以后红色斑块逐渐扩大，红色加深；10 多天后，叶背边缘也开始出现红色，最后叶片变褐、干枯、脱落。受灾重的棉田，远看呈黑褐色。与此同时，上部的蕾开始脱落，幼铃变褐色后也脱落，大铃的铃壳变红，进而影响产量。

5. 抗倒伏（lodging – resistance）

倒伏（lodging）是指棉株在收获前发生的倾倒、弯折、折断等现象。棉花倒伏是多方面原因引起的：一是棉花品种，有些成熟期较早，铃重较轻的品种倒伏较少，上桃略迟、铃重较高的品种抗倒力偏弱；二是采用露地直播的主根下扎较深，抗倒性较好，采用营养钵育苗移栽的，因为棉苗移栽时主根被切断，侧根入土深度有限，抗倒力稍差；三是采用地膜覆盖栽培的棉花根系多集中在离地表 20～30 厘米的土壤耕作层里，大量上桃后又不揭膜的，也易引发倒伏；四是施用氮肥较多，或者施肥总量偏高的棉花，植株营养体大，叶片面积增大，棉田荫蔽严重，很容易造成倒伏，注意增施钾肥的抗倒伏能力较好；五是实行中耕培土的棉花抗倒伏能力较好，未培土的棉花抗倒伏能力较差；六是气候的影响，8 月下旬至 9 月上中旬，正是棉花结铃最多的时节，若暴雨频繁加之风向多变，是极易酿成大片棉花倒伏的。

随着地膜覆盖和农业机械化水平的提高，品种抗倒伏性（lodging resistance）成为越来越重要的育种目标。选育根系发达，茎秆强壮、坚硬、茎壁厚，第一果枝节位比较高、茎秆较坚硬等成为棉花抗倒伏育种的重要目标。

（二）抗病虫（resistance to disease and pest）

棉花的病虫害主要有枯/黄萎病、蚜虫、棉铃虫和红铃虫等。抗病虫育种目标不能只注重单一抗性，而要注意兼抗品种的选育。此外，专化抗性基因的抗性丧失是抗病虫育种经常面临的困境。为解决这一困境，增强品种的持久抗性，非专化抗性基因的利用已成为抗病虫育种中越来越重要的内容。当然，对抗病虫性的理解不能绝对化，只要保证棉花产量和品质的损失在合理范围内，这样的抗性水平就达到了育种目标要求。

（三）适宜的生育期（suitable growth period）

因光温条件的差异，不同地区耕作栽培制度各异，推广应用适应各地耕作栽培制度的棉花品种，使之既能充分利用生长期的光热资源，又能避免或减轻当地自然灾害，是实现棉花高产、稳产的基础。因此，适宜的生育期就成为棉花育种的基本目标性状。

决定棉花生育期的关键生理过程是成花转变，即由营养生长向生殖生长的转变过程，这一过程受作物自身遗传因子和外部环境因素的共同影响。其中，昼夜节律和温度是影响生育期的两个主要环境因素。棉花通过光周期途径和春化作用途径感受这两个环境信号的变化来控制成花转变。

一般来说，生育期长的品种具有更高的产量潜力。但在很多情况下，生育期短的早熟品种的推广应用是保持棉花稳产的重要条件。如我国高纬度的东北、西北地区北部及某些丘陵地区，无霜期短，生产中常发生早霜危害；西北旱源；而在南、北方的某些地区，秋雨常使棉花烂铃；光热条件较好的华北、黄淮平原，复种是基本耕作制度。这些生产条件下，选用生育期短的棉花品种成为避免或减轻自然灾害、满足复种要求的基本措施，也决定了早熟成为我国很多作物品种的共同特点。

（四）适应性广（widely adaptation）

一个优良品种不仅拥有在特定种植区域内高产、稳产的特点，而且应该具备在更广泛的区域间保持产量相对稳定的能力，即具有广适性（widely adaptation）。广适性品种具有大面积推广潜力，能最大限度发挥品种的增产作用。研究发现，广适性品种一般具有对日照长度变化反应不敏感，对温度反应范围较宽的特点。光周期不敏感基因型是广适性品种的重要遗传基础。在育种中，对适应性的选择多采用"穿梭育种"和"异地鉴定"方法。

随着现代农业的发展，适应机械化生产成为品种适用性的新内容。《全国农业机械化发展第十三个五年规划》指出，"十二五"期间，我国农业机械化发展迅速。但目前我国总体棉花机械化水平仍然较低。除了新疆棉区基本实现了播种到收获的全程机械化，不过机械化收获仍然是难点，存在机采棉收获不干净、有部分损失，机械收获后的棉花含杂率比手采棉高等问题。

三、优质（High quality）

随着社会的发展，人们对优质棉产品的消费需求也不断提高，优质目标在棉花育种中的重要性越来越突出。棉花品种品质优劣是指其经济产品满足人类需求程度的高低。由于人类对农产品需求的多样性，品质指标多种多样，归纳起来，大体可分为纤维品质、棉油品质和其他品质3类。

（一）纤维品质（fiber quality）

随着我国加入WTO，全球经济一体化格局的形成，棉花种植技术、棉花加工技术、棉纺织技术的不断提升，原来的品级标准已经与国际标准和实际产业需求很不适应，为此，中国纤维检验局制定了新的棉花质量评价体系。整套标准包括《GB1103.12012 棉花 第1部分：锯齿加工细绒棉》和《GB1103.2 2012 棉花 第2部分：皮辊加工细绒棉》。

（二）棉油品质（cotton oil quality）

棉籽油含有大量的人体必需脂肪酸，其中亚油酸的含量最高，可达44.0% ~55.0%，亚油酸能抑制人体血液中的胆固醇。此外，还含有21.6% ~24.8%的棕榈酸，1.9% ~2.4%的硬脂酸，18% ~30.7%的油酸，0% ~0.1%的花生酸，人体对棉油的消化吸收率为98%。中华人民共和国国家标准棉籽油（GB1537 - 2003）指标如表10 - 1和表10 - 2。

表10 - 1 棉籽原油质量指标

项目	质量指标
气味、滋味	具有棉籽原油固有的气味和滋味，无异味
水分及挥发物（δ）≤	0.2
不溶性杂质（δ）S ≤	0.2
酸值（mgKOH/g）S ≤	4.0
过氧化值（mmol/kg）≤	7.5
溶剂残留量（mg/kg）≤	100

表 10 - 2 压榨成品棉籽油、浸出成品棉籽油质量指标

项目		质量指标		
		一级	二级	三级
色泽	罗维朋比色槽（25.4mm）≤	－ －	－ －	黄 35、红 8.0
	罗维朋比色槽（133.4mm）≤	黄 35、红 3.5	黄 35、红 5.0	
气味、滋味		无气味、口感好	气味、口感良好	具有棉籽有固有的气味和滋味、无异味
透明度		澄清、透明	澄清、透明	－ －
水分及挥发物（δ）≤		0.05	0.05	0.20
不溶性杂质（δ）≤		0.05	0.05	0.05
酸值（mgKOH/g）≤		0.20	0.30	1.00
过氧化值（mmol/kg）≤		5.0	5.0	6.0
加热试验（280℃）		－ －	－ －	无析出物、罗维朋比色：黄色值不变，红色值增加小于0.4
含皂量（δ）≤		－ －	－ －	0.03
烟点（℃）≤		215	205	－ －
冷冻试验（0℃储藏5.5h）		澄清、透明	－ －	－ －
溶剂残留量（mg/kg）	浸出油	不得检出	不得检出	≤50
	压榨油	不得检出	不得检出	不得检出

（三）工业品质（industrial quality）

棉籽油皂脚是在碱炼过程中生成的，碱炼的主要作用是去除棉籽油中的游离脂肪酸、磷脂、蛋白质、黏液质、杂质、色素、金属离子以及棉籽油中特有的棉酚。皂脚随着工艺和原料的不同而组成不同，一般含皂 60% ~ 75%（干基），中性油 25% ~ 40%（干基）。其中棉酚是棉籽油所固有的，它是棉籽中的主要色素，占总色素的 20% ~ 40%，为棉籽总重的 0.15% ~ 1.8%，碱炼时棉籽油中的全部棉酚进入皂脚中，在碱性条件下容易转化成各种深色的化合物，使皂脚变成深褐色。

针对棉籽油皂脚的主要组分及特点，目前国内外对其的开发与利用主要集中在以下几个方面：

1. 磷脂（phospholipid）

磷脂是具有重要生理功能的类脂化合物，是天然的表面活性剂和乳化剂，具有较高的营养价值，可广泛应用于食品、医药、化妆品、皮革、纤维、染色、饲料等方面。在食品工业上是重要的添加剂和乳化剂，它能滋补强身，对心血管病有疗效，可做水果的保鲜剂、饲料的添加剂；在橡胶工业上，磷脂可作为软化剂和发泡助剂。棉籽油中的结合态磷脂高达90%。磷脂在棉籽油中含量较高，棉籽毛袖中磷脂含量在0.7%~2.0%，仅次于大豆。脂肪酸及胆碱等物质构成，油料中的磷脂一般都与蛋白质、糖类、甾醇、生育酚、生物素等物质相结合，构成复杂的复合体。

2. 生物柴油（biodiesel）

生物柴油就是利用动物、植物油脂或者精炼食用油后的下脚料——皂脚进行改性处理后与化工原料复合而成的透明状、颜色与柴油基本一致的液体燃料。生物柴油含碳量、分子量均与柴油接近，根据相似相溶原理，它与柴油相溶性极佳。生物柴油的抗爆性能优于石化柴油。含氧量高，在燃烧过程中所需的氧气量较石化柴油少，燃烧、点火性能优于石化柴油。为可再生能源，而且生化分解性良好，健康环保性能良好。生物柴油的闪点较石化柴油高，有利于安全运输、储存。

3. 脂肪酸（fatty acid）

从皂脚中提取脂肪酸也可以变废为宝，创造巨大的经济效益。随着现代工业的不断发展，脂肪酸已经成为世界工业品中重要的基本化工原料，它在塑料、表面活性剂、纺织、皮革等领域的用量呈现逐年稳定增长的态势，特别是以脂肪酸为主的合成产品、各类衍生物，市场需求已超过2000多种，带动了整个脂肪酸行业的繁荣。脂肪酸在国内外需求量都相当大，其市场前景也非常广阔。近几年全世界脂肪酸用量为300万吨，国内脂肪酸产品的需求也迅速增加，工业油酸1994年需求量为655.3吨，1999年增长到1.6万吨，工业硬脂酸1999年需求量31.4万吨，需求量的快速增长，造成国内脂肪酸产品紧俏，产品价格上扬，每年需大量进口补充国内市场。

4. 棉酚（gossypol）

棉酚是一种黄色多酚羟基双萘醛类化合物，主要存在于锦葵植物棉花的根、茎、叶和种子内，棉籽仁中含量最高。棉酚是锦葵科植物棉花成熟种子、根皮中提取的一种多元酚类物质。粗制生棉籽油中的有毒物质，存在于棉籽色素腺体中。游离状态的棉酚是一种毒甙，为细胞原浆毒，可损害人体肝、肾、心等实质脏器及中枢神经，并影响生殖系统。棉酚是棉花特有的有毒成分，对人和动物有害，极大地制约了棉副产品的应用，同时也造成资源的极大浪费，但它在医药、农业、工业等方面却有着广泛的用途（荣梦杰等，2019）。

5. 其他（others）

近年来对棉籽油皂脚还有一些新的用途，如以棉籽油皂脚脂肪酸中分离所得的液体酸（油酸）为原料制取聚酰胺树脂，它的主要用途是做塑料薄膜上的印刷油墨及胶黏剂。其他产品还有肥皂、脱膜剂、增塑剂、甘油、油墨、润滑油及农药溶剂、选矿捕集剂等。

第二节 棉花抗逆育种技术

中国在"七五"期间开始对棉花种质资源进行了统一的抗旱耐盐性鉴定筛选，从国外引入的新棉花材料中经系统选育，获得了中棉所 7 号等较抗旱材料，具有一定的生产推广面积。"八五"期间进一步完善了其方法与标准，育种方法逐步进入利用已有品种和中高代材料，并进一步对棉花抗逆种质资源进行了筛选（刘金定等，1995），获得了一批抗旱、抗盐碱较好，且具有优良性状的新品种，如晋棉 11 号、中棉所 25 等抗旱性新品种和中棉所 23 等抗盐性较好的新品种。棉花抗逆研究虽然起步晚，但近年进展很快。传统的棉花抗逆育种主要以杂交育种为主，且取得了长足的进展并获得了较好的社会效益和经济效益。但棉花抗性性状和产量性状在遗传上呈负相关关系，其在一定程度上制约了传统育种在性状改良上的更大突破。随着生物技术领域的不断发展，利用基因工程手段可以将不同植物的基因融合在一起，可以把某一个植物的优良性状转移到棉花上，或者把棉花自身的某一个不良性状去除，从而人为地定向改变其生物性状。这种方式可以打破物种的生殖隔离，为现代棉花育种以及棉花种质资源的创新提供新的思路（叶武威，2007）。

一、棉花抗旱性育种

（一）干旱胁迫与棉花抗旱性

棉花体内的水分状况取决于吸收和蒸腾两个方面，吸收减少或蒸腾过多均可导致棉花水分亏缺。过度水分亏缺的现象，称为干旱。干旱胁迫（drought stress）是指土壤水分缺乏或大气相对湿度过低对作物造成的危害。棉花所受的干旱有大气干旱、土壤干旱及混合干旱 3 种类型。

干旱胁迫发生时，棉花一般表现为出苗不齐、萎蔫、生长停滞、落花落桃、产量下降和品质降低，严重时导致植株死亡。棉花对干旱的抵抗或适应能力称为抗（耐）旱性（drought resistance）。

根据作物对水分的需求情况划分，棉花属于中生作物，不存在典型的避旱性和耐旱性，所以棉花的抗旱性是避旱性和耐旱性的综合作用。

（二）棉花抗旱性相关指标

棉花抗旱性主要是通过抗旱指标比较来体现，一般来说，棉花生长发育和产量指标是评价抗旱性的可靠指标。为了加速棉花抗旱性遗传育种进程，一些简单、可靠又快速的形态解剖和生理生化指标应用于抗旱性育种就显得非常重要。

1. 形态生长指标

抗旱性强的作物较非抗旱性作物在水分胁迫下表现出不同的植株生长性状。而这些植株性状，如根系发达程度、茎的水分输导能力、叶的形态（如叶片大小、形状、角度、叶片卷曲程度、果枝始节节位等）均可作为作物抗旱性鉴定指标。棉花种子在受到不同程度的干旱胁迫时，随着水势的下降，其发芽率、发芽速度、发芽指数、苗高、根长、根茎比、幼苗干鲜重等均出现不同程度的降低。棉花抗旱材料幼苗的侧根条数、根重、根苗比远高于不抗旱的材料。因此，生产实际中可用棉花的种子发芽率、叶片特征、根长、根重、单位主根长度、一级侧根着生密度、根苗比等指标来进行棉花抗旱性鉴定的比较和分析。形态指标在棉花抗旱育种中采用得最早，具有简单、实用性强的特点。

2. 生长发育指标

许多研究证明棉花苗期适度干旱对棉花的生长发育产生有利影响，可提高早熟棉区的棉花品质。苗期干旱水分胁迫对控制棉花主茎生长速度、降低主茎高度、培育壮苗有明显作用；能有效减少 6 月以前早期花蕾的脱落率，吐絮高峰提前 10 d 左右,有利于提高棉花的产量和品质。干旱对于棉花各个生育期的影响视持续时间和受旱程度而定,因此,抗旱指标的筛选也应视不同生育时期和受旱程度来选择。可供参考的生长发育指标为株高、出叶速率、干物质累积量、叶面积、主茎生长速度、主茎高度、果枝数、三桃的比重以及蕾铃脱落率等。

3. 产量指标

在某一阶段受干旱程度的不同,不同生育阶段的棉花减产百分数也是不同的。干旱对产量的影响大小趋势是:苗期 < 成熟期 < 蕾期 < 花铃期和全生育期。花铃期是棉花需水的临界期,也是灌溉的关键期;蕾期对水分的反应是比较敏感的,亦是水分关键期。持续干旱对籽棉产量影响以单株成铃数 > 成铃率 > 单铃重。短期干旱胁迫以增加成铃数显示籽棉增产,同步抑制下部内围铃棉纤维和棉籽的物质积累量,而对棉花衣分,显示外围果节铃高于内围果节铃(同步单铃纤维重内围高于外围)、内围果节铃衣分均以中部果枝高于上部和下部果节铃趋势。土壤持续干旱胁迫在下部内围铃同步抑制棉纤维和棉籽的物质积累量,而在下部外围铃更趋抑制棉籽的物质积累,研究表明持续干旱可整体降低中上部棉铃的积累物质供应量。

棉花的抗旱性最终要体现在产量的高低上,抗旱系数(抗旱系数 = 胁迫下的平均产量/非胁迫下的平均产量)和干旱敏感指数(SI),SI[SI = (1 - 抗旱系数)/环境胁迫程度]是从产量上反映抗旱性的重要指标,但也有人认为其方法不能提供基因型产量高低信息,提出用抗旱指数 DL 来衡量作物的抗旱性。抗旱指数 DL = (抗旱系数 × 旱地产量)/所有品种旱地产量的平均值(张天真,2003)。

4. 生理指标

(1)叶片水势与水分饱和的亏缺以及细胞膜透性

程林梅等(1995)研究发现,干旱条件下,全生育期棉花植株的叶水势明显下降。不同生育时期比较,以开花期反应最敏感,蕾期最迟钝。水分胁迫下,细胞膜透性在不同生育期增加幅度不同:花期最大,铃期次之,蕾期最小。张原根等(1995)研究表明棉花抗旱种质材料对干旱脱水有较强的忍耐性,是棉花抗旱的重要生理指标。

(2)气孔阻力与蒸腾强度

哈特马赫(Hatmacher,1986)研究了抗旱种质材料抵御干旱的途径是加大气孔阻力，通过降低蒸腾强度来有效地减少体内水分丢失，有利于抗旱。

（3）叶片光合速率和叶绿素含量

埃弗塔特（Ephratht）等（1994）发现耐旱品种在水分胁迫环境下，能保持较高的叶片水势，从而保证了光合作用的顺利进行。程林梅等（1995）研究得出，不同时期的干旱对光合速率影响不同，以花期影响最大，其次是铃期，蕾期影响最小。棉花抗旱种质材料在干旱胁迫条件下能保持最高。

胡根海（2010）研究了短期水分亏缺对"百棉1号"叶绿素含量的影响得出："百棉1号"叶绿素含量随干旱的持续，呈现先缓慢升高后降低的变化趋势，短期水分亏缺时，在第6天土壤水分含量约为4%时，棉花的叶绿素开始降解，是干旱缺水的标志。

李少昆等（1999）研究了不同时期干旱胁迫对棉花生长的影响发现，随干旱时间延长，棉叶颜色逐渐由绿变灰，叶绿素含量明显降低，其中处理后第5天盛蕾初花期、盛铃期和盛铃始絮期胁迫叶绿素含量分别较对照减少17.7%、7.4%和19.3%。水分胁迫与复水后叶绿素含量的变化与光合强度变化趋势相似，进一步说明，干旱导致叶片叶绿体结构破坏和叶绿素含量降低是影响棉花光合作用的内因。

（4）根系活力

根系活力是反映植物吸水能力的重要生理指标。张原根等（1995）用 α - 萘胺法测定不同水分处理的根系活力，结果发现，干旱条件下抗旱材料根系活力提高，而不抗旱材料根系活力下降。

5. 生化指标

（1）叶片脯氨酸积累

干旱条件下，棉花体内脯氨酸积累明显增加。程林梅等（1995）研究出抗旱种质材料脯氨酸积累最多，花期脯氨酸积累比对照增加3倍。脯氨酸积累这一生理特性可作为评价棉花抗旱性的参考指标。

（2）脱落酸

脱落酸作为调节植物生长发育的一种重要植物激素，脱落酸具有控制植物生长、抑制种子萌发及促进衰老等多方面的效应，而且脱落酸还可以提高植物的抗逆性。姚满生等（2005）研究表明，脱落酸可明显提高超氧歧化酶（SOD）、过氧化氢酶（POD）、过氧化氢酶（CAT）等保护酶的活性。在不同水分胁迫下，各保护酶活性明显高于对照，维持活性氧的平衡。因此，膜脂过氧化产物 MDA 含量少，膜透性低。保护细胞膜结构，可减少水分胁迫的伤害，提高抗旱性。

（3）酶活性

处于逆境下的植物本身形成一些防御机制，如活性氧的酶促清除系统，超氧歧化酶（SOD）在该系统中处于核心地位。过氧化氢酶（POD）作为植物体内消除自由基伤害防护酶系成员之一，与植物的抗逆境能力也密切相关。刘灵娣等（2009）研究显示，干旱胁迫下超氧歧化酶（SOD）、过氧化氢酶（POD）活性存在先上升后下降的现象。干旱胁迫后保护酶活性已具有明显的适应性反应，各铃重类型棉花品种不同区位果枝叶片中超氧歧化酶（SOD）、过氧化氢酶（POD）活性的上升因区位、品种的不同呈现出不同的变化规律，且达到峰值的时间和增加的幅度因品种不同存在差异。

（4）可溶性糖

在一定干旱程度、一定生长时期，同一物种不同品种可溶性糖增加愈显著，则该品种适应干旱逆境的渗透调节能力愈强，其抗旱性与渗透调节能力呈正相关。刘灵娣等（2007）对水分胁迫下 3 个不同铃重基因型品种的碳水化合物代谢特点的研究结果表明，水分胁迫下主茎叶和不同层次果枝叶中积累了较多的可溶性糖，这是棉花对干旱适应的一种渗透调节，通过增加细胞内的溶质浓度可使其在较低叶水势下仍保持较高的膨压，以减缓水分胁迫的不利影响。

6. 生态指标

（1）冠层温度

在棉花上，利用冠层温度监测水分状况的研究应用较多。法尔肯贝里（Falkenberg）等（2007）研究发现，在50%田间持水量处理下，棉花的冠层温度明显比75%和100%田间持水量处理下的高，且表现出皮棉产量下降，而在75%田间持水量的水分处理条件下，皮棉产量则无明显下降，这表明合理的节水灌溉是不会影响棉花产量的。

蔡焕杰等（1997）研究分析了不同土壤水分条件下棉花冠层温度的变化规律，研究表明，土壤水分对冠层温度的影响在9：00以前和15：00以后的影响较小，12：00~15：00的影响最大，可选择这一期间的晴朗而且稳定的天气条件冠层温度来诊断棉花水分状况；棉花冠层温度与细胞液浓度之间存在良好的关系，利用其关系与净辐射、相对湿度和土壤含水量的关系可以评价作物的缺水状况，并可利用这一易于监测的指标进行节水灌溉决策。

（2）土壤水分指标

土壤水分指标是棉花在干旱胁迫下指导灌溉的一个最直接和有效的指标，一般用田间持水量来反映。俞希根等（1999）对棉花适宜土壤水分下限进行了专门研究，研究得出，棉花各生育阶段适宜水分下限指标（占田间持水量百分数）为苗期55%、蕾期60%、花铃期70%、成熟期55%，提出比适宜水分下限低10%~15%为中旱，小于10%为轻旱，大于15%为重旱。

7. 综合指标

从以上指标可看出，其抗旱性鉴定方法是从某个或者某几个指标因素上进行评定，有单一指标鉴定较为片面性的缺陷和不足。因此，前人多采用各种方法和技术对综合性状指标来综合鉴定其抗旱性的优劣。其中采用较多的方法有综合指标法，其计算方法有2种：（1）抗旱总级别法；（2）采用模糊数学中的隶属函数的方法。李建武等（2008）应用灰色关联度分析研究了干旱胁迫条件下马铃薯盛花期部分生理生化指标与抗旱性的关系。通过关联度分析结果筛选出了叶片相对含水量、超氧化物歧化酶（SOD）活性、可溶性蛋白含量，可作为马铃薯重要的抗旱鉴定指标。

（三）抗旱棉花品种选育方法

抗旱种质资源的收集是进行作物抗旱育种的第一步。首先，要充分挖掘我国地方品种资源潜力，对其进行抗旱性评价，选择出抗旱性较好的材料作为抗旱育种的基础材料。其次，广泛引进国外种质资源，尤其是热带—亚热带和CIMMYT等抗旱种质资源，对其进行驯化和改良，扩充我国棉花抗旱种质资源，鉴定有利的抗旱基因加以改良利用。最后是重视作物近缘种和远缘种抗旱资源的利用。

1. 杂交育种

杂交育种是选育抗旱品种的主要方法。利用抗旱性强的种质资源为亲本，通过杂交和后代选择可以有效实现抗性和丰产性的有机结合。江苏沿海地区农业科学研究所利用常规育种手段选育的新品种苏棉22号在长江下游棉区累计推广种植在1333.3khm以上，增加社会效益20多亿元。

远缘杂交也是进行抗旱育种的有效方法。张原根等（1995）从陆地棉与异形棉、瑟伯氏棉及墨西哥半野生棉的杂交后代中选育出抗旱性强、综合性状好的新种质材料。苏扎（Souza）等（1970）采用渐渗杂交方式将上述几个二倍体野生棉与陆地棉远缘杂交，从中选育出7个合成系（S1~S7），并对其生长发育、产量及纤维品质进行研究发现，异形棉3号染色体渐渗可提高陆地棉的抗旱性（S1 系）。

2. 分子育种

随着抗旱基因位点分子标记研究的深入，棉花抗旱性分子标记辅助选择育种也正在逐步展开。乌米诺（Ulloa）等（2000）通过歧化选择进行高气孔导度资源材料筛选，进而配制 NM24016/TM－1 分离群体，筛选到 2 个与叶片气孔导度相关的 QTL。秦利（2006）利用（中棉所 35 号×军棉 1 号）F$_2$ 分离群体，通过观察棉花离体叶片自然失水 6 h 后的叶片失水能力进行抗旱性相关 QTL 筛选，在第 16 号染色体上检测到 1 个控制叶片失水力的 QTL 位点，加性效应可解释表型变异的 12.2% 。郭纪坤（2007）利用（鲁棉 97－8×苏 12）F$_2$ 分离群体，通过检测胁迫指数和胁迫系数获得胁迫对籽棉产量和各生育期株高影响数据，进而筛选到与抗旱相关的株高位点 7 个，贡献率为 4.19%～19.66% ，其中检测到现蕾期株高 QTL 4 个、开花期株高 1 个、吐絮期株高 2 个，不同时期的株高位点分布在不同的连锁群上，说明同一性状受不同位点基因控制，而且不同生育期株高受不同基因控制。赛义德（Saeed）等（2011）利用（FH－901×RH－510）F$_2$ 分离群体，检测到 7 个抗旱相关 QTL。在干旱条件下检测到 3 个 QTL，分别为渗透势、渗透调节及株高各 1 个，复水后检测到 2 个 QTL。这些位点的发现，为作物抗旱分子育种提供了基础。

随着人们对抗旱性机理研究的深入，通过转基因技术提高作物抗旱性也取得了新的突破。通过各种方法克隆的抗旱相关基因在棉花抗旱性的遗传改良上进行了尝试，包括：①渗透调节物质（脯氨酸、甜菜碱和糖类等）合成中编码关键酶类的基因，如脯氨酸合成关键酶 P5CS 基因；②清除活性氧的酶类基因，如 SOD 基因；③保护细胞免受水分胁迫伤害的功能蛋白基因，如晚期胚胎丰富蛋白（LEA）基因；④传递信号和调控基因表达的转录因子如 bZIP、NAC、MYC、MYB 及 DREB 基因等；⑤感应和转导胁迫信号的蛋白激酶基因以及在信号转导中起重要作用的其他蛋白酶类基因如 CDPK、MAPKK 等。据泰勒（Taylor）报道，美国与澳大利亚科学家（D. Oosterhuis et al. , Philip Wright）合作，在澳大利亚的两个棉花品系里发现耐旱基因并进行了定位，克隆了 60 个有关的基因片段，其中有 17 个与国际分子遗传数据库（International molecular genetic data bases）中已知的基因相似；有一个耐旱基因与菠菜中发现的抗热基因相似，并发现耐旱性可能与多个基因的共同作用有关，即部分基因增强作物从土壤中吸收水分和养分的能力，有的则使作物更有效地利用水分和矿物质，或者是暂时关闭（停止）部分功能以节约水分。

这些基因的转基因功能已在模式植物中进行了验证，但得到的转基因株系还只是在实验室条件下表现一定的抗逆性，尚没有真正在大田中改善棉花的抗旱性。王娟（2010）对苗期、蕾期和花期耐旱性测定结果表明，外源 *ZmPIS* 基因的导入提高了转基因棉花在各个发育时期的耐旱性，且经过开花期的长期干旱胁迫，转基因株系的单株籽棉产量显著高于野生型对照。通过转化一个基因达到生产上的抗旱要求尚有难度。通过转化在胁迫应答过程中起中心作用的上游调控基因或将多个抗旱基因转化到一个受体品种，可能可以实现转基因材料抗旱性的大幅提高。

二、棉花耐盐性育种

（一）盐害与棉花耐盐性

土壤中过量的可溶性盐类对作物造成的损害，称为盐害或盐胁迫（salt stress）。盐胁迫包括渗透胁迫、离子毒害以及由此引起的次生胁迫。渗透胁迫（osmotic stress）是由于土壤中可溶性盐过多，土壤渗透势增高而水势降低，造成作物吸水困难，生长发育受到抑制；离子毒害（ion toxicity）是指由于离子的拮抗作用，吸收某种盐离子过多而排斥了对另外一些营养元素的吸收，从而影响正常的生理代谢过程。盐分过多的土壤统称为盐碱土。通常把碳酸钠为主的土壤称为碱土，氯化钠与硫酸钠为主的土壤称为盐土，但两者常同时存在。盐害发生时，一般表现为作物生长缓慢、代谢受到抑制、作物干重显著降低、叶片变黄、萎蔫甚至植株死亡。作物对盐害的耐性称为耐盐性（salt tolerance）。棉花的耐盐机理实际就是解决高盐分浓度环境下作物如何生存的问题，即棉花如何实现既要从低水势的介质中获取水分和养分，又不影响本身的代谢和生长发育的双重目标。耐盐性可分为避盐性和耐盐性 2 种类型。避盐性（salt escape）是通过对外分泌过多的盐来避免盐害，或通过吸水与加速生长以稀释体内的盐分或通过选择吸收以避免盐害。耐盐性则是通过生理的适应，忍受已进入细胞的盐分，常见的方式如通过细胞渗透调节进而适应因盐渍而产生的水分胁迫；另一种方式是降低和消除盐离子对代谢过程中各种酶类的毒害作用，还有通过代谢产物与盐离子结合，减少游离的盐离子对原生质体的破坏作用。

相对其他作物，棉花是耐盐性较强的作物之一，容忍阈值达 0.4% NaCl。但是它的耐盐能力也有限，而且同一品种具有生育阶段差异性。棉花耐盐性以萌发期最低，幼苗期是棉花耐盐水平差异最明显的时期。随着发育时期不断生长，现蕾期和初花期相对敏感到结铃期耐盐性上升。依据前人研究结果我们认为萌发期、花芽分化期（二、三片真叶）、现蕾期、初花期等发育时期的初始阶段，均是棉花耐盐水平差异最明显的时期，也是筛选品种耐盐性的关键时期。对于不同器官组织，棉花种质耐盐性也有不同，特别是生长旺盛的侧根、幼嫩叶片等。老叶大于新叶，而子叶耐盐性最强。

棉花因土壤盐碱类型，种间、生长发育阶段和不同组织类型的不同表现出不同的耐盐性。研究表明，棉花对土壤中盐碱离子类型敏感程度依次为 $MgSO_4 > MgCl_2 > Na_2CO_3 > Na_2SO_4 > NaCl > NaHCO_3$。棉属种间差异也较大，现代的栽培棉种都是育种家从野生棉中驯化而来的。地处半干旱亚热带的野生棉经常经历盐、干旱及高温环境的胁迫，故其陆地棉野生种耐盐性较强。而亚洲棉最早种植在我国，是起源于亚洲大陆的最古老的栽培棉种。它能够在非常干旱和炎热的环境下生长，具很强的抗逆性，且遗传稳定性高，是很好的育种资源。叶武威等（2007）对国家棉花种质资源中期库 4 个栽培种的 12000 份次品种资源进行了 0.4% NaCl 耐盐性苗期鉴定。

（二）棉花耐盐性相关指标

棉花的耐盐性不仅受外界条件的影响，而且与不同亚种、不同品种及同一品种不同生长发育阶段有关。因此，耐盐性鉴定也是一个复杂的技术问题。从国内外情况来看，棉花的耐盐性指标主要有直接指标、生理指标和 DNA 分子指标等。

1. 直接指标

棉花耐盐性的直接指标主要有：棉花在盐碱环境下的生长表现，主要包括萌发率、发芽率、出苗率以及幼苗在盐害条件下的苗高、根长、根数和叶片数等形态性状变化；田间产量，即将供试材料种植在适当的盐碱地上进行产量试验，根据产量表现观察其耐盐性，包括最终产量和产量构成因子，如棉花的铃重和衣分等。产量指标比较准确，但周期长，成本高，且年份和气候的变化影响较大，只能在材料较少时采用。

2. 生理指标

常用的生理指标有细胞膜透性、渗透调节能力、棉株体内盐分含量或 Na^+/K^+ 比例、一些保护性系统的酶活大小及光合能力等来鉴定作物的耐盐性。研究发现，在不同盐浓度和环境条件下，棉花可能通过不同的途径或机制来抵抗盐的毒害，所以在耐盐资源的筛选和鉴定中，应针对具体材料，采用不同的方法和多种途径来综合评价棉花的耐盐性。

3. DNA 分子指标

棉花在盐碱胁迫下会诱导自身耐盐碱相关基因和蛋白的表达，通过基因上调表达，从而启动自身耐盐相关代谢网络的变化，响应盐碱胁迫。通过 DNA 分子指标的变化也可以观察和分析棉花的耐盐性。

（三）耐盐碱棉花品种的选育

棉花耐盐碱育种的基本方法是在盐碱条件下对大量材料进行筛选，获得耐盐碱的种质资源，以供进一步研究和利用。国内外已有许多对棉花种质资源的耐盐性鉴定的研究。在获得耐盐性种质资源基础上，通过杂交、回交等手段将耐盐性位点导入栽培品种中去，进而培育耐盐丰产的新品种。

多数研究认为，棉花耐盐性是由多基因控制的数量性状。郭纪坤（2007）利用（鲁棉 97 - 8 × 苏 12）F_2 分离群体，检测到与抗盐相关的 QTL 位点 4 个，贡献率为 5.47% ~ 17.20%，其中苗期 1 个、现蕾期 3 个。陈翠霞等（2000）对棉花耐盐突变体山农 011 及其杂种后代进行抗盐遗传和基因效应分析，发现突变体的耐盐性状由细胞核基因控制，其遗传以加性效应为主。

除杂交育种外，轮回选择法也可用于作物的耐盐育种。另外，通过作物耐盐基因 QTL 定位，获得与作物耐盐主效基因的连锁标记，利用分子标记辅助选择技术可进一步提高选育耐盐、高产品种的效率。张丽娜等（2010）利用 2 个耐盐材料（中 9807 和中 9835）及 2 个盐敏感材料（新研 96 - 48 和中 S9612），进行 SSR 分子多态性筛选，获得 10 对引物的扩增产物可将耐盐材料与盐敏感材料区分开来，这些引物有望成为棉花耐盐性分子鉴定的候选引物。

利用组织培养结合诱变技术可以获得耐盐突变体。李付广等（1992）将不同棉花品种的下胚轴切段接种于 0.7% ~ 0.8% NaCl 浓度培养基中并进行多次继代培养，或逐渐提高 NaCl 浓度并进行继代培养，获得了耐 1.0% ~ 1.5% NaCl 浓度的部分材料的耐盐细胞系；或利用非盐适应愈伤组织块诱导出耐 1.5% ~ 2.0% NaCl 的耐盐愈伤组织细胞系，并进行了鉴定，以上所获得的细胞系是稳定的耐盐细胞系。张宝红等（1995）还将棉花耐盐胚性细胞系分化出体细胞胚，并获得了再生植株。

随着分子生物学的发展，国内外科学家以拟南芥为模式材料，研究了拟南芥耐盐的分子机制及相关信号转导途径，并对一些耐盐基因进行了克隆和功能鉴定。这些耐盐基因按照功能划分为 2 类：功能基因，包括渗透调节物质合成基因如 *P5CS*、*BADH*、*SacB* 等和编码 Na^+/H^+ 逆转运蛋白基因如 *SOS1*、*NHX1* 等。调节渗透物质的合成对于维持作物在渗透胁迫环境中的生存至关重要。将 *P5CS*、*BADH* 和 *SacB* 等基因转入作物体后，脯氨酸、甜菜碱和糖类等含量明显增加，同时转基因作物耐盐性也显著提高。利用 RNAi 技术将番茄中的 SOS1 基因敲除，转基因的番茄植株对盐胁迫更加敏感；调节基因，包括编码转录因子的基因如 *DREB*、*MYB* 和 *NAC* 等以及蛋白激酶类基因如 *CDPK* 等。转录因子是可以和基因启动子结合区域顺式作用元件发生特异性作用的 DNA 结合蛋白。在逆境条件下，这些转录因子可以调控下游多个抗逆基因的表达。蛋白激酶在细胞信号识别和转导中发挥重要作用，直接关系着作物体对环境变化的感应和对逆境信息的传递。*AtCPK23* 是 CDPK 蛋白激酶家族成员，在拟南芥中超表达 *AtCPK23* 基因后，转基因株系表现出对干旱和盐胁迫的高耐受性。这些基因已导入多种作物，有望在棉花耐盐育种上取得突破。沈法富等（1995）将罗布麻 DNA 导入鲁棉 6 号，育成 2 个耐盐碱棉花新品系 91 - 11 和 91 - 15，在含盐量为 0.51% 的滨海盐碱地种植，其皮棉产量分别比受体鲁棉 6 号增产 191.7% 和 237.8%。吕素莲等（2004）将胆碱脱氢酶基因 *betA* 和突变的乙酰乳酸合成酶 *als* 基因导入 3 个棉花优良品种中，获得了耐盐性明显提高的转基因植株及其子代，为棉花耐盐育种创造了优异材料。

三、棉花耐热性育种

（一）热胁迫与棉花耐热性

由高温引起作物伤害的现象称为热害（heat injury）。高温对棉花生产的影响在棉花生长发育的多个时期都可发生，热害常伴随干旱同时发生，形成干热风，这在我国北方比较严重。在南方主要是湿热。热胁迫和干旱胁迫这两种逆境组合对棉花的影响不同。棉花属于喜温作物，具有无限开花习性，花期持续时间长，在遭遇短期高温时，与水稻、麦类等花期集中的作物相比，受影响较小。随着种植模式的转变，高密度种植和早熟品种的应用，我国内陆棉区棉花花期缩短，如果在关键生长发育期遭遇高温，会严重影响棉花产量形成和品质性状。近年来，新疆棉区接连遭受高温，导致棉花不同程度减产。高温对我国棉花生产的负面效应日益凸显。

作物对热害的适应能力称为抗热性（heat stress resistance）。面对高温胁迫时，作物会产生避热和耐热两种抗性。避热性（heat escape）是指处于高太阳辐射或热空气中的作物通过某种方式使自身的温度降低，从而避免高温损害的特征，如蒸腾作用、叶片空中取向、运动和对太阳辐射的反射等方式。目前研究较多的是作物蒸腾作用对作物体的降温作用。另外，作物生长后期气温日趋增高，早熟可视为发育特征的避热方式。

耐热性（heat tolerance）是指当作物处于热胁迫环境时，由于某些细胞或亚细胞结构成分及功能的变化或产生使作物能抵抗热害的特征，主要包括两种：一种是作物能够在高温环境下存活的固有能力，即基础耐热性（basal thermotolerance）；另外一种是将作物先置于非致死高温下进行热锻炼，而后获得的在极端高温下生存的能力，即获得性耐热性（acquired thermotolerance）。

（二）棉花耐热性相关指标

棉花耐热性相关指标可分为直接指标、生理指标和 DNA 分子指标 3 类。

1. 直接指标

直接指标主要是指在自然高温条件下，以棉花较为直观的性状变化指标为依据来评价作物品种的耐热性。苗期可根据新叶皱缩及叶缘反卷的程度等表型特征，对热害程度进行分级，计算出热害指数。该方法所得结果比较客观，但试验结果受地点和年份的影响，不易重复出现。为获得可靠的结果，需进行多年多点的重复鉴定，费工、费时、速度慢。

2. 生理指标

生理指标一般是根据棉花耐热性在生理和生化特性上的表现，选择和耐热性密切相关的生理或生化指标，对在自然和人工环境中生长的作物，借助仪器等实验手段在实验室或田间进行耐热性鉴定。常用方法有细胞膜热稳定性法，叶绿素荧光法，冠层温度衰减法，根系、叶片及种子活力法，丙二醛含量法，SOD、CAT、POD 和 APX 等酶活性法。

（1）细胞膜热稳定性法

高温导致膜透性增大，使质膜的电解质渗透率增加，膜的热稳定性变差。细胞膜热稳定法是通过热胁迫后电解质渗漏值反映棉花在高温胁迫下细胞膜维持完整性的能力。基于膜热稳定性的相对电导率的测定，是衡量作物耐热性的一项重要生理指标。

（2）叶绿素荧光法

光合作用是棉花物质转化和能量代谢的关键，也是棉花对高温最敏感的部分之一。在高温胁迫下，PSⅡ电子传递活性下降，表现为PSⅡ反应中心的最大光能转换效率下降。叶绿素荧光参数（Fv/Fm）是最大光能转换效率的衡量指标。Fv/Fm的改变反映了热胁迫下的类囊体膜热稳定性的变化。

（3）冠层温度衰减法

田间环境下，由于叶片的蒸腾作用，棉花冠层温度常低于田间大气温度。冠层温度衰减（Canopy Temperature Depression，CTD）即田间的大气温度与冠层温度之差。CTD的形成是棉花群体通过自身的生命活动来适应高温等不利环境影响的表现形式之一，它直接反映了植株在高温逆境条件下适应能力的强弱，可用于鉴定棉花品种的耐热性。

（4）根系、叶片及种子活力法

根系活力影响棉花地上部的生长，与棉花的抗逆性关系密切。在常温或高温下，耐热性强的棉花品种，其根系活力均高于耐热性弱的作物品种。

叶片活力的大小通常用还原力的大小来表示，一般用TTC（氯化三苯基四氮唑）法进行测定。还原力强可以使蛋白质的巯基不易被氧化，不易造成逆境损伤或有利于恢复损伤。在高温胁迫下叶片活力高的棉花耐热性强。

种子的活力是指种子的健壮度，包括迅速、整齐的发芽潜力，以及生长的潜势和生产潜力。在高温胁迫下，种子活力和种子ATP水平下降，其下降率可作为棉花耐热性的鉴定指标。

（5）丙二醛含量法

当棉花遭受高温逆境时，会发生活性氧的大量积累。正常情况下作物体内生产与清除活性氧维持着动态平衡。高温逆境下，清除机制的平衡受到破坏，此时积累的自由基可直接攻击膜系统中不饱和脂肪酸导致膜脂过氧化，使膜透性增大，丙二醛含量增加。但耐热性强的材料受高温胁迫后，其丙二醛含量较低，因此，丙二醛含量可以作为作物耐热性鉴定的生理指标。

（6）酶（SOD、CAT、POD和APX等）活性法

高温下，棉花细胞内产生过量的超氧化物自由基，引发膜脂过氧化作用。SOD、CAT、POD和APX等酶具有清除自由基的能力，是膜脂过氧化的主要保护酶系。在高温胁迫下，SOD、POD和APX活性下降，CAT活性增强。耐热品种较不耐热品种CAT活性升高快，SOD、POD和APX活性下降慢，即在热胁迫状态下耐热种4种酶的活性均高于不耐热品种。SOD和APX活性作为耐热性鉴定指标得到普遍认可，而将POD和CAT活性用来鉴定棉花耐热性的观点

不一。

3. DNA 分子指标

棉花在高温胁迫下会诱导自身耐高温相关基因和蛋白的表达,通过基因上调表达,从而启动自身耐高温相关代谢网络的变化,响应高温胁迫。通过 DNA 分子指标的变化也可以观察和分析棉花的耐高温能力。

(三) 耐热棉花品种选育方法

目前作物耐热性育种尚属起步阶段,对耐热种质的地理分布尚无详细的研究,但从物种进化的角度来看,估计在热胁迫发生严重的地区可能存在着许多耐热种质资源。如我国北方冬麦区,特别是小麦生长后期高温频率较高、干热风常发生的地区,以及干旱半干旱地区的小麦品种很可能具有不同类型的耐热优良种质资源。另外,作物生长后期气温日趋增高,早熟可视为发育特征上的一种避热方式。但另一方面晚熟品种具有耐热性的可能性较大。总之,广泛开展耐热性种质资源搜集和评价是作物耐热育种的基础。在此基础上,可利用已选育出的耐热材料进行杂交组配,从而培育出耐热性表现理想的组合。例如,根据高温条件下结铃数选育的棉花 Pima S-6,在高温条件下比对照品种 Pima S-1 增产 69%,在冷凉环境中增产 27% ~43%。

由于常规育种技术选育新品种面临遗传基础狭窄、育种效率低和周期长等问题,作物耐热转基因育种可能是解决这些问题的有效途径。目前已经对 4 类热胁迫相关基因进行了转基因功能研究,取得了一些进展:热激蛋白基因,将热激蛋白基因(*HSP*70、*HSP*101 和 *HSP*17.7)超表达后,在不同物种中均表现出耐热性的提高,而抑制其表达则对热胁迫非常敏感;热激转录因子,将热激转录因子超表达后可以大大改善植株的耐热性;脂肪酸脱氢酶基因,将烟草中 ω-3 脂肪酸脱氢酶基因 *fad*7 沉默,转基因株系三烯脂肪酸成分减少,具有更好的高温适应性;与活性氧化物代谢有关的基因,大麦中克隆的与活性氧化物代谢有关的基因 *Havpx*1 在拟南芥中过表达,热胁迫处理后,转基因株系比野生型耐热性提高。但迄今为止,这些转基因植株还只是在实验室条件下表现一定的耐热性,尚没有真正在大田中改善作物耐热性的例子。但是,随着对耐热性遗传和信号转导问题研究的深入,育种途径将日趋清晰,有望通过基因工程方法培育新的耐热棉花品种。

四、棉花抗寒性育种

（一）寒害与棉花抗寒性

棉花生长对温度的反应有三基点，即最低温度、最适温度和最高温度。低于最低温度，棉花将会受到寒害。寒害（cold injury）泛指低温对棉花生长发育所引起的损害。根据低温的程度，分为冻害（freeze injury）和冷害（chilling injury）两种。前者指气温下降到冰点以下使棉株体内结冰、细胞失水而造成的间接伤害；后者则指 0℃以上的低温对细胞的直接伤害。棉花的抗冻性（frost resistance）是指其在 0℃以下低温条件具有延迟或避免细胞间隙或原生质结冰的一种特性；棉花的抗冷性（cold resistance）则指其在 0℃以上的低温条件能维持正常生长发育到成熟的特征。

（二）棉花抗寒性相关指标

棉花抗寒性的相关指标是抗寒性育种的基础和关键，主要包括田间直接指标、生理指标和 DNA 分子指标等。

1. 直接指标

可直接观察形态指标和生长发育指标等，如种子的发芽率、发芽势、幼苗形态和相对绿叶面积等均是直观、简单易测的抗寒性指标。低温下单株相对结实率是评价棉花开花期抗寒性强弱的主要指标之一。

2. 生理指标

不同品种的细胞在低温环境中会产生不同的生理生化变化，例如，诱导新蛋白质的合成、可溶性糖的积累、膜流动性改变、组织含水量下降、抗氧化物质及多种代谢酶增加等。与其相关的生理生化指标易于测定，且与生育后期的产量指标相关性较好，因此在作物抗寒性评价中也得到应用。

（1）电导率

植株受到低温胁迫时，细胞膜受损，透性增大、外渗量增加、电导率增大，而抗性较强的作物品种电导率增长较小。不同低温处理下，叶片电解质外渗率与冻害程度呈极显著正相关，可以作为作物抗寒性的鉴定指标。此法快速简便、不破坏样本、可重复测定，适用于对大量种质资源材料抗寒性的筛选和抗寒育种早期世代的选择。

（2）可溶性糖含量

可溶性糖是作物在低温期间积累的重要有机化合物，尤其对两年生和多年生植物而言，秋季积累贮藏碳水化合物是其越冬、再生的能量和物质来源。碳水化合物在小麦冷驯化过程中增加。可溶性糖作为抗冻剂，可以缓和细胞外结冰后引起的细胞失水，增强膜的稳定性。

（3）脯氨酸含量

在低温胁迫下，植物体内游离脯氨酸含量增加，从而维持细胞内水分和生物大分子结构的稳定。脯氨酸作为抗寒育种的指标之一，研究者对其存在2种不同的看法：一种观点认为在低温胁迫下脯氨酸的累积能力与品种的抗寒能力成正相关。另一种观点认为，游离脯氨酸累积是作物的被动反应，抗寒性弱的品种在低温处理条件下，为适应寒冷、保护体内组织免受冻害，过早地累积了大量的游离脯氨酸，而游离脯氨酸累积高峰出现晚的品种，抗寒性可能更强。

（4）保护酶活性

作物在低温条件下细胞内自由基产生和消除的平衡会遭到破坏，积累的自由基将对细胞膜系统造成伤害。而自由基的产生和消除由细胞中的保护系统所控制，保护系统包括SOD、CAT、POD及类胡萝卜素、抗坏血酸、谷胱甘肽等还原性物质。如果能增加作物体内清除自由基保护酶（SOD酶和POD酶等）系统的活性，就可以维护膜系统的完整性，增强其抗寒性。王冀川（2001）采用灰色关联模型对影响棉花抗冷性指标因素进行分析，发现影响棉花抗冷性的主要因子是活性较高的过氧化物酶和过氧化酶等保护酶类。

（5）ABA含量

激素ABA是抗冷基因表达的启动因子，对作物抗寒力的调控起着重要作用，被称为"逆境激素"。许多研究表明内源ABA含量在抗寒性不同的作物中存在明显的差异，在冷胁迫下作物中的ABA水平与其抗冷性呈正相关。

3. DNA分子指标

棉花在低温胁迫下会诱导自身低温相关基因和蛋白的表达，通过基因上调表达，从而产生启动自身耐低温相关代谢网络的变化，响应低温胁迫。通过DNA分子指标的变化也可以观察和分析棉花的耐低温能力。

（三）抗寒棉花品种选育方法

广泛收集国内外各种类型抗寒材料，扩大抗寒基因源，对抗寒性种质资源深入发掘和利用是作物抗寒品种选育的基础。在各种作物的原始地方品种和引进品种中，特别是各种作物的野生近缘种中，存在着对不同寒害的抗源可供研究利用。

杂交育种是培育抗寒新品种的有效方法。生产上采用的大部分抗寒丰产良种，都是通过品种间杂交育成的。作物的抗寒性是多基因控制的数量性状，因此，抗寒性遗传基础有差异的抗寒品种类型间的杂交，有可能产生抗寒超亲的后代，也有可能产生抗寒性和丰产相结合的类型。如果采用的杂交亲本都具有较高的抗寒性，那就有利于在杂交后代中增加抗寒性的积累，并有可能培育出更抗寒的新品种。

借助遗传和分子标记对作物的抗寒性遗传位点进行连锁分析，并根据与抗寒性位点紧密连锁的 DNA 标记进行分子标记辅助选择育种也正受到各国科学家的重视。利用基因工程手段改良作物抗寒性也有报道。抗寒基因来源主要有两类：一类是功能蛋白，直接用于抗寒，如拟南芥的 COR 系列蛋白；第二类是调节蛋白，主要参与低温逆境的信号传导和基因表达调控，如低温特异诱导的转录激活因子等。另外，通过在作物中转化脯氨酸代谢相关基因从而改变体内脯氨酸的积累也可以提高作物的抗寒性。这类研究所取得的进展为我们通过基因工程的手段进行作物抗寒性育种奠定了基础。

第三节　棉花抗逆育种进展及新品种审定

棉花是我国主要的经济作物，在国民经济中占有重要地位。选用优良棉花品种是棉花生产的一项重要技术措施。在我国棉花栽培历史中相继引种亚洲棉、草棉、陆地棉和海岛棉，四个栽培种在我国均有种植。我国自然地理和气候条件丰富，棉花种植区域辽阔，在长期的人工驯化和培育下，形成了一个特殊的棉花种系——中棉。20 世纪初，我国才开始了亚洲棉的育种工作。经过 40 年的不断探索，直到中华人民共和国成立，我国的棉花育种工作才逐渐受到支持和重视，方向也逐渐向以陆地棉育种为主转变。尤其是 20 世纪 80 年代棉花育种科技攻关以来，我国棉花自育新品种的产量、纤维品质和抗病性都得到了极大提高，尤其是我国抗虫棉的培育成功奠定了我国棉花在世界上的地位。近些年，随着育种技术的不断更新，我国棉花育种工作所取得的成绩也非常突出。

一、国家棉花区域试验

1965 年国家棉花品种区试全面布置了试验，但受"文革"影响中断，直至

1973 年四大棉区的国家棉花品种区域试验（华南棉区棉花种植面积小，没有纳入国家区域试验）开始恢复，北部特早熟棉区也因棉花面积萎缩于 1999 年停止试验，国家棉花品种区试集中到黄河流域、长江流域和西北内陆棉区。中国农科院棉花所根据棉花生产的变化于 1977 年和 1980 年分别开展了全国棉花抗枯萎病区试和全国棉花耕作改制区域试验，1989 年在黄河流域开展了麦套棉品种区试，1995 年又开展了抗虫棉品种区试。1999 年国家棉花品种区域试验改由农业部直接管理，先后于 2004 年和 2006 年开展了杂交棉品种区试和超早熟棉品种区试。

二、我国棉花区域类型及特点

1. 黄河流域棉区开展特早熟棉花区域试验。根据生产需求，在黄河流域棉区发展麦棉两熟连作，2006 年开展了特早熟棉品种区试，2009 年审定了特早熟棉花品种中棉所 74。

2. 黄河流域棉区恢复了早熟棉区试。由于粮棉争地的矛盾突出，也为了适应小麦机械化收获，通过棉花育种家的不懈努力，改进了早熟棉品种的纤维品质，2012 年恢复了早熟棉区试，一直持续到目前。已通过审定了邯 818、锦科 707 等多个品种。

3. 取消了黄河流域棉区中早熟组的区试。根据生产形势和种植模式改变，2012 年起取消了黄河流域棉区中早熟组的区试工作。随着转基因抗虫棉的推广，品种的熟性有所提高，偏早的中熟棉品种类似于中早熟类型的品种，且随着机械化程度的提高，棉麦套种模式逐渐淡出生产。

4. 长江流域棉区增设常规区试。长江流域棉区为适应棉花新形势，面对杂交棉制种的困难，在保证粮食安全的前提下，由一熟棉花向两熟连作棉发展，适当增加密度，发展油（菜）后棉和麦后棉，由营养钵育苗移栽向直播棉发展，向机采棉方向发展。2015 年增设中熟常规棉区试，2019 年增设了早熟常规组区试。

5. 西北内陆棉区增加了早熟区试的组数，增设了机采棉区试组。西北内陆棉区目前已成为棉花的主产区，参试品种急剧上升，为满足参试需求，2017 年增加早熟组组数。随着机器采收面积的扩大，2018 年增设了早熟常规机采组区试。

6. 目前还没有针对抗盐碱和抗旱的品种单独设立区试组，可以在区试的同时增加抗旱和耐盐碱性状的鉴定，有针对性地筛选出有特殊性的品种。

三、国家棉花品种展示示范实施方案

为加快棉花新品种推广步伐，拓宽品种推广渠道，推进棉花品种和品质结构的优化，在棉花主产省（区、市）开展国家棉花品种展示、示范工作（以2019 年为例）。

（一）展示示范品种

展示和示范品种主要为近三年来国家或省级审定通过的品种。

（二）工作安排

2019 年安排国家棉花品种展示点 11 个，展示品种 50 个，每品种种植面积不少于0.2 亩，总展示面积141.8 亩。示范点 9 个，示范品种 12 个，示范总面积3700 亩。

（三）工作要求

1. 加强组织领导，确保展示、示范工作顺利进行

成立展示、示范工作领导小组和技术指导小组，领导小组由全国农技中心和省（区、市）农业农村厅（委、局）组成，负责组织协调；技术指导小组由全国农技中心品种区试处、所在省（区、市）种子管理部门及有关专家组成，负责指导展示示范各项工作的落实。请省级种子管理部门协调好展示示范品种所需的种子。

2. 加大宣传力度，采取有效措施促进品种推广

为全面做好展示、示范工作，各承担单位应配备相应的试验条件和技术人员；展示、示范田要求安排在交通便利、棉花种植集中连片的地块，并在田间醒目处设立标志牌。同时承担农业农村部种业管理司新品种展示示范任务的，在主持单位第一行增加"农业农村部种业管理司"字样。棉花生长期间，各省级种子管理部门及承担单位可组织不同层次的现场观摩活动；经展示中心同意，展示示范品种的种子生产经营单位也可以组织现场观摩活动，以推动优良新品种更快服务于生产。

3. 良种良法配套，为品种推广提供技术保障

品种示范过程中要加强配套栽培技术的研究，进一步提出良种良法配套的具体技术措施，做到良种良法同步示范。展示示范品种的种子生产经营单位应主动提供栽培技术服务，充分展示新品种的优良特性和生产潜力。

4. 做好总结

不断深入展示、示范工作。结束后，各展示示范点要及时将结果报送所在省级种子管理部门，各省级种子管理部门要认真汇总分析展示示范情况，于12月底前将总结报告连同各点的原始数据一并寄送至展示中心品种区试处。

四、国家棉花品种审定

近十年推荐国家审定品种114个（见表10-3），为棉花品种的更新换代提供了保障。

表 10-3

序号	品种名称	品种来源	审定编号	选育单位
1	冀棉169	402系（冀棉20号选系）×33系（冀棉25×GK12 杂交后代选育）	国审棉2010001	河北省农林科学院棉花研究所
2	合丰202	145系（农大326×GK12）×206系（冀棉20选系）	国审棉2010002	石家庄市万丰种业有限公司
3	鲁05H9	118系（GK34选系）×R26（红花大基斑纯合系B8×鲁棉研29，连续回交）	国审棉2010003	山东棉花研究中心
4	鲁HB标杂-1	918系（GK31选系）×HB22系（红花大基斑纯合系B8×GK35，连续回交）	国审棉2010004	山东棉花研究中心、创世纪转基因技术有限公司
5	德棉998	221（sGK321选系）×238（鲁棉22选系）	国审棉2010005	北京德农种业有限公司、中国农业科学院生物技术研究所
6	诺华棉1号	R1010（苏棉20×98A）×B25（W20×sGK321）	国审棉2010006	安徽绿亿种业有限公司、中国农业科学院生物技术研究所
7	创072	鄂抗棉9号系选×8086〔豫棉19×（川抗A2×GK19）选系〕	国审棉2010007	创世纪转基因技术有限公司
8	创075	创91〔（豫棉19×中11）×中21〕×创927（豫棉19×GK19）	国审棉2010008	创世纪转基因技术有限公司
9	新陆早49号	9765/新陆早16号	国审棉2010009	新疆生产建设兵团农七师农业科学研究所

序号	品种名称	品种来源	审定编号	选育单位
10	新植 5 号	新 291（陕棉 4 号/刘庄 1 号）/QR08（GK44 - 174 系/新 59 - 25 系）系统选育	国审棉 2011001	河南科林种业有限公司、中国农业科学院植物保护研究所
11	鑫秋 4 号	鑫秋 1 号（中棉 9418/GK - 12）变异株选育而成	国审棉 2011002	山东鑫秋种业科技有限公司、中国农业科学院生物技术研究所
12	奥棉 6 号	D004（豫 668 选系）× D292（豫棉 21 × GK19 等多父本）	国审棉 2011003	北京奥瑞金种业股份有限公司
13	银兴棉 5 号	BR98 - 2（冀合 321 导入 Bt 基因选系）× H4916（中棉所 35 选系）	国审棉 2011004	山东银兴种业有限公司、河南省润生物技术有限责任公司
14	荆杂棉 88	荆 46579〔荆 038（鄂抗棉 7 号选系）×荆 6602（GK19 选系）〕×荆 55173 - 1（鄂抗棉 9 号选系）	国审棉 2011005	荆州农业科学院、中国农科院生物技术研究所
15	鄂杂棉 29	M - 40（鄂抗棉 7 号×冀 22×鄂抗棉 9 号）×25T〔（鄂抗棉 9 号/鄂抗虫棉 1 号）×（盐棉 48 选系/泗棉 2 号选系）	国审棉 2011006	荆州市霞光农业科学试验站
16	金科棉 98	sz - 9（苏棉 16×中 12）×中棉所 41	国审棉 2011007	安徽国安种业有限公司、中国农业科学院生物技术研究所
17	荃银 2 号	MY - 4（中棉所 41×徐州 553）× MQ - 41（鄂抗棉 10 号优系×荆 1246）	国审棉 2011008	安徽荃银高科种业股份有限公司、中国农业科学院生物技术研究所
18	泗杂棉 8 号	泗阳 163（泗棉 3 号选系）×泗阳 211（泗抗 1 号选系×苏棉 16 号）	国审棉 2011009	宿迁市农业科学研究院
19	华惠 4 号	太 97B2（鄂杂棉 16 号×荆 4079）× Y16（GK19×中 12）	国审棉 2011010	湖北惠民农业科技有限公司、中国农业科学院生物技术研究所

续表

序号	品种名称	品种来源	审定编号	选育单位
20	荆杂棉142	鄂抗棉9号×荆079（鄂抗棉3号×GK19）	国审棉2011011	荆州农业科学院、中国农业科学院生物技术研究所
21	新陆早51号	新陆早10号/垦0074	国审棉2011012	新疆农垦科学院棉花研究所、新疆惠远种业股份有限公司
22	新陆早48号	石选87/优系604（新陆早28号优系）	国审棉2011013	新疆惠远种业股份有限公司
23	新陆中51号	（新陆中8号/29-1）/优系38-1	国审棉2011014	新疆石大科技有限公司、石河子大学棉花研究所、巴州一品种业有限公司
24	新桑塔6号	B23（新陆棉1号优系）/渝棉1号	国审棉2011015	新疆农业科学院经济作物研究所、中国农业科学院生物技术研究所
25	苗宝21	鲁272/鲁棉6号选系M117	国审棉2012001	山东苗宝种业有限公司
26	中植棉838	GK44-79×科林9828	国审棉2012002	中国农业科学院植物保护研究所
27	希普3	｛［（冀棉20×GK12）×冀棉20］×冀棉20｝×｛［（冀668×GK12）×冀668］×冀668｝	国审棉2012003	石家庄希普天苑种业有限公司
28	GK103	GK44-79/新05-8	国审棉2012004	
29	山农SF06	鲁H963后代系统选育	国审棉2012005	山东圣丰种业科技有限公司

续表

序号	品种名称	品种来源	审定编号	选育单位
30	新陆中 60 号	新陆中 14 号/20 - 965	国审棉 2012006	新疆生产建设兵团农业建设第一师农业科学研究所、新疆塔里木河种业股份有限公司
31	鲁 7619	鲁 478（石远 321 选系）×鲁 S3232（鲁棉研 22 号选系）	国审棉 2013001	山东棉花研究中心
32	棉乡杂 3 号	锦科 18 优×sGK958	国审棉 2013002	新乡市锦科棉花研究所
33	创 091	创 46［H004×H006（鄂荆 92 选系）］×创 927［H009×H027（GK19 选系）］	国审棉 2013003	创世纪转基因技术有限公司
34	K07 - 12	[（185×9717）×新 3×中 2621×抗 35]×185	国审棉 2013004	新疆生产建设兵团第七师农业科学研究所、新疆锦棉种业科技股份有限公司
35	巴 13222	中 287 优系×（新陆中 8 号优系×绵优 156）	国审棉 2013005	新疆巴音郭楞蒙古自治州农业科学研究所、国家棉花工程技术研究中心
36	邯 8266	邯 4849/邯 5158	国审棉 2014001	邯郸市农业科学院、河北众信种业科技有限公司
37	锦科棉 11 号	锦科 980138/南 45 团抗 1 号	国审棉 2014002	新乡市锦科棉花研究所
38	鲁 6269	鲁棉研 16 号/鲁棉研 29 号	国审棉 2014003	山东棉花研究中心、山东鑫秋农业科技股份有限公司
39	欣试 71143	B4 - 16/484	国审棉 2014004	河间市国欣农村技术服务总会

序号	品种名称	品种来源	审定编号	选育单位
40	银兴棉 4 号	BR98 - 2 系统选育	国审棉 2014005	山东银兴种业股份有限公司、武汉惠华三农种业有限公司
41	百棉 985	新科棉 1 号变异单株 09N018//BM2001 - 1/冀 668 变异单株 K085	国审棉 2014006	河南科技学院、河南省中创种业短季棉有限公司
42	LH4	鲁棉研 17 选系×66 系	国审棉 2014007	济阳鲁优棉花研究所
43	华惠 2 号	太 474〔克 I17×（川抗 A2×新海棉）〕×克 K19 选系太 555	国审棉 2014008	湖北惠民农业科技有限公司、华中农业大学
44	绿亿航天 1 号	太 12 - M（苏棉 12 太空诱变）×亿 521（皖杂 40×S 克 K321）	国审棉 2014009	安徽绿亿种业有限公司
45	神农棉 0815	湘棉 15 号优选株系 M3×L6177〔（泗阳 167×RP4）×GK19〕	国审棉 2014010	江苏神农大丰种业科技有限公司
46	屯丰棉 6 号	CB69×C - 262	国审棉 2014011	安徽屯丰种业科技有限公司、中国农业科学院生物技术研究所
47	万氏 472	A2/万氏 217	国审棉 2014012	新疆奎屯万氏棉花种业有限公司
48	新 46	新陆中 9 号/K - 3160	国审棉 2014013	新疆农业科学院经济作物研究所
49	GK102	鲁棉研 18 号/PS - 1	国审棉 2015001	山东鑫秋农业科技股份有限公司

续表

序号	品种名称	品种来源	审定编号	选育单位
50	邯 6203	邯 368/邯 6208	国审棉 2015002	邯郸市农业科学院
51	冀丰 914	冀 668/97G1	国审棉 2015003	河北省农林科学院粮油作物研究所、河北冀丰棉花科技有限公司
52	冀中棉 608	M145/KM139	国审棉 2015004	石家庄市民丰种子有限公司
53	SGKZ73	SGK3 × 951 – 100	国审棉 2015005	河间市国欣农村技术服务总会
54	硕杂棉 2 号	鲁棉研 28 号优系 × SB4016	国审棉 2015006	保定硕丰农产股份有限公司
55	邯 258	HS572/邯棉 802	国审棉 2015007	邯郸市农业科学院
56	GK39	自选 82 系/GK12 – 01	国审棉 2015008	河间市国欣农村技术服务总会
57	鄂杂棉 30	襄 203 – 6 × 襄抗虫 03	国审棉 2015009	襄阳市农业科学院
58	荃银棉 8 号	5029 × 荃 97 – 15	国审棉 2015010	安徽荃银高科种业股份有限公司
59	XG39K5	D39（鄂抗棉 9 号选系） × K5（鄂抗 6 号选系）	国审棉 2015011	荆州市霞光农业科学试验站

序号	品种名称	品种来源	审定编号	选育单位
60	天云 0769	X3250/X33 - 9	国审棉 2015012	石河子开发区大有赢得种业有限公司
61	DJ09520	美棉 1474/新陆中 14 号	国审棉 2015013	新疆德佳科技种业有限公司
62	创棉 50 号	豫棉 20/127	国审棉 2015014	创世纪种业有限公司
63	银兴棉 28	BR98 - 2 变异株系选	国审棉 2016001	山东银兴种业股份有限公司
64	硕丰棉 1 号	鲁棉研 16 号选系 SB106 ×（1901、410、511 的混合花粉）系选	国审棉 2016002	保定硕丰农产股份有限公司
65	中棉所 100	SGK 中 9409 × 库车 - 6	国审棉 2016003	中国农业科学院棉花研究所
66	瑞棉 1 号	SGK321 变异株系选	国审棉 2016004	济南鑫瑞种业科技有限公司、中国农业科学院生物技术研究所
67	瑞杂 818	08 - 939 × 04 - 4.072	国审棉 2016005	济南鑫瑞种业科技有限公司、中国农业科学院生物技术研究所
68	锦科 707	（sGK 中 394 × 锦科 04 - 8）F1 × 棉乡 368	国审棉 2016006	新乡市锦科棉花研究所、中国农业科学院生物技术研究所
69	宁棉 2 号	H128/石远 321 系选	国审棉 2016007	江苏神农大丰种业科技有限公司

续表

序号	品种名称	品种来源	审定编号	选育单位
70	国欣棉16	SGK3×TF-1	国审棉2016008	河间市国欣农村技术服务总会、中国农业科学院生物技术研究所
71	Z1112	陕5051×97-185	国审棉2016009	新疆兵团第七师农业科学研究所、新疆锦棉种业科技股份有限公司
72	新石K18	自育品系994x×（822抗X97-185）F1	国审棉2016010	新疆石河子棉花研究所
73	J206-5	中49号x×（新陆中36号×冀668）F1	国审棉2016011	新疆金丰源种业股份有限公司
74	创棉501号	豫棉2067×129的杂交后代	国审棉2016012	创世纪种业有限公司
75	中棉所99	P1528×sGK-中23	国审棉2016013	中国农业科学院棉花研究所
76	锦科杂10号	锦科04-37×锦科棉11号	国审棉20170001	新乡市锦科棉花研究所、中国农业科学院生物技术研究所
77	YM111	邯6205×邯棉802	国审棉20170002	邯郸市农业科学院
78	邯818	邯256×邯685	国审棉20170003	邯郸市农业科学院
79	航棉12	LY12×中棉所41	国审棉20170004	安徽绿亿种业有限公司

续表

序号	品种名称	品种来源	审定编号	选育单位
80	国欣棉 15	SGK3×汉南大铃	国审棉 20170005	河间市国欣农村技术服务总会
81	晶华棉 112	098141×098121	国审棉 20170006	荆州市晶华种业科技有限公司
82	江农棉 2 号	12-40×赣棉 11 号	国审棉 20170007	江西农庄主农业科技开发有限公司
83	惠远 720	惠远 710 选系×08-15-1	国审棉 20170008	新疆惠远种业股份有限公司
84	新石 K21	从新陆早 46 号中系统选育而成	国审棉 20170009	石河子农业科学研究院
85	禾棉 A9-9	(优系-8×豫棉 36)×新陆中 36	国审棉 20170010	巴州禾春洲种业有限公司
86	中棉所 110	冀 1286×XU2006	国审棉 20180001	中国农业科学院棉花研究所、山东众力棉业科技有限公司
87	鲁棉 1127	鲁棉研 21 号×鲁棉研 28 号	国审棉 20180002	山东棉花研究中心
88	鲁杂 2138	鲁 588A×鲁 28R	国审棉 20180003	山东棉花研究中心
89	华惠 13	太 08 凡 105×荆抗七-20	国审棉 20180004	湖北惠民农业科技有限公司

续表

序号	品种名称	品种来源	审定编号	选育单位
90	湘杂 198	D－16×荆 55169	国审棉 20180005	湖北省荆州田野种业有限公司
91	创棉 508	中棉所 16×炮台 1 号	国审棉 20180006	创世纪种业有限公司
92	华惠 15	（荆 97046×鄂抗棉 9 号）×太 D－3	国审棉 20190001	湖北惠民农业科技有限公司
93	冈 0996	冈 06－9×冈 0804－1	国审棉 20190002	武汉佳禾生物科技有限责任公司、黄冈市农业科学院
94	国欣棉 18 号	GK39×XD12	国审棉 20190003	河间市国欣农村技术服务总会、新疆国欣种业有限公司
95	ZHM19	湘 Z201×H101	国审棉 20190004	湖南省棉花科学研究所
96	中棉所 119	冀棉 616×（中棉所 25×豫棉 19 号）F2	国审棉 20190005	中国农业科学院棉花研究所
97	鲁棉 696	鲁 547×（新 911×R2934）F2	国审棉 20190006	山东棉花研究中心
98	国欣棉 25	GK39×41128	国审棉 20190007	河间市国欣农村技术服务总会、新疆国欣种业有限公司
99	中棉所 117	冀棉 616 ×中 93216	国审棉 20190008	中国农业科学院棉花研究所

续表

序号	品种名称	品种来源	审定编号	选育单位
100	聊棉 15 号	YX286×KRZ06	国审棉 20190009	聊城市农业科学研究院、山东银兴种业股份有限公司
101	鲁棉 238	鲁棉研 36 号×鲁棉研 28 号	国审棉 20190010	山东棉花研究中心
102	中棉所 115	ZB1A×GKz 中杂 A49－668	国审棉 20190011	中国农业科学院棉花研究所
103	鲁棉 2387	S394×鲁 397	国审棉 20190012	山东棉花研究中心
104	中棉 425	中 640×山农 SF06	国审棉 20190013	中国农业科学院棉花研究所、山东众力棉业科技有限公司
105	冀丰 103	99－68×97G1	国审棉 20190014	河北省农林科学院粮油作物研究所、河北冀丰棉花科技有限公司
106	庄稼汉 902	（石 K10×早 26）×（A 群×石 1031）	国审棉 20190015	石河子市庄稼汉农业科技有限公司
107	F015－5	6621×新陆早 16 号系选	国审棉 20190016	新疆金丰源种业股份有限公司
108	H33－1－4	33×CH1	国审棉 20190017	新疆合信科技发展有限公司
109	金科 20	05－5×9819 系选	国审棉 20190018	北京中农金科种业科技有限公司

续表

序号	品种名称	品种来源	审定编号	选育单位
110	惠远1401	新陆早13号×（惠远602×710）F1	国审棉20190019	新疆惠远种业股份有限公司
111	新石K28	新陆早46号系统选育而成	国审棉20190020	中国农业科学院棉花研究所、石河子农业科学研究院
112	中棉201	中棉所88×中075	国审棉20190021	中棉种业科技股份有限公司
113	创棉512	豫棉20×新陆早24	国审棉20190022	创世纪种业有限公司
114	J8031	中287×（新陆中36号×新陆中14号）	国审棉20190023	新疆金丰源种业股份有限公司

参考文献：

蔡焕杰，康绍忠. 棉花冠层温度的变化规律及其用于缺水诊断研究 [J]. 灌溉排水，1997，16（1）：1-5.

陈仲方，谢其林，承泓良，等. 棉花产量结构模式的研究及其在育种上应用的意义 [J]. 作物学报，1981，7（4）：232-239.

程林梅，张原根，阎继耀，等. 土壤干旱对棉花生理特性与产量的影响 [J]. 棉花学报，1995，7（4）：233-237.

杜传莉，黄国勤. 棉花主要抗旱鉴定指标研究进展 [J]. 中国农学通报，2011，27（9）：17-20.

EPHRATH J E, BRAVDOL B A, 陈宁. 水分胁迫对棉花气孔阻力和光合速率的影响 [J]. 江西棉花，1994，（2）：47-48.

傅玮东，李新建，黄慰军. 新疆棉花播种—开花期低温冷害的初步判断 [J]. 中国农业气象，2007，28（3）：344-346.

郭纪坤. 陆地棉抗旱耐盐及产量形态性状的 QTL 定位 [D]. 乌鲁木齐：新疆农业大学, 2007.

HATMACHER B. 气孔和非气孔对棉花光合速率的控制作用 [J]. 国外农学 - 棉花, 1986 (1)：24 - 28.

胡根海. 短期水分亏缺对百棉 1 号叶绿素含量的影响 [J]. 安徽农业科学, 2010, 38 (6)：2914 - 2915, 2923.

黄云, 蓝家样, 陈全求, 等. 浅述棉花的抗逆性与抗逆育种研究进展 [J]. 棉花科学, 2015, 37 (1)：3 - 9.

姜保功, 孔繁玲, 张群远, 等. 棉花产量组分的改良对产量的影响 [J]. 棉花学报, 2000, 12 (5)：258 - 260.

李成奇, 郭旺珍, 张天真. 衣分不同陆地棉品种的产量及产量构成因素的遗传分析 [J]. 作物学报, 2009. 35 (11)：1990 - 1999.

李付广, 李秀兰, 李凤莲. 棉花细胞耐盐性筛选研究 [J]. 棉花学报, 1992, 4 (2)：92 - 93.

李付广, 袁有禄. 棉花分子育种学 [M]. 北京：中国农业大学出版社, 2013.

李建武, 王蒂. 灰色关联度分析在马铃薯抗旱生理鉴定中的应用 [J]. 种子, 2008, 27 (2)：21 - 23.

李少昆, 肖璐, 黄文华. 不同时期干旱胁迫对棉花生长和产量的影响Ⅱ棉花生长发育及生理特性的变化 [J]. 石河子大学学报：自然科学版, 1999, 3 (4)：259 - 264.

李彦斌, 程相儒, 李党轩, 等. 北疆垦区棉花低温冷害初步研究 [J]. 农业灾害研究, 2012, 2 (5)：11 - 13.

刘灵娣, 李存东. 干旱对棉花叶片碳水化合物代谢的影响 [J]. 棉花学报, 2007, 19 (2)：129 - 133.

刘灵娣, 李存东, 孙红春, 等. 干旱对不同铃重基因型棉花叶片细胞膜伤害保护酶活性及产量的影响 [J]. 棉花学报, 2009, 21 (4)：296 - 301.

刘祖祺, 王洪春. 植物耐寒性及防寒技术 [M]. 北京：学术书刊出版社, 1990.

娄善伟, 康正华, 赵强, 等. 化学封顶高产棉花株型研究 [J]. 新疆农业科学, 2015, 52 (7)：1328 - 1333.

吕素莲，尹小燕，张可炜，等．农杆菌介导的棉花茎尖遗传转化及转 betA 植株的产生 [J]．高技术通讯，2004，14 (11)：20－25.

秦利．陆地棉主要农艺性状的 QTL 分析 [D]．乌鲁木齐：新疆农业大学，2006.

荣梦杰，王爽，马磊，等．棉酚的提取及应用研究进展 [J]．中国棉花，2019，46 (3)：1－6＋10.

沈法富，于元杰．盐碱罗布麻 DNA 导入棉花的研究 [J]．棉花学报，1995，7 (1)：18－21.

孙其信．作物育种学 [M]．北京：中国农业大学出版社，2019.

孙忠富．霜冻灾害与发育技术 [M]．北京：中国农业出版社，2001.

王娟．转 ZmPIS 基因及聚合 betA/TsVP 基因提高棉花耐旱性的研究 [D]．济南：山东大学，2010.

杨伯祥，周宜军，王治斌．陆地棉产量结构因素分析 [J]．江西棉花，1998，4：7－10.

杨廷奎．北疆棉区棉花生产不利气候因素及对策 [J]．新疆农业科学，2001 (1)：9－10.

杨云．蕾花期涝渍胁迫后棉花（Gossypium hirsutum L.）恢复生长的生理机制研究 [D]．南京：南京农业大学，2011.

姚满生，杨小环，郭平毅．脱落酸与水分胁迫下棉花幼苗水分关系及保护酶活性的影响 [J]．棉花学报，2005，17 (3)：141－145.

喻树迅，范术丽，王寒涛，等．中国棉花高产育种研究进展 [J]．中国农业科学，2016，49 (18)：3465－3476.

俞希根，孙景生，肖俊夫，等．棉花适宜土壤水分下限和干旱指标研究 [J]．棉花学报，1999，11 (1)：35－38.

袁钧，郝秀忍，刘苍禄，等．我国旱地生态区与棉花生产 [J]．中国棉花，1993，20 (3)：19－22.

张宝红，季秀兰，季凤莲，等．棉花耐盐胚性细胞系筛选及其植株再生 [J]．中国农业科学，1995，28 (4)：33－38.

张福锁．环境胁迫与植物营养 [M]．北京：中国农业大学出版社，1993.

张丽娜，叶武威，王俊娟，等．棉花耐盐性的 SSR 标记研究 [J]．棉花学报，2010，22 (2)：175－180.

张天真. 作物育种学总论 ［M］. 北京: 中国农业出版社, 2003.

张原根, 程林梅, 阎继耀, 等. 棉属种间杂交抗旱种质材料生理特性的研究 ［J］. 棉花学报, 1995, 7 (01): 27 - 30.

FALKENBERG N R, PICCINNI G, COTHERN J T, et al. Remote sensing of biotic and abiotic stress for irrigation management of cotton ［J］. Agricultural Water Management, 2007, 87 (1): 23 - 31.

KERR T. Yield components in cotton and their interrelations with fiber quality ［C］//18th cotton improvement conference. National Cotton Council, Menphis, 1966, 16 (1): 30 - 34.

SAEED M, GUO W, ULLAH I, et al. QTL mapping for physiology, yield and plant architecture traits in cotton (*Gossypium hirsutum* L.) grown under well – watered versus, 2011.

WORLEY S, RAMEY H H, HARRELL D, et al. Ontogenetic model of cotton yield ［J］. Crop Science, 1976, 16 (1): 30 - 34.

第十一章

棉区发展及盐碱旱地植棉

中华人民共和国成立以来，70年的实践表明，我国的棉花生产走了一条适合中国国情的道路，形成了一个科学而合理的棉花种植区域，创新了具有中国特色的高产优质高效的种质模式，为我国人民生活日益改善的物质需求和国家发展做出了突出贡献。当前棉花种植面积的不断萎缩以及粮棉争地矛盾的日益突出，对盐碱旱地植棉提出了更高要求。

第一节　棉区发展及盐碱旱地现状

一、我国棉区发展及现状

根据我国的生态类型和气候条件，全国适宜棉花种植的区域曾经主要分为5个生态区：长江流域棉区、黄河流域棉区、辽河流域棉区、华南地区和西北内陆棉区。至20世纪90年代，根据棉区产棉量，全国产棉区主要分为长江流域、黄河流域和西北内陆三大棉区，呈"三足鼎立"之势。但是，经过近年来棉花产业的发展，这种种植结构一直在变化，辽河流域棉区和华南棉区逐渐退出历史舞台。辽河流域有几十年以上的棉花种植历史，是一个种植面积比重略小的区域，主要包括辽宁大部分地区、吉林长春以南，以及内蒙古部分地区。华南地区也仅剩零星种植。

长江流域棉区主要指湖南、湖北、江西、安徽、江苏、浙江、上海以及河南南阳和信阳等地区，该棉区热量充足，土壤肥力高，雨水充足，日照丰富，适宜棉花的种植。该棉区棉花产量在全国棉花总产中比重由20世纪50年代的33.9%上升到70年代的57.5%，一度成为全国棉花生产的重心；80年代后该棉区总产下降为 32.7%，一直下降到近几年的不足 10%。黄河流域棉区主要是指淮河以北、山东、河南大部、河北、天津、山西、北京等地区，该棉区地形丰富，降水分布不均匀，光照较为充足，热量条件较好，西部高原较差。该棉区曾是全国最大的棉区，在 20 世纪七八十年代该棉区棉花总产翻三番，为我国棉花产业发展做出了巨大贡献。该棉区为一年两熟或者一熟种植，具有较大面积的盐碱旱地和可供开发的滨海盐碱地，潜力巨大。西北内陆棉区主要包括新疆地区的南疆、北疆，甘肃的河西走廊地区，内蒙古的西部等，该棉区范围非常广，气候差异也比较大，春季气温不稳，秋季气温陡降，对棉花生长有影响，早熟风险大。20 世纪 50 年代至 80 年代，新疆棉区棉花总产一直没超过 10%，90 年代以后，新疆棉花种植面积和总产一直上升，直到 21 世纪 10 年代，新疆棉田面积提高 30%~40%，总产达到 40% 以上。由于粮棉争地矛盾以及新疆独特的地理和气候资源，新疆棉花种植面积和总产持续增高，直到 2019 年新疆棉花总产已经占到全国总产的 86%，成为棉花种植最重要的区域。

中华人民共和国成立 70 年以来，我国棉花种植区域大致经历了三次重大调整。中华人民共和国成立之初至 20 世纪 70 年代，我国南北方种植面积比例为南四北六，即所谓的"四六结构"。20 世纪 80 年代至 90 年代中期，南方面积下降为 30%，北方棉田面积上升为 70%，呈现"三七结构"，这是第一次结构调整，此时全国棉花生产的重心在长江流域和黄河流域。20 世纪 90 年代后期开始，随着国家政策支持棉花向西北转移，21 世纪前十年，西北内陆棉花种植面积已经上升为将近 40%，全国棉花种植形成"三分天下"的局面，这是第二次大的结构调整。20 世纪前十年至今，随着粮棉争地矛盾的日益突出和国家政策的引导，西北内陆棉区，主要指新疆地区，棉花种植面积和单产继续增加，2019 年西北内陆棉花种植面积占全国的将近 3/4，总产占全国的将近 86%，成为全国棉花种植的顶梁柱，呈"一枝独秀"的局面。据统计，全国较大的产棉地区（师）有 40 个，产棉县（市、区、团场）有 1200 多个。其中新疆阿克苏是全国最大的产棉地区，年总产超 100 万吨，而新疆生产建设兵团每年棉花总产 50 万吨，成为最大的产棉师市。以 5 万吨作为大县标准，全国达到和超过 5 万吨的省市区和新疆建设兵团 8 个，县市区团场合计 43 个，其中长江流域大概有 7 个县市，黄河流域大概有 8 个县市，西北内陆棉区大概有 23 个县市，正是这些产棉大县有效地保障了我国棉花产业的兴盛不衰。

二、我国盐碱旱地现状

随着人口的急剧增加和气候条件的日益恶化，土壤的干旱化、盐碱化已经成为世界农业可持续发展的重要限制因素。我国是土壤干旱盐碱化最为严重的国家之一，我国人均水资源仅为世界平均水平的1/4；农业缺水严重，缺口将达1000亿 m^3。我国北方地区耕地面积占全国64%，而水资源量却只占17%，造成耕地和可利用水资源比例严重失衡。我国北方干旱和半干旱的耕地有6600万 hm^2，华北和西北地区等已经成为重旱区和特旱区。干旱缺水进而引起农业水环境恶化，造成水土流失严重和土地盐碱荒漠化。我国盐碱化耕地面积约3467万 hm^2（5.2亿亩），在世界上居第四位，仅次于澳大利亚、墨西哥、阿根廷。大量闲置未用的旱地盐碱地成为我国可利用的潜在耕地资源。由于经济增长和人口增加，耕地面积日益减少，另一方面由于粮棉争地，棉花被迫向旱地盐碱地转移，使我国目前的棉花生产面临双重威胁。长期以来，我国北方（华北、西北，尤其是新疆）的旱地盐碱地棉花产量水平低，生产潜力不足，收成差，效益低。作为旱地盐碱地的先锋作物，棉花具有耐盐碱、耐干旱、耐瘠薄的能力。2010年，全国马铃薯种植面积545.6万 hm^2，70%分布在西部干旱、半干旱地区。谷子（Setaria italic Beauv.）作为我国起源的传统作物，有着悠久的栽培历史，至今仍是我国北方干旱半干旱地区的重要经济和粮食作物。烟草（Nicotiana tobacco L.）作为我国重要的经济作物之一，在国民经济中具有特殊的地位。研究表明，在土壤含盐量0.1%时，粮油等作物的生长受到影响；在土壤含盐量0.2%时，小麦等粮食作物生长受到抑制；而在土壤含盐量达到0.3%到0.4%时，棉花仍可正常出苗、生长发育。例如，在我国北方盐碱地（山东东营、滨州和河北沧州等）约有40万 hm^2，由于土壤盐碱化程度较高，不适于种植粮食作物，如果用于棉花生产，经过5~10年改良，可逐步发展小麦、玉米等粮食生产。在华北西北旱地，约有6600万 hm^2，可用于发展棉花生产，节约农田用水，提高水分利用率，缓解水分利用紧张。培育抗旱、耐盐碱棉花新品种，开发和利用北方旱地、盐碱地及新疆盐碱旱地，不仅可节约我国农田用水，还能改良和利用旱地盐碱地，扩大小麦、玉米等粮食作物种植面积，有利于缓解粮棉争地矛盾，对确保我国粮食安全，具有重要的战略意义。

在我国耕地面积日益减少的趋势下，充分利用北方（包括华北、西北，尤其是新疆）大量的旱地盐碱地，发展棉花等抗旱耐盐碱的经济作物，对于缓解粮棉争地矛盾，保证我国粮食安全和棉花等重要经济作物产品的有效供给具有十分重要的意义。

第二节 盐碱地植棉改良及其前景

目前改良盐碱地的途径可以用"降"和"提"两个字概括。"降"是降低土壤含盐量，特别是棉花根系周围土壤的含盐量；"提"是不断提高棉田土壤肥力。具体改良措施包括工程措施、物理措施、化学措施和生物措施，因投资成本问题，目前国内外广泛采用生物措施改良盐碱地（徐鹏程，2014；路晓筠，2015）。也有文献按照物理措施、化学措施、农作措施进行分类（吴立全，2008；张俊伟，2011）。

一、工程改良措施

工程改良主要是依据"盐随水来，盐随水走"的原理，通过建立完善的排灌系统，借助井、沟、渠等配套措施灌水来降低或排除土壤中的盐分。工程改良措施大体可分为灌水洗盐、排水脱盐、蓄水压盐、节水控盐等技术。

（一）灌水洗盐（washing salinity by irrigation）

灌水洗盐即地上漫灌，此方法需要消耗大量的淡水资源，在淡水资源贫乏的地区可利用含钙、镁等离子的微咸水代替，但如果应用不当，很可能会加重土壤盐碱化（李取生等，2003）。因此，利用微咸水灌溉洗盐时，需有完善的农田排灌系统，且要选择合适的灌溉方式。

（二）排水脱盐（desalination by drainage）

排水脱盐主要包括明沟排水、暗管排水和竖井排水（徐鹏程等，2014）。明沟排水是指在田间挖一定深度的排水沟来排水脱盐，这是较普遍的方式；暗管排水是在地下铺设排水管道将灌溉或降雨后的水及盐分排走的方式；竖井排水的作用是利用竖井群进行机械抽水排水，借以排除洗盐渗水，控制地下水位。衡通等（2018）经过长期灌溉排水试验总结得出，暗管排水对改良土壤盐渍化和防止土壤次生盐渍化具有重大的实践意义，单一明沟排水对改良新疆面积广袤的原始荒地盐土效果甚微；15 m 间距暗管排水时土壤排盐淋洗效果最好，此间距适宜作为内陆干旱区盐碱地暗管排水间距的布设参数。闫少锋等（2014）

通过竖井抽排水试验发现，竖井排水对降低地下水位和防止土壤返盐均有明显的效果，土壤盐分下降52%。张开祥等（2018）以新疆第十四师224团三连枣田作为研究区，发现竖井排水可以显著降低土壤盐分含量，结果与闫少锋等一致，并表明竖井排水降盐效果最佳的范围在60 m左右。

（三）蓄水压盐（desalination by water storage）

蓄水压盐通常指在盐碱地上修建储水库以拦蓄淡水，以一定深度的静止水体下渗淋洗土壤中的盐分，压制盐分的上返，减少农田耕作层土壤含盐量的方式。和排水法相比，蓄水压盐无须考虑排水问题，工程量减小；同时避免了高盐排出水对下游水体和土地的污染，防止次生盐碱化的发生（李娟等，2016）。

（四）节水控盐（control salt by water conservation）

节水控盐是采用膜下滴灌等技术对干旱半干旱地区的土壤盐分进行淋洗的方式。以新疆孔雀河流域为例，对不同灌溉方式与出苗水量对棉花幼苗保苗情况的研究结果表明：在高盐渍化土壤采用$750m^3/hm^2$出苗水量与滴水出苗方式，其保苗率最高，达70%。因此，选择合理的滴灌模式，可提高盐碱地棉种出苗率和产量（曹伟，2017）。

二、物理改良措施

改良盐碱地的物理方式一是平整土地。盐分的分布具有"盐往高处爬"的特点，在微地形中盐分通常向地势较高的地点积累，呈现出斑块状盐碱化（李娟等，2016）。因此采用耕翻、耙耱及挖高垫低等措施将土地整平，可防止因土地不平而造成局部积盐危害。二是抬高地形。挖土抬高地面，增大了地面和地下水位之间的距离，同时土壤比较疏松，透水性好，有利于盐分的下渗，抑制盐分在地表聚集。三是覆盖。地膜覆盖可以明显减少地面的水分蒸发，抑制盐分向上运动，从而阻止盐分在土壤表面的积聚，此外起到增温保墒作用。韩勇等（2016）采用高垄覆膜、高垄不覆膜、喷洒盐碱地土壤改良剂+覆膜、喷洒盐碱地土壤改良剂+高垄覆膜、喷洒盐碱地土壤改良剂+高垄不覆膜等不同种植方式对盐碱地棉花产量和生理活性进行研究，结果表明：喷洒土壤改良剂+覆膜和土壤改良剂+高垄覆膜两种种植方式产量显著高于对照。物理措施虽然见效快，但是工程量相对较大，成本较高。山东棉花研究中心的董合忠团队对滨海盐碱地植棉技术研究发现，通过排盐、平整土地、盐碱地培肥、适当晚播、增加播种量、放苗、补苗、及时排涝等田间管理办法来增加盐碱地植棉产量，可促进盐碱地棉花生产的可持续发展（罗振等，2011）。

三、化学改良措施

化学措施改良盐碱地是指向土壤中添加改良剂来调节土壤酸碱度，改善土壤结构，加速土壤脱盐，防止积盐、返盐的方法。其原理主要是利用酸碱中和原理中和土壤中的碱。施加化学改良剂的功能一是通过离子交换等过程在一定程度上使土壤疏松，使土壤的 pH 和含盐量降低，改变土壤中的盐分组成，如用 Ca^{2+} 取代 Na^+，变亲水胶体为疏水胶体。二是可以改善土壤通透性，利于盐分下渗，有利于植物的健康生长（潘峰等，2011）。

汉森等（1999）研究表明，可以通过加入含钙物质或采用加酸或酸性物质的方法置换土壤胶体表面吸附的钠。钙离子可以和盐碱土土壤胶体表面吸附的钠离子进行交换，钠离子被置换出来，通过灌水洗盐将钠离子洗到地下，后通过排水将钠离子排走，降低土壤中的钠离子含量，达到洗盐的目的。酸或酸性物质可以直接中和土壤中的碱，溶解土壤中的 Ca^{2+}，加速置换土壤 Na^+。目前研究较多的化学改良剂有石膏、腐殖酸、聚丙烯酰胺、过磷酸钙、柠檬酸等，主要归为三大类：一是以石膏等物质为主；二是以硫酸及酸性盐为主；三是以风化煤及泥炭等有机物为主（马巍等，2011）。

（一）石膏等物质类（gypsum and other substances）

石膏是盐碱地改良应用最广泛的改良剂之一，其改良原理是石膏中的钙离子可以和钠离子进行交换，大量置换出的钠离子可以通过淋洗和排水的方法排出，最终改良盐碱地离子结构。马哈茂达巴德（Mahmoudabad）等（2013）利用对照、牛粪（50 g/kg）、开心果渣（50 g/kg）、石膏（5.2 g/kg）、肥料＋石膏和开心果渣＋石膏的土壤改良剂，通过加硫酸及不加硫酸灌溉的方法进行研究。结果表明，施用石膏和灌溉可以显著降低土壤的钠含量。Mao 等（2016）采用 0、15 mg/ha、30 mg/ha、45 mg/ha、60 mg/ha 的脱硫石膏处理长江口潮滩土壤。结果表明，在 0~10cm 的混合土层中，脱硫石膏的作用最大，可溶性盐的组成由以 Na^+、HCO_3^-、CO_3^{2-} 和 Cl^- 为主的钠盐离子转变为以 Ca^{2+} 和 SO_4^{2-} 为主的中性盐离子。穆尔塔扎（Murtaza）等（2017）通过两年的田间试验，研究了施用和不施用石膏对盐碱土（黏壤土）作物产量和氮素利用效率的影响。结果表明，在盐碱土中，随着石膏的施用，土壤饱和膏体的 pH 值、饱和浸膏的电导率、钠的吸附率和与氮肥的交换性钠含量均降低。施用石膏可以改善盐碱地土壤，从而提高作物产量和氮素利用率。Zhao 等（2018）评估了脱硫石膏复垦和水稻种植 3 年后土壤盐分、碱度、可溶性离子水平、水稻产量和土壤和水稻中重金属含量的变化。经过两年的开垦，土壤盐分和盐碱度明显降低；复垦两年后，水溶性 Na^+ 和 $CO_3^{2-} + HCO_3^-$ 的浓度分别比复垦前低 97.5% 和 96.8%；随着开垦时间的推移，水稻产量逐渐增加；土壤和水稻的重金属含量均低于规定标准。这些结果表明，脱硫石膏是一种安全有效的盐碱土复垦方法，值得在东北松嫩平原及类似生态区推广应用。

（二）硫酸及酸性盐类（sulfuric acid and acid salts）

硫酸及酸性盐带有负电荷，可以中和盐碱土的碱，还可以吸附盐碱土中的钠离子。马巍等（2011）在重度盐碱化稻田内施用硫酸铝，发现水稻对于养分的吸收能力显著增加，尤其是对磷的吸收能力增加明显。Luo 等（2015）通过室内试验筛选了一种高效无机高分子土壤改良剂聚合硫酸铝铁（PAFS），并通过田间试验证明 PAFS 是一种有效的土壤改良剂，施用 PAFS 可显著提高粮食产量。腐殖酸除了可以中和和吸附钠离子外，在分解过程中还可以生成活化的钙镁等盐类，有利于交换释放土壤中的营养成分，改善土壤的理化性质。希丽亚（Celik）等（2010）发现，腐殖酸对于石灰质盐碱土上的玉米生长具有显著的促进作用。

（三）风化煤及泥炭等有机物类（organic materials such as weathered coal and peat）

利用工业废弃物改良盐碱地也取得了一些成效。赵旭等（2011）发现，用粉煤灰和煤矸石改良过的盐碱土种植可以促进柽柳生长。查甘蒂（Chaganti）等（2015）采用中等浓度的 SAR 再生水进行室内淋洗试验，评价了生物炭、生物固体和绿色废物堆肥在盐碱土上的复垦潜力。处理方法包括生物炭、生物固体共堆肥、绿色废物堆肥（均以 75 吨/ha 的比例施用）、石膏（50%土壤石膏需求量）、生物炭 + 石膏、生物固体 + 石膏、绿色废物 + 石膏和对照。结果表明，无论施用何种改良剂，用适量的 SAR 水淋洗都能有效地降低土壤盐分和碱度。然而，加入生物炭和废物堆肥显著增强了这种效果。阿尔西瓦（Alcívar）等（2018）评估了生物炭、腐殖酸和石膏的施用对盐碱地土壤性质、藜麦植物生长和种子质量的个体效应。结果表明，联合改良剂的应用是再生退化土壤（包括盐碱土）的一种替代方法。

近年来，利用高聚物改良剂改良盐碱地的研究已取得一些成效。曾觉廷等

（1993）通过比较田间和盆栽环境，发现不同种类改良剂都能提高土壤中大团聚体总量，但聚丙烯酰胺（PAM）效果最好，田间试验以聚乙烯酸树脂（VAM）为最佳。张学佳等（2012）通过室内土柱试验，研究了不同数量单元的 PAM 及三元复合驱中聚丙烯酰胺在不同土壤（黑土、黄土、盐碱土）中的垂向迁移行为（自然迁移、模拟降雨），初步探讨了土壤对聚丙烯酰胺有很强的截留能力，绝大部分 PAM 被截留在土壤表层。

化学改良法虽见效快，但其成本较高，不适宜大范围应用，同时如应用不当，过量的化学改良剂进入环境中很可能会对环境和生态造成二次污染，因此，需按具体情况制定合理的化学改良方法改良盐碱土。

四、生物改良措施

生物改良主要利用生物材料对盐碱地进行修复，大体分为植物修复、微生物菌肥以及种植耐盐作物等方面。生物改良是未来盐碱地改良的一种趋势。

（一）植物修复（phytoremediation）

植物修复是指利用盐生植物种植来实现对土壤盐渍化的改良与修复。盐生植物可以从周围土壤中吸收高浓度的盐分并聚集在体内。利用此特性，在盐碱地种植盐生植物，并在生长季末期将地上生物量收割，从而将盐分移除。如果该地区气候比较干旱的话，选种的盐生植物抗旱性也要强（Nouri 等，2017）。

朱小梅等（2017）在田间生长季分析了种植豆科绿肥田菁、草木樨的滨海盐渍土有机质、养分、pH、容重、孔隙度及盐离子总量的动态变化。结果显示，种植豆科绿肥田菁、草木樨可明显降低土壤 pH，改善土壤盐分水平，提高土壤养分含量。拉比（Rabhi）等（2010）研究发现，一种盐生植物马齿苋可以显著改善盐碱土的物理结构，降低土壤中的盐分和钠离子含量，改良后的土壤大麦可以正常生长。另外，种植燕麦、水稻、苜蓿等植物也可在不同程度上改良盐碱地。水稻需要上层有水覆盖，因此地表水层可起到淋洗排盐作用，并压制盐分的上返（王才林等，2019）；苜蓿的根系能够分泌有机酸，苜蓿的种植可以有效地改良盐碱土壤的理化性质，可以有效降低土壤 pH 和盐分含量（魏晓斌等，2013；朱大为等，2014）；另外，种植一些多年生深根系植物，如旱柳、沙柳和柽柳等，可以通过吸收地下水来降低地下水位，减少地面蒸发，抑制地表积盐，还可防风固沙。

（二）微生物菌肥（microbial fertilizer）

微生物具有促进土壤有机质的降解和分解、养分的矿化和土壤团聚体的稳定等作用。微生物菌肥富含多种活性微生物，能够通过微生物的生命活动改良盐碱地的土壤成分和营养环境，减轻盐分对植物的生长抑制作用。微生物菌肥作为现阶段的一种新型肥料，应用广泛。研究表明，从高盐碱环境中分离出的丛枝菌根（Arbuscular mycorrhizal）真菌具有较强的抗盐碱能力，对盐胁迫下的植物生长有促进作用（Estrada 等，2013）。植物生长促进细菌（plant growth - promoting bacteria，PGPB）通过减少植物病原体间接地促进植物生长，或直接通过植物激素（如生长素、细胞分裂素和赤霉素）促进养分吸收，目前已成为一种很有前途的缓解盐度引起的植物胁迫的替代物（Shrivastava 等，2015）。盐碱地玉米接种固氮植物生长促进细菌，可以减轻盐分对玉米的影响，促进玉米的生长和产量的提升（Rojas - Tapias 等，2012）。一种植物生长促进细菌芽孢杆菌DY - 3 接种可以提高玉米幼苗的耐盐性（Li 等，2017）。邹尊涛等（2017）以山东省滨州市无棣县渤海粮仓试验田盐碱土壤为研究的对象，从盐碱土壤中筛选出嗜盐微生物、纤维素降解微生物以及解磷微生物，与有机肥有机结合成生物有机肥来进行对盐碱土壤的改良。研究结果显示，施加生物有机肥后，能明显改善盐碱土壤的环境，缓解盐碱土壤板结，增加了盐碱土壤的微生物数量，对盐碱土壤生态环境的改善有积极的作用。

（三）耐盐品种培育（cultivate salt - tolerant varieties）

目前，对现有盐生植物资源进行驯化利用及利用基因工程培育并筛选出耐盐作物品系也已成为盐碱地开发、利用的有效方式。在新近的生产试验中，由中国科学院新疆生态与地理研究所多年选育的小麦品种"新冬 34 号"表现出较强的抗盐碱特性和明显的丰产优势，平均亩产达到 403.32 公斤，在参试品种中位居第一位，比中国干旱区首个耐盐冬小麦品种"新冬 26 号"增产 6.89%。另外，由袁隆平院士领衔的青岛海水稻研究发展中心致力于"海水稻"研发，通过基因测序技术，筛选出天然抗盐、抗碱、抗病基因，通过常规育种、杂交与分子标记辅助育种技术，现已在 6‰盐度灌溉水条件下培育出亩产超过 600 公斤的品系，目前正在进行品种区域测试。按计划，2019 年中国将诞生第一批海水稻品种，预计 2020 年稻种可上市销售。近年来，在高等植物中也相继分离出不少耐盐基因，为今后耐盐新品种选育奠定了基础。叶武威团队培育了耐 0.6% NaCl的耐盐棉花材料，已在新疆、山东试种（叶武威，2007）。

　　盐渍土的改良是一个较为复杂的综合治理系统工程。综上所述，不同的盐碱土改良措施各有优缺点，依靠单一的改良措施难以达到较好的改良目的。因此在生产实践中，应合理采用综合治理的改良措施，将工程措施、物理措施、化学措施和生物措施有机结合起来，因地制宜，实现盐碱土资源的系统改良和高效利用。另外，随着国内外盐碱土改良利用技术的快速发展和新材料、新方法的出现，为我国盐碱土资源的可持续提供了机遇。今后，对于盐碱地改良的研究，应在长期监测治理的基础上，因地制宜地展开改良措施的调整与优化，加强区域次生盐碱化和潜在盐碱化的预报研究，加快盐渍土改良利用进程，实现投入少、可持续的盐渍土开发利用良性循环。

第三节　旱地植棉改良及其前景

　　旱地植棉必须采取以节水为核心的综合栽培模式。育种家在长期的实践中总结出以下旱地植棉改良措施（张华祥，1999；常文周等，2008；李改娣，2006；Turner，2004）：

一、冬耕冬灌蓄水保墒（keep moisture by winter tillage and irrigation）

　　在棉花收获后到上冻前进行冬耕、冬灌。冬耕有利于接纳雨雪蓄墒和消灭部分越冬害虫，耕后耙平或带垡越冬。冬灌是在土壤封冻前，及时抢引、抢灌棉田，保证来年足墒播种。春季，在夜冻日消时耙糖保墒，做到消一层冻耙一次地，耕后及时耙糖，做到地平土碎，上虚下实。因此，棉农总结出"保墒无大巧，必须抓得早，质量最重要，上虚下实好"的经验。

二、施肥保墒（keep moisture by fertilization）

　　在耕地之前，将棉花秸秆粉碎还田。同时结合冬耕，旱地棉田要增施基肥保墒，一般施棉花专用配方肥 $450 \sim 600 kg \cdot hm^{-2}$，优质有机肥 $37500 kg \cdot hm^{-2}$ 左右。施肥要早且不宜过浅，在秋耕或冬耕时施入，春施要在早春或雨后翻下，减少跑墒。由于氮素化肥的配合施用，加快了棉花秸秆的腐熟，也促进了氮、磷、钾肥向有利于作物吸收形态的转化。同时，在生育期深施肥，从棉花花铃期开始，每隔 $7 \sim 10$ 天喷施一次由 1% 的尿素和 0.4% 的磷酸二氢钾配制的叶面肥，有利于棉花成铃。

三、抗旱播种 (drought - resistant sowing)

抗旱播种是要坚持"时到不等墒，有墒不等时"的原则，做到适期播种（图 11 - 1）。

图 11 - 1 中国棉花集约化耕作技术。

（a）棉花—小麦双作；（b）棉花—小麦—西瓜复种；（c）人工苗床播种；（d）移栽苗；（e）机器覆盖地膜；（f）人工解放和稀植苗木；（g）人工移除植物枝条；（h）人工移除主茎的生长终端；（I）人工手工收获棉花；（j）在地膜下滴灌；（k）在棉田收集塑料薄膜；（l）动物间耕作和施肥（摘自 Dai and Dong, 2014）。

四、地膜覆盖 (plastic mulching)

播种期低温干旱以及苗期土壤盐分胁迫和病害，往往会降低种子的出苗率和保苗率。克里斯蒂安森（Christiansen）和罗兰（Rowland, 1986）指出，冷土减缓了发芽，改变了正常的根系发育，造成了细胞损伤，从而使幼苗更容易受到疾病的影响。低温加上干旱胁迫可以进一步减少盐田棉花的出苗和保苗率（Donget et al.，2008）。虽然晚播可以减轻早季冷害的环境压力和发病率，但通过缩短生长期，棉花产量有所下降（Dong et al.，2005）。通过覆盖聚乙烯薄膜可以解决所有的这些问题。地膜覆盖可以提高土壤温度、节水、控制根区盐度和杂草。试验显示，地膜覆盖棉田从棉花播种至现蕾期，比露地棉田地温高2.5℃~5.7℃，耕层土壤水分含量高2.8%~4.5%，生育期减少12、14d，每公顷产量和质量提高10%~30%（Mahmood et al.，2002；Mahajan et al.，2007；Stathakos et al.，2006）。春季提前趁墒盖膜，采用低垄或平垄覆盖的方式保墒，在适宜播期内打孔穴播。目前，新疆所有的棉花种植园都有地膜覆盖。然而，塑料薄膜残留已成为一个非常严重的问题。残膜积累严重危害土壤质量和棉花产量，如果不及时采取措施，将严重危及棉花的可持续发展和土地的可持续利用（Dong et al.，2013）。这也是棉花育种者亟须解决的关键问题之一。

春季干旱多风，开沟播种势必造成土壤墒情损失较大，而且用种量大，容易造成苗荒，也增加了劳力。采用机械播种可使下种、覆土、镇压一次完成，工效高，保墒效果好。同时易掌握播种株行距和深度，下种均匀，播量小，为苗全、匀、齐、壮打下基础。

旱地植棉长势弱、个体小，棉田要适当增加种植密度，通过当前超高植物密度集约化技术的改革，不但可以依靠群体优势增加棉田的产量，还可以减少地面蒸发，节约用水，对提高我国棉花单产和总产量起到了重要作用。一般棉田每公顷种植7.5万~9万株为宜，保持等行距种植，行距50~55 cm（Bednarz et al.，2006；Dai and Dong，2014）。

五、培育抗旱新品种（cultivate drought - tolerant varieties）

干旱区需选用抗旱性强、株型紧凑、结铃集中、结铃早、吐絮快、纤维品质好的抗旱品种种植。大量研究提出棉花根系、水分利用效率、气孔导度、光合速率、叶片含水量、碳同位素判别值、冠层温度、初始含水量、离体叶片失水率和渗透压等形态生理性状被认为是棉花抗旱性的重要选择指标（Leidi et al.，1999；Pettigrew，2004；BA AL et al.，2006；Longenberger et al.，2009；Brito et al.，2011）。因此，通过常规育种方法，利用杂交将适宜的植物表现型与抗旱性植株模型相结合，可以培育出对旱地有较好适应性的棉花材料。育种家们利用各种选择育种技术，创制了丰产、多抗、优质且遗传背景丰富的棉花新种质。赵云雷等（2017）通过改良常规的育种方法，建立了低世代大群体多逆境交叉选择的育种技术，在新疆和内地实施不同密度的种植模式，开展跨生态区、大群体穿梭、高强压力鉴定等进行综合选择育种，其核心内容包括既独立又相互联动的4个关键环节：低代（F_2 开始至 F_6）、大群体（约1万株）、多逆境（包括盐碱、旱、低温、病等）、交叉选择（在主产区多点同步且相互穿插选择）。低代和大群体选择应用于棉花育种是首创；多逆境和交叉选择是"穿梭育种"方法的发展，前者立足于多个环境，后者是在主产棉区实地多点同步且相互穿插，并依据旱碱等多抗鉴定进行选择，该技术为提高优良种质材料的创制提供了思路。

抗/耐旱性是一个复杂的农艺性状，具有多基因成分（Blum，2011）。目前棉花主要的分子育种方法包括转基因改造和标记辅助选择育种。通过不懈努力，我国棉花品种改良取得了一些成效。在棉花产量、品质、抗性、综合利用价值等方面实现了全面改良；品种选育技术由传统的系统选择、杂交、复交、回交、远缘杂交等育种方法发展到分子标记辅助选择、基因聚合等分子育种。目前，两个被高度认可的转基因棉花耐草甘膦棉花和转苏云金杆菌（Bacillus thuringiensis，BT）的抗虫棉已在全球范围内广泛种植，挽救了棉花生产的巨大损失，但对提高限制产量的非生物胁迫的新品种选育进展缓慢（Sinclair，2011）。展望未来，棉花抗逆遗传改良必须在抗旱耐盐碱棉花新品种选育方面有所突破，通过将已经创制的转基因抗旱、耐盐碱新材料与抗虫、抗除草剂、早熟、优质等棉花材料配制杂交组合，利用常规育种技术结合多基因分子聚合技术，选育适于新疆棉区和黄淮海流域种植的抗旱耐盐碱转基因棉花新品种，以适应棉花向盐碱地、旱薄地的战略转移的需求。

参考文献

曹伟. 不同盐渍化程度土壤种植棉花滴灌保苗技术研究［J］. 水资源开发与管理，2017（11）：68－73.

常文周，于玉玲. 旱地植棉改革措施［J］. 中国棉花，2008，34（7）：35.

韩勇，衡丽，李华，等. 种植方式对江苏滨海盐碱地棉花产量和生理活性的影响［J］. 江苏农业科学，2016，44（11）：11

衡通. 暗管排水对滴灌农田水盐分布的影响研究［D］. 石河子：石河子大

学，2018.

李改娣．旱地植棉增产途径浅析［C］//中国棉花学会：2006年年会暨第七次代表大会论文汇编．2006.

李娟，韩霁昌，张扬，等．盐碱地综合治理的工程模式［J］．南水北调与水利科技，2016，14（3）：188-193.

李取生，李秀军，李晓军，等．松嫩平原苏打盐碱地治理与利用［J］．资源科学，2003（1）：15-20.

路晓筠，项卫东，郑光耀，等．盐碱地改良措施研究进展［J］．江苏农业科学，2015，43（12）：5-8.

罗振，董合忠，唐薇，等．中国滨海盐碱地植棉配套技术［J］．山东农业科学，2011（8）：110-114.

吕有军．盐胁迫下棉花生长发育特性与耐盐机理研究［D］．杭州：浙江大学，2005.

马巍，王鸿斌，赵兰坡．不同硫酸铝施用条件下对苏打盐碱地水稻吸肥规律的研究［J］．中国农学通报，2011，27（12）：31-35.

潘峰，刘滨辉，袁文涛，等．不同改良剂对紫花苜蓿生长和盐渍化土壤的影响［J］．东北林业大学学报，2011，39（5）：67-68+76.

王才林，张亚东，赵凌，等．耐盐碱水稻研究现状、问题与建议［J］．中国稻米，2019，25（1）：1-6.

王遵亲．中国盐渍土［M］．北京：科学出版社，1993.

魏晓斌，王志锋，于洪柱，等．不同生长年限苜蓿对盐碱地土壤肥力的影响［J］．草业科学，2013，30（10）：1502-1507.

吴立全．盐碱地改良模式现状与探索［J］．吉林省教育学院学报，2008，24（2）：51-52.

辛承松，董合忠，唐薇，等．不同肥力滨海盐土对棉花生长发育和生理特性的影响［J］．棉花学报，2007，19（2）：124-128.

徐鹏程，冷翔鹏，刘更森，等．盐碱土改良利用研究进展［J］．江苏农业科学，2014，42（5）：293-298.

闫少锋，吴玉柏，俞双恩，等．江苏沿海地区竖井排盐试验研究［J］．节水灌溉，2014（8）：42-44.

杨真，王宝山．中国盐渍土资源现状及改良利用对策［J］．山东农业科学，

2015, 47 (4): 125 -130.

曾觉廷, 陈萌. 三种土壤改良剂对紫色土结构孔隙状况影响的研究 [J]. 土壤通报, 1993 (6): 250 -252.

张华祥. 黄河下游旱地植棉技术 [J]. 中国棉花, 1999 (6): 40.

张俊伟. 盐碱地的改良利用及发展方向 [J]. 农业科技与信息, 2011 (4): 63 -64.

张开祥, 马宏秀, 孟春梅, 等. 竖井排盐对南疆枣田土壤盐分运移的影响 [J]. 节水灌溉, 2018 (11): 81 -85.

张丽萍. 不同盐分对棉花生长发育及产量的影响 [J]. 农村科技, 2012 (11): 20 -21.

张学佳, 王宝辉, 纪巍, 等. 三元复合驱中聚丙烯酰胺在土壤中的迁移研究 [J]. 北京联合大学学报 (自然科学版), 2012, 26 (2): 44 -50.

赵旭, 彭培好, 李景吉. 盐碱地土壤改良试验研究——以粉煤灰和煤矸石改良盐碱土为例 [J]. 河南师范大学学报 (自然科学版), 2011, 39 (4): 70 -74.

赵云雷, 王宁, 葛晓阳, 等. 棉花抗逆遗传改良技术与应用 [J]. 棉花学报, 2017, 29 (S1): 11 -19.

中华人民共和国铁道部. 铁路工程特殊岩土勘察规程: TB 10038—2012 [S]. 北京: 中国铁道出版社, 2012.

朱大为, 王永丰, 随媛媛. 阿尔冈金紫花苜蓿在吉林省西部盐碱地引种试验研究——以通榆县西哈毛草场种植为例 [J]. 水土保持应用技术, 2014 (2): 9 -10, 15.

朱庆超. 膜下滴灌棉田土壤盐分随时间变化特征 [J]. 水资源开发与管理, 2015 (2): 59 -61.

朱小梅, 温祝桂, 赵宝泉, 等. 种植绿肥对滨海盐渍土养分及盐分动态变化的影响 [J]. 西南农业学报, 2017, 30 (8): 1894 -1898.

邹尊涛. 生物有机肥对盐碱地改良的研究 [D]. 泰安: 山东农业大学, 2017.

ALC VAR M, ZURITA -SILVA A, SANDOVAL M, et al. Reclamation of saline - sodic soils with combined amendments: impact on quinoa performance and biological soil quality [J]. Sustainability, 2018, 10 (9): 3083.

BA AL H, AYDIN. Water stress in cotton (*Gossypium hirsutum* L.) [J]. Ege niversitesi Ziraat Fakültesi Dergisi, 2006, 43 (3): 101 – 111.

BEDNARZ C W, NICHOLS R L, BROWN S M. Plant density modifies within – canopy cotton fiber quality [J] . Crop science, 2006, 46 (2): 950 – 956.

BLUM A. Drought resistance – is it really a complex trait? [J] . Functional Plant Biology, 2011, 38 (10): 753 – 757.

BRITO G G, SOFIATTI V, LIMA M M A, et al. Physiological traits for drought phenotyping in cotton [J] . Acta Scientiarum. Agronomy, 2011, 33 (1): 117 – 125.

CELIK H, KATKAT A V, ASIK B B, et al. Effects of humus on growth and nutrient uptake of maize under saline and calcareous soil conditions [J] . Emdirbyst (Agriculture), 2010, 97 (4): 15 – 22.

CHAGANTI V N, CROHN D M, IM NEK J. Leaching and reclamation of a biochar and compost amended saline – sodic soil with moderate SAR reclaimed water [J] . Agricultural Water Management, 2015, 158: 255 – 265.

CHRISTIANSEN M N, ROWLAND R A. Germination and stand establishment [J] . JR Mauney and J. McD. Stewart (ed.) Cotton physiology. The Cotton Foundation, Memphis, TN, 1986: 535 – 541.

DAI J, DONG H. Intensive cotton farming technologies in China: Achievements, challenges and countermeasures [J] . Field Crops Research, 2014, 155: 99 – 110.

DONG H, LIU T, LI Y, et al. Effects of plastic film residue on cotton yield and soil physical and chemical properties in Xinjiang [J] . Transactions of the Chinese Society of Agricultural Engineering, 2013, 29 (8): 91 – 99.

DONG H, LI W, TANG W, et al. Furrow seeding with plastic mulching increases stand establishment and lint yield of cotton in a saline field [J] . Agronomy Journal, 2008, 100 (6): 1640 – 1646.

DONG H Z, LI W J, TANG W, et al. Increased yield and revenue with a seedling transplanting system for hybrid seed production in Bt cotton [J] . Journal of Agronomy and crop science, 2005, 191 (2): 116 – 124.

ESTRADA B, BAREA J M, AROCA R, et al. A native Glomus intraradices strain from a Mediterranean saline area exhibits salt tolerance and enhanced symbiotic efficiency with maize plants under salt stress conditions [J] . Plant and Soil, 2013, 366 (1 – 2): 333 – 349.

HANSON B, GRATTAN S R, FULTON A. Agricultural salinity and drainage [M]. University of California Irrigation Program, University of California, Davis, 1999.

LEIDI E O, LOPEZ M, GORHAM J, et al. Variation in carbon isotope discrimination and other traits related to drought tolerance in upland cotton cultivars under dryland conditions [J]. Field Crops Research, 1999, 61 (2): 109 – 123.

LI H Q, JIANG X W. Inoculation with plant growth – promoting bacteria (PGPB) improves salt tolerance of maize seedling [J]. Russian Journal of Plant Physiology, 2017, 64 (2): 235 – 241.

LONGENBERGER P S, SMITH C W, DUKE S E, et al. Evaluation of chlorophyll fluorescence as a tool for the identification of drought tolerance in upland cotton [J]. Euphytica, 2009, 166 (1): 25.

LUO J Q, WANG L L, LI Q S, et al. Improvement of hard saline – sodic soils using polymeric aluminum ferric sulfate (PAFS) [J]. Soil and Tillage Research, 2015, 149: 12 – 20.

MAHMOODABADI M, YAZDANPANAH N, SINOBAS L R, et al. Reclamation of calcareous saline sodic soil with different amendments (I): Redistribution of soluble cations within the soil profile [J]. Agricultural Water Management, 2013, 120: 30 – 38.

MAHAJAN G, SHARDA R, KUMAR A, et al. Effect of plastic mulch on economizing irrigation water and weed control in baby corn sown by different methods [J]. African Journal of Agricultural Research, 2007, 2 (1): 19 – 26.

MAHMOOD M M, FAROOQ K, HUSSAIN A, et al. Effect of mulching on growth and yield of potato crop [J]. Asian J. Plant Sci, 2002, 1: 132 – 133.

MAO Y, LI X, DICK W A, et al. Remediation of saline – sodic soil with flue gas desulfurization gypsum in a reclaimed tidal flat of southeast China [J]. Journal of environmental Sciences, 2016, 45: 224 – 232.

MURTAZA B, MURTAZA G, SABIR M, et al. Amelioration of saline – sodic soil with gypsum can increase yield and nitrogen use efficiency in rice – wheat cropping system [J]. Archives of Agronomy and Soil Science, 2017, 63 (9): 1267 – 1280.

NOURI H, BORUJENI S C, NIROLA R, et al. Application of green remediation on soil salinity treatment: a review on halophytoremediation [J]. Process Safety and

Environmental Protection, 2017, 107: 94 – 107.

PETTIGREW W T. Moisture deficit effects on cotton lint yield, yield components, and boll distribution [J]. Agronomy Journal, 2004, 96 (2): 377 – 383.

RABHI M, FERCHICHI S, JOUINI J, et al. Phytodesalination of a salt – affected soil with the halophyte *Sesuvium portulacastrum* L. to arrange in advance the requirements for the successful growth of a glycophytic crop [J]. Bioresource Technology, 2010, 101 (17): 6822 – 6828.

ROJAS – TAPIAS D, MORENO – GALV N A, PARDO – D AZ S, et al. Effect of inoculation with plant growth – promoting bacteria (PGPB) on amelioration of saline stress in maize (*Zea mays*) [J]. Applied Soil Ecology, 2012, 61: 264 – 272.

SHRIVASTAVA P, KUMAR R. Soil salinity: a serious environmental issue and plant growth promoting bacteria as one of the tools for its alleviation [J]. Saudi journal of Biological Sciences, 2015, 22 (2): 123 – 131.

SINCLAIR T R. Challenges in breeding for yield increase for drought [J]. Trends in Plant science, 2011, 16 (6): 289 – 293.

STATHAKOS T D, GEMTOS T A, TSATSARELIS C A, et al. Evaluation of three cultivation practices for early cotton establishment and improving crop profitability [J]. Soil and Tillage Research, 2006, 87 (2): 135 – 145.

TURNER N C. Agronomic options for improving rainfall – use efficiency of crops in dryland farming systems [J]. Journal of Experimental Botany, 2004, 55 (407): 2413 – 2425.

ZHAO Y, WANG S, LI Y, et al. Extensive reclamation of saline – sodic soils with flue gas desulfurization gypsum on the Songnen Plain, Northeast China [J]. Geoderma, 2018, 321: 52 – 60.

附录1

棉花耐盐鉴定标准

棉花种质资源耐盐性评价技术规范
NY/T 2323 – 2013

1 范围

本附录适用于棉花种质资源对土壤盐分（主要是指 NaCl）耐受性的鉴定评价。

2 鉴定步骤

2.1 建盐池

建封底水泥池，池长 16～20m，内宽 1.8～2.0m，深 0.25～0.30m，池内铺 0.25m 厚的无菌沙壤土（或当地有代表性的棉田土）。原始土壤的含盐量应低于 0.01%，并均匀一致。

2.2 播种

a）播种前浇水，使土壤含水量达到 40%～50%。棉种用 70℃～80℃ 的水浸种 30～60min。

b）4 月下旬播种，供试种质资源随机排列播种，行距 15cm，株距 6～8cm，行长 100cm。设三个重复，各重复每 10 行设 1 行对照（对照品种为中 07，耐盐级别为耐），对照随机排列。

c）棉苗 2～3 片真叶时定苗，每行留 13～15 株。当棉苗长至 3 片真叶时，测定每行有效总苗数（不应少于 10 株）和土壤含盐量（不应高于 0.1% NaCl）。

2.3 施盐

测定土壤基础 NaCl 含量，计算需要增加的 NaCl 的量，逐行定量施 NaCl，用喷壶浇水，使 NaCl 缓慢溶解在土壤中，最终使土壤 NaCl 含量达到 0.4%。

2.4 调查统计

a）施盐后 7d，统计各供试种质资源的成活苗数（以生长点活为成活苗）。

b）按式（1）计算成活苗率，按式（2）计算相对成活苗率，用相对成活苗率来评价棉花的耐盐性。

$$P = \frac{M}{N} \tag{1}$$

式中：P——成活苗率；

M——成活苗；

N——总苗数。

$$LP = \frac{P \times 0.5}{P_{CK}} \times 100 \tag{2}$$

式中：LP——相对成活苗率；

P——成活苗率；

P_{CK}——对照成活苗率。

3 评价标准

棉花种质资源的耐盐评价标准见表1。

表1 耐盐性分级

相对成活苗率/%	LP≥90.0	75≤LP≤89.9	49.9≤LP≤74.9	LP<49.9
耐盐性分级	高抗	抗	耐	不耐

附录2

棉花抗旱鉴定标准

棉花种质资源抗旱性评价技术规范
NY/T 2323 –2013

1 范围

本附录适用于棉花种质资源对土壤干旱耐受性的鉴定评价。

2 鉴定步骤

2.1 建水泥池

建封底水泥池，池长 16～20m，内宽 1.8～2.0m，深 0.25～0.30m，池内铺 0.25m 厚的无菌沙壤土（或当地有代表性的棉田土）。

2.2 播种

a）播种前浇水，使土壤含水量达到 40%～50%。棉种用 70℃～80℃的水浸种 30～60min。

b）4 月下旬播种，供试种质资源随机排列，行距 15cm，株距 6～8cm，行长 100cm。设三个重复，各重复每 10 行设一个对照（对照品种为中 H177，抗旱级别为耐），对照随机排列。

c）棉苗 2～3 片真叶时定苗，每行留 13～15 株。当棉苗长至 3 片真叶时，测定每行有效总苗数（不应少于 10 株）和土壤含水量。

2.3 干旱处理

定苗后开始干旱处理，当土壤含水量降为 3%，浇水至有明显积水为止，使棉苗恢复正常生长，再进行干旱处理，使土壤含水量降为 3%，如此反复三次。

2.4 调查统计

a）第三次浇水后7d，调查各供试种质资源的成活苗数（以生长点活为活苗）。

b）按式（1）计算成活苗率，按式（2）计算相对成活苗率，用相对成活苗率来评价棉花抗旱性。

$$P = \frac{M}{N} \tag{1}$$

式中：P——成活苗率；

M——成活苗数；

N——总苗数。

$$LP = \frac{P \times 0.5}{P_{CK}} \times 100 \tag{2}$$

式中：LP——相对成活苗率；

P——成活苗率；

P_{CK}——对照成活苗率。

3 评价标准

以相对成活苗率评价棉花种质资源苗期抗旱性，分级见表1。

表1 苗期抗旱性分级

相对成活苗率/%	LP≥90.0	75≤LP≤89.9	49.9≤LP≤74.9	LP<49.9
抗旱性分级	高抗	抗	耐	不抗

附录3

主要农作物品种审定标准（国家级）

棉　花

1 基本条件

1.1 抗病性

每年区域试验，枯萎病接种鉴定病指≤20，黄萎病接种鉴定病指≤35 或鉴定结果为耐病及以上。

1.2 早熟性

每年区域试验、生产试验，霜前花率≥85.0%，特殊年份与对照相当。

1.3 抗虫性

转基因抗虫棉品种，每年区域试验抗虫株率≥90.0%，室内鉴定结果为抗及以上。

2 分类条件

根据 GB/T 20392-2006《HVI 棉纤维物理性能试验方法》和 ASTM D5866-12《HVI 棉纤维棉结测试标准方法》检测的纤维品质上半部平均长度、断裂比强度、马克隆值、整齐度指数和纤维细度五项指标的综合表现，将棉花品种分为I型品种、II型品种、III型品种三种主要类型。

I 型品种

两年区域试验平均结果，纤维上半部平均长度≥31mm、断裂比强度≥32cN/tex、马克隆值 3.7～4.2、整齐度指数≥83%；较低年份上半部平均长度≥30mm、断裂比强度≥31cN/tex、马克隆值 3.5～4.6 的品种。

Ⅱ型品种

两年区域试验平均结果，纤维上半部平均长度≥29mm，断裂比强度≥30cN/tex，马克隆值3.5～5.0、整齐度指数≥83%；较低年份上半部平均长度≥28mm，断裂比强度≥29cN/tex，马克隆值3.5～5.1的品种。

Ⅲ型品种

两年区域试验平均结果，纤维上半部平均长度≥27mm，断裂比强度≥28cN/tex，马克隆值3.5～5.5、整齐度指数≥83%；较低年份纤维上半部平均长度≥27mm，断裂比强度≥27cN/tex，马克隆值3.5～5.6的品种。

2.1 Ⅱ型常规棉品种

对照为Ⅱ型常规棉品种，两年区域试验皮棉平均产量，比对照品种增产≥3.0%，且区域试验较低年份皮棉产量不低于对照品种；生产试验皮棉产量不低于对照品种。每年区域试验、生产试验皮棉产量不低于对照品种的试验点比例≥50%。

对照为Ⅱ型杂交棉品种，两年区域试验皮棉平均产量，比对照品种减产≤5.0%，且区域试验较低年份皮棉产量减产≤8.0%；生产试验皮棉产量比对照品种减产≤8.0%。每年区域试验、生产试验皮棉产量减产≤8.0%的试验点比例≥50%。

2.2 Ⅱ型杂交棉品种

对照为Ⅱ型常规棉品种，两年区域试验皮棉平均产量，比对照品种增产≥5.0%，且区域试验较低年份皮棉产量增产≥3.0%；生产试验皮棉产量比对照品种增产≥3.0%。每年区域试验、生产试验皮棉产量增产≥3.0%的试验点比例≥50%。

对照为Ⅱ型杂交棉品种，两年区域试验皮棉平均产量，比对照品种增产≥3.0%，且区域试验较低年份皮棉产量不低于对照品种；生产试验皮棉产量不低于对照品种。每年区域试验、生产试验皮棉产量不低于对照品种的试验点比例≥50%。

2.3 Ⅲ型常规棉品种

对照为Ⅱ型常规棉品种，两年区域试验皮棉平均产量，比对照品种增产≥8.0%，且区域试验较低年份皮棉产量增产≥5.0%；生产试验皮棉产量比对照品种增产≥5.0%。每年区域试验、生产试验皮棉产量增产≥5.0%的试验点比例≥50%。

对照为Ⅱ型杂交棉品种，两年区域试验皮棉平均产量，比对照品种增产≥2.0%，且区域试验较低年份皮棉产量减产≤3.0%；生产试验皮棉产量比对照品种减产≤3.0%。每年区域试验、生产试验皮棉产量减产≤3.0%试验点比例≥50%。

2.4 Ⅲ型杂交棉品种

对照为Ⅱ型常规棉品种，两年区域试验皮棉平均产量，比对照品种增产≥10.0%，且区域试验较低年份皮棉产量增产≥7.0%；生产试验皮棉产量比对照品种增产≥7.0%。每年区域试验、生产试验皮棉产量增产≥7.0%的试验点比例≥50%。

对照为Ⅱ型杂交棉品种，比对照品种增产≥8.0%，且区域试验较低年份皮棉产量增产≥5.0%；生产试验皮棉产量比对照品种增产≥5.0%。每年区域试验、生产试验皮棉产量增产≥5.0%的试验点比例≥50%。

2.5 优质专用品种

品质突出：纤维品质属于Ⅰ型品种。

抗病性突出：枯萎病病指≤5.0、黄萎病病指≤20.0，且纤维品质达到Ⅲ型及以上的品种。

适合机械采收品种：株型比较紧凑，抗倒伏，第一果枝始节高度20厘米以上，株高85cm左右；霜前花率90%以上；含絮力适度，吐絮比较集中，对脱叶剂敏感，纤维上半部平均长度、断裂比强度达到Ⅱ型及以上。

2.6 特殊类型品种

彩色棉（除白色）：纤维长度、断裂比强度、长度整齐度、纤维细度、马克隆值等品质指标基本符合Ⅲ型品种要求。

海岛棉：纤维长度≥35mm、断裂比强度≥36cN/tex、马克隆值3.7~4.2。

短季棉：生育期<110d，品质不低于Ⅱ型品种要求。

附录4

2019 年国家棉花品种试验实施方案

一、试验目的

鉴定棉花新品种的丰产性、抗逆性、适应性、纤维品质及综合表现，客观评价参试品种特性与生产应用价值，为国家棉花品种审定和推广提供科学依据，特制定本方案。

二、试验安排

国家棉花品种区域试验共设 14 组。其中，黄河流域棉区中熟常规 3 组、中熟杂交 1 组、早熟 1 组；长江流域棉区中熟常规 1 组、中熟杂交 2 组、早熟 2 组；西北内陆棉区早熟常规 2 组、早熟机采常规 1 组、早中熟常规 1 组。区域试验参试品种共 142 个参试品种（含 14 个对照）。

国家棉花品种生产试验共设 7 组。其中，黄河流域棉区中熟常规 1 组、中熟杂交 1 组、早熟常规 1 组，长江流域棉区中熟常规 1 组、中熟杂交 1 组，西北内陆棉区早熟常规 1 组、早中熟常规 1 组。31 个参试品种（含 7 个对照）。

三、承担单位

（一）主持单位

黄河流域棉区各组主持单位：中国农科院棉花研究所，邮编 455000，地址为河南省安阳市开发区黄河大道 38 号。

长江流域棉区各组主持单位：江苏省农科院经作所，邮编 210014，地址为南京市玄武区孝陵卫钟灵街 50 号。

西北内陆棉区各组主持单位：新疆维吾尔自治区种子管理总站，邮编 830006，地址为乌鲁木齐市钱塘江路 451 号。

（二）承担单位

1. 田间试验承担单位

共64个单位承担品种田间试验，其中承担区域试验任务的单位61个，承担生产试验任务的单位44个。

2. 品种鉴定、检测单位

（1）棉花枯、黄萎病抗性鉴定：中国农科院棉花研究所、江苏省农科院植保所、华中农业大学植物科技学院和石河子农业科学院分别承担黄河流域棉区、长江流域棉区、西北内陆棉区参加区试品种的抗病性鉴定。

（2）Bt抗虫蛋白检测：中国农科院生物技术研究所承担参加区试品种Bt抗虫蛋白含量的检测。

（3）抗虫性鉴定：中国农科院棉花研究所和江苏省农科院植保所分别承担黄河流域棉区和长江流域棉区参加区试品种的抗虫性鉴定。

（4）品质检测：农业农村部棉花品质监督检验测试中心（中国农科院棉花研究所）承担参加区试品种的纤维品质检测。

（5）SSR检测：中国农科院棉花研究所承担参加区域试验和生产试验品种真实性和纯度的检测。

四、试验要求

（一）试验用种

各主持单位根据本方案及时通知供种单位提供试验用种。要求供种单位按区域试验每个承担单位（包括抗病性、抗虫性鉴定、SSR检测、Bt检测）1kg以及5kg标准样品的种子用量、生产试验每个承担单位2.5kg以及5kg标准样品的种子用量准备，于3月15日前寄送至相应主持单位，逾期视为放弃，不再受理。所提供种子必须是依据《农作物种子检验规程》（GB/T 3543.1－3543.7－1995）检验符合《经济作物种子 第1部分：纤维类》（GB4407.1－2008）标准的光子，禁止进行化学处理。

主持单位接收种子后，要认真进行检查，如有异常立即报告全国农技中心，并留存全部证明材料；按照规定完成密码编号（生产试验不密码编号）、分样后，将种子统一发送至各田间试验承担单位、抗病（虫）鉴定单位、Bt抗虫蛋白检测单位、SSR检测单位。请主持单位做好标准样品的留存和寄送工作，第一年参试品种的标准样品由主持单位留存，下年度1月31日前将确定进入第二年区试品种的标准样品寄送至国家种质库，标准样品寄送数量为常规种2.0kg、杂交种3.0kg。

（二）田间试验设计

各试点应选择土壤肥力中等、地势平坦、地力均匀、排灌方便的地块安排田间试验。按试验设计要求，各区组均应随机排列参试品种。

1. 区域试验：随机区组排列，3次重复，小区面积20m² 左右，每小区3～6行，试验区周边种植的保护行不少于4行；各试验点自行设计田间排列图。

2. 生产试验：随机区组排列，2次重复，小区面积150m² 左右，每小区6行以上，试验区周边种植的保护行不少于4行；各试验点自行设计田间排列图。

（三）栽培管理

试验田的栽培管理水平应略高于当地大田生产水平，同一区组的同一项农事操作应在同一天内完成。

1. 播种时间：黄河流域棉区早熟组于5月25日—6月5日期间直播，长江流域棉区早熟组于5月15日—6月5日期间直播，其他各组按当地适宜播种期播种。

2. 种植密度：黄河流域棉区早熟组6000～7000 株/亩，中熟常规组2500～3500 株/亩，中熟杂交组2000～3000 株/亩；长江流域棉区早熟组4500～5500 株/亩，中熟常规组2000～2500 株/亩，中熟杂交组1800～2400 株/亩；西北内陆棉区早熟组14000～15000 株/亩，早中熟组13000～14000 株/亩。

3. 肥水管理：按当地施肥水平和施肥方法施肥，注意增施有机肥；根据天气和土壤水分含量，适时、适量浇水和排水，满足全生育期棉花生长所需水分要求。

4. 病虫防治：坚持以防为主，可播前统一种子处理、施用病虫防治药物。生长期间根据田间虫情、病情适期防治。

5. 化学调控：视棉花长势和气候情况适当化调，注意调控均匀，同一试验药剂一次配制完成，不漏行、不漏株。缩节胺施用要少量多次，全生育期用量不超过10g，禁止使用"乙烯利"等催熟剂。

6. 打顶：黄河流域棉区早熟组要求在7月25日—8月1日期间打顶，长江流域棉区早熟组要求在7月中下旬打顶，其他各组根据当地情况适时打顶。

7. 收花：棉花吐絮后5～7天为最佳采收期，应及时采收。西北内陆棉区早熟机采组要求在9月25日左右喷洒落叶剂，一周后一次性完成收花。

（四）田间调查记载项目及取样方法

将当天调查记载结果记入《棉花品种试验记载表》，并及时整理填写《棉花品种试验年终报告》。

选取有代表性的两个重复各小区中间行 20 株（不包括两端植株）作为取样行，生育时期、整齐度与生长势按小区调查，其他性状在取样行中调查。

1. 生育时期：记载各小区出苗期、开花期、吐絮期（各期达到 50% 的日期）和生育期（从出苗期到吐絮期的天数），取两次重复平均值。

2. 整齐度与生长势：出苗期、开花期、吐絮期目测各小区植株形态的一致性和植株发育的旺盛程度。整齐度与生长势的优劣均用 1（好）、2（较好）、3（一般）、4（较差）、5（差）表示，取两次重复平均值。

3. 农艺性状

第一果枝节位在棉花现蕾后调查；黄河流域棉区和长江流域棉区的株高、单株果枝数和单株结铃数等性状在 9 月 15 日前调查；西北内陆棉区在 9 月 5 日前调查。

（1）第一果枝节位：棉株果枝的始节位，即棉花现蕾后从下至上第一果枝的着生节位。

（2）株高：子叶节至主茎顶端的高度。

（3）单株果枝数：棉株主茎果枝数量。

（4）单株结铃数：棉株个体成铃数。直径在 2cm 以上的棉铃为大铃，包括烂铃和吐絮铃；比大铃小的棉铃及当日花为小铃，3 个小铃折算为 1 个大铃。

4. 种植密度

（1）设计密度：按株距和行距换算出每亩面积的株数。

（2）实际密度：第一次收花前，调查每小区实际株数，换算成亩株数。

（3）缺株率：实际密度与设计密度的差数占设计密度的百分率。当实际密度高于设计密度，百分率前用"＋"号表示，反之用"－"号表示。

5. 田间病情调查

各区域试验承担单位于枯萎病和黄萎病发生高峰期调查 1 次，采用 5 级法病情分级标准进行病情调查。

（1）枯萎病病情分级标准

0 级：外表无病状。

1 级：病株叶片 25% 以下显病状，株型正常。

2级：叶片25%～50%显病状，株型微显矮化。

3级：叶片50%以上显病状，株型矮化。

4级：病株凋萎死亡。

（2）黄萎病病情分级标准

0级：棉株健康，无病叶，生长正常。

1级：棉株三分之一以下叶片表现病状。

2级：棉株三分之一以上、三分之二以下叶片表现病状。

3级：棉株三分之二以上叶片表现病状，未枯死。

4级：棉株枯死。

病株率（%）＝（发病总株数÷调查总株数）×100%。

病指＝［各级病株数分别乘以相应级数之和÷（调查总株数×最高级数）］×100。

（五）考种及取样

1. 单铃重：吐絮盛期，在取样行棉株中上部采摘50个正常的吐絮棉铃，晒干称重，计算平均单铃籽棉重为单铃重。

2. 子指：测定单铃重的籽棉样品分品种轧花后，在每品种的棉籽中随机取样100粒称重，所得百粒棉籽重量为子指。重复2次，取平均值。

（六）收花轧花

1. 收花：每组试验至少要准备三套收花袋，并根据区号及品种代码编号；在收花适期内分小区采收，新收籽棉要及时晾晒。采收、晾晒、贮藏和称重等操作过程要严格防止品种错乱。

2. 轧花：轧花前应彻底清理轧花车间和机具，用专用小型轧花机分轧；每轧完1个样品，机具应清理干净。

（七）小区计产

1. 霜前籽棉：黄河流域棉区10月25日前、长江流域棉区11月10日前实收籽棉（含僵瓣）为霜前籽棉；西北内陆棉区开始收花至枯霜期后5天内采收的籽棉（含僵瓣）为霜前籽棉。

2. 霜后籽棉：黄河流域棉区10月26日—11月10日、长江流域棉区11月11～20日、西北内陆棉区常规组枯霜期5天后实收籽棉为霜后籽棉，不摘青铃、西北内陆棉区机采组一次性收花。

3. 籽棉产量：霜前籽棉和霜后籽棉的总重量。

4. 衣分：取拣出僵瓣后充分混合的籽棉（含霜前籽棉和霜后籽棉）1kg，轧出皮棉称重，计算衣分。重复两次，取平均值。

5. 皮棉产量：籽棉总产量与衣分的乘积。

6. 僵瓣率：僵瓣重量占籽棉总重量的百分率。

7. 霜前花率：霜前籽棉重量占籽棉总重量的百分率。

（八）品质检测

各承担单位将区域试验参试品种测定单铃重的皮棉充分混匀，每品种取100g于11月10日前寄送至各组别主持单位（棉样袋上请注明组别、试验类型、试验地点、品种编号），由主持单位统一寄送检测纤维品质。检测采用HVI 1000大容量测试仪进行，主要检测上半部平均长度、断裂比强度、马克隆值、整齐度指数、反射率、黄度、伸长率、纺纱均匀性指数等指标。

（九）试验总结

所有寄送的材料，统一用A4纸印刷；发送电子邮件时，请在"邮件主题"栏注明试点名称和试验组别。

1. 调查记载结果：试验承担单位分别于6月25日前、9月30日前和12月10日前将《棉花品种试验苗期报告》《棉花品种试验生育中期调查结果表》《棉花品种试验调查记载表》邮寄（或发电子邮件）至各组别主持单位。

2. 年终报告：试验承担单位于12月10日前将《棉花品种试验年终报告》电子版发送至全国农业技术推广服务中心品种区试处和各组别主持人。待年度总结会通过后，应将加盖单位公章的年终报告寄送所在组别的主持单位。

3. 鉴定、检测报告：抗病、抗虫性鉴定、Bt抗虫蛋白检测、纤维品质检测、SSR鉴定单位于12月10日前将加盖单位公章的鉴定、检测报告一式两份分别寄至全国农业技术推广服务中心品种区试处和各组别主持单位。

4. 数据分析：各承担单位和主持单位对试验数据进行统计分析及综合评价。区域试验都采用皮棉总产量进行方差分析和多重比较（LSD法），生产试验不进行方差分析和多重比较。

（十）异常情况处理

试验期间若发生影响试验的意外事件，必须如实记录事件经过和对试验的影响程度，10天内函告全国农业技术推广服务中心品种区试处、省级种子管理站（局）和各组别主持单位。

有下列情形之一的，试验做报废处理。

1. 因不可抗拒原因造成试验的意外终止；

2. 某试点一组试验有 3 个（含）以上小区缺株率超过 15% 或误差变异系数超过 15%；

3. 某试点平均皮棉产量低于全组所有试点平均皮棉产量的 50% 或低于 50kg/亩；

4. 试验承担单位未按时寄送（发）纤维样品、试验调查表或年终报告；

5. 试验结果明显异常以及发生影响试验结果公正或准确的其他情况。

（十一）有关要求

各承担单位所接收的试验用种仅用于区域试验、生产试验和鉴定、检测，在确保试验顺利实施后多余种子及由参试品种产生的繁殖材料均应及时销毁，禁止用于育种、繁殖、交流等活动。

各承担单位严禁接待选育（供种）单位、有关企业考察、了解参试品种情况，违者将取消承试资格；如发现有关单位的不正常行为，必须及时向全国农业技术推广服务中心汇报，如有违规将依法追究责任；欢迎任何单位和个人对国家棉花品种区试工作中的违规行为进行举报。

附录5

农业部公布《主要农作物品种审定办法》

中华人民共和国农业部令

2016 年 第 4 号

《主要农作物品种审定办法》已经农业部 2016 年第 6 次常务会议审议通过，现予公布，自 2016 年 8 月 15 日起施行。

部长　韩长赋

2016 年 7 月 8 日

主要农作物品种审定办法

第一章　总　则

第一条　为科学、公正、及时地审定主要农作物品种，根据《中华人民共和国种子法》（以下简称《种子法》），制定本办法。

第二条　在中华人民共和国境内的主要农作物品种审定，适用本办法。

第三条　本办法所称主要农作物，是指稻、小麦、玉米、棉花、大豆。

第四条　省级以上人民政府农业主管部门应当采取措施，加强品种审定工作监督管理。省级人民政府农业主管部门应当完善品种选育、审定工作的区域协作机制，促进优良品种的选育和推广。

第二章　品种审定委员会

第五条　农业部设立国家农作物品种审定委员会，负责国家级农作物品种审定工作。省级人民政府农业主管部门设立省级农作物品种审定委员会，负责省级农作物品种审定工作。

农作物品种审定委员会建立包括申请文件、品种审定试验数据、种子样品、审定意见和审定结论等内容的审定档案，保证可追溯。

第六条　品种审定委员会由科研、教学、生产、推广、管理、使用等方面的专业人员组成。委员应当具有高级专业技术职称或处级以上职务，年龄一般在 55 岁以下。每届任期 5 年，连任不得超过两届。

品种审定委员会设主任 1 名，副主任 2 ~ 5 名。

第七条　品种审定委员会设立办公室，负责品种审定委员会的日常工作，设主任 1 名，副主任 1 ~ 2 名。

第八条　品种审定委员会按作物种类设立专业委员会，各专业委员会由 9 ~ 23 人的单数组成，设主任 1 名，副主任 1 ~ 2 名。

省级品种审定委员会对本辖区种植面积小的主要农作物，可以合并设立专业委员会。

第九条　品种审定委员会设立主任委员会，由品种审定委员会主任和副主任、各专业委员会主任、办公室主任组成。

第三章　申请和受理

第十条　申请品种审定的单位、个人（以下简称申请者），可以直接向国家农作物品种审定委员会或省级农作物品种审定委员会提出申请。

在中国境内没有经常居所或者营业场所的境外机构和个人在境内申请品种审定的，应当委托具有法人资格的境内种子企业代理。

第十一条　申请者可以单独申请国家级审定或省级审定，也可以同时申请国家级审定和省级审定，还可以同时向几个省、自治区、直辖市申请审定。

第十二条　申请审定的品种应当具备下列条件：

（一）人工选育或发现并经过改良；

（二）与现有品种（已审定通过或本级品种审定委员会已受理的其他品种）有明显区别；

（三）形态特征和生物学特性一致；

（四）遗传性状稳定；

（五）具有符合《农业植物品种命名规定》的名称；

（六）已完成同一生态类型区 2 个生产周期以上、多点的品种比较试验。其中，申请国家级品种审定的，稻、小麦、玉米品种比较试验每年不少于 20 个点，棉花、大豆品种比较试验每年不少于 10 个点，或具备省级品种审定试验结果报告；申请省级品种审定的，品种比较试验每年不少于 5 个点。

第十三条　申请品种审定的，应当向品种审定委员会办公室提交以下材料：

（一）申请表，包括作物种类和品种名称，申请者名称、地址、邮政编码、联系人、电话号码、传真、国籍，品种选育的单位或者个人（以下简称育种者）等内容。

（二）品种选育报告，包括亲本组合以及杂交种的亲本血缘关系、选育方法、世代和特性描述；品种（含杂交种亲本）特征特性描述、标准图片，建议的试验区域和栽培要点；品种主要缺陷及应当注意的问题。

（三）品种比较试验报告，包括试验品种、承担单位、抗性表现、品质、产量结果及各试验点数据、汇总结果等。

（四）转基因检测报告。

（五）转基因棉花品种还应当提供农业转基因生物安全证书。

（六）品种和申请材料真实性承诺书。

第十四条　品种审定委员会办公室在收到申请材料 45 日内做出受理或不予受理的决定，并书面通知申请者。

对于符合本办法第十二条、第十三条规定的，应当受理，并通知申请者在 30 日内提供试验种子。对于提供试验种子的，由办公室安排品种试验。逾期不提供试验种子的，视为撤回申请。

对于不符合本办法第十二条、第十三条规定的，不予受理。申请者可以在接到通知后 30 日内陈述意见或者对申请材料予以修正，逾期未陈述意见或者修正的，视为撤回申请；修正后仍然不符合规定的，驳回申请。

第十五条　品种审定委员会办公室应当在申请者提供的试验种子中留取标准样品，交农业部植物品种标准样品库保存。

第四章　品种试验

第十六条　品种试验包括以下内容：

（一）区域试验；

（二）生产试验；

（三）品种特异性、一致性和稳定性测试（以下简称 DUS 测试）。

第十七条　国家级品种区域试验、生产试验由全国农业技术推广服务中心组织实施，省级品种区域试验、生产试验由省级种子管理机构组织实施。

品种试验组织实施单位应当充分听取品种审定申请人和专家意见，合理设置试验组别，优化试点布局，科学制定试验实施方案，并向社会公布。

第十八条 区域试验应当对品种丰产性、稳产性、适应性、抗逆性等进行鉴定，并进行品质分析、DNA 指纹检测、转基因检测等。

每一个品种的区域试验，试验时间不少于两个生产周期，田间试验设计采用随机区组或间比法排列。同一生态类型区试验点，国家级不少于 10 个，省级不少于 5 个。

第十九条 生产试验在区域试验完成后，在同一生态类型区，按照当地主要生产方式，在接近大田生产条件下对品种的丰产性、稳产性、适应性、抗逆性等进一步验证。

每一个品种的生产试验点数量不少于区域试验点，每一个品种在一个试验点的种植面积不少于 300 平方米，不大于 3000 平方米，试验时间不少于一个生产周期。

第一个生产周期综合性状突出的品种，生产试验可与第二个生产周期的区域试验同步进行。

第二十条 区域试验、生产试验对照品种应当是同一生态类型区同期生产上推广应用的已审定品种，具备良好的代表性。

对照品种由品种试验组织实施单位提出，品种审定委员会相关专业委员会确认，并根据农业生产发展的需要适时更换。

省级农作物品种审定委员会应当将省级区域试验、生产试验对照品种报国家农作物品种审定委员会备案。

第二十一条 区域试验、生产试验、DUS 测试承担单位应当具备独立法人资格，具有稳定的试验用地、仪器设备、技术人员。

品种试验技术人员应当具有相关专业大专以上学历或中级以上专业技术职称、品种试验相关工作经历，并定期接受相关技术培训。

抗逆性鉴定由品种审定委员会指定的鉴定机构承担，品质检测、DNA 指纹检测、转基因检测由具有资质的检测机构承担。

品种试验、测试、鉴定承担单位与个人应当对数据的真实性负责。

第二十二条 品种试验组织实施单位应当会同品种审定委员会办公室，定期组织开展品种试验考察，检查试验质量、鉴评试验品种表现，并形成考察报告，对田间表现出严重缺陷的品种保留现场图片资料。

第二十三条 品种试验组织实施单位应当组织申请者代表参与区域试验、

生产试验收获测产，测产数据由试验技术人员、试验承担单位负责人和申请者代表签字确认。

第二十四条 品种试验组织实施单位应当在每个生产周期结束后 45 日内召开品种试验总结会议。品种审定委员会专业委员会根据试验汇总结果、试验考察情况，确定品种是否终止试验、继续试验、提交审定，由品种审定委员会办公室将品种处理结果及时通知申请者。

第二十五条 申请者具备试验能力并且试验品种是自有品种的，可以按照下列要求自行开展品种试验：

（一）在国家级或省级品种区域试验基础上，自行开展生产试验；

（二）自有品种属于特殊用途品种的，自行开展区域试验、生产试验，生产试验可与第二个生产周期区域试验合并进行。特殊用途品种的范围、试验要求由同级品种审定委员会确定；

（三）申请者属于企业联合体、科企联合体和科研单位联合体的，组织开展相应区组的品种试验。联合体成员数量应当不少于 5 家，并且签订相关合作协议，按照同权同责原则，明确责任义务。一个法人单位在同一试验区组内只能参加一个试验联合体。

前款规定自行开展品种试验的实施方案应当在播种前 30 日内报国家级或省级品种试验组织实施单位，符合条件的纳入国家级或省级品种试验统一管理。

第二十六条 DUS 测试由申请者自主或委托农业部授权的测试机构开展，接受农业部科技发展中心指导。

申请者自主测试的，应当在播种前 30 日内，按照审定级别将测试方案报农业部科技发展中心或省级种子管理机构。农业部科技发展中心、省级种子管理机构分别对国家级审定、省级审定 DUS 测试过程进行监督检查，对样品和测试报告的真实性进行抽查验证。

DUS 测试所选择近似品种应当为特征特性最为相似的品种，DUS 测试依据相应主要农作物 DUS 测试指南进行。测试报告应当由法人代表或法人代表授权签字。

第二十七条 符合农业部规定条件、获得选育生产经营相结合许可证的种子企业（以下简称育繁推一体化种子企业），对其自主研发的主要农作物品种可以在相应生态区自行开展品种试验，完成试验程序后提交申请材料。

试验实施方案应当在播种前 30 日内报国家级或省级品种试验组织实施单位

备案。

育繁推一体化种子企业应当建立包括品种选育过程、试验实施方案、试验原始数据等相关信息的档案，并对试验数据的真实性负责，保证可追溯，接受省级以上人民政府农业主管部门和社会的监督。

第五章 审定与公告

第二十八条 对于完成试验程序的品种，申请者、品种试验组织实施单位、育繁推一体化种子企业应当在2月底和9月底前分别将稻、玉米、棉花、大豆品种和小麦品种各试验点数据、汇总结果、DUS测试报告提交品种审定委员会办公室。

品种审定委员会办公室在30日内提交品种审定委员会相关专业委员会初审，专业委员会应当在30日内完成初审。

第二十九条 初审品种时，各专业委员会应当召开全体会议，到会委员达到该专业委员会委员总数三分之二以上的，会议有效。对品种的初审，根据审定标准，采用无记名投票表决，赞成票数达到该专业委员会委员总数二分之一以上的品种，通过初审。

专业委员会对育繁推一体化种子企业提交的品种试验数据等材料进行审核，达到审定标准的，通过初审。

第三十条 初审实行回避制度。专业委员会主任的回避，由品种审定委员会办公室决定；其他委员的回避，由专业委员会主任决定。

第三十一条 初审通过的品种，由品种审定委员会办公室在30日内将初审意见及各试点试验数据、汇总结果，在同级农业主管部门官方网站公示，公示期不少于30日。

第三十二条 公示期满后，品种审定委员会办公室应当将初审意见、公示结果，提交品种审定委员会主任委员会审核。主任委员会应当在30日内完成审核。审核同意的，通过审定。

育繁推一体化种子企业自行开展自主研发品种试验，品种通过审定后，将品种标准样品提交至农业部植物品种标准样品库保存。

第三十三条 审定通过的品种，由品种审定委员会编号、颁发证书，同级农业主管部门公告。

省级审定的农作物品种在公告前，应当由省级人民政府农业主管部门将品种名称等信息报农业部公示，公示期为 15 个工作日。

第三十四条　审定编号为审定委员会简称、作物种类简称、年号、序号，其中序号为四位数。

第三十五条　审定公告内容包括：审定编号、品种名称、申请者、育种者、品种来源、形态特征、生育期、产量、品质、抗逆性、栽培技术要点、适宜种植区域及注意事项等。

省级品种审定公告，应当在发布后 30 日内报国家农作物品种审定委员会备案。

审定公告公布的品种名称为该品种的通用名称。禁止在生产、经营、推广过程中擅自更改该品种的通用名称。

第三十六条　审定证书内容包括：审定编号、品种名称、申请者、育种者、品种来源、审定意见、公告号、证书编号。

第三十七条　审定未通过的品种，由品种审定委员会办公室在 30 日内书面通知申请者。申请者对审定结果有异议的，可以自接到通知之日起 30 日内，向原品种审定委员会或者国家级品种审定委员会申请复审。品种审定委员会应当在下一次审定会议期间对复审理由、原审定文件和原审定程序进行复审。对病虫害鉴定结果提出异议的，品种审定委员会认为有必要的，安排其他单位再次鉴定。

品种审定委员会办公室应当在复审后 30 日内将复审结果书面通知申请者。

第三十八条　品种审定标准，由同级农作物品种审定委员会制定。审定标准应当有利于产量、品质、抗性等的提高与协调，有利于适应市场和生活消费需要的品种的推广。

省级品种审定标准，应当在发布后 30 日内报国家农作物品种审定委员会备案。

制定品种审定标准，应当公开征求意见。

第六章　引种备案

第三十九条　省级人民政府农业主管部门应当建立同一适宜生态区省际间品种试验数据共享互认机制，开展引种备案。

第四十条　通过省级审定的品种，其他省、自治区、直辖市属于同一适宜生态区的地域引种的，引种者应当报所在省、自治区、直辖市人民政府农业主管部门备案。

　　备案时，引种者应当填写引种备案表，包括作物种类、品种名称、引种者名称、联系方式、审定品种适宜种植区域、拟引种区域等信息。

　　第四十一条　引种者应当在拟引种区域开展不少于1年的适应性、抗病性试验，对品种的真实性、安全性和适应性负责。具有植物新品种权的品种，还应当经过品种权人的同意。

　　第四十二条　省、自治区、直辖市人民政府农业主管部门及时发布引种备案公告，公告内容包括品种名称、引种者、育种者、审定编号、引种适宜种植区域等内容。公告号格式为：（X）引种〔X〕第X号，其中，第一个"X"为省、自治区、直辖市简称，第二个"X"为年号，第三个"X"为序号。

　　第四十三条　国家审定品种同一适宜生态区，由国家农作物品种审定委员会确定。省级审定品种同一适宜生态区，由省级农作物品种审定委员会依据国家农作物品种审定委员会确定的同一适宜生态区具体确定。

第七章　撤销审定

　　第四十四条　审定通过的品种，有下列情形之一的，应当撤销审定：

　　（一）在使用过程中出现不可克服严重缺陷的；

　　（二）种性严重退化或失去生产利用价值的；

　　（三）未按要求提供品种标准样品或者标准样品不真实的；

　　（四）以欺骗、伪造试验数据等不正当方式通过审定的。

　　第四十五条　拟撤销审定的品种，由品种审定委员会办公室在书面征求品种审定申请者意见后提出建议，经专业委员会初审后，在同级农业主管部门官方网站公示，公示期不少于30日。

　　公示期满后，品种审定委员会办公室应当将初审意见、公示结果，提交品种审定委员会主任委员会审核，主任委员会应当在30日内完成审核。审核同意撤销审定的，由同级农业主管部门予以公告。

　　第四十六条　公告撤销审定的品种，自撤销审定公告发布之日起停止生产、广告，自撤销审定公告发布一个生产周期后停止推广、销售。品种审定委员会认为有必要的，可以决定自撤销审定公告发布之日起停止推广、销售。

　　省级品种撤销审定公告，应当在发布后30日内报国家农作物品种审定委员会备案。

第八章　监督管理

第四十七条　农业部建立全国农作物品种审定数据信息系统，实现国家和省两级品种审定网上申请、受理，品种试验数据、审定通过品种、撤销审定品种、引种备案品种、标准样品等信息互联共享，审定证书网上统一打印。审定证书格式由国家农作物品种审定委员会统一制定。

省级以上人民政府农业主管部门应当在统一的政府信息发布平台上发布品种审定、撤销审定、引种备案、监督管理等信息，接受监督。

第四十八条　品种试验、审定单位及工作人员，对在试验、审定过程中获知的申请者的商业秘密负有保密义务，不得对外提供申请品种审定的种子或者谋取非法利益。

第四十九条　品种审定委员会委员和工作人员应当忠于职守，公正廉洁。品种审定委员会委员、工作人员不依法履行职责，弄虚作假、徇私舞弊的，依法给予处分；自处分决定做出之日起五年内不得从事品种审定工作。

第五十条　申请者在申请品种审定过程中有欺骗、贿赂等不正当行为的，三年内不受理其申请。

联合体成员单位弄虚作假的，终止联合体品种试验审定程序；弄虚作假成员单位三年内不得申请品种审定，不得再参加联合体试验；其他成员单位应当承担连带责任，三年内不得参加其他联合体试验。

第五十一条　品种测试、试验、鉴定机构伪造试验数据或者出具虚假证明的，按照《种子法》第七十二条及有关法律行政法规的规定进行处罚。

第五十二条　育繁推一体化种子企业自行开展品种试验和申请审定有造假行为的，由省级以上人民政府农业主管部门处一百万元以上五百万元以下罚款；不得再自行开展品种试验；给种子使用者和其他种子生产经营者造成损失的，依法承担赔偿责任。

第五十三条　农业部对省级人民政府农业主管部门的品种审定工作进行监督检查，未依法开展品种审定、引种备案、撤销审定的，责令限期改正，依法给予处分。

第五十四条　违反本办法规定，构成犯罪的，依法追究刑事责任。

第九章 附 则

第五十五条 农作物品种审定所需工作经费和品种试验经费，列入同级农业主管部门财政专项经费预算。

第五十六条 转基因农作物（不含转基因棉花）品种审定办法另行制定。

第五十七条 育繁推一体化企业自行开展试验的品种和联合体组织开展试验的品种，不再参加国家级和省级试验组织实施单位组织的相应区组品种试验。

第五十八条 本办法自2016年8月15日起施行，农业部2001年2月26日发布、2007年11月8日和2014年2月1日修订的《主要农作物品种审定办法》，以及2001年2月26日发布的《主要农作物范围规定》同时废止。